新农村住宅建设指南丛书

弘扬中华文明 / 建造时代农宅 / 展现田园风光 / 找回梦里桃源

能工巧匠聚智慧

建造知识

骆中钊 周 全 黄勉生/编著

中 国 林 业 出 版 社

图书在版编目(CIP)数据

能工巧匠聚智慧：建造知识 / 骆中钊，周全，黄勉生编著.
—北京：中国林业出版社，2012.10
(新农村住宅建设指南丛书)
ISBN 978-7-5038-6608-1

Ⅰ.①能… Ⅱ.①骆… ②周… ③黄… Ⅲ.①农村住宅-住宅建设 Ⅳ.①TU241.4

中国版本图书馆 CIP 数据核字(2012)第 097050 号

中国林业出版社·环境园林图书出版中心
责任编辑：何增明 张 华
电话：010-83229512 传真：010-83286967

出版 中国林业出版社
(100009 北京西城区刘海胡同 7 号)
E-mail shula5@163.com
网址 http://lycb.forestry.gov.cn
发行 新华书店北京发行所
印刷 北京卡乐富印刷有限公司
版次 2012 年 10 月第 1 版
印次 2012 年 10 月第 1 次
开本 710mm×1000mm 1/16
印张 17
字数 400 千字

定价 39.00 元

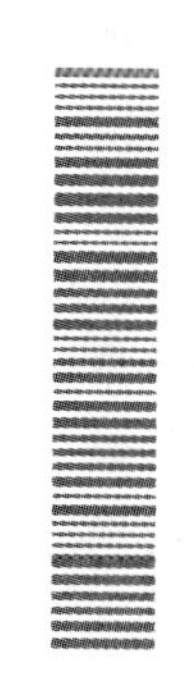

“新农村住宅建设指南”丛书总前言

中共中央十一届三中全会以来，全国农村住宅建设量每年均保持6.5亿m^2的水平递增，房屋质量稳步提高，楼房在当年的新增住宅中所占比例逐步增长。住宅内部设施日益配套，功能趋于合理，内外装修水平提高。一批功能比较完善、设施比较齐全、安全卫生、设计新颖的新型农村住宅相继建设起来。但从总体上来看，由于在相当一段时间里，受城乡二元结构和管理制度差异的影响，对农村住宅的设计、建设和管理的研究缺乏足够的重视和投入。因此，现在全国农村住宅的建设在功能齐备、施工质量以及与自然景观、人文景观、生态环境等相互协调方面，都还有待于进一步完善和提高。

当前，有些地方一味追求大面积、楼层高和装饰的“现代化”，也有个别地方认为新农村住宅应该是简陋的傻、大、黑、粗，这些不良的倾向应引起各界的充分重视。我们要从实际出发，加强政策上和技术上的引导，引导农民在完善住宅功能质量和安全上下工夫；要充分考虑我国人多地少的特点，充分发挥村两委的作用，县(市、区)和镇(乡)的管理部门即应加强组织各方面力量给予技术上和管理上的支持引导，以提高广大农民群众建设社会主义新农村的积极性。改革开放30多年来，随着农村经济的飞速发展，不少农村已建设了大量的农村住宅，尤其是东南沿海经济比较发达的地区，家家几乎都建了新房。因此，当前最为紧迫的任务，首先应从村庄进行有效的整治规划入手，疏通道路、铺设市政管网、加强环境整治和风貌保护。在新农村住宅的建设上，应从现有住宅的改造入手；对于新建的农村住宅即应引导从分散到适当的集中建设，合理规划、合理布局、合理建设；并应严格控制，尽量少建低层独立式住宅，提倡推广采用并联式、联排式和组合的院落式低层住宅，在具备条件的农村要提倡发展多层公寓式住宅。要引导农民群众了解住宅空间卫生条件的基本要求，合理选择层高和合理间距；要引导农民群众重视人居环境的基本要求，合理布局，选择适合当地特色的建筑造型；要引导农村群众因地制宜，就地取材，选择适当的装修。总之，要引导农村群众统筹考虑农村长远发展及农民个人的利益与需求。还要特别重视自然景观和人文景观等生态环境的保护和建设，以确保农村经济、社会、环境和文化的可持续发展。努力提高农村住宅的功能质量，为广大农民群众创造居住安全舒适、生产方便和整洁清新的家居环境，使我国广大的农村都能建成独具特色、各放异彩的社会主义新农村。

2008年，中国村社发展促进会特色村专业委员会启动了“中国绿色村庄”创建活动，目前全国已经有32个村庄被授予“中国绿色村庄”，这些“绿色村庄”都是各地创建绿色村、生态文明村、环保村的尖子村，有的已经创建成国家级生态文明村，更有7个曾先后被联合国环境规划署授予“全球生态500佳”称号。具有很高的先进性和代表性。

我国9亿农民在摆脱了温饱问题的长期困扰之后，迫切地要求改善居住条件。随着农村经济体制改革的不断深化，农民的物质和精神文化生活质量有了明显的提高，农村的思想意识、居住形态和生活方式也正在发生根本性的变化。由于新农村住宅具有生活、生产的双重功能，它不仅是农民的居住用房，而且还是农民的生产资料。因此，新农村住宅是农村经济发展、农民生活水平提高的重要标志之一，也是促进农村经济可持续发展的重要因素。

新农村住宅建设是广大农民群众在生活上投资最大、最为关心的一件大事，是“民心工程”，也是“德政工程”，牵动着各级党政领导和各界人士的心。搞好新农村住宅建设，最为关键的因素在于提高新农村住宅的设计水平。

新农村住宅不同于仅作为生活居住的城市住宅；新农村住宅不是“别墅”，也不可能是“别墅”；新农村住宅不是“小洋楼”，也不应该是“小洋楼”。那些把新农村住宅称为“别墅”、“小洋楼”的仅仅是一种善意的误导。

新农村住宅应该是能适应可持续发展的实用型住宅。它应承上启下，既要适应当前农村生活和生产的需要，又要适应可持续发展的需要。它不仅要包括房屋本身的数量，而且应该把居住生活的改善紧紧地和经济的发展联系在一起，同时还要求必须具备与社会、经济、环境发展相协调的质量。为此，新农村住宅的设计应努力探索适应21世纪我国经济发展水平，体现科学技术进步，并能充分体现以现代农村生活、生产为核心的设计思想。农民建房资金来之不易，应努力发挥每平方米建筑面积的作用，尽量为农民群众节省投资，充分体现农民参与精神，创造出环境优美、设施完善、高度文明和具有田园风光的住宅小区，以提高农村居住环境的居住性、舒适性和安全性。推动新农村住宅由小农经济向适应经济发展的住宅组群形态过渡，加速农村现代化的进程。努力吸收地方优秀民居建筑规划设计的成功经验，创造具有地方特色和满足现代生活、生产需要的居住环境。努力开发研究和推广应用适合新农村住宅建设的新技术、新结构、新材料、新产品，提高新农村住宅建设的节地、节能和节材效果，并具有舒适的装修、功能齐全的设备和良好的室内声、光、热、空气环境，以实现新农村住宅设计的灵活性、多样性、适应性和可改性，提高新农村住宅的功能质量，创造温馨的家居环境。

2010年中央一号文件《中共中央国务院关于加大统筹城乡发展力度，进一步夯实农业农村发展基础的若干意见》中指出：“加快推进农村危房改造和国有林区(场)、垦区棚户区改造，继续实施游牧民定居工程。抓住当前农村建房快速增长和建筑材料供给充裕的时机，把支持农民建房作为扩大内需的重大举措，采取有效措施推动建材下乡，鼓励有条件的地方通过各种形式支持农民依法依规建设自用住房。加强村镇规划，引导农村建设富有地方特点、民族特色、传统风貌的安全节能环保型住房。”

为了适应广大农村群众建房急需技术支持和科学引导的要求，在中国林业出版社的大力支持下，在我2010年心脏搭桥术后的休养期间，为了完成总结经验、服务农村的心愿，经过一年多的努力，在适值我国“十二五”规划的第一年，特编著“新农村住宅建设指南”丛书，借

迎接新中国成立63周年华诞之际，奉献给广大农民群众。

“新农村住宅建设指南”丛书包括《寻找满意的家——100个精选方案》、《助您科学建房——15种施工图》、《探索理念为安居 ——建筑设计》、《能工巧匠聚智慧——建造知识》、《瑰丽家园巧营造——住区规划》和《优化环境创温馨——家居装修》共六册，是一套内容丰富、理念新颖和实用性强的新农村住宅建设知识读物。

“新农村住宅建设指南”丛书的出版，首先要特别感谢福建省住房和城乡建设厅自1999年以来开展村镇住宅小区建设试点，为我创造了长期深入农村基层进行实践研究的机会，感谢厅领导的亲切关怀和指导，感谢村镇处同志们常年的支持和密切配合，感谢李雄同志坚持陪同我走遍八闽大地，并在生活上和工作上给予无微不至的关照，感谢福建省各地从事新农村建设的广大基层干部和故乡的广大农民群众对我工作的大力支持和提供很多方便条件，感谢福建省各地的规划院、设计院以及大专院校的专家学者和同行的倾心协助，才使我能够顺利地进行实践研究，并积累了大量新农村住宅建设的一手资料，为斗胆承担“新农村住宅建设指南”丛书的编纂创造条件。同时也要感谢我的太太张惠芳抱病照顾家庭，支持我长年累月外出深入农村，并协助我整理大量书稿。上初中的孙女骆集莹，经常向我提出很多有关新农村建设的疑问，时常促进我去思考和探究，并在电脑操作上给予帮助，也使我在辛勤编纂中深感欣慰。

“新农村住宅建设指南”丛书的编著，得到很多领导、专家学者的支持和帮助，原国家建委农房办公室主任、原建设部村镇建设试点办公室主任、原中国建筑学会村镇建设研究会会长冯华老师给予热情的关切和指导，中国村社发展促进会和很多村庄的村两委以及专家学者都提供了大量的资料，借此一并致以深深地感谢。并欢迎广大设计人员、施工人员、管理人员和农民群众能够提出宝贵的批评意见和建议。

骆中钊

2012年夏于北京什刹海畔滋善轩

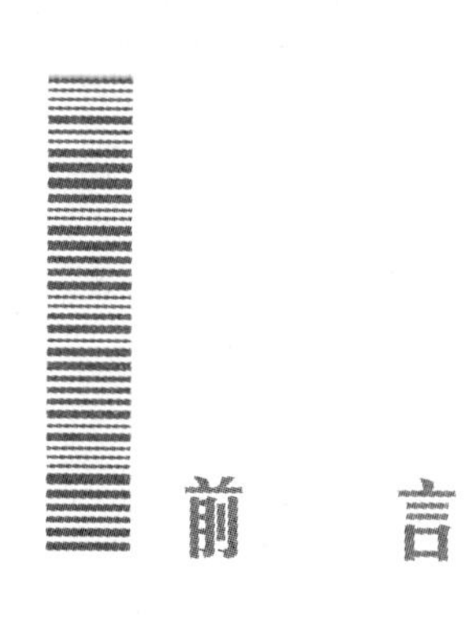

前　言

改革开放的春风给我们的祖国带来了勃勃的生机和活力，举国上下建设热潮汹涌澎湃，令人鼓舞，催人奋进。改革开放给广大农村经济发展带来了无限的生机，农村住宅建设的热浪也随之一浪高过一浪，不仅数量上迅速增加，而且质量也不断提高，形势十分喜人。农村住宅是我国9亿农民最为关心的问题之一，是新农村建设的重点，量大面广，各级党委、政府部门都十分重视，社会各界也十分关注。但由于种种原因，农村住宅建设仍然存在着实用性差、适应性低等布局呆板、功能不全、造型单调、设施滞后的设计问题。同时在建设过程中质量和安全事故也时有发生；抗震构造等缺乏也难能确保防灾要求；而外墙渗透水、潮湿以及屋面漏水和保温隔热等房屋构造措施不当，这些问题更是屡见不鲜，严重地影响农村住宅的使用。

“长住久安”、“安居乐业”是广大农民群众对家居寄托的最美好愿望，正如《黄帝宅经》所指出的：“故宅者，人之本，人以宅为家，居若安，即家代昌吉。”因此，新农村住宅在确保建筑设计方案合理的基础上，还必须在施工图设计时确保房屋构造的合理性和结构的安全性。施工中应确保地基稳妥基础牢靠、选用合格建筑材料、确保主体结构坚固、采用可靠防水技术，务必做好房屋构造，认真落实节能措施。新农村住宅才能做到安全、适用、经济、美观。

本书是“新农村住宅建设指南”丛书中的一册，书中在简要介绍新农村住宅分类和房屋建筑构造组成的基础上，分章系统、详细地阐述了地基与基础、墙体、楼梯、混凝土与钢筋混凝土、楼(地)面、屋顶、门窗及室外装修的构造要求和施工要点，书中内容丰富、图文并茂、文字简洁、通俗易懂，便于广大农民群众阅读参考。适合于从事新农村住宅设计和施工的设计人员和施工人员工作中参考，也可作为大专院校相关专业师生教学参考书。

在本书的编著中得到很多领导、专家学者、广大农民群众的关心和支持，张惠芳、骆伟、陈磊、冯惠玲、李雄、骆毅、蒋万东、郭炳南、宋煜等参加了本书的编著，赵文奉同志协助进行书稿的整理，借此一并致以衷心的感谢。

限于水平，不足之处，敬请广大读者批评指正。

骆中钊

2012 年夏于北京什刹海畔滋善轩

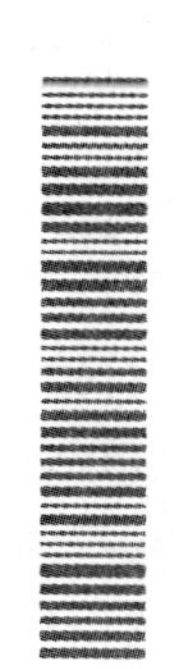

目录

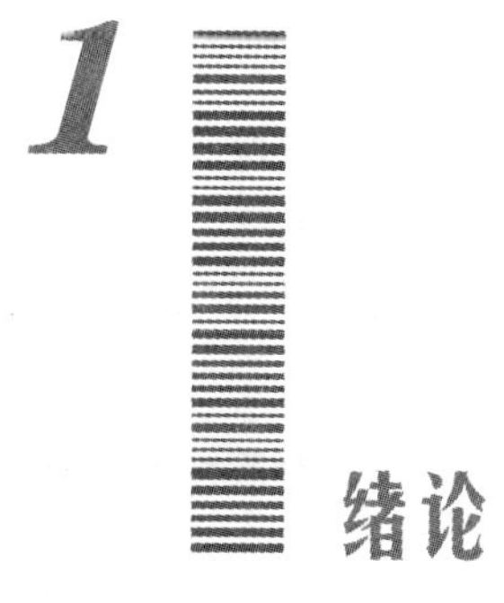

1 绪论

在我国广大的农村中，新农村住宅的建设量大面广，是广大群众最为关心的问题之一。为了适应经济发展的形势，传统的平房住宅已经不再推广，乡村住宅应以两三层并联式为主，城镇住宅则应以多层为主。住宅的结构形式应以砖混结构和钢筋混凝土框架结构为主。新农村住宅的建设，应具有足够的抗震、防灾性能，并应积极推广环保节能的建筑材料。

1.1 住宅的分类

1.1.1 按照住宅高度或层数进行分类

①低层住宅是指一～三层的住宅。

②多层住宅是指四～六层的住宅。

③中高层住宅是指七～九层的住宅。

④高层住宅是指十层及十层以上的住宅。

按照《住宅设计规范》GB50096－1999 的规定，七层及七层以上或住宅人口层楼面距室外设计地面的高度超 16m 以上的住宅必须设置电梯。由于设置电梯会增加住宅的造价和使用维护费用，因此在农村应控制中高层住宅的建设。

1.1.2 按照承重结构的材料划分

(1)砖混结构

用砖墙、钢筋混凝土楼板(屋面板)作为主要承重构件，一般用于跨度较小的多层住宅。

(2)钢筋混凝土结构

用钢筋混凝土材料作为主要承重构件，平面布置灵活，整体性好，多用于多层住宅及高层住宅。

(3)钢结构

主要承重结构全部采用钢材，自重轻、强度高、节能、可再生、无污染，而且具有优越的抗震性能，可以说钢结构的发展是 21 世纪住宅文明的体现。钢结构的应用日益增多，常用于大跨度结构，多层住宅和高层住宅。

1.1.3 按照承重结构的型式进行分类

(1) 墙承重式

由墙体作为住宅的竖向承重构件，承受楼板和屋顶传来的荷载。

(2) 骨架承重式

由钢筋混凝土或型钢组成的梁柱骨架承受住宅的全部荷载，墙体不承重，只起到围护和分隔的作用。

(3) 内骨架承重式

住宅内部采用梁柱骨架承重，四周由外墙承重。

(4) 空间结构承重式

由钢筋混凝土或型钢组成空间结构体系承受住宅的全部荷载，如网架结构、壳体结构、悬索结构等，适用于大跨度住宅。

1.2 住宅的构造组成

一幢住宅一般是由基础、墙体或柱、楼板层、楼梯、屋顶、地坪和门窗等 7 个主要部分组成。它们有机构成一个整体，在不同的部位，发挥着不同的作用，满足住宅的正常使用。

1.2.1 基础

基础是住宅的承重构件，承受住宅的全部荷载，并将这些荷载有效地传给下面的地基，是住宅的重要组成部分。

由于基础埋置于地下，是住宅的隐蔽部分，因此基础应具有足够的强度、刚度和耐久性，并能抵御地下各种不良因素的侵蚀。

1.2.2 墙体和柱

(1) 墙体

墙体是住宅建筑的承重构件和围护构件，是住宅建筑的重要结构和构造组成部分。对于墙承重式的住宅(如砖混结构房屋)，墙体是住宅建筑的竖向承重构件；承受楼板和屋顶传来的荷载，并将荷载传递给基础。

外墙作为住宅建筑围护构件，承担着抵御自然界各种因素对室内的侵蚀。内墙即起着分隔空间和房间的作用。

因此，墙体应具有足够的强度和稳定性以及良好的保温、隔热、隔声、防火、防水等性能。

(2) 柱

柱是框架结构房的竖向承重构件，承受屋顶和楼板传来的荷载，因此必须具有足够的强度和刚度。框架结构中，墙体不承重，只起围护和分隔的作用。

1.2.3 楼板层

楼板层是住宅建筑的水平承重构件，同时还兼有竖向划分住宅内部空间的功能。楼板承受着住宅建筑的楼面荷载，并将荷载传给墙体或柱。

楼板层应具有足够的强度和刚度，并应具有良好的防水、隔声和防火性能。

1.2.4 楼梯

楼梯是住宅建筑中上下楼层之间的垂直交通设施，遇到紧急情况时，供使用者安全疏散。高层住宅的竖向交通联系主要依靠电梯，但楼梯作为安全通道，仍然不可缺少。

1.2.5 屋顶

屋顶是住宅建筑顶部的承重和围护构件。屋顶一般由屋面防水层、保温隔热层和承重结构层(屋面板)三部分组成。

屋顶又被称为住宅建筑的“第五立面”，对住宅的体形和立面形象有较大的影响。

1.2.6 地坪

地坪是住宅建筑底层与下部土层接触的部分，承担着底层房间的地面荷载。地坪的面层应具有良好的耐磨和防潮性能。

1.2.7 门窗

门主要供人们内外交通和分隔房间之用；窗主要作用是采光、通风和采景，同时也是围护结构的一部分。

门窗应有一定的保温、隔热、隔声和防火性能。

1.3 住宅的等级

住宅的等级是根据住宅建筑的使用年限，防火性能和重要性进行划分。

1.3.1 按住宅的耐久年限划分

住宅按主体结构的正常使用年限分为下列四级：

①一级。耐久年限 100 年以上，适用于重要的高层住宅。

②二级。耐久年限 50 ~ 100 年，适用于重要的高层住宅。

③三级。耐久年限 25 ~ 50 年，适用于次要的住宅。

④四级。耐久年限 15 年以下，适用于临时性住宅。

1.3.2 按住宅防火性能划分

对住宅产生破坏作用的外界因素有很多，如火灾、地震、战争等，其中火灾是主要因素。

为提高住宅抵抗火灾的能力，在住宅构造上采取措施，控制火灾的发生和蔓延就显得非常重要。我国《住宅设计防火规范》根据住宅材料和构件的燃烧性能及耐久极限，把住宅耐久等级划分为四个等级。

(1)燃烧性能

住宅按照燃烧性能分成非燃烧体、难燃烧体和燃烧体。

①非燃烧体。指在空气中受到火烧或高温作用下，不起火、不微燃、不碳化的构件。如烧结砖、天然石材、混凝土、金属等。

②难燃烧体。指在空气中受到火烧或高温作用下，难起火、难燃烧、难碳化的构件。如沥青混凝土，经防火处理的木材、水泥刨花板等。

③燃烧体。指在空气中受到火烧或高温作用下，立即起火或微燃，而且移走火源后仍然继续燃烧或微燃的构件。如木材、织物等。

(2)耐火极限

指对任一住宅，按时间—温度标准曲线进行耐火试验，从受到火的作用时起，到失去支持能力或完整性破坏或失去隔火作用时止所经历时间，用小时表示。

我国《建筑设计防火规范》规定，普通住宅主要构件的燃烧性能和耐火极限不应低于表1-1的规定。

表1-1　建筑构件的燃烧性能和耐火极限(普通建筑)

构件名称 \ 燃烧性能和耐火极限(h)		耐火等级			
		一级	二级	三级	四级
墙	防火墙	非燃烧体 4.00	非燃烧体 4.00	非燃烧体 4.00	非燃烧体 4.00
	承重墙、楼梯间、电梯井的墙	非燃烧体 3.00	非燃烧体 2.50	非燃烧体 2.50	难燃烧体 0.50
	非承重外墙、疏散走道两侧的隔墙	非燃烧体 1.00	非燃烧体 1.00	非燃烧体 0.50	难燃烧体 0.25
	房间隔墙	非燃烧体 0.75	非燃烧体 0.50	难燃烧体 0.50	难燃烧体 0.25
柱	支承多层的柱	非燃烧体 3.00	非燃烧体 2.50	非燃烧体 2.50	难燃烧体 0.50
	支承单层的柱	非燃烧体 2.50	非燃烧体 2.00	非燃烧体 2.00	燃烧体
梁		非燃烧体 2.00	非燃烧体 1.50	非燃烧体 1.00	难燃烧体 0.50
楼板		非燃烧体 1.50	非燃烧体 1.00	非燃烧体 0.50	难燃烧体 0.25
屋顶承重构件		非燃烧体 1.50	非燃烧体 0.50	燃烧体	燃烧体
疏散楼梯		非燃烧体 1.50	非燃烧体 1.00	非燃烧体 1.00	燃烧体
吊顶(包括吊顶搁栅)		非燃烧体 0.25	难燃烧体 0.25	难燃烧体 0.15	燃烧体

有些同类建筑还根据其规模和设施配套的不同档次进行分级，如剧场分为特级、甲级、乙级、丙级4个等级；涉外旅馆分为一星～五星共5个等级。

1.4 新农村住宅常见问题及改进措施

近年来我国新农村建设取得了巨大的成就。农村新建房屋比过去的老房子、茅草房、土坯房在质量上有了很大的提高，砖混结构房屋占30%以上(农民建房都要盖砖瓦房子)。人们这样形容农村建房的发展过程："50年代住草房，60年代盖瓦房，70年代加门廊，80年代建楼房，材料设施用高档"。新农村住宅居住条件和水平有了很大的提高和改善，各地还因地制宜利用地方材料，如石料、工业废料、砂石加水泥制作的小型空心砌块，这都受到群众的欢迎。但由于种种原因，新农村住宅还存在着不少的问题。尤其是质量不高，抗灾性能差，倒塌现象时有发生，颇为值得引起重视。

1.4.1 造成农村房屋质量不高和房屋倒塌的原因

①建造房屋不经设计，多是互相模仿，盲目性太大，建起来的房屋没有安全感，总叫人提心吊胆。

②施工技术水平低，凭"经验"盖房、粗制滥造和偷工减料。在农村房屋施工时，一些很重要的施工要求和房屋构造常被忽视，对材料的性能不了解。因而造成农村房屋抗灾能力差、墙体潮湿、屋顶漏水等弊端，严重地影响居住质量，甚至危及人身安全。

③供应农村的建筑材料和构配件质量得不到保证。由于供应农村的建筑材料和构配件，常出现"便宜货"，不问品种质量，只要便宜就行。钢材、水泥往往都是一些等外品，预制构件强度不足，不配筋少配筋十分严重。甚至用铁丝代替钢筋，以短木块代替钢筋，楼板安装完后，板就断了，房子也就倒塌了，问题十分严重。

1.4.2 改进措施

为了保证农村房屋长住久安，就必须采取有效措施，严把施工质量关。

①引导农民不要在建房中单纯追求高、大、空，俗话说"室雅何须大，花香鸟语多"不要作力所不能及的事情，克服攀比思想。把有限的资金用在刀刃上，切实把结构搞好。

②加强科学技术的普及教育，用事故造成的损失来教育农民，让他们知道建房也要按科学规律办事。

③加强建房的管理工作。推行统一规划、统一设计、统一施工、统一管理的建设方法。强化对设计、材料、施工的质量监督。

④动员各科研、设计、高等院校的技术力量都来关心农民建房。

1.4.3 切实把住建筑构造和施工的质量关

(1)慎重选择宅基地

受地形的限制，房屋有的依山就势地坐落在山脚下、沟谷中，还有的沿江、河、湖、海岸边或在河滩上建房。这些地段容易受到滑坡、泥石流、洪水、台风等自然灾害的侵袭，造成房屋大量倒塌。因此，必须尽量避开在上述地理条件不利的地段建房。在山坡下建房要勘察岩石走向与坡向，若岩石走向与坡向相反，建房安全。在山坡上建房，不宜顺坡建，应垂直山坡建房。对山坡进行人工整治。不要将房屋建在主风口上，且不要建单开间高耸房屋。在易受洪水侵袭的地段或在江河岸边建房，应设法采用高台建屋或提高室内外高差，以避免洪涝灾害。也不得在地震断裂带建房。

(2)重视地基基础处理

房屋的基础是整座建筑物的一个很重要的组成部分，它要承受上面的全部荷载，并把这些重量传到地基上。"万丈高楼平地起"，基础牢，房屋才会稳固。地基处理不当，易产生不均匀沉降，从而引起墙体开裂。农民建新房大多选址在农田之上，为抬高地面标高而新填土较高，新填土经夯打几遍便作为新房地基，因此极容易出现不均匀沉降。为此，基础应尽可能放置在耕土下的老土层。基槽开挖后，要用钢钎探一探，看看是否均匀或有没有孔洞、墓穴。基础底面应尽可能地埋在地下水位以上和当地冰冻土层以下，否则应采取防害措施，遇到上层土质较好、下层土质较差时，可采用浅埋宽基础的办法。遇到软土、淤泥土、膨胀土、冻土时，可用砂垫层和换土的处理方法，并增设圈梁，以提高建筑物的刚度，避免不均匀沉降。

房屋的基础施工要因地制宜，就地取材，精心施工，保证质量，下面介绍几种基础做法：

①砖基础。适用于基础宽度不大、土质较好的地基。砖标号不小于75号，砂浆应不低于25号。

②灰土基础。适用于土质较差、地下水位较低的地基，常用3∶7或2∶8灰土、石灰粉和黏土均应过筛。施工时要分层夯实。

③毛石基础。适用于地基表土不坚实(地耐力差)、需要深埋的基础，且取材较容易的地区。

④混凝土基础。适用于地下水位高、土质不太坚实的浅基础。此种基础坚固耐用不怕水，但造价较高。

(3)不可忽略散水构造

散水的主要作用是防止由屋面落下来的雨水和地表水直接侵蚀基础，如果不设散水或设置不当，雨水和地表水直接侵蚀地基和基础，使其不能保证原有土壤的干湿状态，导致地基土壤达到饱和所引起地基土壤的液化或细粉砂滑移而产生地基承载能力的降低和基础的不均匀沉降。如果基础建筑在膨胀土上或大孔性湿陷性土壤上时，会出现遇水膨胀、脱水收缩的现象。在反复干湿中，基础上浮，建筑物墙体将受到严重的威胁，直至开裂。由于局部墙体裂缝而降低使用寿命或危及结构安全，仅仅由于不设置散水或散水设置不当而引起，真是得不偿失。因此，必须搞好基础的排水和防水措施，并适当加宽散水。散水宽度一般为600~1000mm。且要比屋檐宽出200mm。横向排水坡度为3%~5%。一般可采用混凝土散水。

(4)必须切实做好墙基防潮层

如果不设防潮层，将导致地下水和地表水通过毛细现象对墙体侵蚀。引起墙体泛淤泛碱，粉刷层脱落、霉变。即使用水泥砂浆粉刷墙裙，一段时间后，墙裙上部再次出现并逐渐向上移，因此也无济于事。根本的办法，是在砌筑墙体时，应在室内地面下60mm处设置20厚1:2防水水泥砂浆(内掺水泥重量5%的防水粉)的防潮层或以混凝土圈梁代替。在室内地面有高差时还必须分层设置，并在二层之间墙的外侧增刷二道热沥青，以保证墙基的防潮作用。

(5)合理确定砌筑砂浆的标号

墙体砌筑砂浆标号过低，使砌体强度下降，降低了抵抗变形的能力。农民建房往往忽视砂浆的强度，常用黄泥，砂子渗少量石灰膏，实际强度不足4号，甚至是无标号砂浆。导致砌体整体性差、承载能力低，砌体的砌筑砂浆必须根据设计计算确定，千万不可滥用。

(6)选择合适的砌体构造

严格按要求施工。砖砌体的强度主要取决于砖的标号和砌筑砂浆的标号，因此，砖和砂浆的标号都要符合设计要求。砌体的整体性既除了取决于砂浆的标号外，还要求纵横墙要同时砌筑；以加强纵横墙的联系。砌墙时，砖要先淋水，保证砂浆的黏结力和墙体的强度，做清水墙，应用1:1水泥砂浆勾缝，保护砌筑砂浆不受雨水的侵害。尽量不用或少用空斗墙。避免包心柱的砌筑方法。墙体转角和丁字接头要咬搓。

(7)采取切实可行的抗震措施

震害给人们留下的教训是极其惨重和深刻的，许多事实证明，只要进行正规抗震设计，采取有效的抗震措施，就可以把灾害减少到最低程度，主要措施有：

①房屋体形力求简单、规整，平面布置整齐对称，尽量避免局部凸出凹进，结构布置应注意整体性，纵横墙尽量平面贯通，上下对齐并有可靠连接。

②地基要好，基础要牢。场地好，震动小。基础牢，房难倒。应该尽可能避开软弱地基及陡坡地形，采取相应的措施，使基础的强度和稳定性满足规范的要求。

③在楼层及屋盖处设置钢筋混凝土圈梁。截面不应小于240×120，内配4ϕ10，ϕ6@200~250。

④在楼梯间及房屋的局部尺寸限值达不到的所在设置构造柱，并从基础圈梁开始到顶层均与各层圈梁拉通相交，形成整体。其截面不小于240×240，内配4ϕ12，ϕ6@250。

⑤装修构造力求简单，砖砌女儿墙墙厚不小于240，用25号砂浆砌筑，高度不大于500mm。顶部现浇不小于60厚通长钢筋混凝土压顶(内配2ϕ8 ϕ6@250)。

⑥所有承重墙厚度不小于240，用75号标准砖，25号混合砂浆砌筑。

(8)外墙渗水问题不容忽视

目前新农村建设中，普遍存在着外墙渗水的问题，墙体渗水造成室内装修的霉变发黑，不仅极不美观影响使用，而且也严重威胁着身体的健康。造成外墙渗水的主要原因是墙体的砖砌体灰缝不饱满，尤其是180厚的砖砌体更为严重，为此：

①外墙砖砌体的厚度不宜小于240厚，而且砌筑时应确保灰缝饱满。

②外墙宜增设外装修。外墙装修不仅可提高建筑物的造型效果，更重要的还在于保护墙砌体，提高耐久性，确保居住质量。事实证明，普通的240厚实砌砖墙仅用水泥砂浆勾缝，遇到连续大风大雨，势必迫使雨水向砌体内渗透，引起内墙面泛潮渗水，粉刷脱落、霉变。但只要采用1:1:6混合砂浆外墙粉刷，便可防止此种情况发生。为此，应从实际出发，适当提高外装修水平。

③当外墙室内设木装修时应在靠墙处干铺非纸胎油毡一层(或刷高聚物涂膜防水涂料)，以提高防潮性能。

(9)外墙贴面砖的质量保证措施

近几年来，随着人民生活水平的提高，在许多新农村建筑中彩面砖作为外墙装修已较为普遍，居民住宅中，也常用作重点部位的装饰。色彩明快的外墙贴面砖装修，能使新农村建筑的外貌发生很大的变化，增加新农村环境的美感。但是，当前外墙贴面砖装修普遍存在一些质量通病：

①贴面砖少则几个月、多则2～3年，便出现开裂或脱落现象，使外墙饰面变得“千疮百孔”。

②面砖颜色不均匀，同一墙面上颜色深一块浅一块。

③面砖镶贴不平不直，横向和竖向拼缝线条歪歪扭扭。

造成这种问题的原因是：面砖质量低劣，吸水率大；施工操作不符合规范要求，其中包括面砖镶贴前未经充分浸泡就使用、施工操作不当及面砖镶贴切前未经挑选。结构变形引起面砖开裂；将室内使用的瓷砖用来镶贴外墙面。

为了保证外墙装饰面砖的质量，施工时必须注意：

①真选材。

②严格按照规范要求施工。

③从构造上采取防裂措施。设计时应注意按要求设置沉降缝和伸缩缝，防止结构变形和墙体开裂。设计图中应明确规定外墙贴面砖的型号规格和质量要求。总之只要认真选材，严把施工质量关，构造措施合理，外墙贴面砖装修工程质量是能够得到保证的。今后，外墙装修应大力推广外墙涂料。

(10)重视平屋面保温层的设计与施工

平屋面的保温层不仅是屋面保温隔热的保证，而且影响到结构的温度变形，因此必须充分重视、认真选材、精心施工，目前常用的一些屋面保温材料，如白灰焦砟、加气混凝土、水泥珍珠岩、水泥蛭石等，都普遍存在吸水率高的缺点，当其施工后，抹找平层时又需浇水，当找平层干燥铺设防水层后，保温层内的水分长期不能散发，夏季受热引起膨胀，导致防水层鼓泡破坏；冬季冰冻，导致保温性能下降，造成结构产生温度变形致使墙体出现裂缝。为了解决这一问题，不少科研设计单位都在探索这一难题。目前比较理想的做法是采用聚苯乙烯泡沫塑料作为保温层，效果不错，但造价较高。

(11)努力解决屋面防水

屋面防水是一个很难解决的问题。瓦屋面漏雨，多数是由于没设油毡防水层所致，一旦瓦片碎裂或遇大风，则屋面水沿瓦搭接缝返进屋面，即会引起屋面基层受潮霉变甚至漏水。为此，瓦屋面还是设一层油毡层为好。平屋面漏水的原因，主要是防水层遭破坏和立墙防水处理不当所致，造成防水层破坏的主要原因：一是防水层的材料质量不好，二是由于保温层含水量太大，受热膨胀导致防水层鼓泡而破坏。对防水层的材料，最常用的油毡防水层，由于沥青质量不好引起油毡粘贴不牢，而油毡中的沥青由于沥青脂的破坏而发脆，致使油毡丧失防水性能。近几年来研究成功的三元乙丙防水卷材、氯化聚乙烯卷材以及聚氨酯等都是较好的防水材料。虽然价格一般较高，但为了长住久安，还是应该以保证质量为主，采用较好的防水材料，以防止屋面漏水，影响使用。平屋面的坡度应不小于2%，且一般不宜大于25%。

(12)切实做好卫生间的防水

在住宅的浴室、卫生间、盥洗室的楼、地面均必须做防水层。防水层的基层应平整，四周及竖管的根部位应抹小八字角；防水层先做管根防水，用建筑密封膏封严，再做楼、地面防水层，与管根密封膏搭接一体，防水层至立墙与楼、地面转角处卷起250mm，并做好平立面交接防水处理。

(13)认真做好坡屋面的设计与施工

实践证明，坡屋顶不仅具有良好的防水及隔热效果，同时对于丰富新农村住宅的立面造型也起着极其重要的作用。传统的民居都是以木结构的坡屋顶为主的，但是由于木材的缺乏和钢筋混凝土平屋顶的应用，使得一段时间以来坡屋顶近乎销声匿迹。但由于钢筋混凝土平屋顶防水问题较难解决，保温防热问题也不好处理，建筑造型的天际轮廓线也较简单，因此，坡屋顶的应用又得到普遍的重视。

对于钢筋混凝土坡屋顶的应用，首先必须从设计中给予足够重视，坡屋顶已形成了一个空间结构，不能简单地把其按照普通的梁板体系进行计算，以减少钢筋和混凝土的用量。在施工中应采用小粒径的石子和塌落低的密实性混凝土，并用平板振捣器振捣和滚筒辗压提浆等工艺，以方便施工，提高混凝土的紧实度。

目前，常用的彩色水泥瓦适用于屋面坡度22.5°～80°，最小屋面坡度为17.5°。当屋面坡度在22.5°～30°时，除可以采用挂瓦条挂瓦外，也可以采用水泥砂浆卧瓦，但屋檐处的瓦，要用挂瓦条、钉子、檐口铝合金搭扣固定。瓦片和挂瓦条的固定除钉子外，也可用ϕ2双股铜丝绑牢。

另外，室内装修所采用的木龙骨、木结构，除应严格控制含水率外，均应满涂氟化钠防腐剂。坡屋顶的建筑物均应加设山墙通风洞。并安装外百叶内铁纱的山墙通风窗，或采取其他的屋顶通风设施。

地基与基础

2.1 概述

2.1.1 地基与基础的关系

基础是建筑物的下部结构，承受建筑物上部结构传来的荷载，并将荷载连同本身自重传递给地基，是建筑物的重要组成部分。

地基是基础下面的土体或岩体。地基不属于建筑物的组成部分，但对保证建筑物的坚固、耐久有着重要的作用。如果地基出现较大的沉降变形和失稳，将引起建筑物开裂、倾斜，甚至倒塌。

地基单位面积所能承受的最大压力称为地基承载力。为保证住宅的安全，基础传给地基的压力不得超过地基的承载力，可用下式表示：

$$f \geqslant N/A \text{ 或 } A \geqslant N/f$$

式中：N——基础传给地基的荷载(kN)；

A——基础底面积(m^2)；

f——地基承载力(kPa)；

可见当荷载不变的条件下，地基承载力愈低，基础底面积应愈大，因此，基础的类型和构造并不完全决定于住宅的上部结构，与地基土的性质也有着密切的关系。

2.1.2 地基的分类

《建筑地基基础设计规范》规定作为建筑地基的土(岩)可分为岩石、碎石土、砂土、粉土、黏性土和人工填土六类。

按土(岩)的物理性质，地基可分为天然地基和人工地基两大类。

(1)天然地基

凡具有足够的承载力和稳定性，不需要进行地基处理便能直接建造房屋的地基称为天然地基。岩石、碎石土、砂土、粉土、黏性土一般都作为天然地基。

基础下面的地基一般由若干不同的土层组成，直接与基础接触的土层称为持力层，持力层下面的土层称为下卧层。

(2)人工地基

当土层的承载力较低或虽然土层较好，但因上部荷载较大、土层不能满足承受住宅物荷载的要求时，必须对土层进行地基处理，以提高其承载力，改善其变形性质，这种经过人工方法进行处理的地基称为人工地基。人工地基的处理方法一般有以下几种：

①换填垫层法(换土法)。挖去地表浅层的软弱土层，回填坚硬、较粗径的材料，经夯实的处理方法。

②预压法。对地基进行堆载或真空预压，使地基土固结的处理方法。

③强夯法。利用夯锤从高处自由下落给地基以冲击和振动能量，夯实地基土的处理方法。

④深层挤密法。利用锤击或振动将桩管沉入地基，对较弱土层产生横向挤密作用，减小土的压缩性，提高土的抗剪强度和密实度的处理方法。

挤密桩通常采用灰土桩、砂石桩、石灰桩、夯实水泥土堆等。

⑤化学加固法。将化学溶液或胶黏剂灌入土中，使土胶结以提高地基强度，减少沉降或防渗的地基处理方法。其方法有高压喷射注浆法、深层搅拌法、水泥搅拌法等。

2.1.3 对地基和基础的要求

①地基应具有足够的承载力和较小的压缩性，地基的持力层应分布均匀。

②基础应具有足够的强度和耐久性。

③注意经济效果。基础工程约占建筑造价的10%~40%，所占比例非常大，因此，在满足强度和变形要求的条件下，应尽可能利用天然地基，就地取材，以降低造价。当地基比较复杂时，应进行多方面综合比较，选用恰当的基础型式和构造方案，节约工程投资。

2.2 基础的埋置深度及影响因素

2.2.1 基础的埋置深度

为确保住宅的坚固安全，基础埋入土层中必需有足够的深度。基础的埋置深度指室外设计地面标高至基础底部的垂直高度，简称埋深。基础按埋置深度分为浅基础和深基础两类，埋深小于4m的基础称为浅基础；埋深大于4m的基础称为深基础。在满足地基稳定和变形要求的前提下，基础宜尽量浅埋，但最小的埋置深度不宜小于0.5m，以保证住宅的安全。

2.2.2 影响基础埋置深度的因素

影响基础埋置深度的因素很多，主要有以下几方面：

(1)地基土层构造对埋置深度的影响

住宅必须建造在坚实的土层上，直接与基础接触的土层称为持力层。由于土层分布复杂，基础底面进入持力层深不宜小于0.5m。

(2)上部结构荷载大小和性质的影响

作用在地基上的荷载愈大，地基沉降量愈大，基础的埋置深度也就应大一些，当基础承受水平荷载较大时，为了保证结构的稳定性，也必须加大埋深。

高层住宅巨大水平荷载(风荷载、地震荷载)作用下易发生倾覆或滑移，因此必须控制基础的埋置深度，一般不小于住宅高度的1/12。一定的埋深对于保证高层住宅整体稳定，吸收地震能量，减轻上部结构的地震反应都是必需的。为了充分利用地下空间，高层住宅常设置地下室。

(3)地下水位的影响

地基土含水量的大小，对地基承载力有很大影响，另外当地下水含有侵蚀性物质时会对基础产生腐蚀，降低基础的耐久性。因此，基础应尽量埋在地下水位以上。

当基础必须埋在地下水位以下时，宜将基础埋在最低水位以下不小于200mm处，以避免受到地下水浮力的影响。

(4)土的冻结深度的影响

土的冻结深度称为冰冻线，是冻结土和非冻结土的分界线。寒冷地区土中的水受冷时，冻结成冰，使土体的体积膨胀称为土的冻胀。土冻胀时会把基础拱起，而解冻后基础又将下沉。长期的冻融循环，会导致建筑产生变形、开裂、倾斜等危害。因此，寒冷地区应将基础埋在冰冻线以下200mm处，防止基础受到冻胀和融陷的影响。

(5)相邻住宅的影响

当新建住宅附近有原有住宅时，为了保证原有住宅的安全和正常使用，新建住宅的基础埋深不宜大于原有住宅埋深。当大于原有住宅埋深时，两基础之间净距应不少于2H(H为新旧基础的底面高差)。当不能满足要求时，应设临时加固支撑或采用悬挑梁解决。

2.3 基础的分类和构造

2.3.1 基础按材料的分类

基础按照使用的材料可分为：砖基础、灰土基础、三合土基础、混凝土基础、毛石基础、毛石混凝土基础和钢筋混凝土基础。

(1)砖基础

砖基础具有就地取材、价格较低、施工简便的特点。砖砌体具有一定的抗压强度，但抗拉和抗剪强度较低，在地下水位以下或潮湿环境，砖基础应采用水泥砂浆砌筑。砖基础底面一般做100mm厚的混凝土垫层，其剖面通常做成阶梯形，俗称大放脚。每一阶梯挑出的长度为砖长的1/4。为保证基础外挑部分在基底反力作用下不致发生破坏，大放脚的砌法有两皮一收和二一间隔收两种。二一间隔收可减少基础高度，但为了保证基础的强度，底层需用两皮一收砌筑。砖基础构造如图2-1：

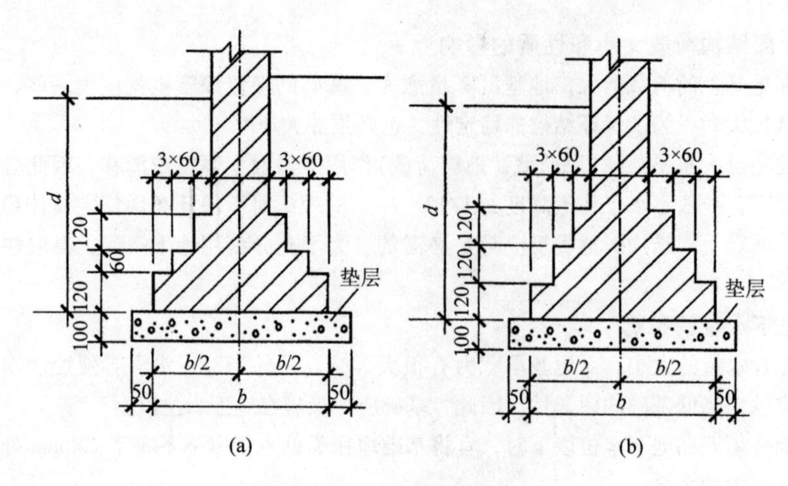

图 2-1　大放脚砖基础

(a)二一间隔收；(b)两皮一收

(2)灰土基础

我国早在1000多年前就已使用灰土作为基础材料，还有不少完整地保留到了现在。灰土是由石灰和黏性土按比例混合而成。石灰以块状生石灰为宜，经消化1～2天后，通过5～10mm筛子筛后使用。土料以粉质黏土为宜，若用黏土，应将黏土打至松散状态。灰土基础石灰和土的体积比一般为3∶7或2∶8，加水拌和均匀，夯实，每层虚铺220～250mm，夯至150mm为一步，一般可夯2～3步。由于灰土抗冻和耐水性差，因此灰土基础适用于地下水位较低、比较干燥的土层中，一般可用于五层及五层以下的混合结构房屋。灰土基础构造如图2-2。

(3)三合土基础

三合土基础，由石灰、砂、骨料按体积比一般为1∶2∶4或1∶3∶6加适量水拌和夯实而成，每层虚铺220mm，夯至150mm。三合土的强度与骨料有关，矿渣最好，因其具有水硬性；碎砖次之，碎石及河卵石因不易夯打结实而质量较差。三合土基础一般多用于地下水位较低的四层和四层以下的民用建筑。

(4)毛石基础

毛石基础是用强度较高而未风化的毛石砌筑。为保证拉结力，每一阶梯宜用三皮或三皮以上的毛石。由于毛石尺寸较大，毛石基础的宽度及阶梯高度不得小于400mm，每一阶梯伸出宽度不宜大于200mm(如图2-3)。

(5)混凝土基础

混凝土基础的强度、耐久性、抗冻性都很好。当荷载较大或位于地下水位以下时，常用混凝土基础。阶梯高度一般不得小于300mm。混凝土基础水泥用量较大，造价也比砖石基础高。如基础体积较大，为了节约混凝土用量，在浇灌混凝土时，可掺入少于基础体积30%的毛石，做成毛石混凝土基础(如图2-4)。

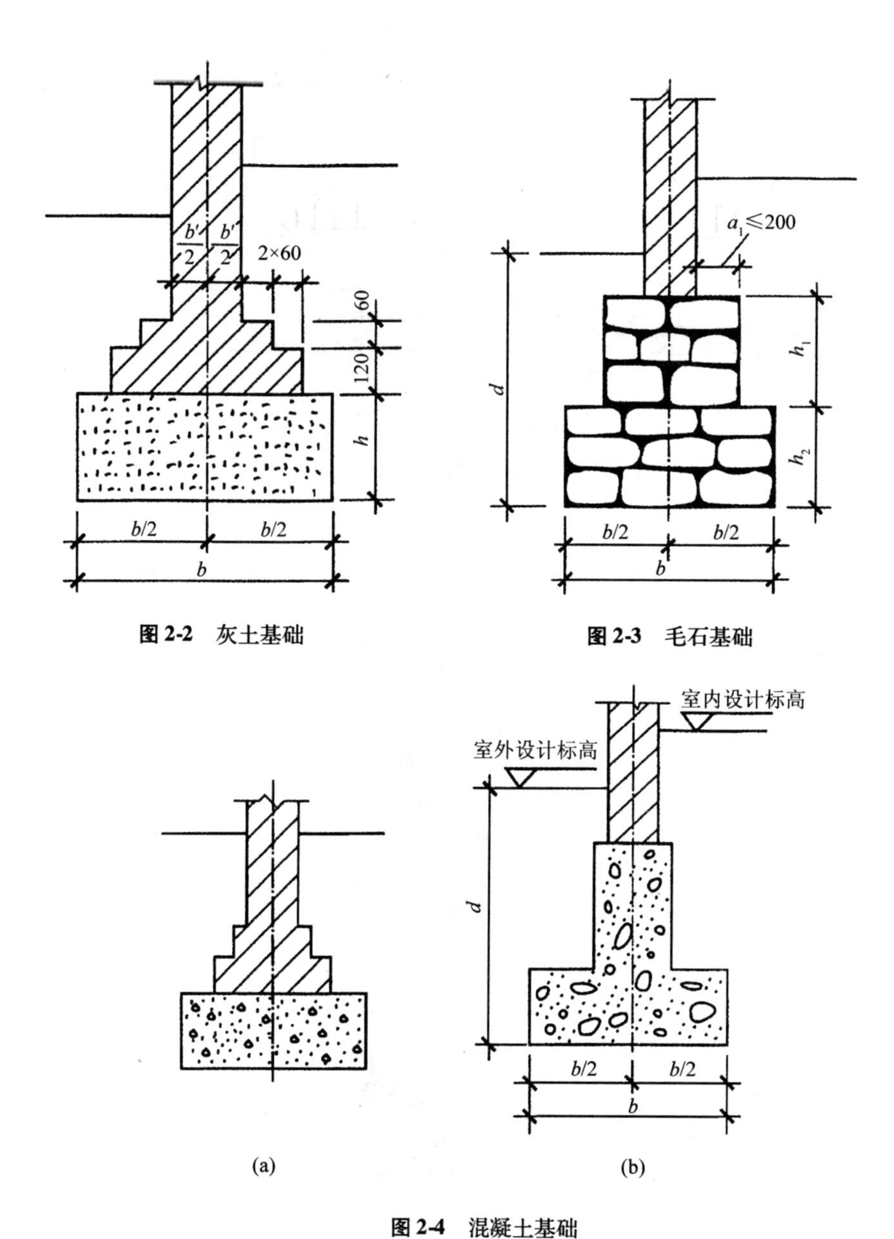

图 2-2　灰土基础

图 2-3　毛石基础

图 2-4　混凝土基础

(a)混凝土基础；(b)毛石混凝土基础

(6)钢筋混凝土基础

钢筋混凝土基础强度大，不仅抗压强度、耐久性、抗冻性较好，而且具有良好的抗弯性能，在相同条件下，基础较薄。如建筑的荷载较大或土质较软时，常采用这类基础(如图 2-5)。

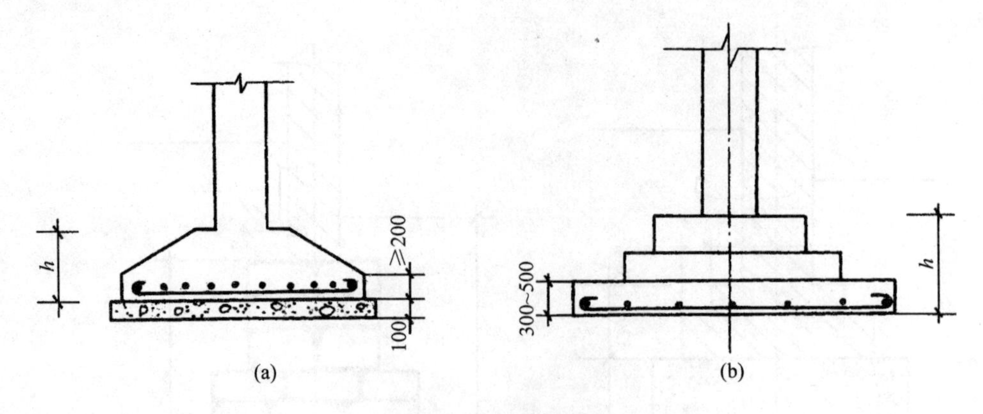

图 2-5　钢筋混凝土基础

(a)有垫层；(b)无垫层

2.3.2　基础按结构型式分类

基础按结构型式分类，可分为单独基础、条形基础、柱下十字交叉基础、片筏基础和箱形基础和桩基础。

(1)单独基础

单独基础又分为柱下单独基础和墙下单独基础两种形式。现浇柱下钢筋混凝土基础的截面可做成阶梯形或锥形，预制柱下的基础一般做成杯形基础，当柱子插入杯口后，将柱子临时支撑，然后用强度等级 C20 的细石混凝土将柱周围的缝隙填实。墙下单独基础是当上层土质松散，而在不深处有较好的土层时，为了节约基础材料和减少开挖土方量而采用的一种基础形式(如图 2-6)。砖墙砌在单独基础上边的钢筋混凝土过梁上(如图 2-7)。过梁跨度一般为 3~5m。

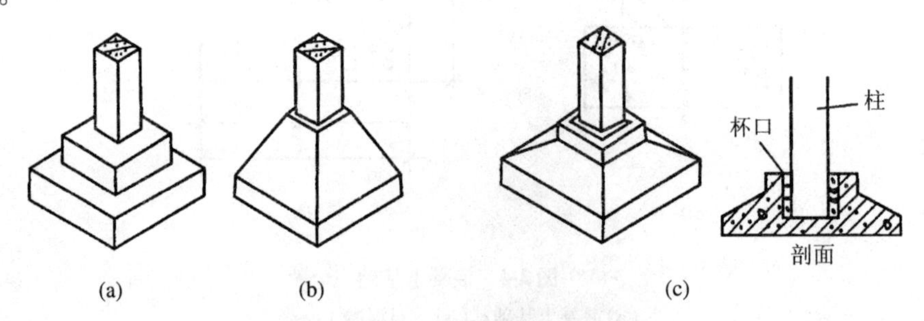

图 2-6　柱下单独基础

(a)台阶基础；(b)锥形基础；(c)杯形基础

(2)条形基础

条形基础是指基础长度远大于其宽度的一种基础形式。按上部结构形式，可分为墙下条形基础和柱下条形基础。墙下条形基础是承重墙基础的主要形式，常用砖、毛石、三合土或灰土建造。当上部结构荷载较大而土质较差时，可采用混凝土或钢筋混凝土建造。墙下钢筋

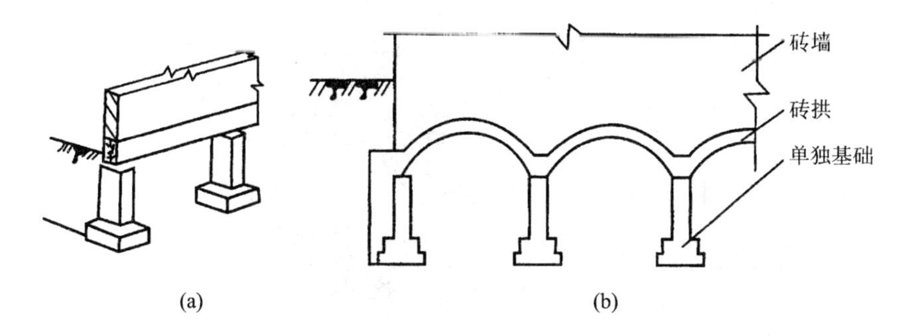

图 2-7 墙下单独基础

(a)基础梁；(b)砖拱

混凝土条形基础一般做成无肋式；如地基土层压缩性不均匀，为了增加基础的整体性，减少不均匀沉降，也可做成肋式条形基础。当地基软弱而荷载较大时，若采用柱下单独基础，底面积必然很大，因而互相接近，为增强基础的整体性并方便施工，可将同一排的柱基础连通作成钢筋混凝土条形基础(如图 2-8)。

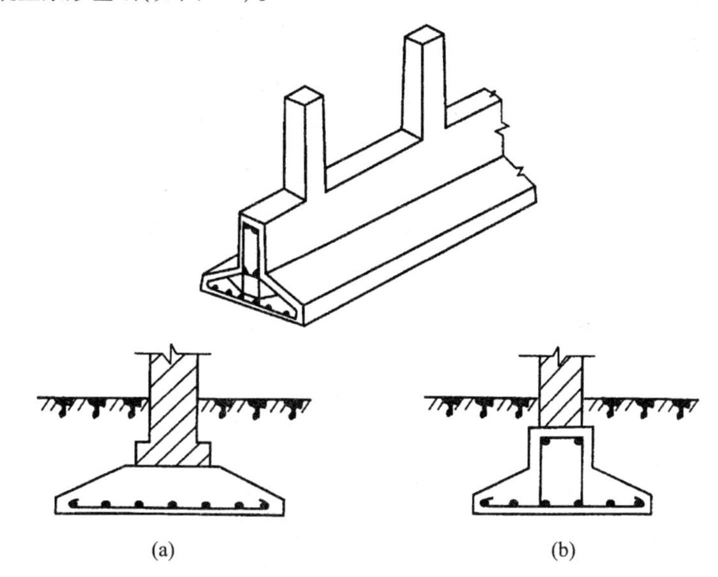

图 2-8 钢筋混凝土条形基础

(a)无肋式条形基础；(b)有肋式条形基础

(3)柱下十字交叉基础

当建筑荷载较大，而土质又较软弱时，为了增强基础的整体刚度，减少不均匀沉降，可在柱网下纵横两方向设置钢筋混凝土条形基础，形成十字交叉基础(如图 2-9)。

(4)片筏基础

当地基土层软弱而荷载又很大，采用十字交叉基础仍不能满足变形要求时，可用钢筋混凝土做成整块的片筏基础，通常又称满堂基础，按构造不同可分为平板式和梁板式两类。平

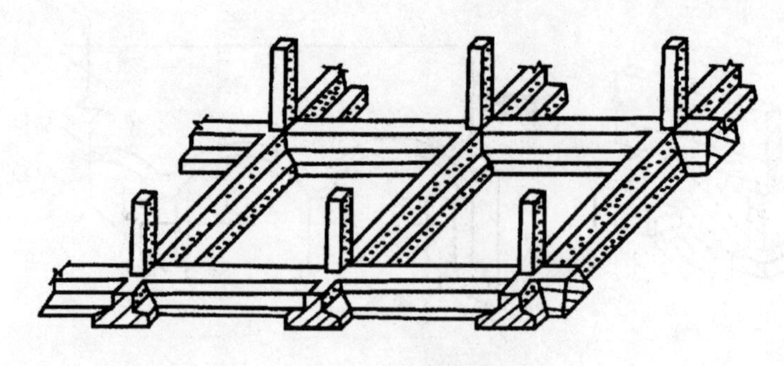

图 2-9　十字交叉基础

板式是在地基上做一块等厚钢筋混凝土底板，柱子直接支撑在底板上，通常柱下加设柱托。梁板式筏形基础由钢筋砼底板和肋梁组成，构造上如同倒置的肋形楼板（如图 2-10）。片筏基础的整体性好，能调节基础各部分的不均匀沉降，常用于荷载较大的高层建筑。

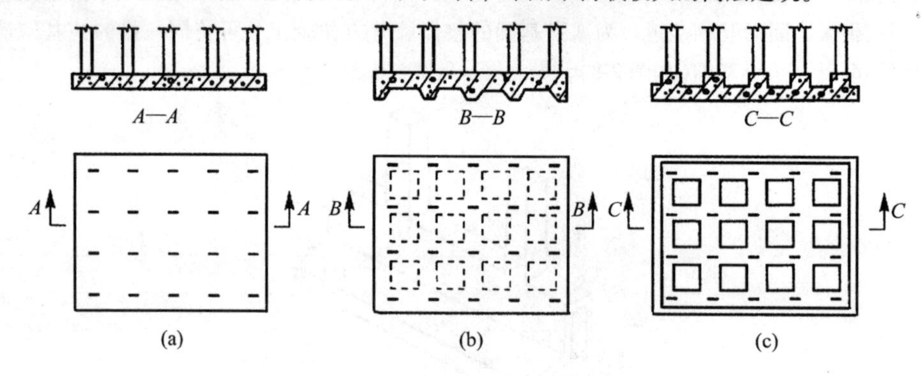

图 2-10　片筏基础

（a）平板式；（b）梁板式一；（c）梁板式二

2.3.3　基础的构造

我国《建筑基础设计规范》（GB50007－2002）把基础形式分为四类：无筋扩展基础、扩展基础、柱下条形基础、高层建筑形基础。

（1）无筋扩展基础

无筋扩展基础又称刚性基础，一般是指用砖、毛石或毛石混凝土、灰土和三合土等刚性材料组成。刚性材料都具有较高的抗压性能，但抗拉和抗剪强度较差，因此这类基础应当主要承受压应力，并保证基础内的拉应力和剪应力不超过材料强度的设计值。

为了保证刚性基础，不因拉应力或剪应力作用下产生破坏，必须控制基础的宽高比。如图 2-11 中的又称为刚性基础的刚性角，b_2/H_0 称为宽高比。刚性基础的宽高比不应超过表 2-1 规定。

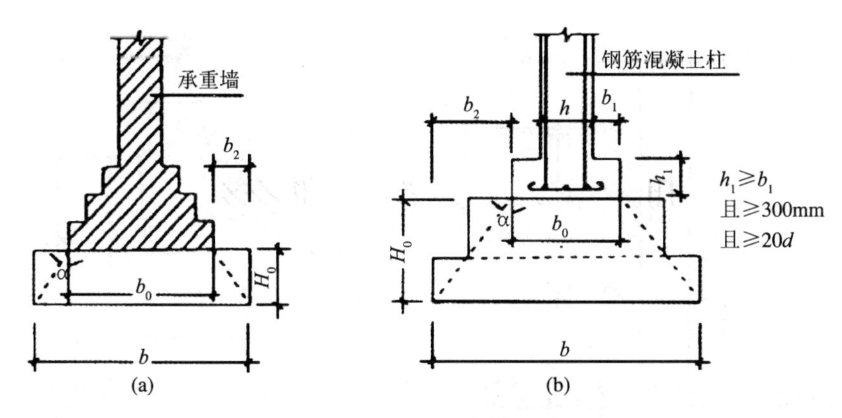

图 2-11　无筋扩展基础构造示意

d 为柱中纵向钢筋直径

(a)砖基础；(b)混凝土基础

表 2-1　无筋扩展基础宽高比允许值表

基础材料	质量要求	台阶宽高比的允许值		
		p≤100	100＜p≤200	200＜p≤300
混凝土基础	C15 混凝土	1:1.00	1:1.00	1:1.25
毛石混凝土基础	C15 混凝土	1:1.00	1:1.25	1:1.50
砖基础	砖不低于 MU10，M5 砂浆	1:1.50	1:1.50	1:1.50
毛石基础	M5 砂浆	1:1.25	1:1.50	-
灰土基础	体积比为 3:7 或 2:8 的灰土，其最小干密度： 粉性土 1.55t/m^3 粉性黏土 1.50t/m^3 粘土 1.45t/m^3	1:1.25	1:1.50	-
三合土基础	体积比 1:2:4～1:3:6(石灰:砂:骨料)，每层约虚铺 200mm，夯至 150mm	1:1.50	1:2.00	-

注　1)p 为基础地面出的平均压力标准值(kPa)；

2)阶梯形毛石基础的每阶伸出宽度不宜大于 200mm；

3)当基础由不同材料叠合组成时，应对接触部分作抗压验算；

4)当基础底面处的平均压力标准值超过 300kPa 时，尚应按有关规范的规定进行抗剪验算。

(2)扩展基础

扩展基础是指柱下钢筋混凝土独基础和墙下钢筋混凝土条形基础。钢筋混凝土独立基础主要有现浇柱锥形基础、预制柱杯形基础和高杯口基础，是应用很广的基础形式(如图 2-13)。

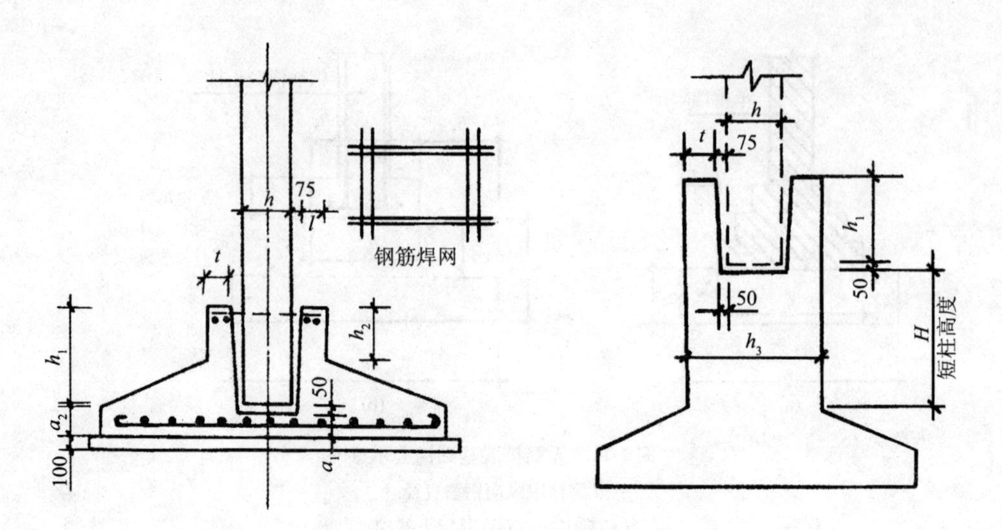

图 2-12　现浇柱锥形基础和高杯口基础

3 墙体

3.1 概述

砌体结构是指建筑物的主要受力构件由块体和砂浆砌筑而成的结构。块体包括人工制造的各种砖以及天然的石材。根据使用的块体的不同，砌体结构包括砖砌体结构、砌块砌体结构和石砌体结构。

在砌体结构房屋中，墙体是主要的承重构件，同时也是围护构件。它所占的造价比较大，因而在工程设计中，合理地选择墙体材料、结构方案及构造做法十分重要。

3.1.1 墙体的作用和设计要求

(1) 墙体在建筑中的作用

①结构承重。承受房屋的屋顶、楼顶、人和设备的荷载以及墙体自重、风荷载、地震荷载等。

②外部围护。抵御自然界风、雪、雨等的侵袭，防止太阳辐射和噪声的干扰等。

③内部分隔。墙体可以把房间分隔成若干个小空间或小房间。

(2) 墙体的设计要求

①具有足够的强度和稳定性。承重墙应有足够的强度来承受楼板和屋顶竖向荷载，建筑墙体的高厚比是保证墙体稳定的重要措施，必须控制在规定允许的范围内。

②满足热工方面(保温、隔热、防止产生凝结水)的性能。为实现节能要求，采暖建筑外墙应有足够的保温能力，以减少热损失，同时还应防止在围护结构内表面和保温材料内部出现凝结水现象；炎热地区外墙应具有足够的隔热能力。

③有一定的隔声性能。为避免噪声对室内环境的干扰，墙体结构必须具有足够的隔声能力，不同用途、性质的建筑因其作用不同，隔声标准也不同。

④具有一定的防火性能。建筑设计应符合《建筑设计防火规范》的规定，根据建筑材料的燃烧性能和耐火极限严格控制其使用。

⑤合理选择墙体材料、减轻自重、降低造价。经济性是墙体设计的重要因素之一，墙体在整个建筑工程中所占造价比重较大，合适的墙体材料有利于降低造价；墙体在整个建筑物中占有很大比重，合适的材料有助于减轻墙体自重，减轻整体建筑荷载。

⑥要有必要的防水与防潮等防护措施。为保持墙体的坚固耐久性，保持室内的环境，在容易受潮的房间应采取必要的防潮措施，有特殊功能的建筑物的墙体还应考虑防辐射、防腐蚀等措施。

3.1.2 墙体的分类

墙体的分类方法很多，一般按墙体位置、材料、受力特点进行分类。

(1) 按结构布置分为内墙和外墙

①外墙。位于建筑的四周，能抵抗外界环境侵袭。

②内墙。位于房屋内部，主要起分隔内部空间作用。

(2) 按结构受力情况分为承重墙和非承重墙

承重墙直接承受楼板及屋顶传下来的荷载；非承重墙包括隔墙、填充墙和幕墙，隔墙用于分隔建筑内部空间，并把自重传给楼板层。填充墙和幕墙承受风荷载，并把它传给骨架；非承重墙也可以划分为承自重墙、围护墙和隔墙。

(3) 按材料不同分为砖墙、砌块墙、石墙及混凝土墙等

①砖墙。用作墙体的砖有黏土多孔砖、黏土实心砖、灰砂砖、焦渣砖等。砖块之间用砌筑砂浆粘接而成，有水泥砂浆、混合砂浆、石灰砂浆等。

②砌块墙。包括轻质砌块墙和承重砌块墙。

a. 轻质砌块墙：指混凝土添加发泡剂和轻质材料如陶粒、矿石渣等材料，经蒸养压制而成。如加气混凝土砌块、粉煤灰砌块等。轻质砌块具有自重轻、可切割、隔音、保温性能好等特点，多用于非承重的隔墙及框架结构的填充墙。

b. 承重砌块墙：多指混凝土空心小型砌块，采用C20混凝土制作，常用于6层及以下的住宅。

c. 石墙：石材是一种天然材料，主要用于山区和产石地区。它分为乱石墙、整石墙和包石墙等作法。

d. 轻质板材墙

(a)实体板材墙：以陶粒混凝土板材、加气混凝土板材为主，多为轻质混凝土空心板 。

(b)龙骨板材墙：指以轻钢龙骨、铝合金龙骨或木龙骨为支撑体系，在龙骨两侧贴覆轻质板材，如石膏板、水泥板、树脂板、玻镁板等。

(4)按构造和施工方式不同分为叠砌式墙、板筑墙和装配式墙

①叠砌式墙。指由砂浆等胶结材料将块材等组砌而成的墙体，包括实砌砖墙、空斗墙和砌块墙等。

②板筑墙。板筑墙是在现场支模板，然后浇注墙体材料，包括夯土墙、灰砂土筑墙以及滑模、大模板等混凝土墙体等。

③装配式。装配墙是在工厂预先制成的系列墙板，然后在施工现场安装而成的墙。包括大板材墙、多种组合墙和幕墙等。

3.1.3 墙体的承重方案

(1) 纵墙承重

纵墙承重是指水平承重构件搁在内外纵墙上，由纵墙承受楼面及屋面荷载。这种承重体系横向刚度差，整体性差，纵墙开洞也受限制，在抗震区不宜使用。

(2) 横墙承重

横墙承重是指楼板的两端搁置在横墙上，横墙承受楼板及屋面荷载。这种方案空间刚度大，利于抵抗水平风载和地震作用及调整不均匀沉降，纵墙可开设较大的洞口，在抗震区应优先选用。缺点是建筑空间组合不够灵活，一般用于房间开间不大的建筑，如宿舍、住宅等。

(3) 纵横墙混合承重

纵横墙混合承重是指可根据需要由横墙及纵墙共同承重。这种承重体系的空间刚度介于上述两者之间，布置灵活，可使板有较小跨度，节省钢筋用量。一般用于教学楼、办公楼等。

(4) 内框架承重

内框架承重又称墙柱混合承重。指建筑内部采用梁、柱组成的框架承重，四周采用墙体承重，房间的总刚度主要由框架保证。

这种承重体系空间划分灵活，空间刚度好，但受力性能较差，柱与墙基础形式不同，易产生不均匀沉降。一般用于厂房、商场等内部空间较大的建筑。

3.2 砖砌体

3.2.1 材料

我国采用砖墙从战国时期到现在，已有2000多年的历史。主要因为砖墙取材容易、制造简单，既能承重，又具有一定的保温、隔热、隔声、防火性能。它的缺点是强度较低、施工进度慢，又占用耕地、污染环境，目前国家对黏土砖墙已经禁止使用。目前轻质混凝土墙、粉煤灰砖正在广泛使用。

砖墙是用砂浆将砖按一定规律砌筑，其材料是砖和砂浆。

(1) 砌筑用砖

①分类

a. 按材料分为黏土砖、炉渣砖、灰渣砖等。

b. 按形状分为实心砖、多孔砖和空心砖等。

c. 蒸压砖：常用的有蒸压灰砂砖和蒸压粉煤灰砖两种。

②性能及要求。砌筑用砖系指以黏土、工业废料或其他地方资源为主要原料，以不同工艺制造的，用于砌筑承重和非承重构件的砖。

a. 烧结普通砖：烧结普通砖根据尺寸偏差、外观质量、泛霜和石灰爆裂分为优等品、一等品、合格品三个质量等级[见图3-1(a)]。优等品砖应无泛霜；一等品砖不允许出现中等泛霜现象；合格品砖不允许出现严重泛霜现象。优等品砖不允许出现最大破坏尺寸大于2mm的爆裂区域；一等品砖最大破坏尺寸大于2mm，且小于等于10mm的爆裂区域，每组样砖不准多于15处，大于10mm的爆裂区域不准出现；合格品砖最大破坏尺寸大于2mm且小于等于15mm的爆裂区域，每组样砖不准多于15处，其中大于10mm的不准多于7处，不准出现最大破坏尺寸大于15mm的爆裂区域。其外观质量见表3-1；烧结普通砖的尺寸偏差见表3-2。

表3-1　烧结普通砖外观质量　(mm)

项　目		优等品	一等品	二等品
两条面高差度	不大于	2	3	5
变曲	不大于	2	3	5
杂质凸出高度	不大于	2	3	5
缺棱掉角的三个破坏尺寸	不得同时大于	15	20	30
裂纹长度	不大于			
a. 大面上宽度方向及其延伸到条面的长度		70	70	110
b. 大面上长度方向及其延伸到顶面的长度或条顶面上水平裂纹的长度		100	100	150
完整面	不得少于	一条面和一顶面	一条面和一顶面	—
颜色		基本一致	—	—

注：凡有下列缺陷之一者，不能称为完整面：

1）缺损在条面或顶面上造成的破坏尺寸同时大于10mm×10mm；

2）条面或顶面上裂纹宽度大于1mm，其长度超过30mm；

3）压陷、粘底、焦花在大面、条面上的凹陷或凸出超过2mm，区域尺寸同时大于20mm×30mm。

表3-2　烧结普通砖的尺寸偏差　(mm)

公称尺寸	优等品		一等品		合格品	
	样本平均偏差	样本极差≤	样本平均偏差	样本极差≤	样本平均偏差	样本极差≤
240	±2.0	8	±2.5	8	±3.0	8
115	±1.5	6	±2.0	6	±2.5	7
53	±1.5	4	±1.6	5	±2.0	6

b. 烧结多孔砖：烧结多孔砖根据尺寸偏差、外观质量、强度等级和物理性能分为优等品、一等品和合格品三个等级，烧结多孔砖的构造如图3-1(b)、(c)，烧结多孔砖的孔洞见表3-3，其外观质量指标见表3-4，其尺寸允许偏差见表3-5。

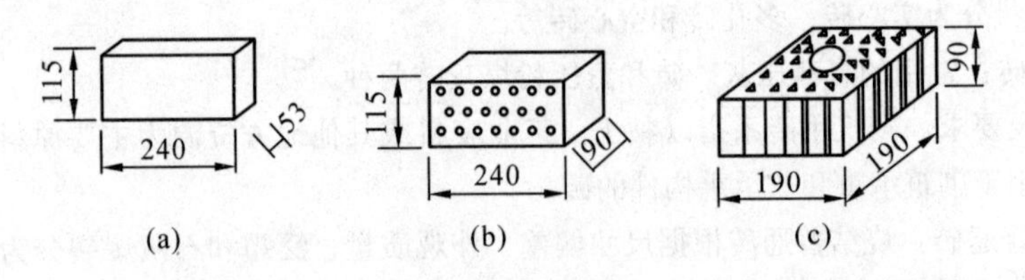

图3-1　烧结砖

(a)烧结普通砖；(b)烧结多孔砖之一；(c)烧结多孔砖之二

表 3-3 烧结多孔砖孔洞规定

圆孔直径	非圆孔内切圆直径	手抓孔
≤22mm	≤15mm	(30~40)mm×(75~85)mm

表 3-4 烧结多孔砖外观质量 (mm)

项 目	优等品	一等品	二等品
颜色(一条面和一顶面)	基本一致	—	—
完整面不得少于	一条面和一顶面	一条面和一顶面	—
缺棱掉角的三个破坏尺寸 不得同时大于	15	20	30
裂纹长度不大于 a. 大面上深入孔壁 15mm 以上宽度方向及其延伸到条面的长度 b. 大面上深入孔壁 15mm 以上长度方向及其延伸到顶面上的长度 c. 条顶面上的水平裂纹	80 80 100	100 120 120	120 140 140
杂质在砖面上造成的凸出高度	3	4	5
欠火砖和酥砖	不允许		

表 3-5 烧结多孔砖尺寸允许偏差 (mm)

尺 寸	尺寸允许偏差		
	优等品	一等品	合格品
240、190	±4	±5	±7
115	±3	±4	±5
90	±2	±4	±4

c. 烧结空心砖：烧结空心砖(见图 3-2)是以黏土、页岩、煤矸石为主要原料，经焙烧而成的，主要用于非承重部位。烧结空心砖的长度有240mm、290mm；宽度有 140mm、180mm、190mm；高度有 90mm、115mm。壁的厚度应大于 10mm，肋的厚度应大于 7mm。这种砖的孔的尺寸较大、数量较少，孔形多为矩形条孔，孔洞率一般在 30% 以上。在与砂浆等黏结材料的接合面上应做出深度在 1mm 以上的凹线槽，以保证砌体的黏结强度。

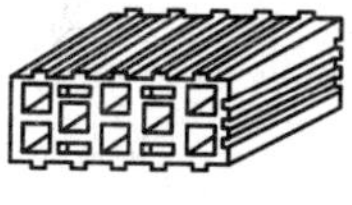

图 3-2 烧结空心砖

烧结空心砖密度分为 800、900、1100 三个级别，密度级别见表 3-6，每个密度级别根据孔洞及其排数、尺寸偏差、外观质量、强度等级和物理性能分为优等品、一等品和合格品三个等级，其尺寸允许偏差见表 3-7；其外观质量见表 3-8。

表 3-6 烧结空心砖密度级别

密度级别	5 块密度平均值(kg/m^3)
800	≤800
900	801~900
1100	901~1100

表 3-7　烧结空心砖尺寸偏差 (mm)

尺　寸	尺寸允许偏差		
	优等品	一等品	合格品
>200	±4	±5	±7
200～100	±3	±4	±5
<100	±3	±4	±4

表 3-8　烧结空心砖外观质量 (mm)

项　目	优等品	一等品	二等品
弯曲　不大于	3	4	5
缺棱掉角的三个破坏尺寸　不得同时大于	15	30	40
未贯穿裂纹长度　不大于 大面上宽度方向及其延伸到条面上的长度 大面上长度方向或条面上水平方向的长度	不允许 不允许	100 120	140 160
贯穿裂纹长度　不大于 a. 大面上宽度方向及其延伸到条面上长度 b. 壁、肋沿长度方向、宽度方向及其水平方向的长度	不允许 不允许	60 60	80 80
肋、壁内残缺长度　不大于	不允许	60	80
完整面　不少于	一条面和一顶面	一条面和一顶面	—
欠火砖和酥砖	不允许		

注：凡有下列缺陷之一者，不能称为完整面：

1) 缺损在条面或顶面上造成的破坏尺寸同时大于20mm×30mm；

2) 条面或顶面上裂纹宽度大于1mm，其长度超过70mm；

3) 压陷、粘底、焦花在大面、条面上的凹陷或凸出超过2mm，区域尺寸同时大于20mm×30mm。

d. 粉煤灰砖：粉煤灰砖根据外观质量、强度、抗冻性和干燥收缩分为优等品(A)、一等品(B)、合格品(C)。外观质量见表3-9，强度等级见第一篇表。粉煤灰砖的干燥收缩值：优等品应不大于0.60mm/m，一等品应不大于0.75mm/m，合格品应不大于0.85mm/m。

表 3-9　粉煤灰砖外观质量

项　目	指标		
	优等品	一等品	合格品
(1)尺寸允许偏差不超过(mm) 长度 宽度 高度	 ±4 ±3 ±3	 ±3 ±3 ±3	 ±4 ±4 ±3
(2)对应高度差不大于(mm)	1	2	3
(3)每一缺棱掉角的最小破坏尺寸不大于(mm)	10	15	25
(4)完整面不少于	两条面和一顶面或二顶面和一条面	一条面和一顶面	一条面和一顶面

（续）

项　目	指标		
	优等品	一等品	合格品
(5)裂纹长度不大于(mm) 大面上宽度方向的裂纹(包括延伸到条面上的长度) 其他裂纹	 30 50	 50 70	 70 100
层裂	不允许		

③砖的强度。砖的强度等级分别为 MU30、MU25、MU20、MU15、MU10 和 MU7.5 六级。其强度等级的确定除依据抗压强度外还考虑了规定的抗折强度要求。

(2)砌筑砂浆

①砂浆的分类。砂浆是砌体的黏结材料，它将砖块胶结成为整体。砂浆要求有一定的强度，以保证墙体的承载能力。

砌筑墙体常用的砂浆有水泥砂浆、混合砂浆、石灰砂浆、砌块专用砂浆和非水泥砂浆。

a. 水泥砂浆：由水泥、砂加水拌和而成，强度高、耐久性好，但和易性差。因此水泥砂浆主要用于对砂浆强度要求高或处于潮湿环境及水中的砌体，如地下室、砖基础等。

b. 混合砂浆：由水泥、石灰膏、砂加水拌和而成。具有较好的强度与耐久性，且和易性较水泥砂浆好，故广泛应用于非潮湿环境中的砌体。

c. 石灰砂浆：由石灰膏、砂加水拌和而成。由于石灰膏为塑性掺和料，所以石灰砂浆的可塑性很好，但它的强度较低，且属于气硬性材料，遇水强度即降低，所以适宜砌筑次要的民用建筑的地上砌体。

d. 砌块专用砂浆：这种砂浆是由水泥、砂和水以及根据需要掺入的掺和料和外加剂等组分，按一定的配比经机械拌和而成的。是为适应砌块建筑应用发展的需要，确保砌块砌体的工程质量发展而成的。

e. 非水泥砂浆：非水泥砂浆是指不含水泥的石灰砂浆、石膏砂浆和黏土砂浆等。此类砂浆强度耐久性差，仅用于受力小或临时性建筑。

②砂浆的制备及性能

a. 砂浆的制备：砂浆现场拌制时，各组分材料应采用重量计量。水泥、有机塑化剂及冬期施工中掺用的氯盐等不超过 ±2%；砂、石灰膏、粉煤灰、生石灰粉等不超过 ±5%。其中，石灰膏使用时的用量，应按试配时的稠度与使用的稠度予以调整，即用计算所得的石灰膏用量乘以换算系数，该系数见表 3-10。同时还应对砂的含水率进行测定，并考虑其砂浆组成材料的影响。

表 3-10　石灰膏不同稠度时的换算系数

石灰膏稠度(mm)	120	110	100	90	80	70	60	50	40	30
换算系数	1.00	0.99	0.97	0.95	0.93	0.92	0.90	0.88	0.87	0.86

水泥砂浆和水泥混合砂浆拌和时间不得少于2min，水泥粉煤灰砂浆和掺加外加剂的砂浆不得少于3min，掺加有机塑化剂的砂浆应为3～5min。砂浆应随拌随用，水泥砂浆应在拌成后3h内用完，水泥混合砂浆则应在4h内用完，如气温超过30℃时，应分别在2h和3h内用完，对掺加缓凝剂的砂浆其使用时间可根据具体情况延长。时间应作强度检验，每一楼层或250m³砌体中的各种标号的砂浆，每台搅拌机应至少检查一次，每次应制作一组试块(每组6块)，砂浆标号或配合比变更时，还应制作试块。

b. 建筑砂浆的和易性

(a)砂浆的流动性：砂浆流动性又称稠度，表示砂浆在重力或外力作用下流动的性能。砂浆流动性的大小用“稠度值”表示，通常用砂浆稠度测定仪测定。砂浆流动性选择可参考表3-11。

表3-11　砌筑砂浆的稠度

项次	砌体种类	砂浆稠度(mm)
1	烧结普通砖砌体	70～90
2	轻骨料混凝土小型砌块砌体	60～90
3	烧结多孔砖、空心砖砌体	60～80
4	烧结普通砖平拱式过梁空斗墙、筒拱普通混凝土小型砌块砌体、加气混凝土砌块砌体	50～70
5	石砌体	30～50

(b)砂浆的保水性：砂浆保水性是指砂浆能保持水分的能力。即指搅拌好的砂浆在运输、停放、使用过程中，水与胶凝材料及骨料分离快慢的性质。保水性良好的砂浆水分不易流失，易于摊铺成均匀密实的砂浆层；反之，保水性差的砂浆，在施工过程中容易泌水、分层离析、水分流失，使流动性交坏，不易施工操作；同时由于水分易被砌体吸收，影响水泥正常硬化，从而降低了砂浆黏结强度。

砂浆保水性以“分层度”表示，用砂浆分层度测量仪测定。保水性良好的砂浆，其分层度值较小，一般分层度以10～20mm为宜，在此范围内砌筑或抹面均可使用。对于分层度为0的砂浆，虽然保水性好，无分层现象，但往往胶凝材料用量过多，或砂过细，致使砂浆干缩较大，易发生干缩裂缝，尤其不宜作抹面砂浆；分层度大于20mm的砂浆，保水性不良，不宜采用。砌筑砂浆的分层度不应大于30mm。

(c)砂浆的强度

砂浆的强度等级：砂浆的强度等级是边长70.7mm试块在标准养护条件下，28天龄期的抗压强度，分M15、M10、M7.5、M5、M2.5等五个等级。

试块取样：施工中进行砂浆试验取样时，应在搅拌机出料口、砂浆运送车或砂浆槽中至少从3个不同部位随机集取。

每一楼层或250m³砌体中的各种强度等级的砂浆，每台搅拌机应至少检查一次，每次至少应制作一组试块(每组6块)。如砂浆强度等级或配合比变更时，还应制作试块。基础砌体可按一个楼层计。

强度要求：同品种、同强度等级砂浆各组试块的平均强度不小于$f_{m,k}$；任意一组试块的强度不小于$0.75f_{m,k}$。

注：砂浆强度按单位工程内同品种、同强度等级砂浆为同一验收批。当单位工程中同品种、同强度等级砂浆按取样规定，仅有一组试块时，其强度不应低于$f_{m,k}$。具体数值见表3-12。

表3-12 砌筑砂浆强度等级

强度等级	龄期28天抗压强度(MPa)	
	各组平均值不小于	最小一组平均值不小于
15	15	11.25
M10	10	7.5
M7.5	7.5	5.63
M5	5	3.75
M2.5	2.5	1.88

砂浆配合比计算和确定：砌筑砂浆应满足施工和易性的要求，保证设计强度，还应尽可能节约水泥，降低成本。

砂浆中各种原材料的比例称为砂浆的配合比。砌筑砂浆要根据工程类别及砌体部位的设计要求选择砂浆的标号；再按该标号确定配合比。砂浆的配合比应采用质量比，并应最后由试验确定。如砂浆的组成材料(胶凝材料、掺和料、集料)有变更，其配合比应重新确定。

水泥砂浆配合比计算，应按下列步骤进行：

计算砂浆试配强度$f_{m,0}$

砂浆的试配强度应按下式计算：

$$f_{m,0} = f_2 + 0.645\sigma$$

式中 $f_{m,0}$——砂浆的试配强度，精确至0.1MPa；

f_2——砂浆抗压强度平均值，精确至0.1MPa；

σ——砂浆现场强度标准差，精确至0.01MPa。

当有统计资料时，砂浆现场强度标准差σ应按下式计算

$$\sigma = \sqrt{\frac{\sum_{i=1}^{n} f_{m,i}^2 - n\mu f_m^2}{n-1}}$$

式中 $f_{m,i}$——统计周期内同一品种砂浆第i组试件的强度(MPa)；

μf_m——统计周期内同一品种砂浆n组试件强度的平均值(MPa)；

n——统计周期内同一品种砂浆试件的总组数，$n \geqslant 25$。

当不具有近期统计资料时，砂浆现场强度标准差σ可按表3-13取用。

表 3-13 砂浆强度标准差 $S_{f_{cu}}$ 选用值 (MPa)

施工水平	砂浆强度等级					
	M2.5	M5	M7.5	M10	M15	M20
优良	0.50	1.00	1.50	2.00	3.00	4.00
一般	0.62	1.25	1.88	2.50	3.75	5.00
较差	0.75	1.50	2.25	3.00	4.50	6.00

计算水泥用量 Q_c

每立方米砂浆中的水泥用量，应按下式计算：

$$Q_c .= \frac{1000(f_{m,0} - \beta)}{\alpha \times f_{ce}}$$

式中 Q_c——每立方米砂浆的水泥用量，精确至1kg；

$f_{m,0}$——砂浆的试配砂浆，精确至0.1MPa；

f_{ce}——水泥的实测强度，精确至0.1MPa；

α、β——砂浆的特征系数，其中α=3.03，β=15.09。

在无法取得水泥的实测强度值时，可按下式计算f_{ce}：

$$f_{ce} = \gamma_c \times f_{ce},\kappa$$

式中 f_{ce}，κ——水泥强度等级对应的强度值；

γ_c——水泥强度等级值的富余系数，该值应按实际统计资料确定。无统计资料时γ_c可取1.0。

计算掺加料用量 Q_D

水泥混合砂浆的掺加料用量应按下式计算：

$$Q_D = Q_A - Q_C$$

式中 Q_D——每立方米砂浆的掺加料用量，精确至1kg；石灰膏、粘土膏使用时的稠度为(120±5)mm；

Q_c——每立方米砂浆的水泥用量，精确至1kg；

Q_A——每立方米砂浆中水泥和掺加料的总量，精确至1kg；宜在300~350kg之间。

确定砂用量 Q_s

每立方米砂浆中的砂用量，应按干燥状态(含水率小于0.5%)的堆积密度值作为计算值(kg)。含水率为0的过筛净砂，每立方米砂浆用0.9m^{3}砂子，含水率为2%的中砂，每立方米砂浆中的用砂量为1m^3。含水率大于2%的砂，应酌情增加用砂量。

选用用水量 Q_s

每立方米砂浆中的用水量，根据砂浆稠度等要求可选用240~310kg。用水量中不包括石灰膏或黏土膏中的水。当采用细砂或粗砂时，用水量分别取上限或下限；砂浆稠度小于70mm时，用水量可小于下限；施工现场气候炎热或干燥季节，可酌量增加用水量。通过试拌，以满足砂浆的强度和流动性要求来确定用水量。

水泥砂浆材料用量可按表3-14选用。

表 3-14 每立方米水泥砂浆材料用量

砂浆强度等级	每立方米砂浆水泥用量（kg）	每立方米砂浆砂用量（kg）	每立方米砂浆用水量（kg）
M2.5、M5	200～230	1m³ 砂的堆积密度值	270～330
M7.5、M10	220～280		
M15	280～340		
M20	340～400		

注：1）此表水泥强度等级为 32.5 级，大于 32.5 级水泥用量宜取下限；
2）根据施工水平合理选择水泥用量；
3）当采用细砂或粗砂时，用水量分别取上限或下限；
4）稠度小于 70mm 时，用水量可小于下限；
5）施工现场气候炎热或干燥季节，可酌量增加用水量。

试配时应采用工程中实际使用的材料；应采用机械搅拌。搅拌时间，应自投料结束算起，对水泥砂浆和水泥混合砂浆，不得少于 120s；对掺用粉煤灰和外加剂的砂浆，不得少于 180s。

按计算或查表所得配合比进行试拌时，应测定砂浆拌和物的稠度和分层度，当不能满足要求时，应调整材料用量，直到符合要求为止。然后确定为试配时的砂浆基准配合比。

试配时至少应采用三个不同的配合比，其中一个为基准配合比，其他配合比的水泥用量应按基准配合比分别增加及减少 10%。在保证稠度、分层度合格的条件下，可将用水量或掺加料用量作相应调整。

对三个不同的配合比进行调整后，应按现行行业标准《建筑砂浆基本性能试验方法》(JGJ 70)的规定成型试件，测定砂浆强度；并选定符合试配强度要求且水泥用量最少的配合比作为砂浆配合比。

3.2.2 砌筑施工工艺

（1）砖墙砌筑的组砌形式

一块砖有三个两两相等的面，最大的面叫做大面，较细长的一面叫条面，短的一面叫丁面。砖砌入墙体后，条面朝向操作者的叫顺砖，丁面朝向操作者的叫丁砖。

普通砖墙厚度有半砖、一砖、一砖半和二砖等，用普通黏土砖砌筑的砖墙，其组砌形式通常有一顺一丁、三顺一丁和梅花丁等(见图 3-3)。烧结多孔砖宜采用一顺一丁、梅花丁和全顺的砌筑形式(见图 3-4)，上下皮垂直灰缝相互错开 1/4 砖长。

①一顺一丁砌法。也称满丁满条组砌法，由一皮顺砖、一皮丁砖组砌而成，上下皮之间竖向灰缝都相互错开 1/4 砖长。这种砌法整体性较好且砌筑效率较高，是最常用的一种组砌形式。

②三顺一丁砌法。三顺一丁砌法是采用三皮顺砖间隔一皮丁砖的组砌方法。上下皮顺砖搭接半砖长，丁砖与顺砖搭接 1/4 砖长，同时要求山墙与檐墙的丁砖层不在同一皮砖上，以利于错缝搭接。这种砌法砌筑效率高，墙面易平整，多用于混水墙。

③梅花丁砌法。是在同一皮砖上采用两块顺砖夹一块丁砖的砌法，上下两皮砖的竖向灰缝错开 1/4 砖长。这种砌法整体性较好，灰缝整齐美观，但砌筑效率较低。

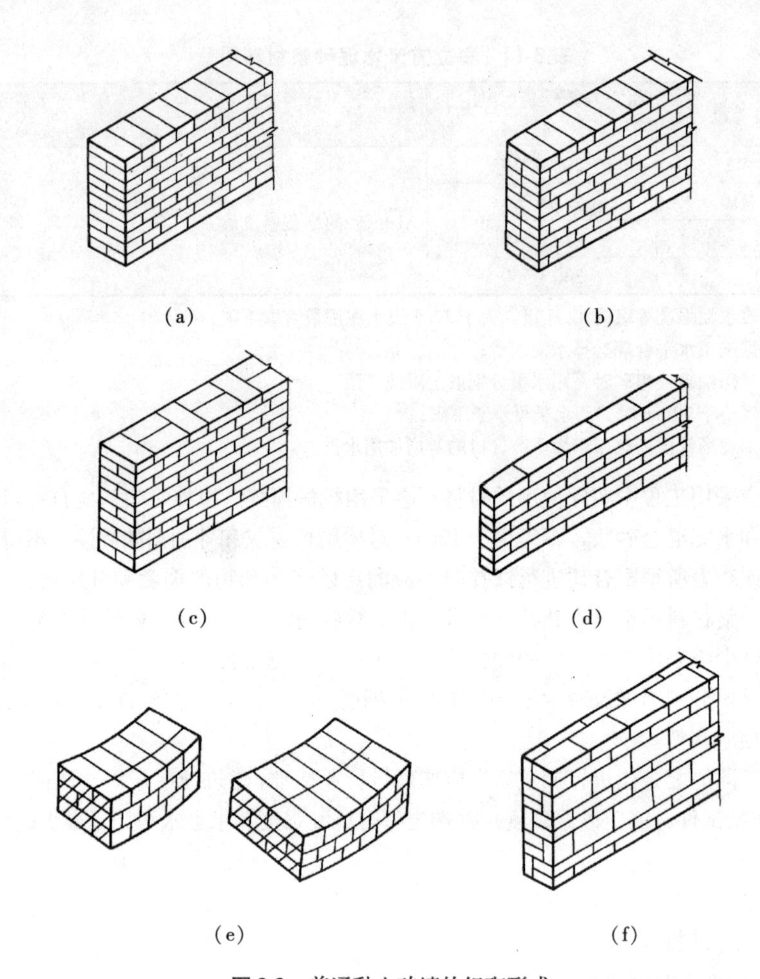

图 3-3　普通黏土砖墙的组砌形式

(a)一顺一丁；(b)三顺一丁；(c)梅花丁；(d)全顺；(e)全丁；(f)两平一侧(18 墙)

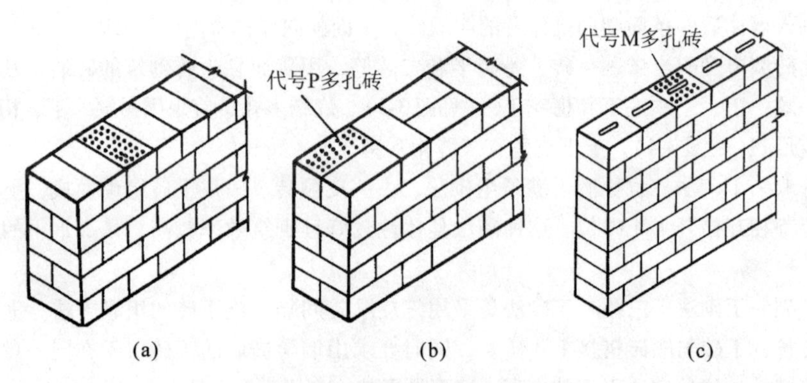

图 3-4　烧结多孔砖砌筑形式

(a)一顺一丁；(b)梅花丁；(c)全顺

④其他砌法

a. 全顺砌法：全部采用顺砖砌筑，每皮砖上下搭接 1/2 砖长，适用于半砖墙的砌筑。

b. 全丁砌法：全部采用丁砖砌筑，每皮砖上下搭接 1/4 砖长，适用于圆形烟囱与窨井的砌筑。

c. 两平一侧砌法：当设计要求砌 180mm 或 300mm 厚砖墙时，可采用此砌法，即连砌两皮顺砖或丁砖，然后贴一层侧砖(条面朝下)。丁砖层上下皮搭接 1/4，顺砖层上下皮搭接 1/2 砖长。每砌两皮砖以后，将平砌砖和侧砖里外互换，即可组成两平一侧砌体。

(2)砖砌体砌筑工艺过程

砖砌体砌筑工艺过程包括找平放线、摆砖、立皮数杆，盘角、挂线、砌砖和清理等工序。

①找平放线。在砌筑首层或楼层墙体之前，应先将基础防潮层或楼面上的灰砂泥土等杂物清理清理干净，并用水泥砂浆或豆石混凝土找平，使墙底面标高符合设计要求，上下层外墙应无明显接缝。找平后，即可进行墙身放线。

首层墙身放线，以龙门板上定位钉为标志拴上白线并挂紧，拉出纵横墙的轴线，然后用吊锤将轴线投放到基础顶面上，并据此轴线弹出纵横墙的内外边线，然后标出门窗洞口的位置线。如图 3-5 所示。

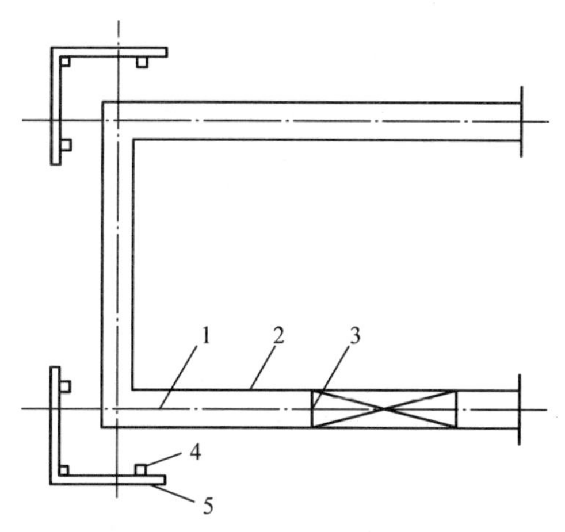

图 3-5　墙身放线

1—轴线；2—内墙边线；3—窗口位置线；4—龙门柱；5—龙门板

对无龙门板的内隔墙，可从建筑物一侧外墙轴线处用钢尺量出各内墙的轴线位置，再量出墙身宽度，并弹出墨线。

对楼层的墙身弹线，当首层楼墙身砌至设计标高后，安装完预制钢筋混凝土楼板后或现浇钢筋混凝土楼板达到设计强度 75% 后，在砌二层砖墙前应将轴线、标高由首层引测到二层，并应保证以上各层墙身轴线重合。

龙门板上的轴线应用经纬仪引测到首层外墙墙面做出标记。用水准仪把龙门板上的 ±0.000 线引测到内、外墙角，并在墙面 +0.500m 处画出水平线，称其为 50 线。二层或二层以上的各层轴线，可用经纬仪或线锤将首层墙上的轴线投测到各楼层上，再用钢尺量出各道墙宽边线，并弹出墨线；各层的门窗洞口和窗间墙一般也从下层用线锤吊上来，使上下各层对齐，保持在同一垂直线上。楼层轴线的引测，如图 3-6 所示。

②立皮数杆。皮数杆是画有洞口标高、砖行、灰缝厚、插铁埋件、过梁、楼板位置的木杆。经验线符合设计图纸尺寸要求，应根据标高立皮数杆。皮数杆一般设置在墙的转角及纵横墙交接处，间距宜在 15m 以内，如图 3-7 所示。

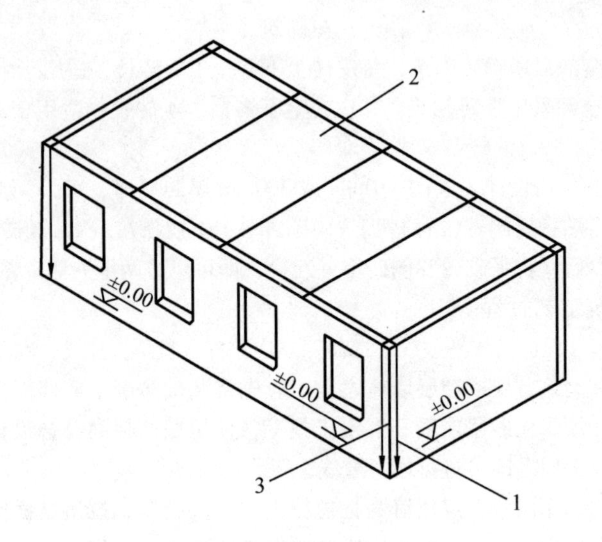

图 3-6　楼层轴线的引测

1—线锤；2—二层楼板；3—轴线

皮数杆应钉于木桩上或绑在已扎好钢筋的构造柱上，皮数杆需用水准仪统一竖立，要求垂直、标高准确，同一道墙上的皮数杆在同一平面内。对照图纸核对皮数杆上的皮厚、窗台、门窗过梁、圈梁、雨棚、楼板等标高位置准确无误后，方可进行砌筑施工。

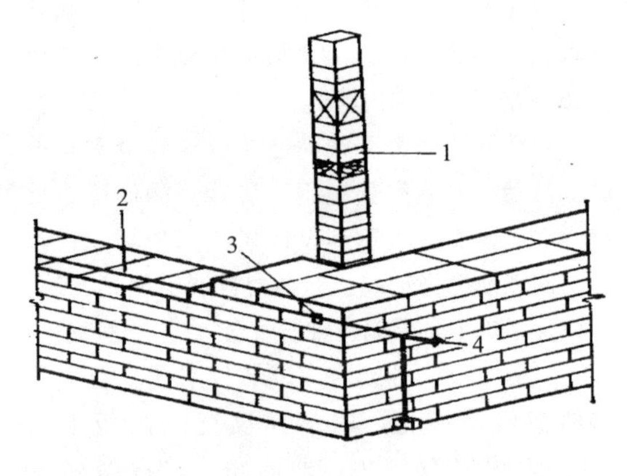

图 3-7　皮数杆

1—皮数杆；2—准线；3—竹片；4—铁钉

③摆砖撂底。是指在放线的基面上按选定的组砌方式用干砖试摆，使墙的砌筑保证门窗洞口和墙垛等处符合砖的模数，满足上下搭接错缝的要求，减少砍砖数量，保证灰缝均匀，组砌得当。摆砖一般在房屋外纵墙方向摆顺砖，在山墙方向摆顶砖，从一个大角摆到另一个大角，在转角的位置处为了错缝应采用七分头，顺着顺砖排列。砖与砖间留 10mm 缝隙。

④盘角挂线。皮数杆通常立在墙角等部位，墙角砖层厚度与皮数杆相吻合且双向垂直是墙体质量的必要保证，为此，砌墙先从墙角开始，按标准要求先砌起几皮砖，俗称把大角或立头角，即盘角。盘角用的砖要整齐方正，七分头规整一致，头角垂直，砌砖时放平撂正。做到“三层一吊，五层一靠”，及时检查核校。盘角后，经检查垂直，即可把准线挂在墙角处，此墙边准线是作为砌筑中间墙体的依据，以保证墙面平整。一般二四墙采用单面挂线，三七墙可采用单面或双面挂线，四九墙以上则应采用双面挂线。

准线应挂在墙角处，挂线时两端应固定拴牢且绷紧。为防止准线过长塌线，可在中间垫一块腰线砖。挂线及腰线砖如图3-8所示。在砌筑工程中，要经常检查有无砌体抗线(线向外拱)或塌腰以及风吹等因素导致的准线偏离，发现后要及时纠正，保证准线正确的位置。每砌完一皮砖后，由两端把大角的人逐皮往上起线。

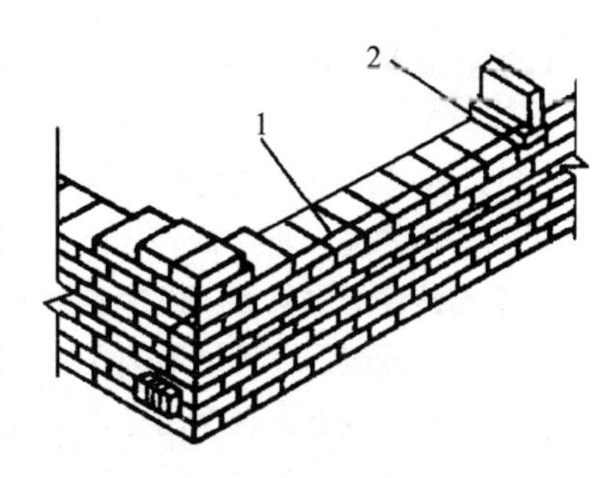

图3-8 挂线及腰线砖
1—挂线；2—腰线砖

⑤砌砖。经长期砌砖实践，已经总结出成熟的技术经验，被称为“二三八一”砌砖法，即二种步法、三种身法、八种铺浆法和一种挤浆动作。这种砌砖法促使砌砖动作实现科学化、标准化，从而达到降低劳动强度，提高砌筑质量和效率的目的。

⑥勾缝。勾缝是砌清水墙的最后一道工序，具有保护墙面和增加墙面美观的作用。内墙面可采用砌筑砂浆随砌随勾缝，称为原浆勾缝；外墙面应待砌完整个墙体后，再用细砂拌制1∶1.5的水泥砂浆或加色砂浆勾缝，称加浆勾缝。

砌体的砌筑要符合施工质量验收规范和操作规程的要求，做到横平竖直，灰浆饱满、上下错缝、接槎可靠。

3.2.3 砌砖操作方法

(1)“三一”砌砖法

“三一”砌砖法又称满铺满挤砌砖法，是指采用一铲灰、一块砖、一挤揉的砌砖方法。具体操作顺序如下所述。

①铲灰取砖。操作时，操作者应顺墙斜站，砌筑方向应由前向后或由左至右退着砌，这样便于对前边已砌好的墙进行检查。铲灰时，取灰量应根据灰缝厚度，以够砌筑一块砖的需要量为准，右手拿铲，左手拿砖，当右手从灰浆桶中铲起一铲灰时，左手顺手取一块砖。

②铺灰。铺灰手法是甩浆，即将大铲上的灰准确地甩在要砌砖的位置上，甩浆有正手甩浆和反手甩浆。

甩浆法甩出砂浆的厚度应使摊铺面积正好能砌一块砖，不要铺得超过已砌完的砖太多，否则先铺的灰由于砖吸水分会变稠，不利于下一块砖揉挤。砌完砖应将灰缝缩入墙内10～12mm，即所说砌缩口灰，砂浆不铺到边，预留出勾缝深度。

③挤揉。当砂浆铺好后，左手拿砖在离已砌好的砖约30～40mm处，开始平放并将砖稍稍蹭着灰面，把灰挤一点到砖顶头的立缝里，然后把砖揉一揉。顺手用大铲把挤出墙面上的灰刮起来，甩到前面立缝中或灰桶中。这些动作要连贯、快速。揉砖的目的，是使砂浆饱满并与砖更好地黏结，并同时摆正。砂浆稀或铺得薄时砖要轻揉；砂浆稠或铺得厚时则要用力揉，可前后或左右揉，将砖揉到上齐准线下跟砖棱，把砖摆正为准。做到“上跟线，下跟棱，左右相跟要对平”。

“三一”砌砖法是一种最常用的基本手法，该法灰缝饱满，黏结好，整体性好，强度高，且易保持墙面清洁，但通常都是单人操作，操作过程要取砖、铲灰、铺灰，转身、弯腰的动作较多，劳动强度大，砌筑效率较低。

(2)坐浆砌砖法

坐浆砌砖法，又称摊尺砌砖法，是指先在墙面上铺1m长的砂浆，用摊尺找平，然后在铺设好的砂浆上砌砖的一种方法，如图3-9所示。

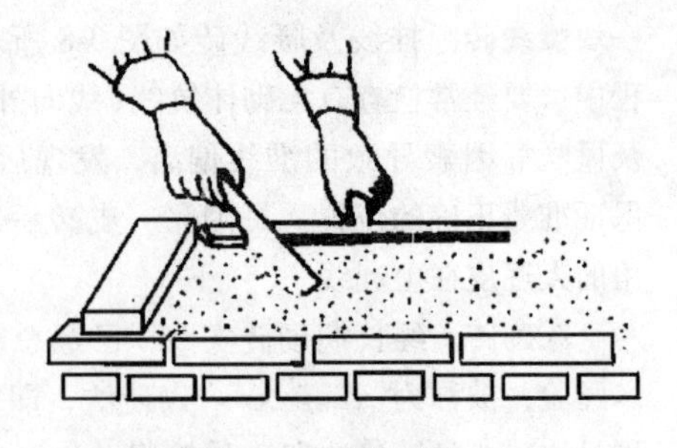

图3-9　坐浆砌砖法

坐浆砌砖法的步骤为：通常使用瓦刀，操作时用灰勺和大铲舀砂浆，并均匀地倒在墙上，然后左手拿摊尺靠在墙的边棱上，右手用瓦刀把砂浆刮平。砌砖时左手拿砖，右手用瓦刀在砖的头缝处打上砂浆，随即砌上砖并压实。砌完一段铺灰长度后，将瓦刀放在最后砌完的砖上，转身再舀灰，如此逐段铺砌。每次砂浆摊铺长度应看气温高低、砂浆种类及砂浆稠度而定，不宜超过1m，否则会影响砂浆与砖的黏结力。

(3)刮浆砌砖法

刮浆砌砖法是指在砌砖时，先用瓦刀将砂浆打在砖黏结面上和砖的灰缝处，然后将砖用力按在墙上的方法。

刮浆法有两种手法，一种是刮满刀灰，将砖底抹满砂浆；另一种是将砖底四边刮上砂浆，而中间留空，此种方法因灰浆不易饱满，降低砌体强度。故砌砖时，一般应采用满刀灰刮浆法。

刮浆法具体操作方法：通常使用瓦刀，操作时右手拿瓦刀，左手拿砖，先用左手正手拿砖用瓦刀把砂浆刮在砖的侧面，然后再左手反手拿砖用瓦刀抹满砖的大面，并在另一侧刮上砂浆，要刮布均匀，中间不要留有空隙，四周可以稍厚一些，中间稍薄些。与墙上已砌好的砖接触的头缝即碰头灰也要刮上砂浆。当砖块刮好砂浆后，放在墙上，挤压至准线平齐。如有挤出墙面的砂浆须用瓦刀刮下填于头缝内。

这种方法砌筑的砖墙因砂浆刮得均匀，灰缝饱满，所以砖墙质量较好，但工效较低，通常仅用于铺砌砂浆有困难的部位，如砌平拱、弧拱、窗台虎头砖、花墙、炉灶、空斗墙等。

(4)砖砌体质量要求及保证措施

砖砌体的质量要求可用16字概括为：横平竖直、砂浆饱满、组砌得当、接槎可靠。

①横平竖直。横平，即要求每一皮砖必须在同一水平面上，每块砖必须摆平。为此，首先应将基础或楼面抄平，砌筑时严格按皮数杆层层挂水平准线并要拉紧，每块砖按准线砌平。

竖直，即要求砌体表面轮廓垂直平整，且竖向灰缝垂直对齐。因而在砌筑过程中要随时用线锤和托线板进行检查，做到“三皮一吊、五皮一靠”，以保证砌筑质量。

②砂浆饱满。砂浆的饱满程度对砌体强度影响较大。砂浆不饱满，一方面造成砖块间黏结不紧密，使砌体整体性差，另一方面使砖块不能均匀传力。水平灰缝不饱满会引起砖块局部受弯、受剪而致断裂，所以为保证砌体的抗压强度，要求水平灰缝的砂浆饱满度不得小于80%。竖向灰缝的饱满度对一般以承压为主的砌体的强度影响不大，但对砌体抗剪强度有明显影响。因而对于受水平荷载或偏心荷载的砌体，饱满的竖向灰缝可提高砌体的抗横向能力。况且竖缝砂浆饱满可避免砌体透风、漏水，且保温性能好。施工时竖缝宜采用挤浆或加浆方法，不得出现透明缝，严禁用水冲浆灌缝。

③组砌得当。为保证砌体的强度和稳定性，各种砌体均应按一定的组砌形式砌筑。其基本原则是上下错缝、内外搭砌，错缝长度一般不应小于60mm，并避免墙面和内缝中出现连续的竖向通缝，同时还应考虑砌筑方便和少砍砖。

④接槎可靠。接槎是指先砌筑的砌体与后砌筑的砌体之间的接合。接槎方式合理与否对砌体的整体性影响很大，特别在地震区，接槎质量将直接影响到房屋的抗震能力，故应给予足够的重视。

砌基础时，内外墙的砖基础应同时砌起。如因特殊情况不能同时砌起时，应留置斜槎，斜槎的长度不应小于斜槎高度。

⑤砖砌筑操作要领概括为："横平竖直，注意选砖，灰缝均匀，砂浆饱满，上下错缝，咬槎严密；上跟线，下跟棱，不游丁，不走缝"。另外，还要注意以下事项：

a. 润砖：常温下，应在砌筑前1～2天浇水润砖，以各面浸入深度15mm为宜，太干的砖会过多的吸收砂浆的水分，不仅难于操作，还会降低砌筑强度；湿砖表面水分过多，表面的水膜增加砂浆水分，增大砂浆流动性，砌砖后灰缝过薄，且砂浆容易流淌，降低砌筑强度，影响墙面美观。

b. 选砖：同批砖外观质量有优劣，同一砖四面的颜色平整度也不完全相同，应该根据砌体部位不同，选配适宜的砖面。清水墙选砖尤为重要。应选取规格一致，颜色相同，光滑方整的砖面放在外面，方可保证墙面整齐美观。

选砖的要领是："执一备二眼观三"。具体操作是用手掌托起砖块，在掌上旋转或翻转，观察和选定完好的砖面，用于所砌墙体部位。同时，在取砖时，对第二、三块砖也应预选。

c. 放砖：砖块在墙面上必须平整均匀，严禁倾斜，砌筑时应均匀水平的放置砖块，避免形成鱼鳞墙，影响美观。

d. 跟线穿墙：砌砖一定要跟线，要遵循"上跟线，下跟棱，左右相跟要对平"的口诀，即砖的上棱边应距线1mm左右，下棱边要与下皮已砌的砖棱平，左右前后位置要准确。

穿墙是指从上面第一块砖往下穿看到底，每皮砖都要在同一平面上，如有出入，及时修理纠正。

e. 自检：一般砌三层砖要用线锤吊大角，五皮砖用靠尺检查墙面垂直平整度，即所谓的"三层一吊、五层一靠"。

当砌到一步架时，要用托线板全面检查垂直及平整度，墙体大角应绝对垂直平整，若有偏差，及时纠正，严禁砸撬墙体。

f. 及时划缝：砌清水墙应随砌随划缝，划缝深度为8～10mm，划缝应深浅一致，划缝完后用笤帚清扫干净，混水墙应随砌随刮净舌头灰。

g. 保持清洁，文明操作：铺灰挤浆时应保持墙面清洁，切勿掉、扔砖头，随时收起落地灰，做到活完脚底清。

3.2.4 各类砖砌体施工

砖砌体是由砖与砂浆组砌而成的，以烧结普通砖使用最为广泛。下面主要讨论烧结普通砖（以下简称砖）砌体的组砌方法。

(1)砖基础施工

①砖基础的组成。砖基础是用砖与砂浆组砌而成，由墙基和大放脚两部分组成。墙基与墙身同厚。大放脚可分为等高式和间隔式两种砌筑形式，如图3-10所示。等高式是每两皮一收，每边各收进6cm，即1/4砖长。间隔式也称为不等高式，是两皮一收与一皮一收相间隔，每边也各收进6cm，即1/4砖长。

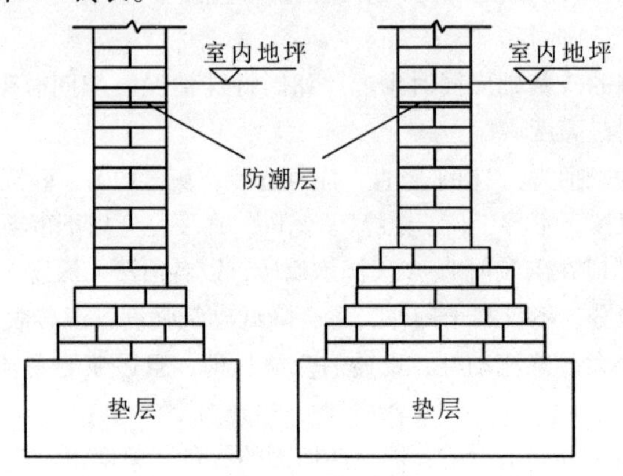

图3-10 砖基础示意图

大放脚的底宽由设计确定。大放脚各皮的宽度应为半砖长的整数倍(包括灰缝)。

在大放脚下面为基础垫层，垫层一般用灰土、碎砖三合土或混凝土等。墙基顶面为防潮层，位置在底层室内地面以下一皮砖处。

②砖基础的组砌

a. 砌筑前，应先将基础垫层表面的砂浆和杂物清除干净，并浇水湿润。基础垫层表面如有局部不平，高差超过20mm时应用细石混凝土找平，不得仅用砂浆找平，并用水准仪进行抄平，检查垫层顶面是否与设计标高相符合。

b. 砌筑基础前，必须用钢尺校核放线尺寸，允许偏差不应超过表3-15的规定。

c. 用方木或角钢制作的皮数杆应设在转角处、交接处及有高差的地方，并进行抄平，使杆上所示±0.00的标高线与设计的±0.00标高相一致。基础皮数杆上应标明大放脚的皮数、退台、基础底标高、顶标高以及防潮层的位置等。

d. 摆底也叫排砖，是在砌筑基础前，先用干砖试摆，以确定排砖方法和错缝位置。排砖摆底后，可按皮数杆先在转角及交接处砌部分砖，每次砌筑高度不应超过5皮，然后再在其间拉线砌中间部分，砌转角及交接处砖时应随砌随靠平吊直，并应拉通线，240mm厚墙采用单面挂线，370mm以上墙则采用双面挂线，以确保基础砌体横平竖直。挂线时，尽量不要用皮数杆作为挂线杆。

e. 大放脚最下一皮砖及每个台阶的最上一皮砖应丁砌，即退台的每个台阶上面一皮砖宜为顶砖，这样传力好，砌筑及回填土时，不易将退台砖碰掉。

f. 大放脚部分一般采用一顺一丁砌法，竖缝错开1/4砖长，“十”字及“丁”字接头处要隔皮砌通。

g. 大放角转角处要放“七分头”砖，即3/4砖，当为一砖半厚墙时，放三块七分头；当为两砖厚墙时，放四块；依次类推，以使竖缝上下错开。

h. 基底标高不同时，应从低处砌起，同时要经常拉线检查，以保证砌体平直通顺。当设计无要求时，搭接长度不应小于基础扩大部分的高度。

i. 基础上的预留洞口和预埋件等应按设计的标高和位置在砌筑时留置或预埋，位置要准确，不得事后打凿。宽度超过300mm的洞口，应设拱或过梁。

j. 在沉降缝两侧的基础按要求分开砌筑，缝的宽度要一致，缝中不能落入杂物如砂浆和废砖。先砌的一侧应把舌头灰刮掉，后砌的一侧应采用缩口灰的方法，避免砂浆落入沉降缝，影响自由沉降。

k. 抹防潮层前应将基础墙顶面清扫干净并将活动砖修好，洒水湿润随即抹防水砂浆。如设计无具体要求，宜用1∶2.5的水泥砂浆加适量的防水剂铺设，其厚度一般为20mm，位置在底层室内地坪以下一皮砖处，即离底层室内地面下60mm处。也可用60mm C20细石混凝土做防潮层，或用120～240mm C20混凝土地梁代防潮层。

l. 基础大放脚砌至墙身时，应拉线检查轴线及边线，确保基础墙身位置正确，同时要对照皮数杆的砖层及标高，如出现高低差时，应在水平灰缝中逐渐调整，使墙体层数与皮数杆一致。

m. 砌完基础后，应及时回填，基础墙两侧的回填土应同时进行，否则未填土一侧应加支撑；回填土运输时，禁止在墙顶上推车运土，以免损坏墙顶。回填土的施工，应符合施工质量验收规范的要求。

表3-15 放线尺寸的允许偏差

长度L、宽度B(m)	允许偏差(mm)	长度L、宽度B(m)	允许偏差(mm)
L(或B)≤30	±5	60<L(或B)≤90	±15
30<L(或B)≤60	±10	L(或B)>90	±20

(2) 实心砖墙

①砌筑前的准备

a. 砌筑前，先将砌筑部位清理干净，洒水湿润。

b. 根据放出的墙身中心线及边线排砖撂底。

c. 在墙体转角处及交接处立皮数杆，间距不超过15m。

d. 砌墙前应先盘角，每次盘角砌筑高度不超过5皮，并及时吊靠，发现偏差及时纠正。

e. 盘角砌筑完成后，才可正式挂线砌墙。砌一砖厚及以下墙，可单面挂线，其余必须双面挂线。

②砌筑时的注意事项

a. 砌砖操作方法宜采用“三一”砌砖法，即“一铲灰、一块砖、一挤揉”，采用铺浆法操作时，铺浆长度不得超过750mm；气温超过30℃时，铺浆长度不得超过500mm。

b. 砖砌体水平灰缝砂浆饱满度不得低于80%，竖向灰缝宜采用挤浆或加浆方法，使其砂浆饱满，严禁用水冲浆灌缝。

c. 砖墙转角处，每皮砖均需加砌七分头砖。当采用一顺一丁砌筑形式时，七分头砖的顺面方向依次砌顺砖，丁面方向依次砌丁砖。

d. 砖墙的丁字交接处，横墙的端头隔皮加砌七分头砖，纵墙隔皮砌通。当采用一顺一丁砌筑形式时，七分头砖丁面方向依次砌丁砖。

e. 砖墙的“十”字交接处，应隔皮纵横墙砌通，交接处内角的竖缝应上下相互错开 1/4 砖长。

f. 每层承重墙的最上一皮砖，应用整砖丁砌，在梁或梁垫下面及挑檐、腰线等处，也应用整砖丁砌。

g. 宽度小于 1m 的窗间墙，应选用整砖砌筑，半砖和破损的砖应分散使用在受力较小的墙体中，小于 1/4 砖块体积的碎砖不能使用。

h. 搁置预制梁、板的砌体顶面应找平，安装时应坐浆。当设计无具体要求时，应采用 1:5.5的水泥砂浆。

i. 墙体工作段的分段位置，宜设在伸缩缝、沉降缝、防震缝、构造柱或门窗洞口处。相邻工作段的高度差，不得超过一个楼层的高度，也不宜大于 4m。砌体临时间断处的高度差，不得超过一步脚手架的高度。

j. 伸缩缝、沉降缝、防震缝中，不得夹有砂浆、碎砖和其他杂物。穿过变形缝的管道应有补偿装置。

k. 房屋相邻部分高差较大时，应先砌高层部分，以尽量减少可能发生的墙体变形。

l. 尚未施工楼板或屋面的墙或柱，当可能遇到大风时，其允许自由高度不得超过表 3-16 的规定。如超过表中限值时，必须采用临时支撑等有效措施。

表 3-16　墙和柱的允许自由高度

墙(柱)厚(cm)	墙和柱的允许自由高度(m)					
	砌体容重 $>1600kg/m^3$（石墙、实心砖墙）			砌体容重 $1300\sim1600kg/m^3$（空心砖墙、空斗墙）		
	风载($10N/m^2$)			风载($10N/m^2$)		
	30（大致相当于7级风）	40（大致相当于8级风）	60（大致相当于9级风）	30（大致相当于7级风）	40（大致相当于8级风）	60（大致相当于9级风）
19	—	—	—	1.4	1.1	0.7
24	2.8	2.1	1.4	2.2	1.7	1.1
37	5.2	3.9	2.6	4.2	3.2	2.1
49	8.6	6.5	4.3	7.0	5.2	3.5
62	14.0	10.5	7.0	11.4	8.6	5.71

注：1）本表适用于施工处相对标高(H)在 10m 范围内的情况。如 $10m<H\leq15m$，$15m<H\leq20m$ 时，表中的允许自由高度应分别乘以 0.9、0.8 的系数；如 $H>20m$ 时，应通过抗倾覆验算确定其允许自由高度；

2）当所砌筑的墙有横墙或其他结构与其连接，而且间距小于表列限值的 2 倍时，砌筑高度可不受本表的限制。

③保证整体性的措施。砖墙的转角处和交接处应同时砌筑。对不能同时砌筑而又必须留置的临时间断处，应砌成斜槎，斜槎长度不应小于斜槎高度的 2/3，如图 3-11 所示。如留斜

槎确有困难，除转角处外，也可留直槎，但必须做成阳槎，并加设拉结筋，拉结筋的数量为每 120mm 增厚放置 1 根 $\phi6$ 的钢筋，间距沿墙高不得超过 500mm，埋入长度从墙的留槎处算起，每边均不应小于 500mm，末端应有 90° 弯钩，如图 3-12 所示。抗震设防地区建筑物的临时间断处不得留直槎。

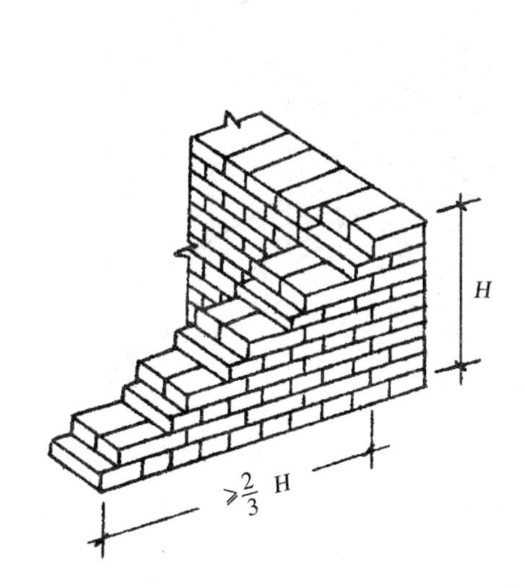

图 3-11 斜槎的留置

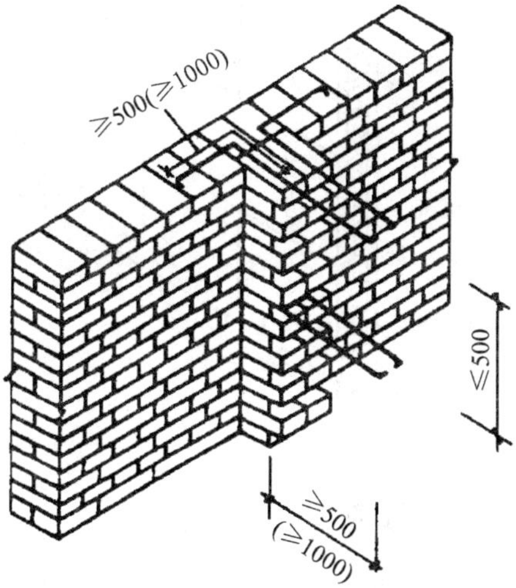

图 3-12 拉结钢筋的设置

隔墙与承重墙或柱不同时砌筑而又不留成斜槎时，可从承重墙或柱中引出阳槎，或于墙或柱的灰缝中预埋拉结筋，其做法与直槎相同，但每道墙不得少于 2 根。

框架结构房屋的填充墙，应与框架中的预埋筋拉结，隔墙和填充墙的顶面一皮砖宜用侧砖斜砌挤紧。

墙体抗震拉结筋的位置、规格、数量、间距、长度、弯钩等均应按设计要求留置，不得错放漏放。

④烧结空心砖砌体。空心砖墙应侧砌，其孔洞呈水平方向，上下皮垂直灰缝相互错开 1/2 砖长。空心砖墙底部宜砌 3 皮烧结普通砖（见图 3-13）。

空心砖墙与烧结普通砖交接处，应以普通砖墙引出不小于 240mm 长与空心砖墙相接，并与隔 2 皮空心砖高在交接处的水平灰缝中设置 2ϕ6 钢筋作为拉结筋，拉结钢筋在空心砖墙中的长度不小于空心砖长加 240mm（见图 3-14）。

空心砖墙的转角处，应用烧结普通砖砌筑，砌筑长度角边不小于 240mm。

空心砖墙砌筑不得留置斜槎或直槎，中途停歇时，应将墙顶砌平。在转角处、交接处，空心砖与普通砖应同时砌起。

空心砖墙中不得留置脚手眼，不得对空心砖进行砍凿。

⑤门窗洞口及窗间墙砌法。当墙体砌到窗台标高时，应对立好的窗框进行检查。如窗框为后塞口时，应在墙面上按图画出分口线，留置窗洞。

砌窗间墙应拉通线，对称砌筑，并注意顶顺咬合，避免通缝。当先立门窗框时，墙与门窗框应留 3mm 缝隙，并把门窗框上下走头砌入墙中卡紧，将门窗固定。当门窗为后塞口时，

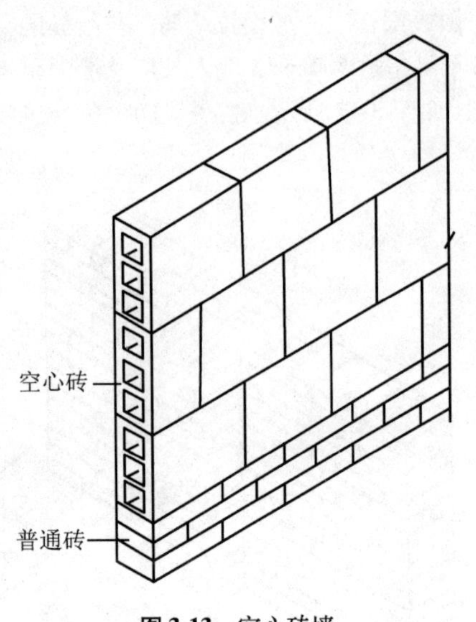

图 3-13　空心砖墙

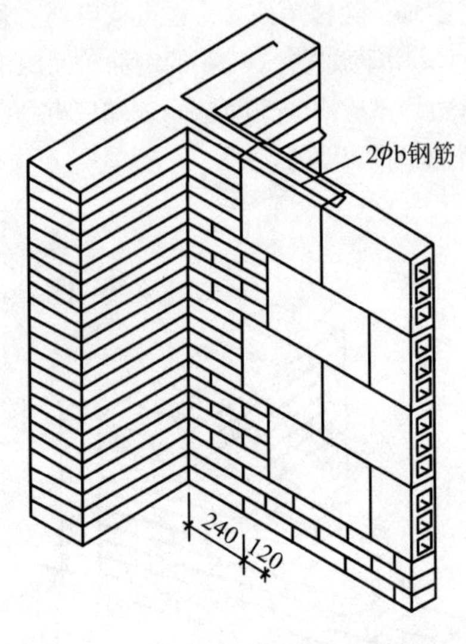

图 3-14　空心砖墙与普通砖墙交接

应在两边墙中砌入防腐木砖，门窗洞口两侧的预埋木砖，应先做好防腐处理；埋置时应小头在外，大头在内；洞口高度在 1.2m 以内时，每边放 2 块；洞口高度在 1.2～2m 时，每边放 3 块；高度在 2～3m 时，每边放 4 块。预埋木砖的部位一般在距洞口上下边四皮砖处的中间均匀分布。钢门窗安装的预留孔、硬架支撑、暖卫管道均应按设计要求预留，不得事后剔凿。窗间墙应高出门窗上口 10mm，以防安装过梁后下沉压推。

安装完过梁后，拉通线砌窗上墙。当每一楼层的墙体砌完后，砖墙应处于同一标高上，楼板下的砖应砌一皮顶砖层。

⑥窗台的砌法。窗台的做法，如为预制钢筋混凝土窗台板时，可抹水泥砂浆后铺设，若为砖砌窗台则用顶砖挑出，在窗洞口下皮开始砌筑。

若用侧砖挑出，则应在窗洞口下两皮开始砌窗台。窗台砌砖应过分口线 60～120mm，挑出墙面 60mm，出檐砖的立缝要打碰头灰。

窗台砌虎头砖时，先把窗台两边的虎头砖砌上，然后拉一根小线再砌内侧砖。虎头砖向外砌成斜坡，里面比外面高出 20～30mm，以利于排水。

⑦脚手眼。采用单挑脚手架时，小横杆(也称六尺杠子)的一端要搭入砖墙上，故在砌墙时，必须预先留出脚手眼。脚手眼一般从 1.5m 高处开始预留，水平间距为 1m，孔眼的尺寸上下各为一丁砖，中间为一顺砖，呈十字形，深度为一砖。孔眼的上面再砌三皮砖，用以保护砌好的砖。钢管单排脚手眼，可留一丁砖大小。

补砌施工脚手眼时灰缝应饱满密实，不得用干砖填塞。不得在下列部位中设置脚手眼：

a. 120mm 厚墙、料石清水墙和独立柱。

b. 过梁上与过梁成 60°角的三角形范围及过梁净跨度 1/2 的高度范围内。

c. 宽度小于 1m 的窗间墙。

d. 砌体门窗洞口两侧 200mm(石砌体为 300mm)和转角处 450mm(石砌体为 600mm)范

围内。

e. 梁或梁垫下及其左右500mm范围内。

f. 设计不允许设置脚手眼的部位。

(3)砖拱

门窗洞口上的砖砌拱多见于清水墙，立面形式主要有平拱和弧拱，图3-15为斜砖平拱、图3-16为砖砌弧拱。拱高240mm和365mm，拱厚等于墙厚。砖拱要求砖的规格标准，颜色均匀，强度等级MU7.5以上，无掉角缺棱。砂浆要求和易性好，强度等级M5以上。

砖平拱主要有立砖平拱和斜砖平拱两种。

①立砖平拱的两端没有坡度，砌墙至拱脚时，退出20~30mm的错台，在拱底处支设模板，模板中部应有1%的起拱。砖的块数必须为单数，并在模板上画出砖和灰缝的位置和宽度，砌时挂线，从两边对称向中间挤砌，每块砖要对准模板上的画线，中间的最后一块砖应两面抹灰，向下挤放。

②斜砖平拱砌筑方法基本同立砖平拱，只是拱脚两边的墙端砌成1:4~1:5斜度的斜面，灰口为上宽下窄的楔形，拱顶灰缝宽度不大于15mm，拱底灰口宽度不小于5mm。

③砖弧拱构造与砖平拱相同，但外形呈圆弧形。砌筑时从两侧向中间砌，灰缝呈上宽下窄的放射状，拱顶灰缝宽度不大于25mm，拱底灰缝宽度不小于5mm；若采用加工好的楔形砖砌筑，灰缝厚度应上下一致，控制在8~10mm。砖拱底部的模板，应在砂浆达到其设计强度的50%以上时，才能拆除。

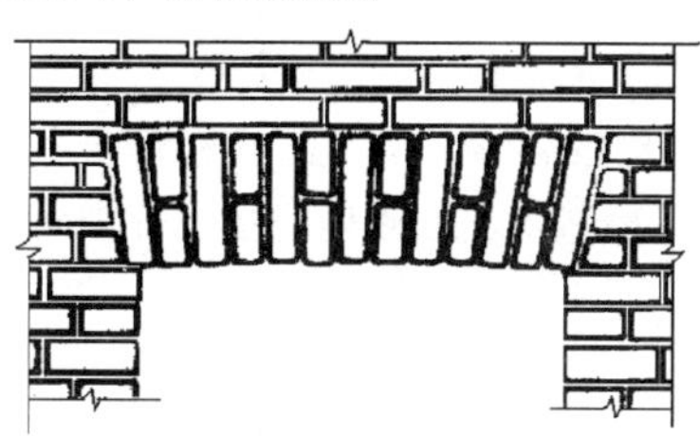

图3-15 斜砖平拱

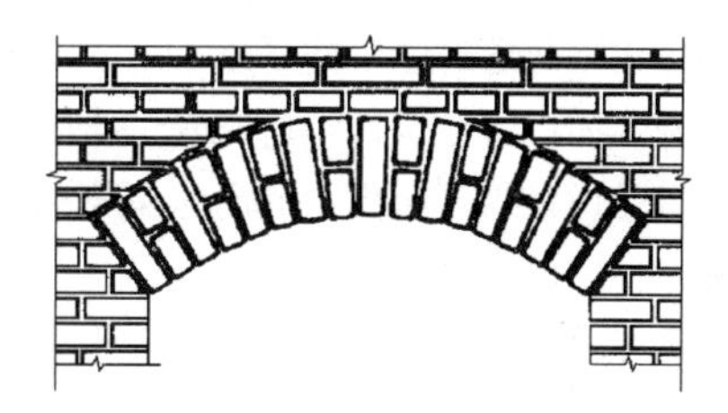

图3-16 砖砌弧拱

(4)钢筋砖过梁的砌法

当砖砌的门窗洞口平口时，搭放支撑胎模，中间起拱1%，洒水湿润，上铺30mm厚的1:3水泥砂浆层，把钢筋埋入砂浆中，钢筋两端弯成直角弯钩向上伸入墙内不小于240mm，并置于浆缝内。第一皮应砌成顶砖，每砌完一皮砖应用稀砂浆灌缝，使砂浆密实饱满。当砂浆强度达到设计强度50%以上时方可拆除过梁底模。

在过梁范围内，砖的强度等级不低于MU10，砂浆的强度等级不低于M5，砌筑形式宜用一顺一丁或梅花丁，钢筋直径应由计算确定。水平间距应不大于120mm，一般不宜少于2ϕ6钢筋。构造如图3-17所示。

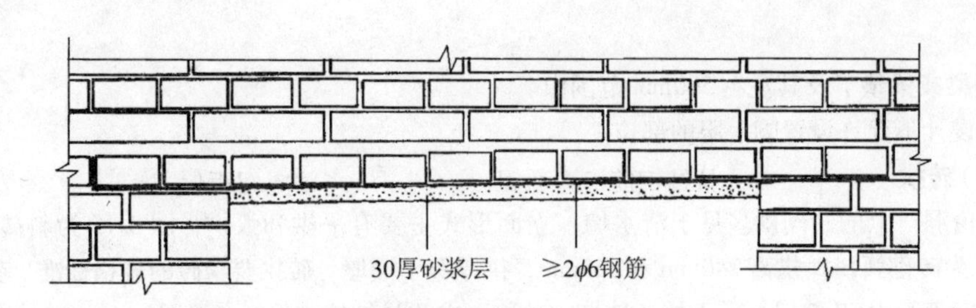

图 3-17　钢筋砖过梁

3.2.5　砖砌体质量控制与检验

(1) 主控项目

①砖和砂浆的强度等级必须符合设计要求。砖和砂浆的强度等级符合设计要求是保证砌体受力性能的基础，因此必须合格。烧结普通砖检验批数量的确定，应参考砌体检验批划分的基本数量(250m³砌体)；多孔砖、灰砂砖、粉煤灰砖检验批数量的确定均按产品标准决定。

抽检数量：每一生产厂家的砖到现场后，按烧结砖15万块、多孔砖5万块、灰砂砖及粉煤灰砖10万块各为一验收批，抽检数量为1组。砂浆试块检验数量：每一检验批且不超过250m³砌体的各种类型及强度等级的砌筑砂浆，每台搅拌机至少抽检一次。

检验方法：查砖和砂浆试块试验报告。

②砌体水平灰缝的砂浆饱满度不得小于80%。水平灰缝砂浆饱满度不小于80%的规定沿用已久，根据四川省建筑科学研究院试验结果，当水泥混合砂浆水平灰缝饱满度达到73.6%时，则可满足设计规范所规定的砌体抗压强度值。有特殊要求的砌体，指设计中对砂浆饱满度提出明确要求的砌体。

抽检数量：每检验批抽查不应少于5处。

检验方法：用百格网检查砖底面与砂浆的黏结痕迹面积。每处检测3块砖，取其平均值。

③砖砌体的转角处和交接处应同时砌筑，严禁无可靠措施的内外墙分砌施工。对不能同时砌筑而又必须留置的临时间断处应砌成斜槎，斜槎水平投影长度不应小于高度的2/3。砖砌体转角处和交接处的砌筑和接槎质量，是保证砖砌体结构整体性能和抗震性能的关键之一。

抽检数量：每检验批抽20%接槎，且不应少于5处。

检验方法：观察检查。

④非抗震设防及抗震设防烈度为6度、7度地区的临时间断处，当不能留斜槎时，除转角处外，可留直槎，但直槎必须做成凸槎。留直槎处应加设拉结钢筋，拉结钢筋的数量为每120mm墙厚放置1φ6拉结钢筋(120mm厚墙放置2φ6拉结钢筋)，间距沿墙高不应超过500mm；埋入长度从留槎处算起每边均不应小于500mm，对抗震设防烈度6度、7度的地区，不应小于1000mm；末端应有90°弯钩，如图2-19所示。对抗震设计烈度为6度、7度地区的临时间断处，允许留直槎并按规定加设拉结钢筋，这主要是从实际出发，在保证施工质量的前提下，留直槎加设拉结钢筋时，其连接性能较留斜槎时降低有限，对抗震设计烈度不高的地区允许采用留直槎加设拉结钢筋是可行的。

多孔砖砌体根据砖规格尺寸，留置斜槎的长高比一般为1:2。

抽检数量：每检验批抽20%接槎，且不应少于5处。

检验方法：观察和尺量检查。

合格标准：留槎正确，拉结钢筋设置数量、直径正确，竖向间距偏差不超过100mm，留置长度基本符合规定。

⑤砖砌体的位置及垂直度允许偏差应符合表3-17的规定。

抽检数量：轴线查全部承重墙柱；外墙垂直度全高查阳角，不应少于4处，每层每20m查一处；内墙按有代表性的自然间抽10%，但不应少于3间，每间不应少于2处，柱不少于5根。

(2)一般项目

①砖砌体组砌方法应正确，上下错缝，内外搭砌，砖柱不得采用包心砌法。

抽检数量：外墙每20m抽查一处，每处3～5m，且不应少于3处；内墙按有代表性的自然间抽10%，且不应少于3间。

检验方法：观察检查。

合格标准：除符合本条要求外，清水墙、窗间墙无通缝；混水墙中长度大于或等于300mm的通缝每间不超过3处，且不得位于同一面墙体上。

②砖砌体的灰缝应横平竖直，厚薄均匀。水平灰缝厚度宜为10mm，但不应小于8mm，也不应大于12mm。灰缝横平竖直，厚薄均匀，既是对砌体表面美观的要求，尤其是清水墙，又有利于砌体均匀传力。

抽检数量：每步脚手架施工的砌体，每20m抽查1处。

检验方法：用尺量10皮砖砌体高度折算。

③砖砌体的一般尺寸允许偏差应符合表3-18的规定。砖砌体一般尺寸偏差，虽对结构的受力性能和结构安全性不会产生重要影响，但对整个建筑物的施工质量、经济性、简便性、建筑美观和确保有效使用面积产生影响，故施工中对其偏差也应予以控制。

表3-17 砖砌体的位置及垂直度允许偏差

项次	项目			允许偏差(mm)	检验方法
1	轴线位置偏移			10	用经纬仪和尺检查或用其他测量仪器检查
2	垂直度	每层		5	用2m托线板检查
		全高	≤10m	10	用经纬仪、吊线和尺检查，或用其他测量仪器检查

表 3-18　砖砌体一般尺寸允许偏差

项次	项目		允许偏差(mm)	检验方法	检验数量
1	基础顶面和楼面标高		±15	用水平仪和尺检查	不应少于 5 处
2	表面平整度	清水墙、柱	5	用 2m 靠尺和楔形塞尺检查	有代表性自然间 10%，但不应少于 3 间，每间不应少于 2 处
		混水墙、柱	8		
3	门窗洞口高、宽(后塞口)		±5	用尺检查	检验批洞口的 10%，但不应少于 5 处
4	外墙上下窗口偏移		20	以底层窗口为准用经纬仪或吊线检查	检验批的 10%，且不应少于 5 处
5	水平灰缝平直度	清水墙	7	拉 10m 线和尺检查	有代表性自然间 10%，但不应少于 3 间，每间不应少于 2 处
		混水墙	10		
6	清水墙游丁走缝		20	吊线和尺检查，以每层第一皮砖为准	有代表性自然间 10%，但不应少于 3 间，每间不应少于 2 处

3.3　混凝土小型空心砌块砌体

3.3.1　混凝土空心小砌块的排列组合

砌块的排列应尽量采用 390mm 长的主砌块，少用辅助块。应上下皮对孔、错缝搭砌，一般搭接长度为 200mm，每两皮为一循环，当墙体长度为奇数时，采用 290 长的辅助块，此时搭接长度为 100mm，并保证上下皮对孔。

在 190mm 厚墙体交接处和门、窗洞口处，砌块排列应考虑芯柱的位置与数量，保证芯柱沿墙身贯通，每层芯柱的第 1 皮砌块应选用设清扫口的芯柱块。

设计预留洞口、管线槽及门窗等固定点及固定件应在墙体排块图上标注。

砌块的排块组合主要由 3 部分组成：

①各种开间的窗下墙排块(内承重墙的原则类似)。

②2. 70m 和 2. 80m 两种层高的剖面排块。

③窗间墙及阴阳角排块，这两部分的排块是根据各种开间、进深尺寸及可能出现的各种门窗尺寸，进行排列组合。

图 3-18 ~ 3-20 为几种墙体砌块加气混凝土外保温的排列组合方法。

图 3-21 为混水外墙内保温的丁字排块、清水墙内保温的丁字排块及转角墙排块。

图 3-22 为夹芯保温墙体阳角排块。

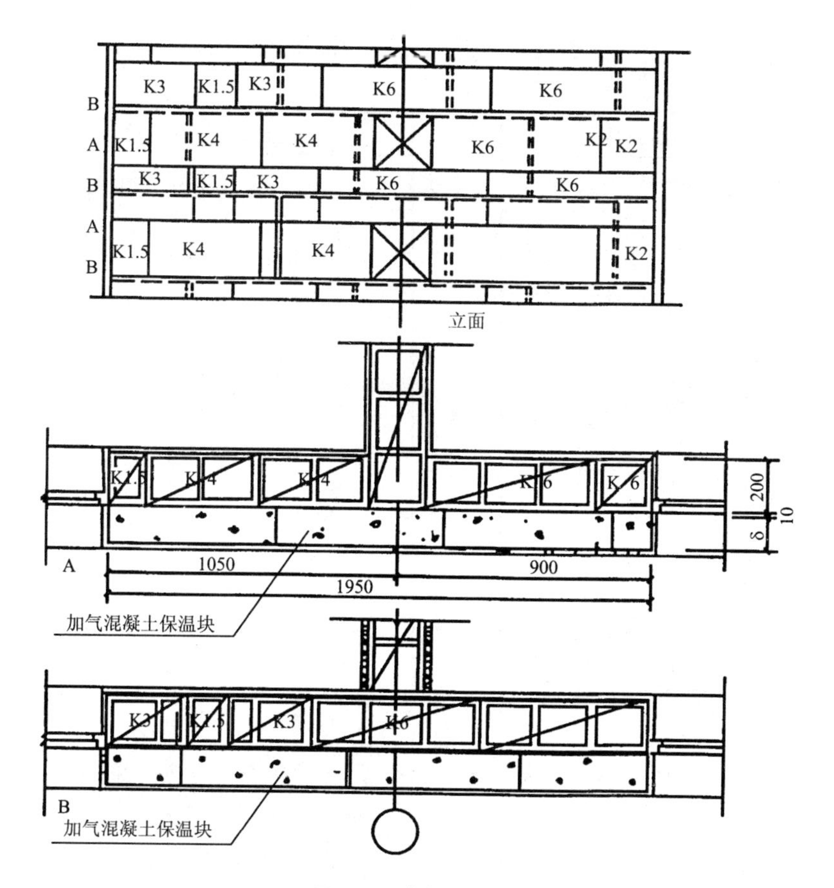

图 3-18 窗间墙排列

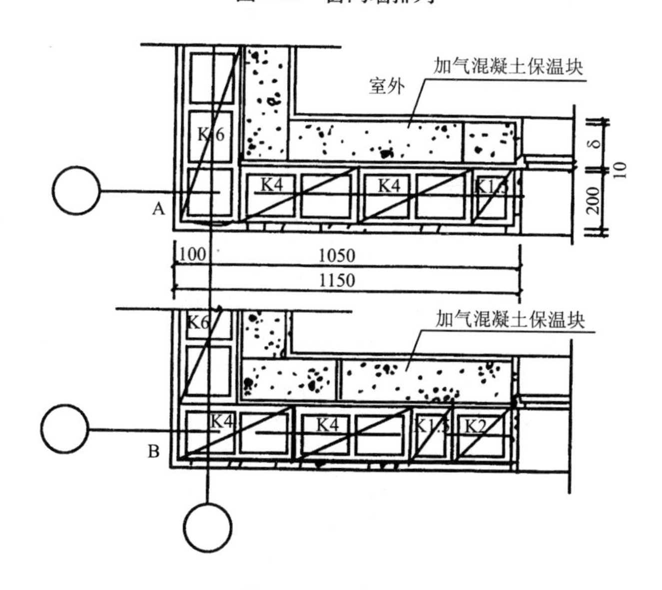

图 3-19 阴角排列

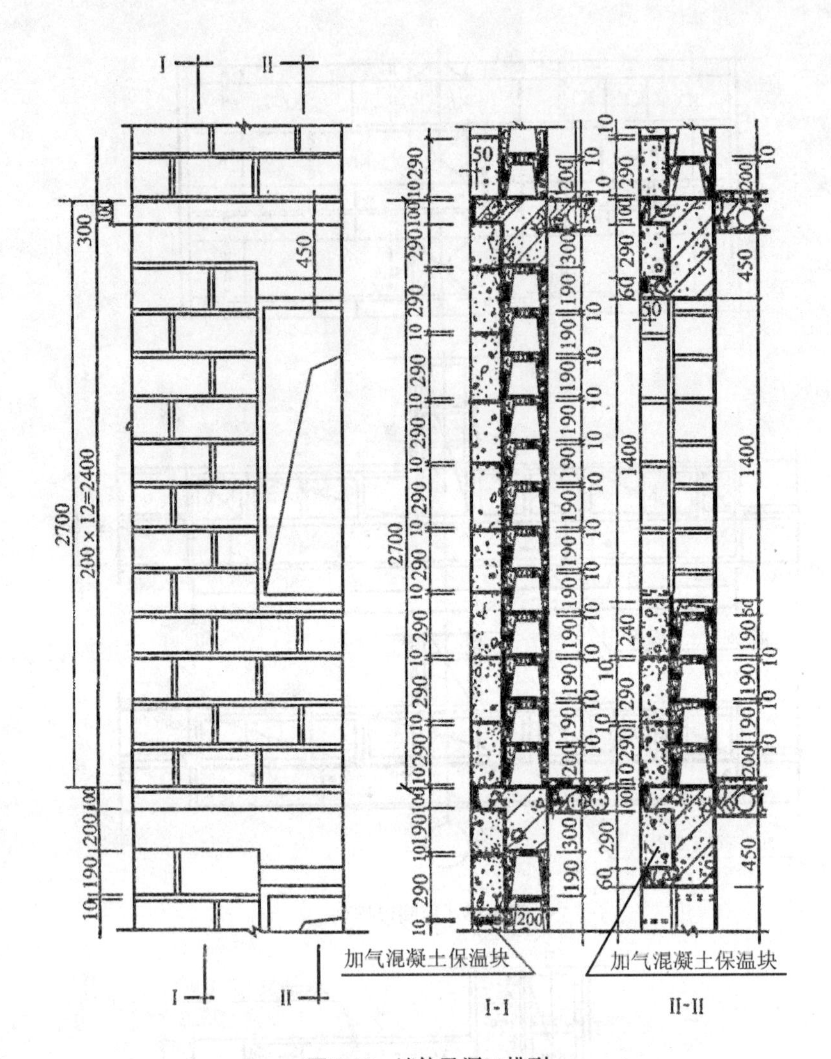

图 3-20　墙体及洞口排列

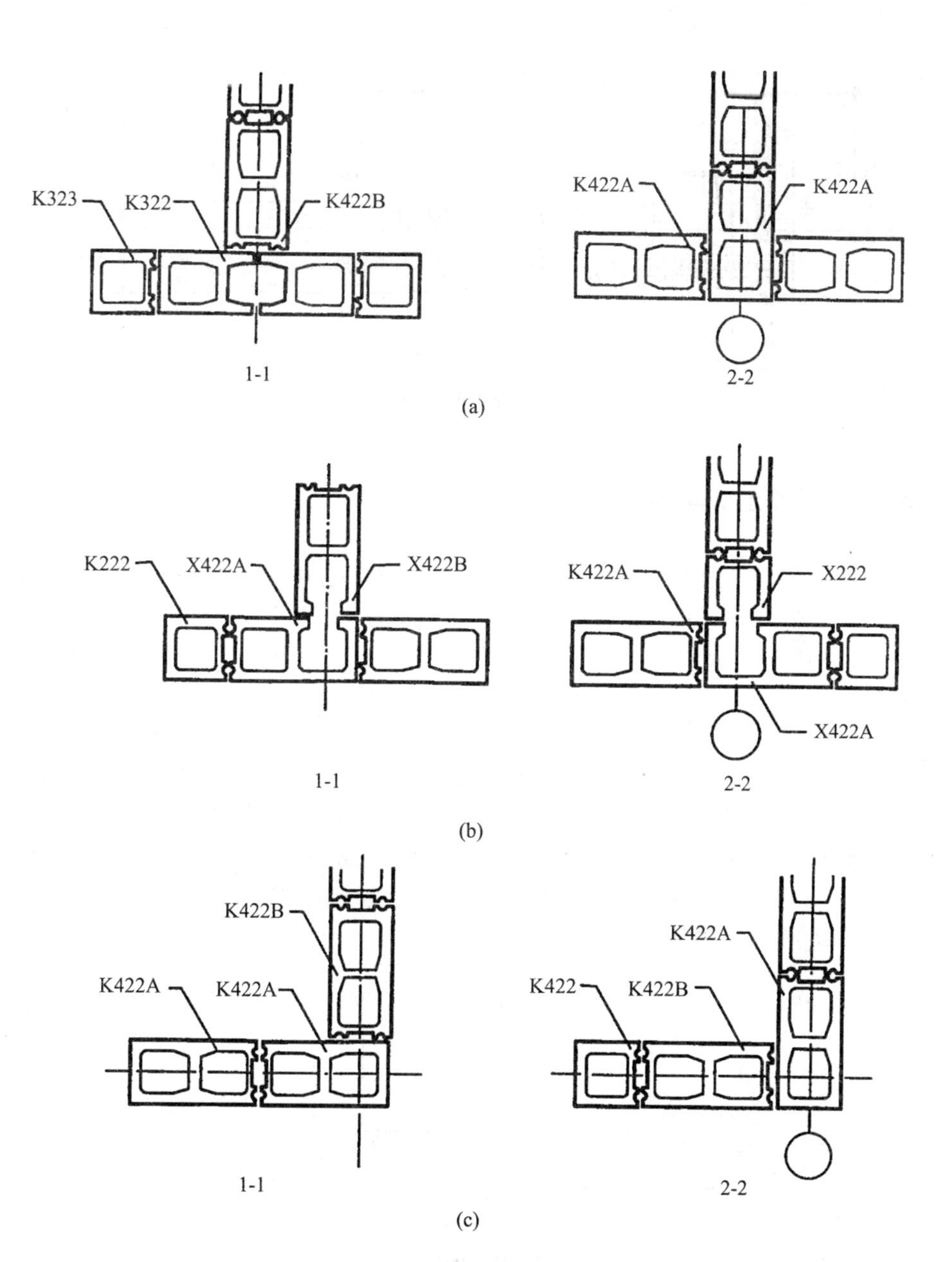

图 3-21 混水外墙内保温的丁字排块、清水墙内保温的丁字排块及转角墙排块
(a)混水墙丁字排块；(b)清水墙丁字排块；(c)转角排块

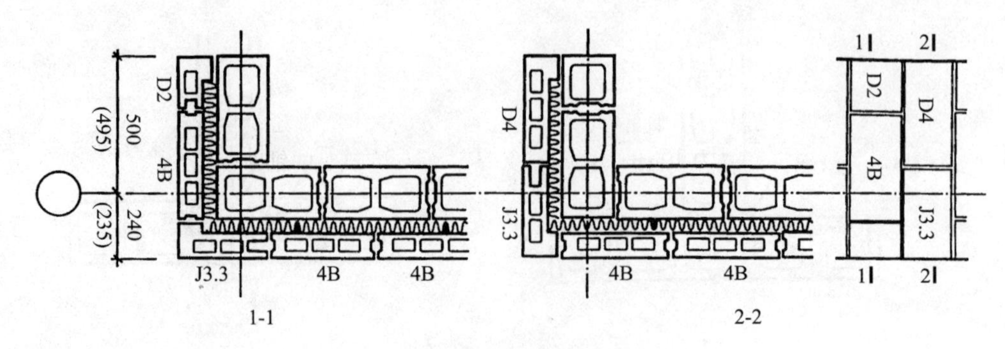

图 3-22 夹芯保温墙体阳角排块

3.3.2 混凝土小型空心砌块施工

(1)施工准备

小砌块应按现行国家标准混凝土小型空心砌块及出厂合格证进行验收，必要时可现场取样进行检验。装卸小砌块时严禁倾卸丢掷并应堆放整齐。堆放小砌块应符合下列要求：运到现场的小砌块应分规格型号、分强度等级堆放，堆垛上应设标志，堆放现场必须预先夯实平整并作好排水。小砌块的堆放高度不宜超过1.6m，并不得着地堆放。堆垛之间应保持适当的通道。

施工前，应用钢尺校核房屋的放线尺寸，并按照图纸要求弹好墙体轴线、中心线或墙体边线。砌块砌筑前，应根据建筑物的平面、立面图绘制小砌块排列图(如图3-23所示)，计算出各种规格砌块的数量。排列时应根据小砌块规格、灰缝厚度和宽度、过梁与圈梁的高度、预留洞大小、门窗洞口尺寸、芯柱或构造柱位置、开关管线插座敷设部位等进行对孔错缝搭接排列，并以主规格小砌块为主辅以相应的配套块。

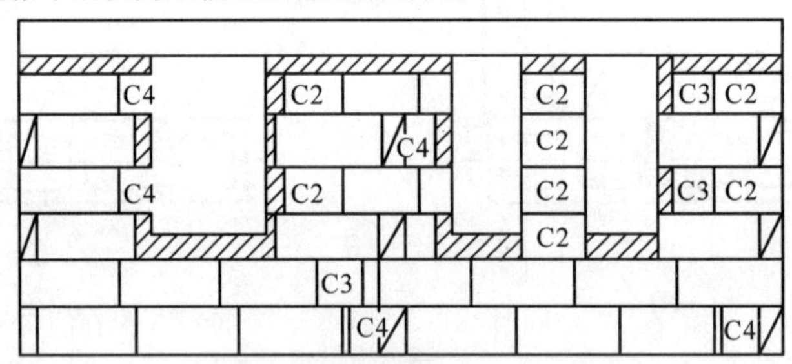

图 3-23 砌块排列图

(2)砌块墙体施工

小型砌块的施工方法同砖砌体施工方法一样，主要是手工砌筑。

施工要点：

①砌筑应从转角或定位砌块处开始。

②砌筑时应尽量采用主规格390mm×190mm×190mm小砌块，辅以相应的配套块。

③小砌块砌筑应逐块砌筑，随铺随砌，砌体灰缝应横平竖直。水平灰缝需用坐浆法满铺

小砌块全部壁肋或多排孔小砌块的封底面；竖向灰缝应将小砌块段面朝上铺满砂浆再上墙挤紧。全部灰缝均应铺填砂浆，水平灰缝的砂浆饱满度不得低于 90%，竖缝的砂浆饱满度不得低于 80%，竖缝凹槽部位应用砌筑砂浆填实，砌筑中不得出现瞎缝、透明缝。砌体的水平灰缝厚度和竖直灰缝宽度应为 10mm，控制在 8 ~ 12mm。砌筑时的铺灰长度不得超过 800mm，严禁用水冲浆灌缝。当缺少辅助规格小砌块时，墙体通缝不应超过两皮。

④砌清水墙面应随砌随勾缝，并要求光滑、密实、平整。拉结钢筋或网片必须放置于灰缝和芯柱内，不得漏放，其外露部分不得随意弯折。

⑤小砌块搭接

a. 小砌块墙体砌筑形式必须每皮顺砌，应对孔错缝搭砌，竖缝错开长度应不小于砌块长度的 1/2。个别情况下因设计原因无法对孔砌筑时，可错孔砌筑，搭接长度不应小于 90mm。使用多排孔小砌块砌筑墙体时，无对孔要求，但应错缝搭砌，普通混凝土搭接长度不应小于 90mm，轻骨料混凝土小砌块错缝长度不应小于 120mm。墙体的个别部位不能满足上述要求时，应在水平灰缝中设置 $\phi4$ 拉结钢筋或钢筋网片，网片两端距离该垂直灰缝各不小于 400mm。

b. 内外墙必须同时砌筑，纵横墙交错搭接，对于承重墙体的交接处和外墙的转角处要特别注意搭接，以保证房屋的整体性。

c. 非承重隔墙不与承重墙（或柱）同时砌筑时，应沿承重墙（或柱）高每隔 400mm 在水平灰缝内预埋 $\phi4$、横筋间距不大于 200mm 的钢筋点焊，钢筋网片伸入后砌隔墙内与伸出墙外均不应小于 600mm。

d. 对框架结构的填充墙和隔墙，沿墙高每隔 600mm 应与承重墙（或柱）预埋钢筋（一般为 $2\phi6$）或钢筋网片拉接，钢筋伸入墙内不应小于 600mm。当填充墙砌至顶面最后一皮与上部结构的接触处，宜用实心小砌块斜砌楔紧。对设计规定的洞口管道沟槽和预埋件等应在砌筑时预留或预埋。

e. 拉结钢筋或网片必须放置于灰缝和芯柱内，不得漏放，其外露部分不得随意弯折。

f. 空心砌块墙的转角处，纵、横墙砌块应相互搭砌，即纵、横墙砌块均应隔皮端面露头。砌块墙的 T 字交接处，应使横墙砌块隔皮端面露头，为避免出现通缝，纵墙在交接处改砌两块辅助规格小砌块（尺寸为 290mm × 190mm × 190mm，一端开口），所有露端面用水泥砂浆抹平。如图 3-24、3-25 所示。

⑥墙转角处和纵横墙交接处应同时砌筑。墙体临时间断处应设在门窗洞口边并砌成斜槎，斜槎长度不应小于其高度的 2/3（一般按一步脚手架高度控制）。如留斜槎有困难，除外墙转角处及抗震设防地区墙体临时间断处不应留直槎外，可从墙面伸出砌成阴阳槎，并沿墙高每三皮砌块，设拉结筋或钢筋网片，接槎部位宜延至门窗洞口。如图 3-26 所示。

⑦在墙体的下列部位，应用 C20 混凝土填实砌块的孔洞：

a. 底层室内地面以下或防潮层以下的砌体。

b. 无圈梁的预制楼板支承面下，应采用实心小砌块或用 C20 混凝土填实一皮砌块。

c. 墙上现浇混凝土圈梁等构件时，必须把将用作梁底模的一皮小砌块孔洞预先填实 140mm 高的 C20 混凝土或采用实心小砌块。

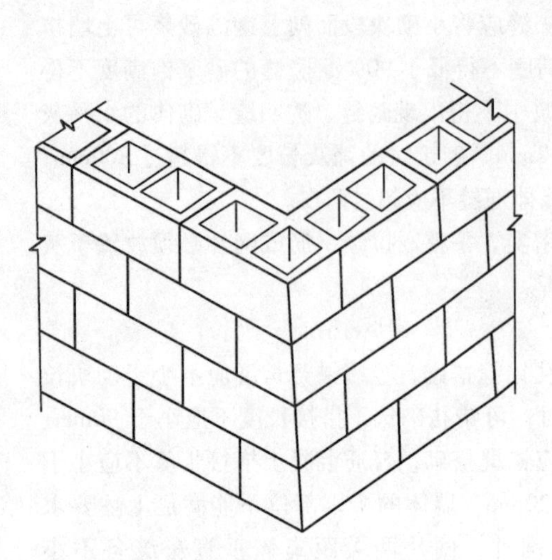

图 3-24　土空心砌块墙转角砌法

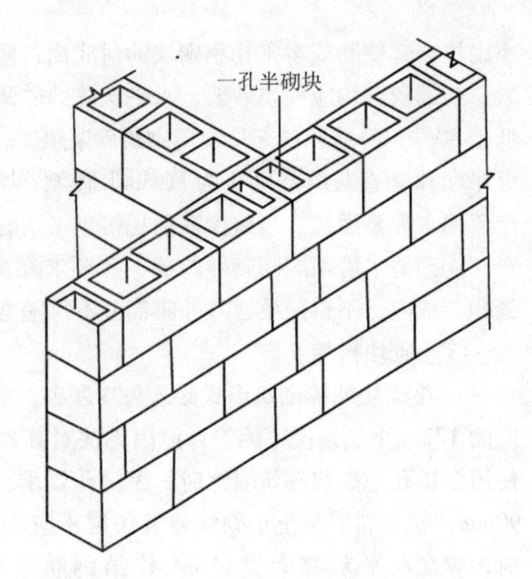

图 3-25　混凝土空心砌块墙“T”字交接处砌法

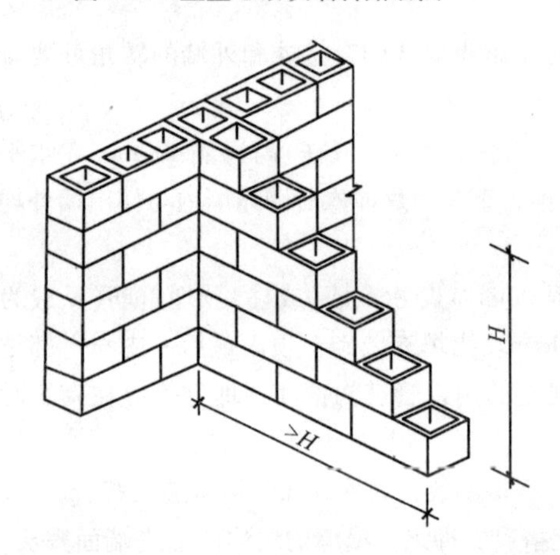

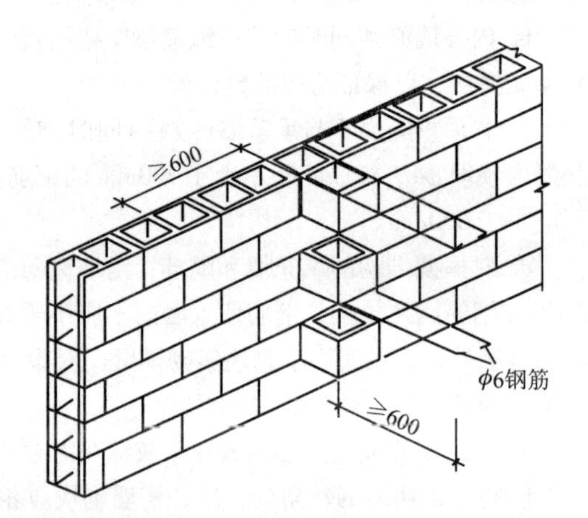

图 3-26　小砌块砌体斜槎和直槎

d. 没有设置混凝土垫块的屋架、梁等构件支承面下，高度不应小于 600mm，长度不应小于 600mm 的砌体。

e. 挑梁支承面下内外墙交接处，距墙中心线每边不应小于 300mm，高度不应小于 600mm 的砌体。

⑧对设计规定的洞口、管道、沟槽和预埋件等应在砌筑时预留或预埋，不得在已砌筑的墙体打洞和凿槽，在小砌块墙体中不得预留水平沟槽。

⑨水电管线的敷设安装必须按小砌块排列图要求与土建施工的进度密切配合，严禁事后凿槽打洞。

⑩小砌块砌体砌筑时应采用双排外脚手架或里脚手架，墙体内不宜设脚手眼，如必须设置时可用辅助规格 190mm × 190mm × 190mm 小砌块侧砌，利用其孔洞作脚手眼，砌体完工后用 C15 混凝土填实。但在墙体下列部位不得设置脚手眼：

a. 过梁上部，与过梁成60°角的三角形及过梁跨度1/2范围内。

b. 宽度不大于800mm的窗间墙。

c. 梁和梁垫下及左右各500mm的范围内。

d. 门窗洞口两侧200mm内和砌体交接处400mm的范围内。

e. 设计规定不允许设脚手眼的部位。

⑪墙体施工段的分段位置宜设在伸缩缝、沉降缝、防震缝、门窗洞口或构造柱处。砌体相邻工作段的高度差不得大于一个楼层或4m。

⑫砌筑高度应根据气温、风压、墙体部位及小砌块材质等不同情况分别控制，常温条件下的日砌筑高度普通混凝土小砌块控制在1.8m内，轻骨料混凝土小砌块控制在2.4m内。

3.3.3 芯柱及圈梁设置

(1)芯柱

芯柱是按设计要求设置在小型混凝土空心砌块墙的转角处和交接处，在这些部位的砌块孔洞中浇入素混凝土，称素混凝土芯柱；插入钢筋并浇入混凝土而形成钢筋混凝土芯柱。设置钢筋混凝土芯柱是提高多层砌体房屋抗震能力的一种重要措施，为此在《建筑抗震设计规范》中都有具体的规定，施工中应尤加注意，以保证房屋的抗震性能。

①墙体的下列部位宜设置芯柱

a. 在外墙转角、楼梯间四角的纵横墙交接处的三个孔洞，宜设置素混凝土芯柱。

b. 五层及五层以上的房屋，应在上述部位设置钢筋混凝土芯柱。

在6~8度抗震设防的建筑物中，应按芯柱位置要求设置钢筋混凝土芯柱；对横墙较少的房屋，应根据房屋增加一层的层数，按表3-19的要求设置芯柱。

表3-19 抗震设防区小砌块房屋芯柱设置要求

<table>
<tr><th colspan="3">房屋层数</th><th rowspan="2">设置部位</th><th rowspan="2">设置数量</th></tr>
<tr><th>6度</th><th>7度</th><th>8度</th></tr>
<tr><td>四、五</td><td>三、四</td><td>二、三</td><td>外墙转角，楼梯间四角；大房间内外墙交接处；隔15m或单元横墙与外纵墙交接处</td><td rowspan="2">外墙转角，灌实3个孔；内外墙交接处，灌实4个孔</td></tr>
<tr><td>六</td><td>五</td><td>四</td><td>外墙转角，楼梯间四角；大房间内外墙交接处，山墙与内纵墙交接处，隔开间横墙(轴线)与外纵墙交接处</td></tr>
<tr><td>七</td><td>六</td><td>五</td><td>外墙转角，楼梯间四角；各内墙(轴线)与外纵墙交接处；8、9度时，内纵墙与横墙(轴线)交接处和洞口两侧</td><td>外墙转角，灌实5个孔；内外墙交接处，灌实4个孔；内墙交接处，灌实4~5个孔；洞口两侧各灌实1个孔</td></tr>
<tr><td></td><td>七</td><td>六</td><td>同上；横墙内芯柱间距不宜大于2m</td><td>外墙转角，灌实7个孔；内外墙交接处，灌实5个孔；内墙交接处，灌实4~5个孔；洞口两侧各灌实1个孔</td></tr>
</table>

注：外墙转角、内外墙交接处、楼电梯间四角等部位，应允许采用钢筋混凝土构造柱替代部分芯柱。

1)芯柱截面不宜小于120mm×120mm；

2)芯柱应伸入室外地面下500mm或与埋深小于500mm的基础圈梁相连；

3)替代芯柱的构造柱，最小截面为190mm×190mm。

②芯柱的构造要求

a. 芯柱截面不宜小于120mm×120mm，宜用不低于C20的细石混凝土浇灌。芯柱宜在墙体内均匀布置，最大净距不宜大于2.0m。

b. 钢筋混凝土芯柱应沿房屋层高贯通，并与各层圈梁整体现浇，在底层应伸入室外地面下500mm，或锚入浅于500mm的基础圈梁内，顶部在屋盖圈梁内锚固，其锚固长度为35d。芯柱插筋应与每层圈梁顶面搭接，搭接长度为40d。插筋不应小于1ϕ12，7度时超过5层、8度时超过4层和9度时，插筋不应小于1ϕ14。

c. 芯柱应沿房屋的全高贯通，并与各层圈梁整体现浇，可采用图3-27所示的做法。

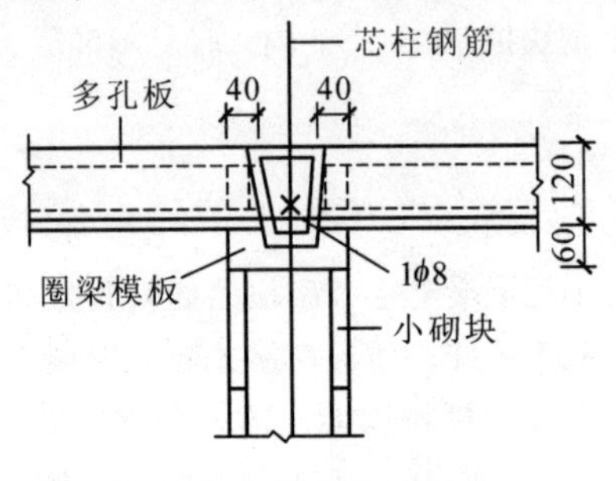

图3-27 楼板的构造

d. 在钢筋混凝土芯柱处，沿墙高每隔600mm应设ϕ4钢筋网片拉结，每边伸入墙体不小于1000mm(见图3-28)。

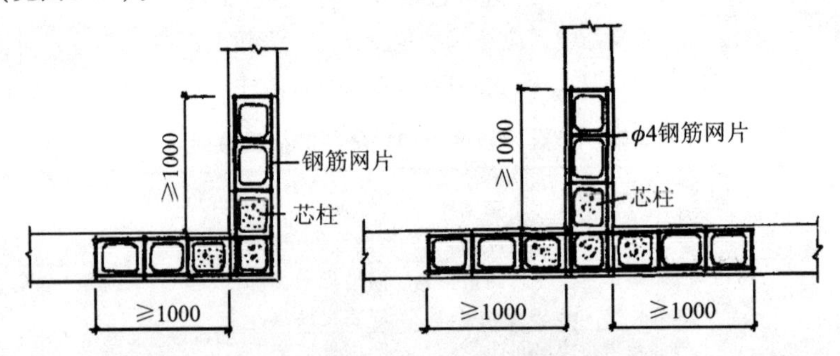

图3-28 钢筋混凝土芯柱处拉筋

e. 纵横墙应同时砌筑，当非承重隔墙后砌时，应沿墙高每隔600mm设置一道拉接钢筋网片。芯柱与拉接筋构造见图3-29。

③小砌块房屋中替代芯柱的钢筋混凝土构造柱应符合的构造要求

a. 构造柱最小截面可采用190mm×190mm，纵向钢筋宜采用4ϕ12，钢筋间距不宜大于250mm，且在柱上下端宜适当加密；7度时超过5层、8度时超过4层和9度时，构造柱纵向钢筋宜采用4ϕ14，箍筋间距不应大于200mm；外墙转角的构造柱可适当加大截面及配筋。

b. 构造柱与砌块墙连接处应砌成马牙槎，与构造柱相邻的砌块孔洞，6度时宜填实，7度时应填实，8度时应填实并插筋；沿墙高每隔600mm应设拉结钢筋网片，每边伸入墙内不宜小于1m。

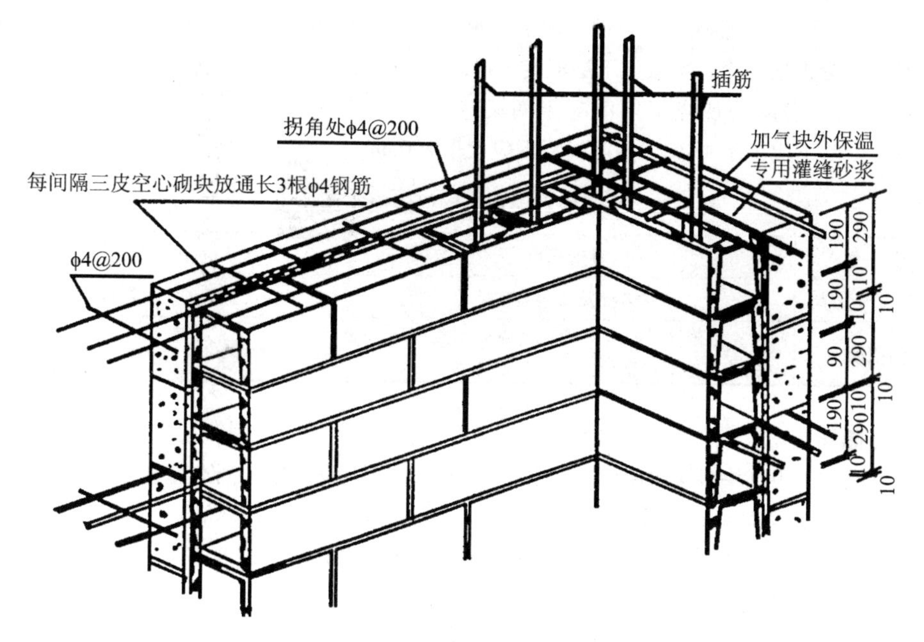

图 3-29 芯柱与拉接筋

c. 构造柱与圈梁连接处，构造柱的纵筋应穿过圈梁，保证构造柱纵筋上下贯通。

d. 构造柱可不单独设置基础，但应伸入室外地面下500mm，或与埋深小于500mm的基础圈梁相连。

④芯柱施工

芯柱混凝土的施工工艺：清除芯孔内杂物→放芯柱钢筋→从底部开口砌块绑扎钢筋→用水冲洗芯孔→封闭底部砌块的开口→孔底浇适量素水泥浆→定量浇灌芯柱混凝土→振捣芯柱混凝土

a. 芯柱部位宜采用不封底的通孔小砌块，当采用半封底小砌块时，砌筑前必须打掉孔洞毛边。

在楼(地)面砌筑第一皮小砌块时，在芯柱部位，应采用开口小砌块或U形小砌块砌筑，以砌出操作孔，在操作孔侧面宜预留连通孔，必须清除芯柱孔洞内的杂物及削掉孔内凸出的砂浆，用水冲洗干净，校正钢筋位置并绑扎或焊接固定后，方可浇灌混凝土。

b. 芯柱钢筋应与基础或基础梁中的预埋钢筋连接，上下楼层的钢筋可在楼板面上搭接，搭接长度不应小于40d(d为钢筋直径)。

c. 砌完一个楼层高度后，应连续浇灌芯柱混凝土。每浇灌400～500mm高度捣实一次，或边浇灌边捣实。浇灌混凝土前，先注入适量水泥砂浆；严禁灌满一个楼层后再捣实，宜采用插入式混凝土振动器捣实；混凝土坍落度不应小于50mm。砌筑砂浆强度达到1.0MPa以上方可浇灌芯柱混凝土。芯柱施工中应设专人检查，对混凝土灌入量认可之后方可继续施工。

d. 如采用槽形小砌块作圈梁模壳时，其底部必须留出芯柱通过的孔洞，楼板在芯柱部位应留缺口保证芯柱贯通。

e. 浇捣后的芯柱混凝土上表面，应低于最上一皮砌块表面（上口）50～80mm，以使圈梁与芯柱交接处形成一个暗键或上下层混凝土得以结合密实，加强抗震能力。

f. 小砌块房屋的现浇钢筋混凝土圈梁应按表 3-20 的要求设置，圈梁宽度不应小于 190mm，配筋不应少于 4ϕ12，箍筋间距不应大于 200mm。

表 3-20　小砌块房屋现浇钢筋混凝土圈梁设置要求

墙　类	设置部位	设置数量
外墙和内纵墙	屋盖处及每层楼盖处	屋盖处及每层楼盖处
内横墙	同上；屋盖处沿所有横墙；楼盖处间距不应大于 7m；构造柱对应部位	同上；各层所有横墙

(2) 圈梁

8 度设防的小砌块多层房屋应在每层内外纵横墙体上设圈梁，当房屋建在软弱地基或不均匀基础上时，圈梁刚度应适当加强。

圈梁应连续地设在同一水平面上，并形成封闭状，当被洞口截断、不能在同一水平面闭合时，应做附加圈梁。

圈梁截面高度不应小于 200mm，纵向钢筋：7 度区 ≥4ϕ8，箍筋 ϕ6 间距 250mm；8 度区 ≥4ϕ10，箍筋 ϕ6 间距 200mm，基础圈梁配筋不小于 4ϕ12。圈梁与楼板交接见图 3-30。

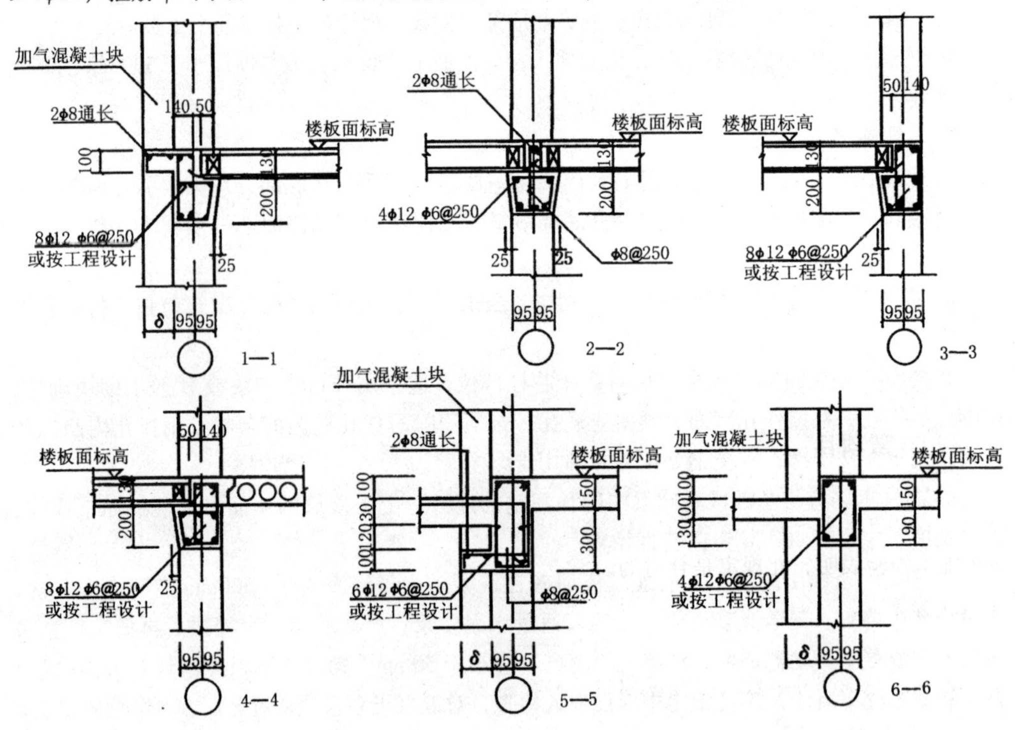

图 3-30　圈梁与楼板交接

3.3.4 混凝土小型空心砌体质量控制与检验

(1)主控项目

①小砌块和砂浆的强度等级必须符合设计要求。小砌块砌体施工时，小砌块和砂浆的强度等级是砌体力学性能能否满足设计要求的最基本条件。

抽检数量：每一生产厂家，每1万块小砌块至少应抽检一组。用于多层建筑基础和底层的小砌块抽检数量不应少于2组。砂浆试块的抽检数量：每一检验批且不超过250m^{3}砌体的各种类型及强度等级的砌筑砂浆，每台搅拌机应至少抽检一次。

检验方法：查小砌块和砂浆试块试验报告。

②砌体水平灰缝的砂浆饱满度，应按净面积计算不得低于90%；竖向灰缝饱满度不得小于80%；竖向缝凹槽部位应用砌筑砂浆填实，不得出现瞎缝、透明缝。小砌块砌体施工时，对砂浆饱满度的要求，严于砖砌体的规定。

抽检数量：每检验批不应少于3处。

检验方法：用专用百格网检测小砌块与砂浆黏结痕迹，每处检测3块小砌块，取其平均值。

③墙体转角处和纵横墙交接处应同时砌筑。临时间断处应砌成斜槎，斜槎水平投影长度不应小于高度的2/3。

抽检数量：每检验批抽20%接槎，且不应少于5处。

检验方法：观察检查。

④砌体的轴线偏移和应符合表3-21的规定。

表3-21 砌块砌体位置及垂直度允许偏差和检验方法

项次	项目			允许偏差(mm)	检验方法
1	轴线位置偏移			10	用经纬仪或拉线和尺量检查
2	垂直度	每层		5	用2m托线板检查
		全高	≤10m	10	用经纬仪或吊线和尺量检查
			>10m	20	

(2)一般项目

①砌体的水平灰缝厚度和竖向灰缝宽度宜为10mm，但不应大于12mm，也不应小于8mm。小砌块水平灰缝厚度和竖向灰缝宽度的规定，与砖砌体一致，这样也便于施工检查。多年施工经验表明，此规定是合适的。

抽检数量：每层楼的检测点不应少于3处。

检验方法：用尺量5皮小砌块的高度和2m砌体长度折算。

②小砌块砌体的一般尺寸允许偏差应符合表3-22中的规定。

表 3-22 砌块砌体一般尺寸允许偏差和检验方法

项次	项目		允许偏差(mm)	检验方法	抽检数量
1	基础顶面或楼面标高		±15	用水准仪和尺量检查	不应少于5处
2	表面平整度	清水墙、柱	5	用2m靠尺和楔形塞尺检查	有代表性自然间10%，但不应少于3间，每间不应少于2处
		混水墙、柱	8		
3	门窗洞口高、宽(后塞口)		±5	用尺检查	检验批洞口的10%，且不应少于5处
4	外墙上下窗口偏移		20	以底层窗口为准，用经纬仪或吊线检查	检验批的10%，且不应少于5处
5	水平灰缝平直度	清水墙	7	拉10m线和尺检查	有代表性自然间10%，但不应少于3间，每间不应少于2处
		混水墙	10		

3.4 石砌体

3.4.1 石砌体施工

(1)毛石砌筑

毛石砌体应采用铺浆法砌筑。砂浆必须饱满，叠砌面的粘灰面积(即砂浆饱满度)应大于80%。

毛石砌体宜分皮卧砌，各皮石块间应利用毛石自然形状经敲打修整，使其能与先砌毛石基本吻合、搭砌紧密；毛石应上下错缝，内外搭砌，不得采用外面侧立毛石中间填心的砌筑方法；中间不得有铲口石(尖石倾斜向外的石块)、斧刃石(尖石向下的石块)和过桥石(仅在两端搭砌的石块)，见图3-31。

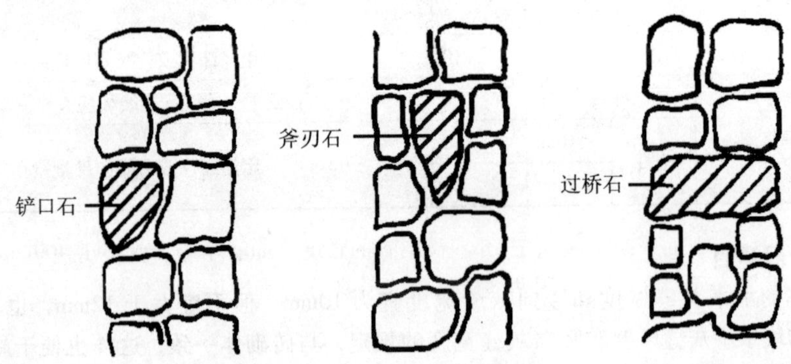

图 3-31 铲口石、斧刃石、过桥石

毛石砌体的灰缝厚度宜为20~30mm，石块间不得有相互接触现象。石块间较大的空隙应先填塞砂浆后用碎石块嵌实，不得采用先摆碎石块后塞砂浆或干填碎石块的方法。

①毛石基础的砌筑。毛石基础是乱毛石或平毛石与水泥混合砂浆或水泥砂浆砌成的基础形式，毛石基础可作为墙下条形基础或柱下条形基础。

砌筑前应检查基槽尺寸和垫层标高，清理槽内杂物，如垫层干燥应洒水润湿。当基底无垫层、基础直接坐落在天然地基上时，基槽底应修理平整。

毛石基础断面形状有矩形、阶梯形和梯形。基础顶面宽度应比墙基宽度大200mm，既每边宽100mm。阶梯形基础每阶高度不小于300 mm，每阶伸出宽度不宜大于200mm，上级阶梯的石块应至少压砌下级阶梯石块的1/2，相邻阶梯的毛石应相互错缝搭砌（见图3-32）。

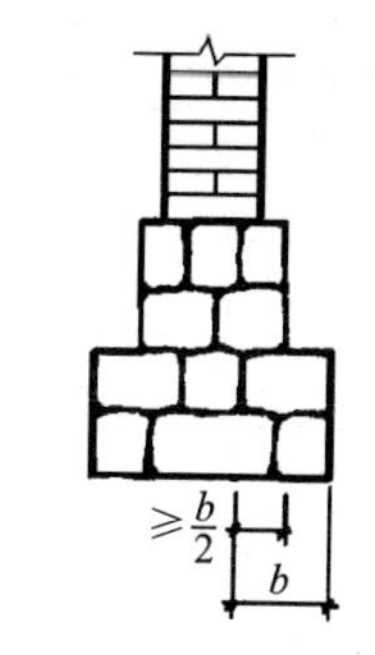

图3-32 阶梯形毛石基础

毛石基础的转角处、交接处应用较大的平毛石同时砌筑，对不能同时砌筑而又必须留置的临时间断处，应砌成斜槎，斜槎面上不得铺砂浆。临时间断处的高度差不得超过1.2m。

毛石基础的最上一皮，宜选用较大的毛石砌筑。基础墙中的洞口应预先留出，不得砌后再凿。毛石基础每日的砌筑高度不应超过1.2m。

为保证砌体整体性，毛石基础必须设置拉结石。拉结石应均匀分布。毛石基础同皮内每隔2m左右设置一块。拉结石长度，如基础宽度等于或小于400mm，应与基础宽度相等；如基础宽度大于400mm，可用两块拉结石内外搭接，搭接长度不应小于150mm，且其中一块拉结石长度不应小于基础宽度的2/3。

②毛石墙的砌筑。毛石墙是用乱毛石或平毛石与水泥混合砂浆或水泥砂浆砌成的灰缝不规则的墙体，厚度应不小于350mm。

砌筑前应根据墙的位置与厚度，在基础顶面上放线，并立皮数杆、挂线。

毛石墙的第一皮，应用较大的平毛石砌筑；转角处和洞口处应用棱角比较整齐、边角是直角的角石砌筑；内外墙丁接处，应用较为平整的长方形石块，并具有合适的尺寸，使其在纵横墙中上下皮能相互咬住槎；每个楼层墙体的最上一皮，宜用较大的毛石砌筑。

整个墙体应分皮砌筑，每皮高大致300～400mm。每砌一步架，要大致找平一次，砌至楼层高度时，应全面找平，已达到顶面平整。

毛石墙的转角处和交接处应同时砌筑。对不能同时砌筑而又必须留置的临时间断处，应砌成踏步槎。

毛石墙必须设置拉结石。拉结石应均匀分布，相互错开。一般每0.7m^2墙面至少设置一块，且同皮内拉结石的中距不应大于2m。拉结石的长度，如墙厚等于或小于400mm，应与墙厚相等；如墙厚大于400mm，可用两块拉结石内外搭接，搭接长度不应小于150mm，且其中一块拉结石长度不应小于墙厚的2/3。

毛石墙每日砌筑高度，不应超过1.2m。

③毛石和烧结普通砖的组合墙的砌筑。在毛石和烧结普通砖的组合墙中，毛石砌体与砖砌体应同时砌筑，并每隔4～6皮砖用2～3皮丁砖与毛石砌体拉结砌合，两种砌体间的空隙应用砂浆填满（见图3-33）。

毛石墙和砖墙相接的转角处和交接处应同时砌筑。

转角处应自纵墙（或横墙）每隔4～6皮砖高度引出不小于120mm与横墙（或纵墙）相接（见图3-34）。

交接处应自纵墙每隔 4 ~ 6 皮砖高度引出不小于 120mm 与横墙相接(见图 3-35)。

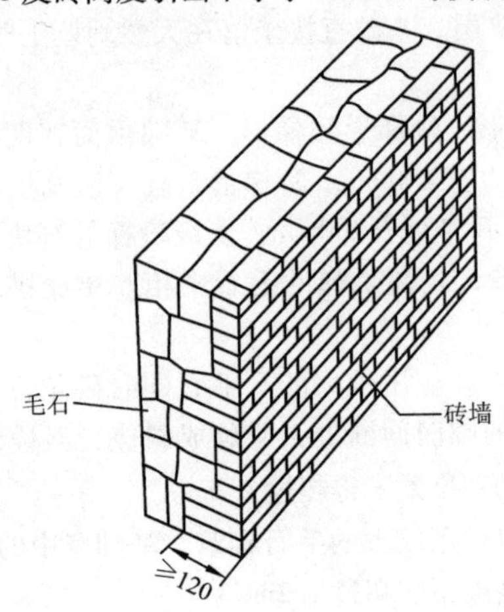

图 3-33　毛石和砖组合墙

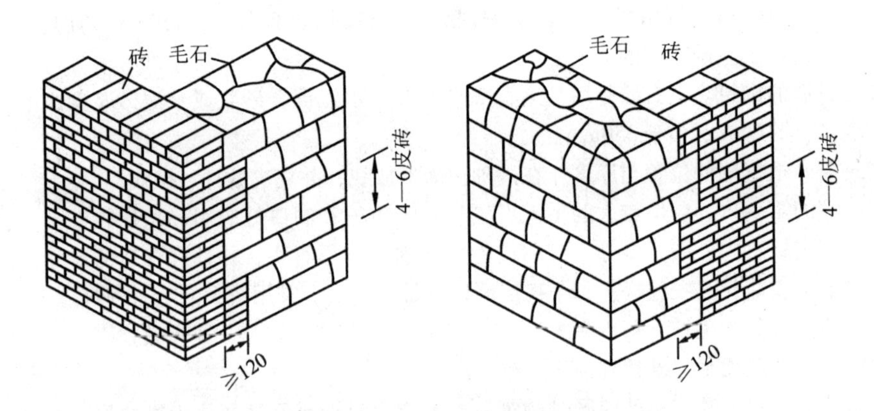

图 3-34　转角处毛石墙和砖墙相接

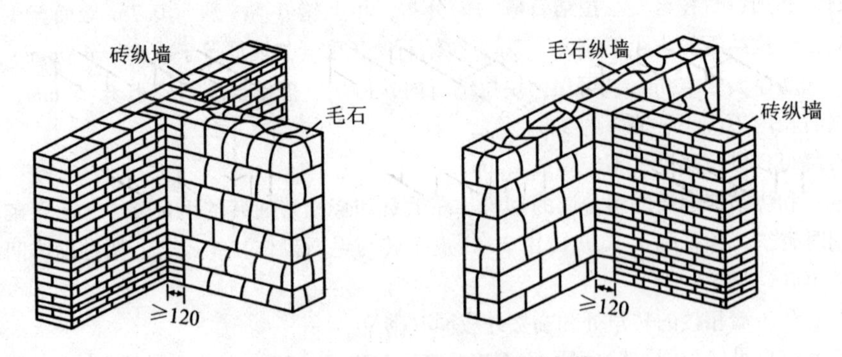

图 3-35　交接处毛石墙和砖墙相接

（2）**料石砌筑**

料石砌体应采用铺浆法砌筑，料石应放置平稳，砂浆必须饱满。砂浆铺设厚度应略高于规定灰缝厚度，其高出厚度，细料石、半细料石宜为3～5mm；粗料石、毛料石宜为6～8mm。

料石砌体的灰缝厚度，细料石砌体不宜大于5mm；半细料石砌体不宜大于10mm；粗料石和毛料石砌体不宜大于20mm。

料石砌体的水平灰缝和竖向灰缝的砂浆饱满度均应大于80%。

料石砌体上下皮料石的竖向灰缝应相互错开，错开长度应不小于料石宽度的1/2。

①料石基础的砌筑。是用毛料石或粗料石与水泥混合砂浆或水泥砂浆砌成的基础形式，可作为墙下条形基础或柱下条形基础。其断面形状有矩形和阶梯形，阶梯形基础每阶伸出宽度不宜大于200mm，见图3-36。

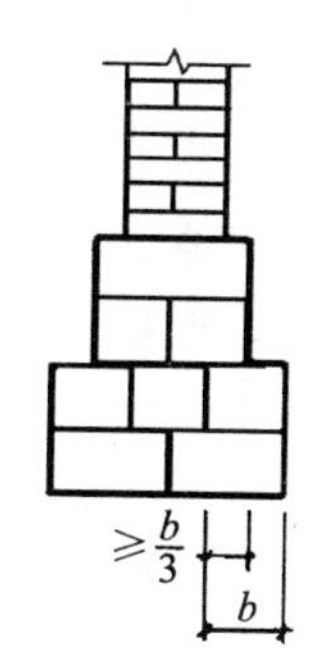

图3-36 料石基础

料石基础主要有两种组砌方法：

a. 丁顺叠砌：一皮丁石与一皮顺石相互叠加组砌而成，先丁后顺，竖向灰缝错开1/2石宽。

b. 丁顺组砌：同皮石中用1～3块顺石和1块丁石交替相隔砌成。

丁石长度为基础宽度，顺石厚度一般为基础厚度的1/3，上皮丁石应砌于下皮顺石上，上下皮竖向灰缝至少应错开1/2石宽。料石基础的砌筑应注意上级阶梯的料石至少压砌下级阶梯料石的1/3（见图3-36），转角处和交接处应同时砌筑，对不能同时砌筑的应留斜槎。

②料石墙的砌筑。料石墙是用料石与水泥混合砂浆或水泥砂浆砌成，料石用细料石、半细料石、粗料石和毛料石均可。料石墙组砌形式有全顺砌法、一顺一丁和丁顺组砌，当墙厚等于一块料石宽度时，可采用全顺砌筑形式[见图3-37（a）]；当墙厚等于两块料石宽度时，可采用一顺一丁或丁顺组砌的砌筑形式。一顺一丁是一皮顺石与一皮丁石相隔砌成，上下皮竖缝相互错开1/2石宽[见图3-37（b）]；丁顺组砌是同皮内1～2块顺石与一块丁石相隔砌成，丁石中距不大于2m，上皮丁石坐中于下皮顺石，上下皮竖缝相互错开至少1/2石宽[见图3-37（c）]。

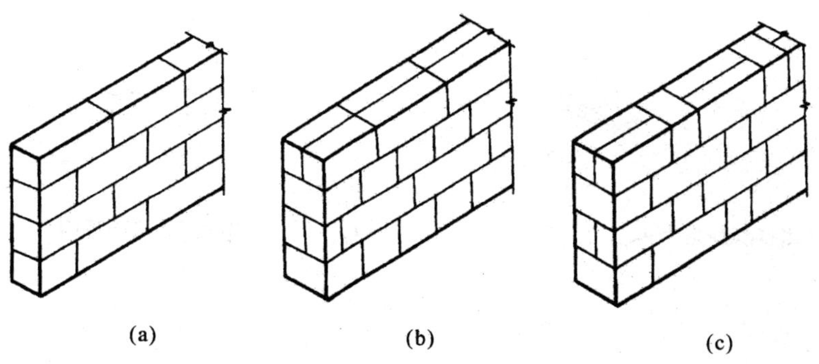

图3-37 料石墙砌筑形式

（a）全顺砌法；（b）一顺一丁；（c）丁顺组砌

在料石和毛石或砖的组合墙中，料石砌体和毛石砌体或砖砌体应同时砌筑，并每隔 2～3 皮料石层用丁砌层与毛石砌体或砖砌体拉结砌合。丁砌料石的长度宜与组合墙厚度相同（见图 3-38）。

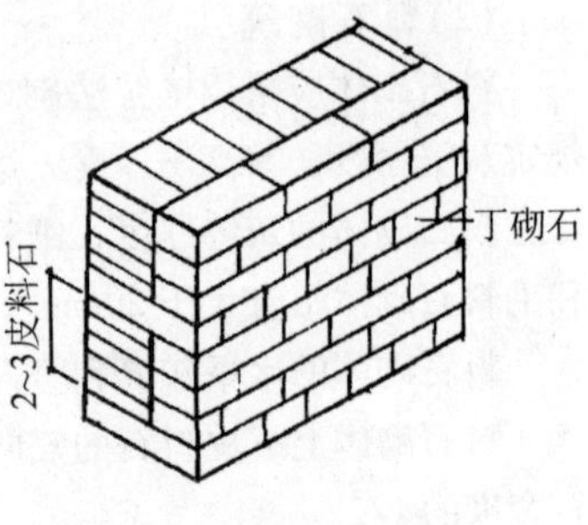

丁砌石
2~3皮料石

图 3-38　料石和砖的组合墙

3.4.2　石砌体工程质量控制与检验

石砌体质量分为合格和不合格两个等级。

石砌体质量合格应符合以下规定：

主控项目应全部符合规定；一般项目应有 80% 及以上的抽检处符合规定，或偏差值在允许偏差范围以内。

(1) 主控项目

①石材及砂浆强度等级必须符合设计要求。石砌体是由石材和砌筑砂浆砌筑而成，其力学性能能否满足设计要求，石材及砂浆强度等级起到决定性的作用。

抽检数量：同一产地的石材至少应抽检一组。砂浆试块抽检数量：每一检验批且不超过 $250m^3$ 砌体的各种类型及强度等级的砌筑砂浆，每台搅拌机应至少抽检一次。

检验方法：料石检查产品质量证明书，石材、砂浆检查试块试验报告。

②砂浆饱满度不应小于 80%。砂浆饱满度的大小直接影响石砌体力学性能、整体性和耐久性，因此对石砌体的砂浆饱满度作了规定。

抽检数量：每步架抽查不应少于 1 处。

检验方法：观察检查。

③石砌体的轴线位置及垂直度允许偏差应符合表 3-23 的规定。石砌体的轴线位置及垂直度偏差将直接影响结构的安全性，因此有必要把这两项允许偏差列入主控项目。

抽检数量：外墙，按楼层（或 4m 高以内）每 20m 抽查 1 处，每处 3 延长米，但不应少于 3 处；内墙，按有代表性的自然间抽查 10%，但不应少于 3 间，每间不应少于 2 处，柱子不应少于 5 根。

表 3-23　石砌体的轴线位置及垂直度允许偏差

<table>
<tr><th rowspan="4">项次</th><th rowspan="4" colspan="2">项目</th><th colspan="7">允许偏差（mm）</th><th rowspan="4">检验方法</th></tr>
<tr><th colspan="2">毛石砌体</th><th colspan="5">料石砌体</th></tr>
<tr><th rowspan="2">基础</th><th rowspan="2">墙</th><th colspan="2">毛料石</th><th colspan="2">粗料石</th><th>细料石</th></tr>
<tr><th>基础</th><th>墙</th><th>基础</th><th>墙</th><th>墙、柱</th></tr>
<tr><td>1</td><td colspan="2">轴线位置</td><td>20</td><td>15</td><td>20</td><td>15</td><td>15</td><td>10</td><td>10</td><td>用经纬仪和尺检查，或用其他测量仪器检查</td></tr>
<tr><td rowspan="2">2</td><td rowspan="2">墙面垂直度</td><td>每层</td><td></td><td>20</td><td></td><td>20</td><td></td><td>10</td><td>7</td><td rowspan="2">用经纬仪、吊线和尺检查或用其他测量仪器检查</td></tr>
<tr><td>全高</td><td></td><td>30</td><td></td><td>30</td><td></td><td>25</td><td>20</td></tr>
</table>

(2) 一般项目

①石砌体的一般尺寸允许偏差应符合表 3-24 的规定。检验方法“用水准仪和尺检查”要求

具体明确，便于工程质量验收。砌体厚度项目中的毛石基础、毛料石基础和粗料石基础增加了下限为“0”的控制，即不允许出现负偏差，这一规定将大大增加了基础工程的安全可靠性。

表 3-24 石砌体的一般尺寸允许偏差

项次	项目		允许偏差(mm)							检验方法
			毛石砌体		料石砌体					
			基础	墙	基础	墙	基础	墙	墙、柱	
1	基础和墙砌体顶面标高		±25	±15	±25	±15	±15	±15	±10	用水准仪和尺检查
2	砌体厚度		+30	+20 -10	+30	+20 -10	+15	+10 -5	+10 -5	用尺检查
3	表面平整度	清水墙、柱	-	20	-	20	-	10	5	细料石用2m靠尺和楔形塞尺检查，其他用两直尺垂直于灰缝拉2m线和尺检查
		混水墙、柱	-	20	-	20	-	15	-	
4	清水墙水平灰缝平直度		-	-	-	-	-	10	5	拉10m线和尺检查

抽检数量：外墙，按楼层(4m 高以内)每 20m 抽查 1 处，每处 3 延长米，但不应少于 3 处；内墙，按有代表性的自然间抽查 10%，但不应少于 3 间，每间不应少于 2 处，柱子不应少于 5 根。

②石砌体的组砌形式应符合下列规定：

a. 内外搭砌，上下错缝，拉结石、丁砌石交错设置。

b. 毛石墙拉结石每 0.7m^2 墙面不应少于 1 块。

本条规定是为了保证砌体的整体性及砌体内部的拉结作用。

抽检数量：外墙，按楼层(或 4m 高以内)每 20m 抽查 1 处，每处 3 延长米，但不应少于 3 处；内墙，按有代表性的自然间抽查 10%，但不应少于 3 间。

检验方法：观察检查。

3.5 填充墙砌体及轻质墙体

3.5.1 填充墙砌筑用砖及填充墙施工

①当填充墙采用烧结多孔砖、烧结空心砖砌筑时，为了使砂浆和块体之间黏结牢固，应使块材提前 2 天浇水湿润；蒸压加气混凝土砌块砌筑时，应向砌筑面适量浇水。

②砖砌体的灰缝应横平竖直，厚薄均匀，并应填满砂浆，竖缝不得出现透明缝、瞎缝。空心砖、轻骨料混凝土小型空心砌块的砌体灰缝应为 8～12mm；蒸压加气混凝土砌块砌体的水平灰缝厚度及竖向灰缝宽度分别宜为 15mm 和 20mm。

③用轻骨料混凝土小型空心砌块或蒸压加气混凝土砌块砌筑墙体时，墙底部应砌烧结普通砖或多孔砖，或普通混凝土小型空心砌块等，其高度不宜小于 200mm。

④砌体采用烧结空心砖时，其品种、规格必须符合设计要求，砌筑时应上下错缝，蒸压

加气混凝土砌块搭砌长度不应小于砌块长度的1/3；轻骨料混凝土小型空心砌块搭砌长度不应小于90mm；竖向通缝不应大于2皮；转孔方向应符合设计要求，无设计要求时，宜将转孔置于水平位置；管线留置在无设计要求时，可采用弹线定位后凿槽或开槽，不得采用斩砖与留槽。

⑤当填充墙砌至接近梁板底时，应留一定的空隙，在抹灰前采用侧砖或立砖或砌块斜砌挤紧，其倾斜度宜为60°左右，砌筑砂浆应饱满。

⑥填充墙与框架柱之间缝隙应采用砂浆填实。

⑦填充墙拉结筋设置

a. 砌筑填充墙时，必须把预埋在柱中的拉结筋砌入墙内，砌入墙内的拉结筋位置应设置正确、平直，其外露部分在施工中不得随意弯折。

b. 拉结筋的规格、数量、间距、长度应符合设计要求。如无设计要求，拉结筋沿墙高按不超过@500mm设置，伸入砖墙的锚固长度为每边不小于500mm，120mm厚的砌体水平方向上设置一根ϕ6拉结筋，240mm厚以上的砌体水平方向设置2ϕ6拉结筋，末段应有90°弯钩。

c. 填充墙与承重墙或柱的交接处，应沿墙高1m左右，设置2ϕ6拉结筋，伸入墙内长度不少于500mm。

3.5.2 质量控制与检验

(1)主控项目

砖、砌块和砌筑砂浆的强度等级应符合设计要求。

检验方法：检查砖或砌块的产品合格证书、产品性能检测报告和砂浆试块试验报告。

(2)一般项目

①填充墙砌体一般尺寸的允许偏差应符合表3-25的规定。根据填充墙砌体的非结构受力特点出发，将轴线位移和垂直度允许偏差纳入一般项目验收。

抽检数量：

a. 对表中1、2项，在检验批的标准间中随机抽查10%，但不应少于3间；大面积房间和楼道按两个轴线或每10延长米按一标准间计数。每间检验不应少于3处。

b. 对表中3、4项，在检验批中抽检10%，且不应少于5处。

表3-25 填充墙砌体一般尺寸允许偏差

项次	项目		允许偏差(mm)	检验方法
1	轴线位移		10	用尺检查
	垂直度	小于或等于3m	5	用2m托线板或吊线、尺检查
		大于3m	10	
2	表面平整度		8	用2m靠尺和楔形塞尺检查
3	门窗洞口高、宽(后塞口)		±5	用尺检查
4	外墙上、下窗口偏移		20	用经纬仪或吊线检查

②蒸压加气混凝土砌块砌体和轻骨料混凝土小型空心砌块砌体不应与其他块材混砌。加气混凝土砌块砌体和轻骨料混凝土小砌块砌体的干缩较大，为防止或控制砌体干缩裂缝的产生，做出“不应混砌”的规定。但对于因构造需要的墙底部、墙顶部、局部门、窗洞口处，可酌情采用其他块材补砌。

抽检数量：在检验批中抽检20%，且不应少于5处。

检验方法：外观检查。

③填充墙砌体的砂浆饱满度及检验方法应符合表3-26的规定。填充墙砌体的砂浆饱满度虽直接影响砌体的质量，但不涉及结构的重大安全，故将其检查列入一般项目验收。

抽检数量：每步架子不少于3处，且每处不应少于3块。

④填充墙砌体留置的拉结钢筋或网片的位置应与块体皮数相符合。拉结钢筋或网片应置于灰缝中，埋置长度应符合设计要求，竖向位置偏差不应超过一皮高度。此条规定是为了保证填充墙砌体与相邻的承重结构(墙或柱)有可靠的连接。

抽检数量：在检验批中抽检20%，且不应少于5处。

检验方法：观察和用尺量检查。

⑤填充墙砌筑时应错缝搭砌，蒸压加气混凝土砌块搭砌长度不应小于砌块长度的1/3；轻骨料混凝土小型空心砌块搭砌长度不应小于90mm；竖向通缝不应大于2皮。错缝，即上、下皮块体错开摆放，此种砌法为搭砌，以增强砌体的整体性。

抽检数量：在检验批的标准间中抽查10%，且不应少于3间。

检查方法：观察和用尺检查。

表3-26 填充墙砌体的砂浆饱满度及检验方法

砌体分类	灰缝	饱满度及要求	检验方法
空心砖砌体	水平	≥80%	采用百格网检查块材底面砂浆的黏结痕迹面积
	垂直	填满砂浆，不得有透明缝、瞎缝、假缝	
加气混凝土砌块和轻骨料混凝土小砌块砌体	水平	≥80%	
	垂直	≥80%	

⑥填充墙砌体的灰缝厚度和宽度应正确。空心砖、轻骨料混凝土小型空心砌块的砌体灰缝应为8~12mm。蒸压加气混凝土砌块砌体的水平灰缝厚度及竖向灰缝宽度分别宜为15mm和20mm。加气混凝土砌块尺寸比空心砖、轻骨料混凝土小砌块大，故对其砌体水平灰缝厚度和竖向灰缝宽度的规定稍大一些。灰缝过厚和过宽，不仅浪费砌筑砂浆，而且砌体灰缝的收缩也将加大，不利砌体裂缝的控制。

抽检数量：在检验批的标准间中抽查10%，且不应少于3间。

检查方法：用尺量5皮空心砖或小砌块的高度和2m砌体长度折算。

⑦填充墙砌至接近梁、板底时，应留一定空隙，待填充墙砌筑完并应至少间隔7天后，再将其补砌挤紧。填充墙砌完后，砌体还将产生一定变形，施工不当，不仅会影响砌体与梁或板底的紧密结合，还会产生结合部位的水平裂缝。

抽检数量：每验收批抽10%填充墙片(每两柱间的填充墙为一墙片)，且不应少于3

片墙。

检验方法：观察检查。

3.5.3 轻质墙体的构造

内墙板材大多为各种石膏板材、水泥板材以及加气混凝土板材等，这些板材具有质量轻、保温效果好、隔声、防火以及较好的装饰效果等优点。

(1)轻质墙体的类型

①龙骨系列板材墙体。轻钢龙骨自重轻、强度高、防腐性能好；减少施工人力、缩短施工时间、提高工作效率创造间接的经济效益。

轻钢龙骨结构住宅是通过钢龙骨与工程板协同作用来承受各种荷载，简称为“板肋结构体系”。这种结构体系可把建筑物的荷载均匀分散，把局部集中荷载减少到最低程度。承重龙骨的间距一般为400mm，墙体龙骨厚度一般仅为100~150mm，楼板及屋面龙骨厚度为150~300mm。这样的墙体和楼板厚度的空间可布置住宅所需要的任何管网。

②石膏板。石膏制品具有防火、质轻、隔声、抗震性好等特点，石膏类板材在内墙板中占有较大的比例，常用制品有纸面石膏板、纤维石膏板、石膏空心板等。

纸面石膏板是以熟石膏为主要原料，掺入矢量的添加剂和纤维做板芯，以特制的纸板做护面，连续成型、切割、干燥等工艺加工而成。板面有直角边、楔形、45°倒角形、圆形和半圆形等。纸面石膏板根据其使用性能分为普通纸面石膏板、耐水纸面石膏板、耐火纸面石膏板三种。规格为3000mm×800mm×12mm、3000mm×800mm×9mm、600mm×600mm×10mm等。

纸面石膏板的表观密度为800~1000kg/m^3，导热系数为0.21W/(m·K)，隔声指数为35~45dB，抗折荷载为400~850N，表面平整，尺寸稳定，具有重量轻、隔热、隔声、防火、调湿、易加工等功能。施工简便、劳动强度低。但由于用纸量较大，因此成本较高。

普通纸面石膏板适用于建筑物的非承重墙、内隔墙和吊顶，也可用于活动房、民用住宅、商店、办公楼等建筑物的活动割断，不宜用于厕所、厨房以及空气相对湿度经常大于70%的场所。耐水型的石膏板可用于相对湿度大于75%的环境中，耐火型石膏板主要用于有耐火要求的工程中。

③水泥板

a. 木屑水泥板：具有水泥制品的综合强度和加固耐损特性，还具有木材的易加工性和实用性。具有防火性能好、隔音效果好、结构坚固、吸水率低、耐气候佳、容易加工、表面光滑、防虫蛀、防霉、化学性能稳定等优点。可应用于机场、会展中心、地铁及高级商务楼等重要工程。

b. 纤维水泥板：纤维水泥板是以纤维素、水泥、砂、添加剂、水等物质，经先进生产工艺混合、成型、加压、高温蒸养、表面处理而形成，不含石棉及其他有害物质，具有防火、防水、节能、环保等性能。这种板与轻钢龙骨和轻质灌浆材料组成纤维水泥板轻质灌浆墙体，这种新型墙体可广泛用于建筑外墙和非承重隔墙。

④纤维板

a. 中密度纤维板：中密度纤维板是以木质纤维或其他植物纤维为原料，施加脲醛树脂或

其他适用的胶黏剂，制成密度在 0.50 ~ 0.88g/cm^3 范围的板材。

中密度纤维板的用途：具有良好的物理力学性能和加工性能，是匀质多孔材料，可以制成不同厚度的板材；声学性能很好，可用于墙板、隔板等代替天然木材使用，具有成本低廉、加工简单、利用率高、比天然木材更为经济的特点。

b. 石膏纤维板：是以石膏与纤维为原料制成的板材。其中纤维可使用玻璃纤维或木质纤维。

石膏纤维板主要用途是用作墙体，而且主要用作内墙。由于石膏纤维板比较容易进行表面加工和涂刷，若石膏纤维板涂刷防水墙体涂料，则也可作为外墙材料。它的主要结构形式为中间龙骨，两面覆以石膏纤维板，如果要求更好的隔音，在两块石膏纤维板之间填充隔音材料。

⑤整体轻质材料墙体

a. 是装配式墙体，板本身是三合一结构，板与板榫接成整体，抗冲击、抗弯折等性能都是砌筑墙体无法相比的。由于强度高，整体性能好，因此可用作层高高、跨度大的墙体间隔，只要简单地采用钢结构锚固，型钢埋设于墙体内，大跨度、层高高的墙体就无需增加墙面的柱体，其抗冲击性能是一般砌体的 1.5 倍。

b. 轻质、任意间隔，能增加实用面积，整体强度高、不变形、防潮耐水；是优秀的防火材料；功效高、工期短；在保温、隔热、隔声等性能方面比传统结构的住宅好。

墙体承载力高：墙体厚度小，有效使用空间增加，使轻钢结构住宅的实际单位使用面积造价与砖混结构的造价接近。

由于安装方便，无需砌墙砖抹灰等，故可缩短施工工期，即装即用，施工时运输简洁、堆放卫生、无需批灰、干作业、无余泥、损耗低、工地很少废弃物、施工文明。材料运输重量是砖墙砌体重量的 1/6 采用新型轻质围护材料，不助燃、不霉变、不虫蛀；装修一次到位，少维修；开槽快捷，水电管线安装方便，管线可暗埋在墙体及楼层结构中；施工效率是一般砌体的 8 ~ 10 倍，是可重复使用的优质墙体。

⑥陶粒水泥条板。轻质陶粒水泥条板属于轻质内隔墙多孔条板：它以普通硅酸盐水泥为胶结料和轻质陶粒为骨料，加水搅拌制成 60 ~ 90mm 厚轻质陶粒混凝土实心条板，板内配置钢筋笼，该产品分为光面、麻面。主要适于住宅、公用建筑和高层建筑内隔墙。

主要规格为：(2400 ~ 3000) mm × 590mm × 90mm。

3.5.4 高轻质墙体隔声效果的措施

有相当一部分轻质墙体达不到最低的三级隔声要求。为了提高轻质墙体的隔声效果，可采取以下几种措施：

①将多层密实材料用多孔弹性材料(如玻璃棉、岩棉等)分隔，做成复合墙体。如水泥矿棉复合板、水泥珍珠岩双层板等。

②尽量做到各层材料的单位面积不同，而厚度相同。这样做，既提高了隔声量，又避免由于吻合效应而引起的墙体结构隔声能力的下降。

③设置一定厚度的空气间层，或在空气间层中填充松软材料。

3.6 墙体构造施工

在砌体结构房屋中，墙体是主要的承重构件。在其他类型的建筑中，墙体可能是承重构件，也可能是围护构件。由于它所占的造价比较大，因而在工程设计中，合理地选择墙体材料、结构方案及构造做法十分重要。

3.6.1 窗台

当室外雨水沿窗下流淌时，为避免雨水聚积窗洞下部，并沿窗下框向室内渗透污染室内，常在窗洞下部靠室外一侧设置泄水构件——窗台。

窗洞口的下部应设置窗台。窗台根据窗子的安装位置可形成内窗台和外窗台，外窗台是为了防止在窗洞底部积水，并流向室内。内窗台则为了排除窗上的凝结水，以保护室内墙面，及存放东西、摆放花盆等。窗台的高度一般为 900 ~ 1000mm，幼儿园活动室取 600mm，售票台取 1100mm。

窗台的底面檐口处，应做成锐角形或半圆凹槽(叫“滴水”)，便于排水，以免污染墙面。

(1) 外窗台做法

①砖窗台。砖窗台应用较广，有平砌挑砖和立砌砖两种做法，表面可抹 1∶3 水泥砂浆，并应有 10% 左右的坡度，挑出尺寸大多为 60mm。

②混凝土窗台。这种窗台一般是现场浇筑而成。

(2) 内窗台的做法

内窗台的做法也有两种：

①水泥砂浆抹窗台。一般是在窗台上表面抹 20mm 厚的水泥砂浆，并应凸出墙面 5mm 为好。

②窗台板。对于装修要求较高而且窗台下设置暖气的房间，一般均采用窗台板。窗台板可以用预制水泥或水磨石板。装修要求特别高的房间还可以采用木窗台板。

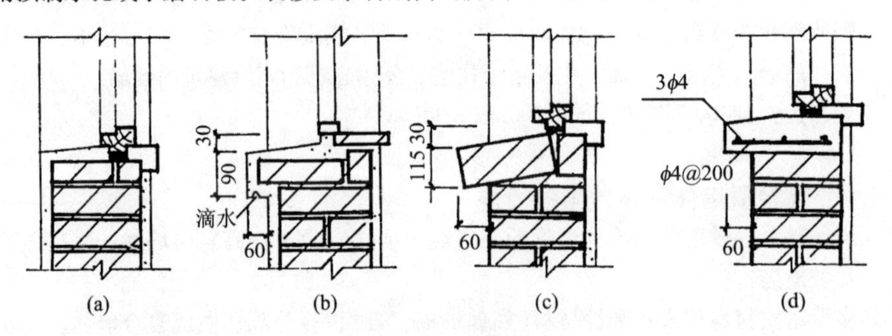

图 3-39 窗台形式

(a)不悬挑窗台；(b)粉滴水平窗台；(c)侧砌砖窗台；(d)预制混凝土窗台

3.6.2 勒脚

勒脚是墙身接近室外地面的部分，其高度一般指室内地坪与室外地面之间的高差部分，也有将底层窗台至室外地面的高度视为勒脚。它起着保护墙身和增加建筑物立面美观的作用。由于砖砌体存在着无数微小的细孔，地表水和地下水容易沿着细孔渗入墙身，使墙体冻融破坏，饰面发霉、剥落，加上外界的碰撞、雨雪的不断侵蚀，使勒脚造成损坏见图3-40)。故在构造上应采取防护措施，其具体做法有下列几种(见图3-41)。用石块砌筑勒脚，高度可砌至室内地坪或按设计[见图3-41(a)]；或用石板进行外墙贴面进行保护[见图3-41(b)]；或用水刷石、跺斧石、水泥砂浆抹面进行保护，其做法简便易行，应用较广[见图3-41(c)]。为防止水泥砂浆抹灰起亮、脱落，抹灰中增加“咬口”可起加固作用[见图3-41(d)]。

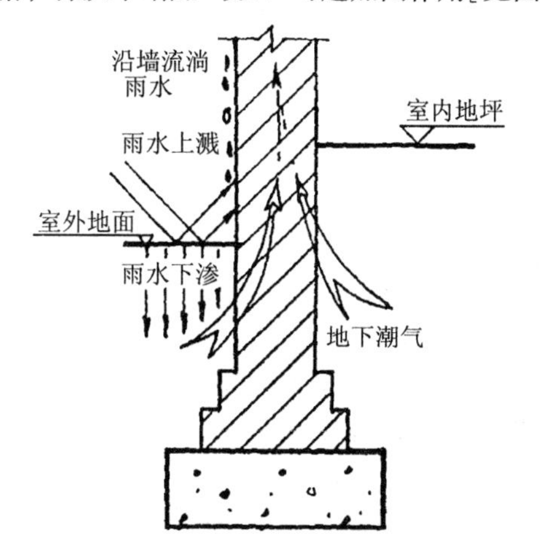

图3-40 墙身受潮示意

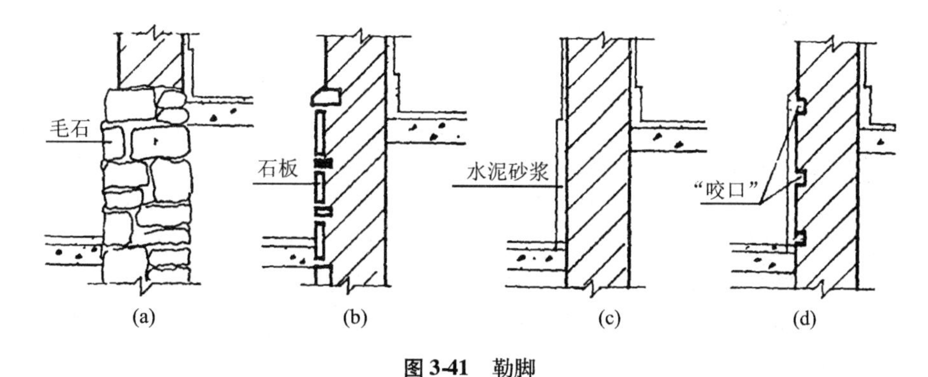

图3-41 勒脚

(a)毛石勒脚；(b)石板勒脚；(c)一般水泥砂浆勒脚；(d)加“咬口”的水泥砂浆勒脚

3.6.3 墙身设防潮层

设防潮层的目的是为了隔绝室外雨雪水及地潮对墙身侵袭的不良影响，以增加墙体的耐

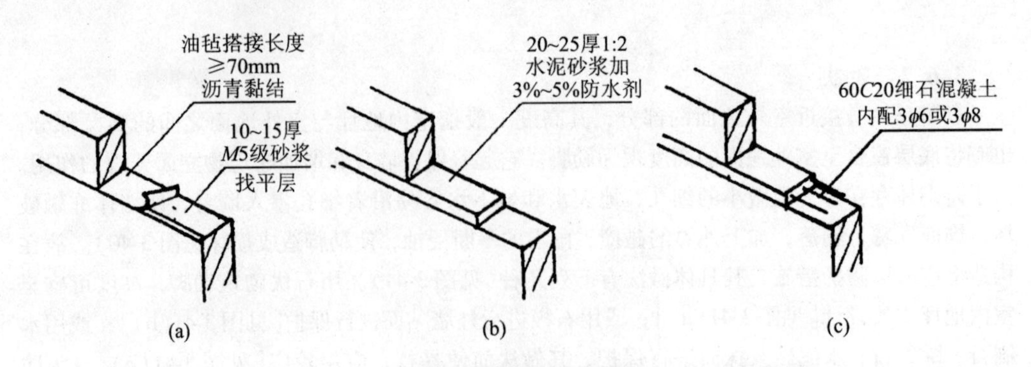

图 3-42　墙体水平防潮层

(a)油毡防潮层　(b)防水砂浆防潮层　(c)细石混凝土配筋防潮层

久性。有水平防潮和垂直的防潮两种：

(1)水平防潮

是指建筑物内外墙靠近室内地坪沿水平方向设置的防潮层，以隔绝地潮等对墙身的影响，水平防潮层根据材料的不同，有油毡防潮层、防水砂浆潮层和细石混凝土配筋防潮层三种(见图 3-42)。

①油毡防潮层。油毡防潮层具有一定的韧性、延伸性和良好的防潮性能。因油毡层降低了上下砖砌体之间的黏结力。故油毡防潮层不宜用于下端按固定端考虑的砖砌体和用抗震设防要求的建筑中。同时，油毡的使用年限一般只有 20 年左右，长期使用将失去防潮作用，极不利，目前已较少采用。

②砂浆防潮层。砂浆防潮层是在 1∶2 水泥砂浆中掺入 3%～5% 水泥用量的防水剂而制成的，在需要设置防潮层的位置铺设 20～25mm 厚的防水砂浆层。防水砂浆防潮层克服了油毡防潮层的缺点，故特别适用于抗震地区，独立砖柱和振动较大的砖砌休中，但由于砂浆为脆性易开裂材料，在地基发生不均匀沉降时会断裂，从而失去防潮作用。

③细石混凝土防潮层。细石混凝土防潮层是在需要设置防潮层的位置铺设 60mm 厚 C20 细石混凝土，内配 3ϕ6 或 ϕ8 以抗裂。由于它防潮性的抗裂性性能都很好，且与砖砌体结合紧密，故适用于整体刚度要求较高的建筑中。

水平防潮层应设置在距室外地面 150mm 以上的勒脚墙体中，以防地表水溅渗。同时，考虑到建筑物室内地坪层下填土或垫层的毛细作用，故一般将水平防潮层设置在底层地坪混凝土结构层之间的砖缝中(设计中常以标高 -0.06m 表示)使其更有效地起到防潮作用。如采用混凝土或石砌勒脚时，可以不设水平防潮层，还可以将地圈梁提高到地坪以下来代替水平防潮层(见图 3-43)。

当室内地坪出现高差或室内地坪低于室外地面时，应在不同标高的室内地坪处设置水平防潮层，并在上下两边水平防潮层之间靠土层的墙面上设置垂直防潮层，以防止土层中的水分从地面高的一面渗透到低地坪房间的墙面。

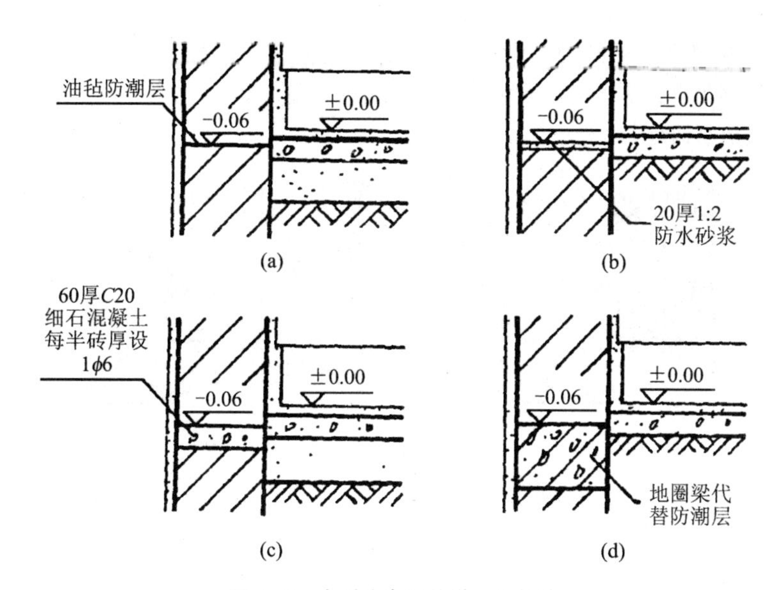

图 3-43　水平防潮层的设置及构造

(a)油毡防潮层；(b)防水砂浆防潮层；(c)细石混凝土防潮层；(d)地圈梁代替防潮层

(2)垂直防潮层

其做法是在高地坪一侧房间位于两边水平防潮层之间的垂直墙面上，先用水泥砂浆抹灰15～20mm后，然后再涂热沥青两道(或一毡两油)，而在低地坪一边的墙面上，采用水泥砂浆抹面(见图3-44)。

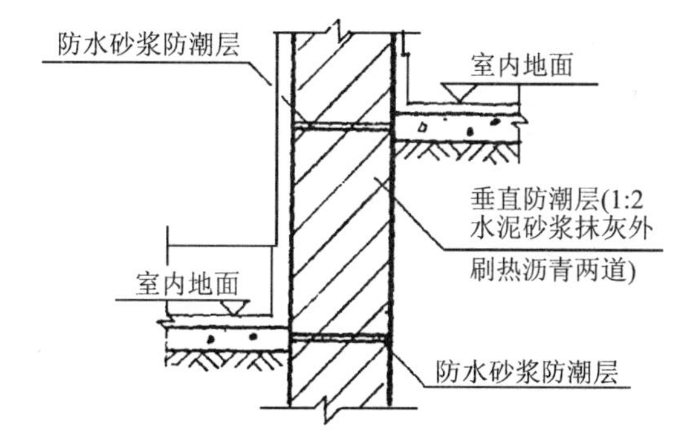

图 3-44　垂直防潮层的设置及构造

3.6.4　明沟与散水

明沟是设置在外墙四周的排水沟，将屋面落水和地面积水有组织地导向地下排水井，保护外墙基础。明沟一般用素混凝土现浇，外抹水泥砂浆，或用砖砌浆，水泥砂浆粉面。明沟一般设置在墙边，当屋面为自由落水时，明沟外移，其中心线与屋面檐口对齐。为防止雨水对墙基的侵蚀，常在外墙四周将地面做成倾斜的坡面，以便将雨水散至远处，这一坡面即为散水。散水做法很多，有砖砌、块石、碎石、水泥砂浆、混凝土等。宽度一般为 600 ~ 1000mm，当屋面为自由落水时，散水宽度比屋面檐口宽 200mm 左右。图 3-45 为明沟构造。图 3-46 为几种散水构造。

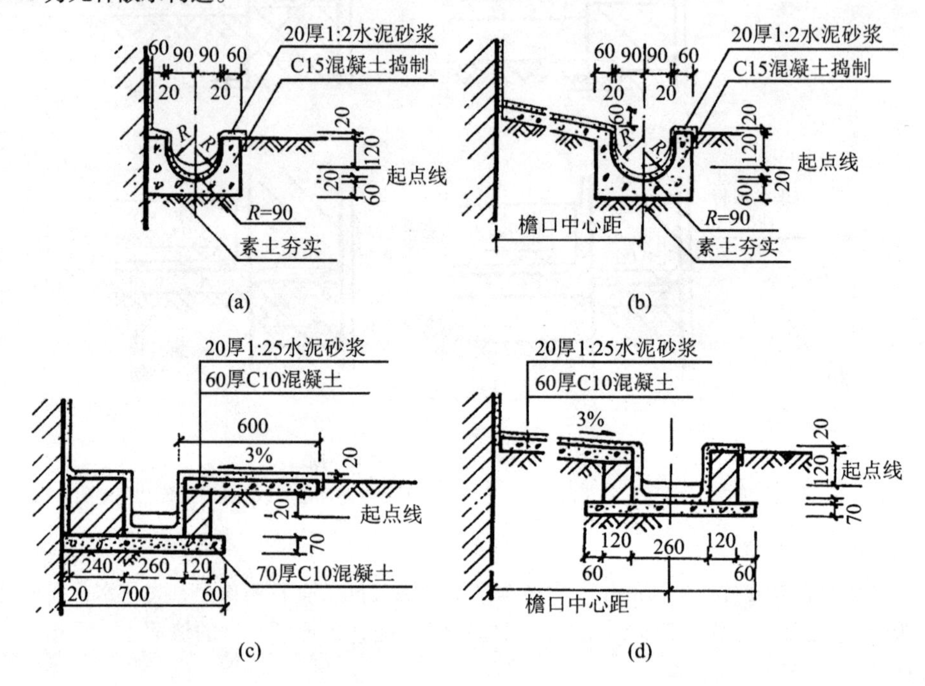

图 3-45　明沟构造

(a)混凝土明沟；(b)明沟外移之一；(c)砖砌明沟；(d)明沟外移之二

由于建筑物的沉降、勒脚与散水施工时间的差异，在勒脚与散水交接处应留有缝隙，缝内填粗砂，上嵌沥青胶盖缝，以防渗水，散水整体面层纵向距离每隔 6 ~ 12m 做一道伸缩缝(见图 3-47)。缝内处理同勒脚与散水相交处处理。

3.6.5　变形缝

变形缝包括伸缩缝、沉降缝和防震缝，它的作用是保证房屋在温度变化、基础不均匀沉降或地震时能有一些自由伸缩，以防止墙体开裂、结构破坏。

(1) 伸缩缝

伸缩缝即温度缝，一般从基础顶面开始，将墙体分成若干段。由于基础埋在地下，受温度影响较小，故不考虑其伸缩变形。伸缩缝间距为 60m 左右。图 3-48 为砖墙伸缩缝的几种形式。

伸缩缝的宽度为 20 ~ 30mm，缝内应填保温材料(见图 3-49)。

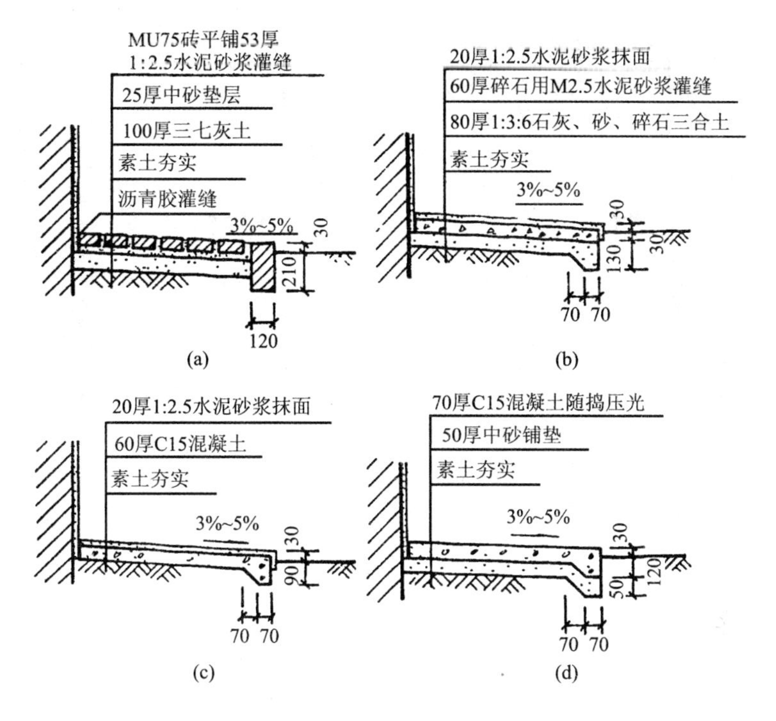

图 3-46　散水构造

(a)砖散水；(b)碎石垫层，砂浆面层散水；(c)混凝土垫层，砂浆面层散水；(d)混凝土面层散水

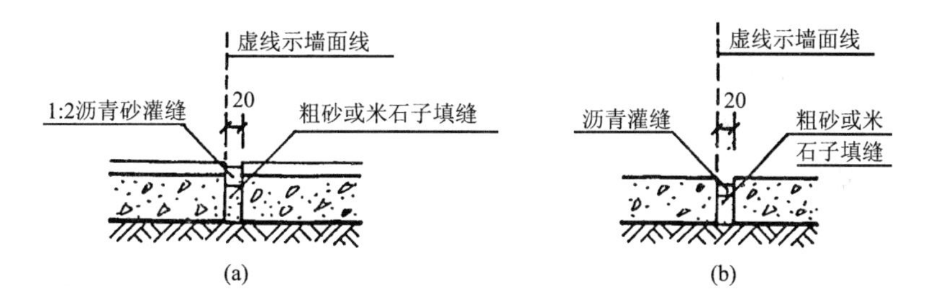

图 3-47　散水伸缩缝构造

(a)沥青砂灌缝；(b)沥青灌缝

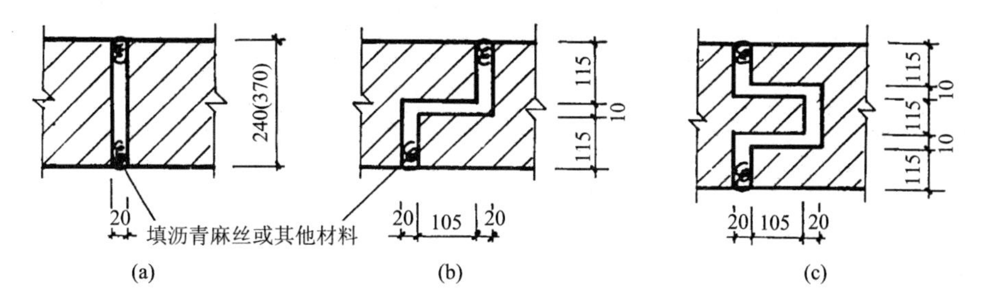

图 3-48　伸缩缝形式

(a)平缝；(b)错口缝；(c)企口缝

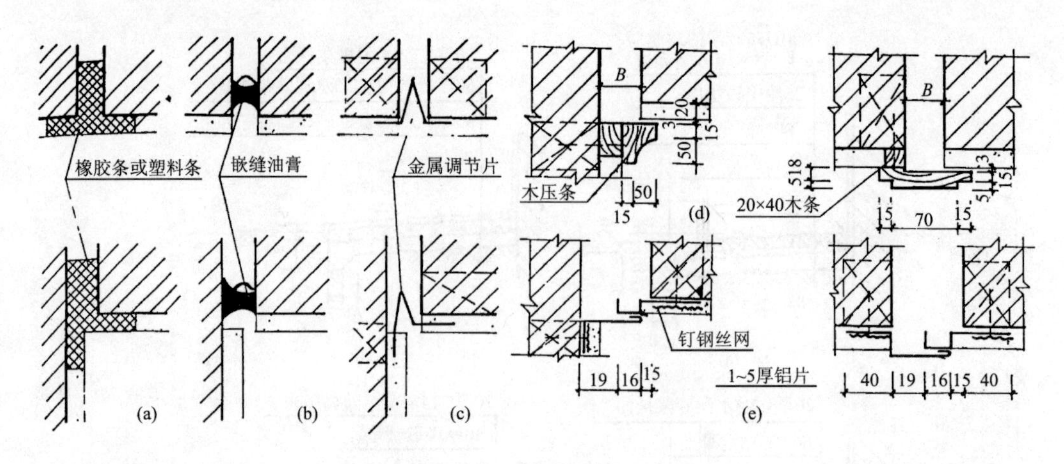

图 3-49　砖墙伸缩缝构造

(a)嵌填橡胶条或塑料条的外墙伸宿缝；(b)嵌填嵌缝油膏的外墙伸缩缝；(c)设置金属调节片盖缝的外墙伸缩缝；(d)采用木压条的内墙伸缩缝；(e)采用铝片盖缝的内墙伸缩缝

(2) 沉降缝

沉降缝的作用是防止建筑物的不均匀下沉，一般从基础底部断开，并贯空建筑物全高。沉降的两侧应各有基础和砖墙。沉降缝的设置原则是：

①建筑物平面的转折部位。

②建筑的高度和荷载差异较大处。

③过长建筑物的适当部位。

④地基土的压缩性有显著差异处。

⑤建筑的基础类型不同，应设在建造房屋的交界处。

房屋沉降缝的宽度如表 3-27

表 3-27　房屋沉降缝的宽度　(mm)

房屋层数	沉降缝宽度
2 ~ 3	50 ~ 80
4 ~ 5	80 ~ 120
6 层以上	不小于 120

⑥当采用以下措施时，高层部分与裙房之间可连接为整体而不设定沉降缝

a. 采用桩基支承在基岩上；或采取减少沉降的有效措施并经计算，沉降差在允许范围内。

b. 主楼与裙房采用不同的基础形式并宜先施工主楼，后施工裙房，调整土压力使后期沉降基本接近。

c. 地基承载力较高、沉降计算较为可靠时，主楼与裙房的标高预留沉降差，先施工主楼，后施工裙房，使最后两者标高基本一致。

在 b、c 的两种情况下，施工时应在主楼与裙房之间先留出后浇带，待沉降基本稳定后再连为整体。设计中应考虑后期沉降差的不利影响。外墙沉降缝的构造见图 3-50。

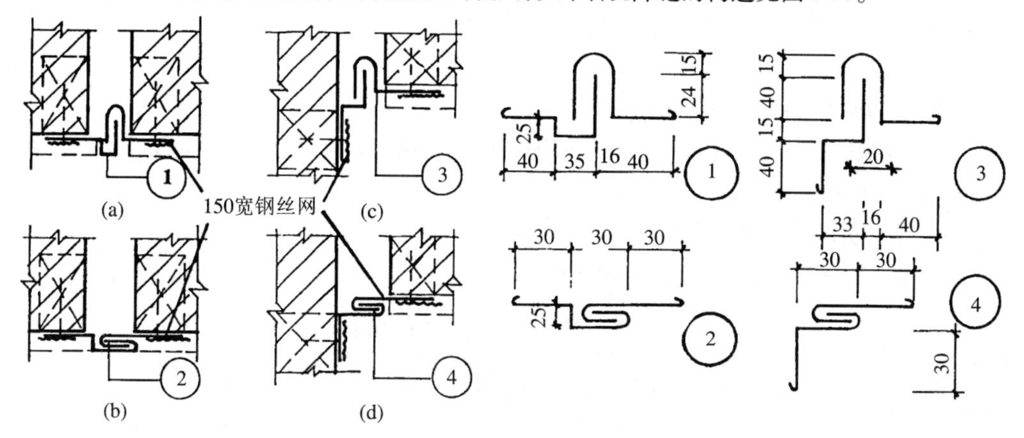

图 3-50　外墙沉降缝构造

(a)外墙沉降缝构造一；(b)外墙沉降缝构造二；(c)外墙沉降缝构造三；(d)外墙沉降缝构造四

(3) 防震缝

①一般在地震烈度 8 度或 8 度以上地区设置，防震缝应将房屋分成若干体形简单、结构刚度均匀的独立单元。设置原则是：

a. 房屋立面高度差在 6m 以上。

b. 房屋有错层，并且楼板高差较大。

c. 各组成部分的刚度截然不同。

最小缝隙尺寸 50 ~ 100mm。缝的两侧应有墙，缝隙应从基础顶面开始，贯穿建筑物的全高。高层建筑防震的宽度按建筑总高度的 1/250 考虑(八度区时)。

在地震设防地区，当建筑物需设置伸缩缝或沉降缝时，应统一按防震缝来对待。

②当采用以下构造措施和施工措施减少温度和收缩应力时，可增大伸缩缝的间距。

a. 在顶层、底层、山墙和内纵墙端开间等温度变化影响较大的部位提高配筋率。

b. 顶层加强保温隔热措施或采用架空通风屋面。

c. 顶部楼层改用刚度较小的结构形式或顶部设局部温度缝，将结构划分为长度较短的区段。

d. 每 30 ~ 40m 间距留出施工后浇带，带宽 800 ~ 1000mm，钢筋可采用搭接接头。后浇带混凝土宜在 2 个月后浇灌，后浇带混凝土浇灌时温度宜低于主体混凝土浇灌时的温度。

3.7　墙体的抗震构造

由于建筑物的抗震构造措施大多与墙体有关，故在这里介绍建筑物的抗震构造。抗震设防要求以“烈度”为单位，北京地区的设防烈度为 8 度。烈度和震级的关系如下：

$$M = 0.58I + 1.5$$

式中　M——震级；

　　　I——震中烈度。

以 8 度设防为例，其震级为 6. 14。

3. 7. 1　砌体结构的抗震构造

应以《建筑抗震设计规范》(GB50011—2001)的有关规定为准。而这些规定又大多与墙身作法有关。概括起来有以下四个方面。

(1) 限制房屋总高度和层数

砌体结构总高度和层数应以表 3-28 为准。

表 3-28　房屋的层数和高度限值

房屋类型	最小(mm)	烈度							
		6		7		8		9	
		高度	层数	高度	层数	高度	层数	高度	层数
普通黏土砖	240	24	8	21	7	18	6	12	4
多孔黏土砖	240	21	7	21	7	18	6	12	4
	190	21	7	18	6	15	5	-	-
混凝土小砌块	190	21	7	21	7	18	6	-	-

注：1)房屋的高度指室外地面到檐口或主要屋面板板顶的高度，半地下室可从地下室内地面算起，全地下室和嵌固条件好的半地下室可从室外算起，带阁楼的坡面应算到山尖墙的 1/2 高度处；

2)室内外高度差大于 0. 6m 时，房屋总高度可比表中数据增加 1m。

(2)限制建筑体型高宽比

限制建筑体型高宽比可以减少过大的侧移，保证建筑的稳定。砌体结构房屋总高度与总宽度的最大比值，应符合表 3-29 的有关规定。

从表 3-29 中可以看出，若在 8 度设防区建造高度为 18m 的砌体结构房屋，其宽度不应小于 9m。

表 3-29　房屋最大高度比

烈度	6	7	8	9
最大高宽比	2. 5	2. 5	2. 0	1. 5

注：1)单面走廊房屋的总宽度不包括走廊宽度；

2)建筑平面接近正方形时，其高宽比宜适当减小。

(3)砌体结构房屋的结构体系，应符合以下要求

①应优先采用横墙承重的结构体系。

②纵横墙的布置宜均匀对称，沿平面内宜对齐，沿竖向应上下连续，同一轴线的窗间墙宜均匀。

③楼梯间不宜设置在房屋的尽端或转角处。

④不宜采用无锚固的钢筋混凝土预制挑檐。

(4) 设置防震缝

在8度和9度设防区，符合下列情况之一时，宜设置防震缝。

①房屋立面高差的6m以上。

②房屋有错层，且楼板高差较大。

③各部分结构刚度、质量截然不同。

防震缝的两侧就设置墙体，缝宽可采用50～100mm。高层建筑的防震缝可以按1/250H取值(H为建筑总高度)，也可以按不同结构分别取值，框架按7H－35；框架剪力墙按6H－30；剪力墙按5H－25(H为建筑总面积，H至少取15m)。

(5)限制抗震最大间距

砌体结构抗震墙最大间距不应超过表3-30的规定。

表3-30　房屋抗震横墙最大间距　(m)

房屋类别		烈度			
多层砌体	现浇或装配体式钢筋混凝土楼、屋盖木楼、屋盖	6	7	8	9
		18	18	15	11
		15	15	11	7
		11	11	7	4

注：1)多层砌体房屋的顶层，最大横墙间距应允许适当放宽；

2)表中木楼、屋盖的规定，不适用于小砌块砌体房屋。

(6)限制房屋的细部尺寸

砌体结构房屋的细部尺寸应符合表3-31的有关规定。

表3-31　房屋的细部尺寸限值　(m)

部位	烈度			
	6	7	8	9
承重窗间墙最小宽度	1.0	1.0	1.2	1.5
承重外墙尽端至门窗洞边的最小距离	1.0	1.0	1.5	2.0
非承重外墙尽端至门窗洞边的最小距离	1.0	1.0	1.0	1.0
内墙阳角至门窗洞边的最小距离	1.0	1.0	1.5	2.0
无锚固女儿墙(非出入口处)的最大高度	0.5	0.5	0.5	0.0

3.7.2　增设圈梁

圈梁的作用是增强楼层平面的整体刚度，防止地基的不均匀下沉并与构造柱一起形成骨架，提高抗震能力。

(1) 圈梁的种类

在发体结构中，圈梁常用以下两种做法(见图3-51)：

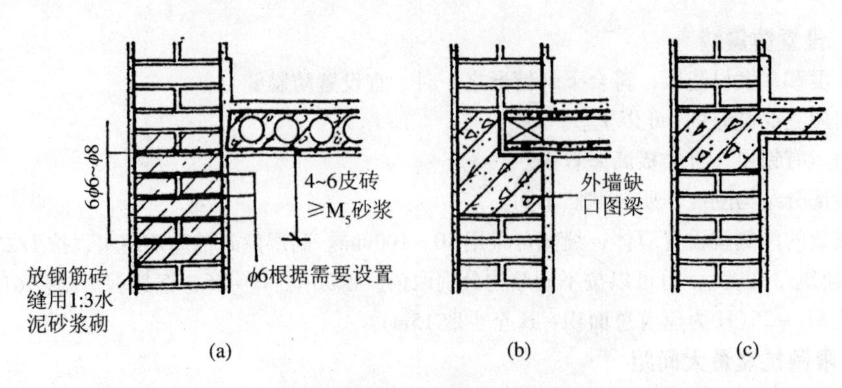

图 3-51　圈梁构造

(a)钢筋砖圈梁；(b)楼板底的圈梁；(c)圈梁与楼板标高相平

①砖配筋圈梁。这种圈梁是在楼层标高的墙身上，在砌体灰缝中加入钢筋，其加高原则是：梁高 4 ~6 皮砖，钢筋不宜少于 6φ6，钢筋水平间距不宜大于 120mm，砂浆强度等级不宜低于 M5，钢筋应分上下两层布置。

②浇钢筋混凝土圈梁。是在施工现场支模、绑钢筋并浇筑混凝土形成的圈梁。这种作法将在下面详细介绍。

(2) 钢筋混凝土圈梁的设置原则

钢筋混凝土圈梁的设置原则见表 3-32。

表 3-32　钢筋混凝土圈梁的设置的原则

圈梁设置及配筋		设计烈度		
		6 度、7 度	8 度	9 度
圈梁设置	沿外墙及内纵墙	屋盖处及每层楼盖处设置	屋美国处及每层楼盖处设置	同左
	沿内横墙	同上，屋盖处间距不大于 7m；楼盖处间距不大于 1.5m；构造柱对应部位	同上，屋盖处沿所有横墙且间距不大于 7m；楼盖处间距不大于 7m；构造柱对应部位	同上，各层所有横墙
配筋		4φ10 φ6@250	4φ12 φ6@200	4φ14 φ6@150

(3) 钢筋混凝土圈梁的宽度

宜与墙厚相同，当墙厚为 240mm 以上时，其宽度可为墙厚的 2/3，且不小于 240mm。高度不应小于 120mm。

钢筋混凝土圈梁在墙身上的位置应考虑充分发挥作用并满足最小断面尺寸。外墙圈梁一般与楼板相平，内墙圈梁一般在板下。

钢筋混凝土圈被门窗口截断时，应在洞口部位增设相同截面的附加圈梁与圈梁的搭接长度不应小于其垂直间距的两倍，并不小于 1m(见图 3-52)。

3.7.3　增设构造柱

构造柱的作用是与圈梁一起形成封闭骨架，提高砌体结构的抗震能力。

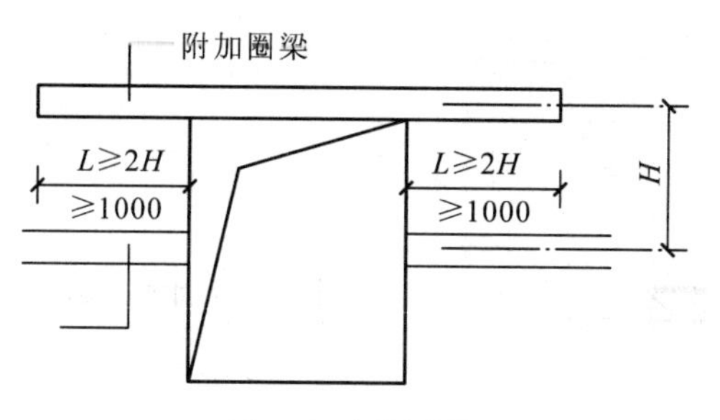

图 3-52 圈梁搭接

(1) 构造柱加设位置

构造柱一般加设在以下三个位置上，即外墙转角、内外墙交接处(包括内墙外纵及内纵外横两部分)以楼梯间的内墙处。详见表 3-33。

表 3-33 构造柱加设原则

房屋层数				各种层数和烈度均应设置的部位	
6 度	7 度	8 度	9 度		
四、五	三、四	二、三		外墙四角、错层部位横墙与外纵墙交接处，较大洞口两侧，大房间内墙交接处	7 ~ 9 度时，楼、电梯的横墙与外墙交接处
六、七	五	四	二		隔开间横墙(轴线)与外墙交接处，山墙与内纵墙拉接处，7 ~ 9 度时，楼、电梯间横墙与外墙交接处
八	六、七	五、六	三、四		内墙(轴线)与外墙交接处，内墙局部较小墙垛处，7 ~ 9 度时楼电梯间横墙与外墙交接处，9 度时内纵墙与横墙(轴线)交接处

(2) 构造柱的主要数据

构造柱的最小断面为 240mm × 180mm。构造柱的最小配筋量是：主筋 4ϕ12、箍筋 ϕ6 @200mm。

(3) 构造柱的构造要点

①施工时，应先放构造柱的钢筋骨架，再砌砖墙，最后浇注混凝土，这样做的好处是结合牢固，节省模板。

②构造柱两侧的墙体应做到“五进五出”，即每 300mm 高伸出 60mm，每 300mm 高再收回 60mm。构造柱靠外侧应该有 120mm 厚的保护墙。

③构造柱的下部应伸入地梁内，无地梁时应伸入室外地坪下 500m 处，构造柱的上部应介入顶层圈梁，以形成封闭的骨架。

④为加强构造柱与墙体的连接，应沿柱高度 8 皮砖(相当于 500mm)放 2ϕ6 钢筋，且每边伸入墙内不少于 1m。

⑤每层楼面的上下和地梁上部的各 500mm 处为箍筋加密区，其间距加密至 100mm，有关构造柱的做法见图 3-53。

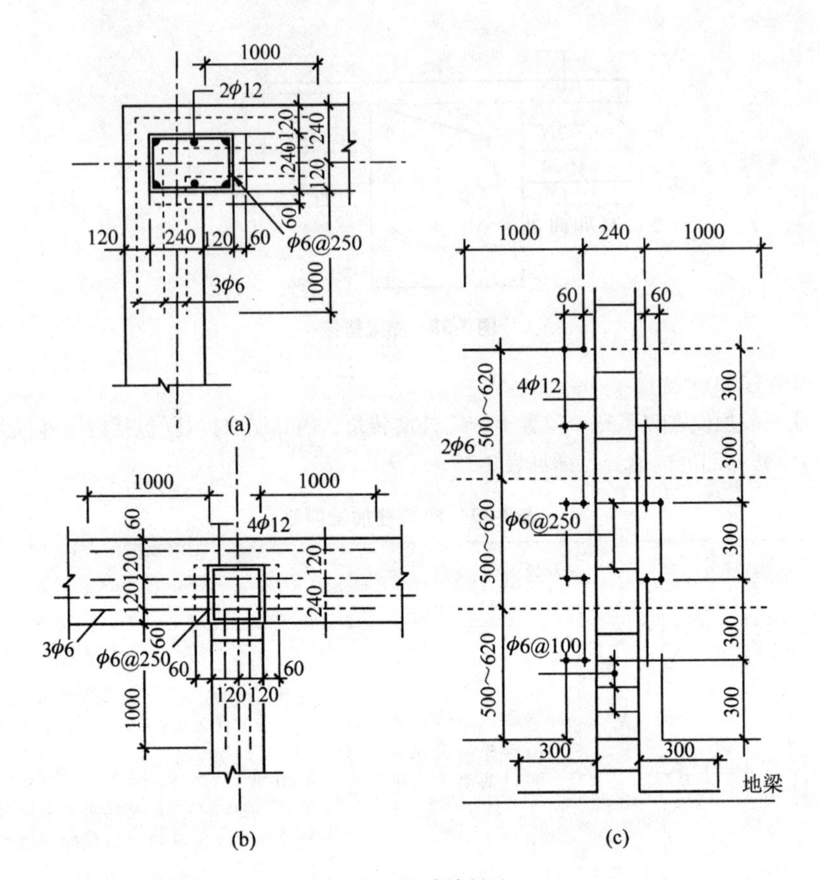

图 3-53　构造柱做法

(a)墙拐角构造；(b)交叉墙构造；(c)垂直构造

3.8　墙体保温构造

3.8.1　建筑热工设计一般规定

①建筑物朝向宜采用南北向或接南北向，主要房间应避开冬季主导风向。

②建筑物体形系数宜小于等于0.3，若大于0.3，则应对外墙和屋顶加强保温，使其传热系数符合限值规定。

③采暖居住建筑的楼梯间和外廊应设门窗封闭。在采暖期室外平均温度为 -1 ~ 6℃的地区，楼梯间不采暖时，楼梯间的隔墙和户门应采取保温措施；在 -6℃以下地区，楼梯间应采暖，入口处应设门斗等避风设施。

3.8.2　围护结构设计

①不同地区采暖居住建筑各部分围护结构传热系数规定限值见表 3-34。

②外墙在周边混凝土梁柱影响下，其平均传热系数亦不应超过表 3-34 的规定，并保证其

内表面温度不低于室内空气露点温度，减少附加传热损失。

③采暖期室外平均温度低于 -0.5℃的地区，建筑物外墙在室内地坪以下的墙面以及周边直接接触的地面，应采取保温措施。在室内地坪以下的墙面，其传热系数不应超过表 3-35 规定的周边地面传热系数限值；在外墙周边从外墙内侧算起 2m 范围内，地面传热系数不应超过 0.3W/(m² · K)，上述部位宜加铺 50 ~ 70mm 聚苯板保温。

表 3-34 不同地区采暖居住建筑各部分围护结构传热系数限值 [W/(m² · K)]

采暖期室外平均温度(℃)	代表性城市	屋顶		外墙		不采暖楼梯间		窗户(含阳台门上部)	阳台门下部门芯板	外门	地板		地面	
		体形系数≤0.3	体形系数>0.3	体形系数≤0.3	体形系数>0.3	隔墙	户门				接触室外空气地板	不采暖地下室上部地板	周边地面	非周边地面
2.0 ~ 1.0	郑州、洛阳、宝鸡、徐州	0.80	0.60	1.10 1.40	0.80 1.10	1.83	2.70	4.70 4.00	1.70	-	0.60	0.65	0.52	
0.9 ~ 0.0	西安、拉萨、济南、青岛、安阳	0.80	0.60	1.00 1.28	0.70 1.00	1.83	2.70	4.70 4.00	1.70	-	0.60	0.65	0.52	
-0.1 ~ -1.0	石家庄、德州、晋城、天水	0.80	0.60	0.92 1.20	0.60 0.85	1.83	2.00	4.70 4.00	1.70	-	0.60	0.65	0.52	
-1.1 ~ -2.0	北京、天津、大连、阳泉、平凉	0.80	0.60	0.90 1.16	0.55 0.82	1.83	2.00	4.70 4.00	1.70	-	0.50	0.55	0.52	0.30
-2.1 ~ -3.0	兰州、太原、唐山、阿坝、喀什	0.70	0.50	0.85 1.10	0.62 0.78	0.94	2.00	4.70 4.00	1.70	-	0.50	0.55	0.52	0.30
-3.1 ~ -4.0	西宁、银川、丹东	0.70	0.50	0.68	0.65	0.94	2.00	4.00	1.70	-	0.50	0.55	0.52	0.30
-4.1 ~ -5.0	张家口、鞍山、酒泉、伊宁、吐鲁番	0.70	0.50	0.75	0.60	0.94	2.00	3.00	1.35	-	0.50	0.55	0.52	0.30
-5.1 ~ -6.0	沈阳、大同、本溪、阜新、哈密	0.60	0.40	0.68	0.56	0.94	1.50	3.00	1.35	-	0.40	0.55	0.30	0.30

（续）

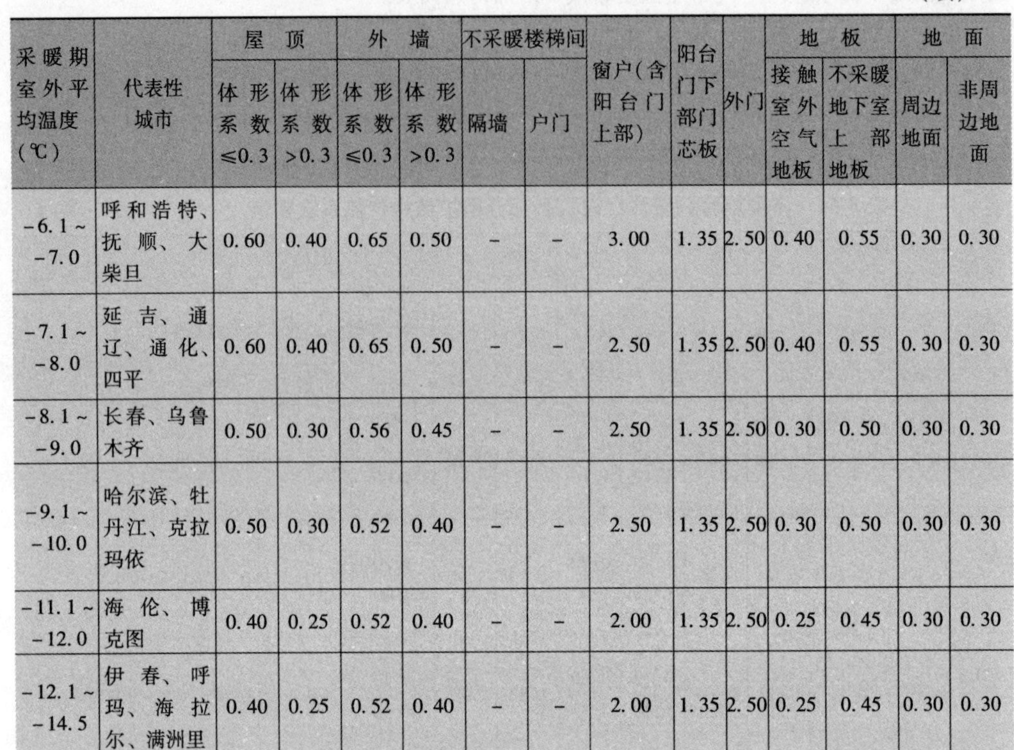

采暖期室外平均温度（℃）	代表性城市	屋顶		外墙		不采暖楼梯间		窗户（含阳台门上部）	阳台门下部门芯板	外门	地板		地面	
		体形系数≤0.3	体形系数＞0.3	体形系数≤0.3	体形系数＞0.3	隔墙	户门				接触室外空气地板	不采暖地下室上部地板	周边地面	非周边地面
-6.1～-7.0	呼和浩特、抚顺、大柴旦	0.60	0.40	0.65	0.50	–	–	3.00	1.35	2.50	0.40	0.55	0.30	0.30
-7.1～-8.0	延吉、通辽、通化、四平	0.60	0.40	0.65	0.50	–	–	2.50	1.35	2.50	0.40	0.55	0.30	0.30
-8.1～-9.0	长春、乌鲁木齐	0.50	0.30	0.56	0.45	–	–	2.50	1.35	2.50	0.30	0.50	0.30	0.30
-9.1～-10.0	哈尔滨、牡丹江、克拉玛依	0.50	0.30	0.52	0.40	–	–	2.50	1.35	2.50	0.30	0.50	0.30	0.30
-11.1～-12.0	海伦、博克图	0.40	0.25	0.52	0.40	–	–	2.00	1.35	2.50	0.25	0.45	0.30	0.30
-12.1～-14.5	伊春、呼玛、海拉尔、满洲里	0.40	0.25	0.52	0.40	–	–	2.00	1.35	2.50	0.25	0.45	0.30	0.30

注：1）表中外墙的传热系数限值系指考虑周边热桥影响后的外墙平均传热系数。有些地区外墙的传热系数限值有两行数据，上行数据与传热系数为4.70的单层塑料窗相对应；下行数据与传热系数为4.00的单框双玻金属窗相对应；

2）表中周边地面一栏中0.52为位于建筑物周边的带保温层的混凝土地面的传热系数；30为带保温层的混凝土地面的传热系数。非周边地面一栏中0.30为位于建筑物周边的不带保温层的混凝土地面传热系数。

3.8.3 外墙内保温设计要点

①由于难以消除梁、柱、门窗过梁等处的热桥，所以需计算外墙平均传热系数，并使之不高于规定限值。

②注意内保温板的材料及构造，防止表面装修后出现裂纹等不良情况。

3.8.4 外墙外保温设计要点

①用粘贴聚苯板做保温层者，需注意黏结剂及聚苯板表面所抹树脂胶泥的质量；聚苯板与墙体间留有空隙，其底部应注意防鼠、防虫；表面不应用面砖等重质材料饰面；聚苯板密度不宜低于20kg/ m^3；

②采用钢丝网架聚苯板做保温层者，需注意固定件的强度及其间距是否满足保温层抗剥离的要求；表面抹水泥砂浆，低层建筑可用面砖饰面。

3.8.5 常用墙体热工性能指标

常用墙体热工性能指标见表3-35～表3-38

表3-35 加气混凝土外墙热工性能指标

编号	外墙构造	保温层厚度（mm）	外墙总厚度（mm）	主体部位			外墙平均传热系数 K_m [W/(m^2·K)]
				热惰性指标D值	热阻R (m^2·K/W)	传热系数 K_P [W/(m^2·K)]	
1	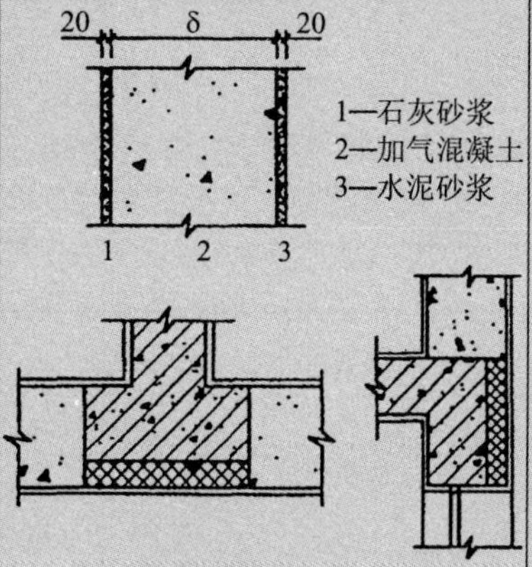 20 δ 20 1—石灰砂浆 2—加气混凝土 3—水泥砂浆 1 2 3 热桥外侧30聚苯	200 250	240 290	3.43 4.18	0.84 1.04	1.01 0.84	1.04 0.92
2	外墙构造同(1) 热桥外侧50聚苯	200 250	240 290	3.43 4.18	0.84 1.04	1.01 0.84	1.04 0.92
3	外墙构造同(1) 热桥外侧100加气	300	340	4.93	1.24	0.72	0.94
4	外墙构造同(1) 热桥外侧70加气30聚苯	300	340	4.93	1.24	0.72	0.76
5	外墙构造同(1) 热桥外侧150加气	350	390	5.68	1.44	0.63	0.78
6	外墙构造同(1) 热桥外侧100加气50聚苯	350	390	5.68	1.44	0.63	0.62
7	外墙构造同(1) 热桥外侧200加气	400	440	6.43	1.64	0.56	0.67
8	外墙构造同(1) 热桥外侧150加气50聚苯	400	440	6.43	1.64	0.56	0.55

表 3-36　混凝土空心砌块外墙热工性能指标

编号	外墙构造	保温层厚度（mm）	外墙总厚度（mm）	主体部位			外墙平均传热系数 K_m [W/(m²·K)]
				热惰性指标 D 值	热阻 R (m²·K/W)	传热系数 K_P [W/(m²·K)]	
1	δ 0 190 20 1—充气石膏板 (ρ_0=400,λ=0.17) 2—空气层 3—混凝土砌块 4—水泥砂浆	50	270	2.12	0.64	1.27	1.51
		60	280	2.28	0.70	1.18	1.43
		70	290	2.44	0.76	1.10	1.35
		80	300	2.59	0.82	1.03	1.29
		90	310	2.75	0.88	0.97	1.23
		100	320	2.90	0.94	0.92	1.19
2	20 190 10 δ 6 1—石灰砂浆 2—混凝土砌块 3—空气层 4—聚苯板 (ρ_0=20,λ=0.05) 5—纤维增强层	30	256	2.10	0.98	0.88	0.89
		40	266	2.18	1.18	0.75	0.77
		50	276	2.27	1.38	0.65	0.67
		60	286	2.36	1.58	0.58	0.59
		70	293	2.44	1.78	0.52	0.53
		80	306	2.53	1.98	0.47	0.48
3	20 190 10 δ 6 1—石灰砂浆 2—混凝土砌块 3—空气层 4—聚苯板 (ρ_0=300,λ=0.12) 5—纤维增强层	50	276	2.68	0.80	1.05	1.09
		60	286	2.84	0.88	0.97	1.01
		70	296	3.01	0.96	0.90	0.93
		80	306	3.17	1.05	0.83	0.86
		90	316	3.34	1.13	0.78	0.80
		100	326	3.51	1.21	0.74	0.76

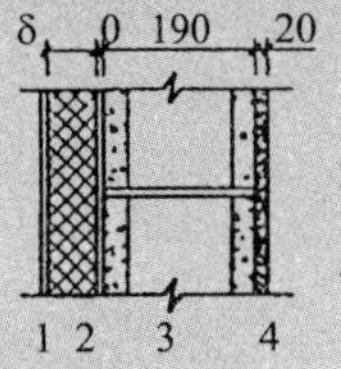

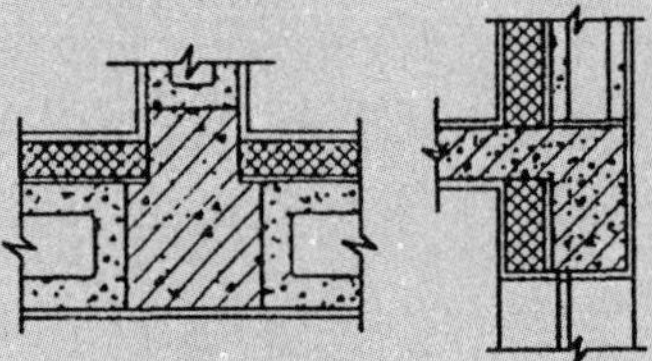

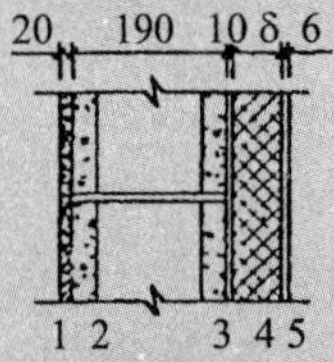

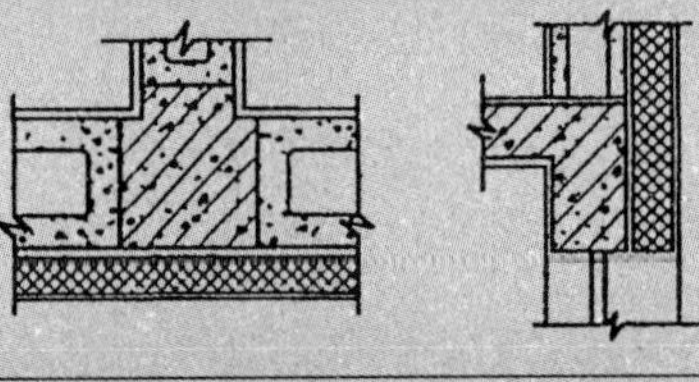

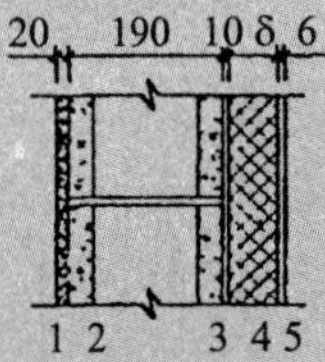

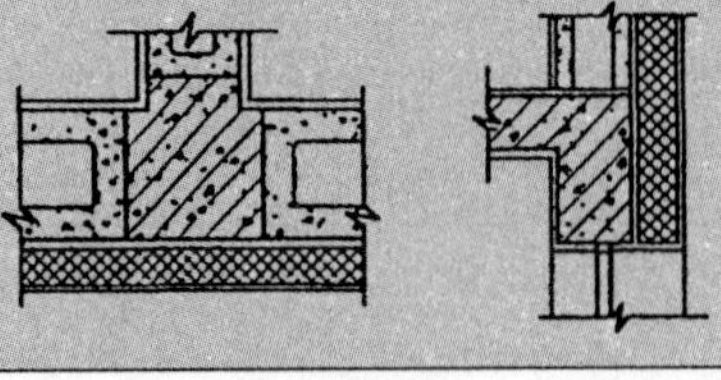

（续）

编号	外墙构造	保温层厚度（mm）	外墙总厚度（mm）	主体部位			外墙平均传热系数 K_m [W/(m^2·K)]
				热惰性指标D值	热阻R（m^2·K/W）	传热系数 K_P [W/(m^2·K)]	
4	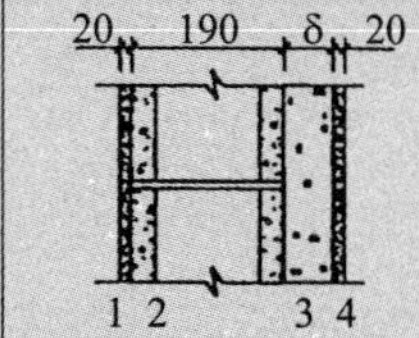 20 190 δ 20 1 2 3 4 1—石灰砂浆 2—混凝土砌块 3—加气混凝土（ρ_0=600, λ=0.25） 4—水泥砂浆 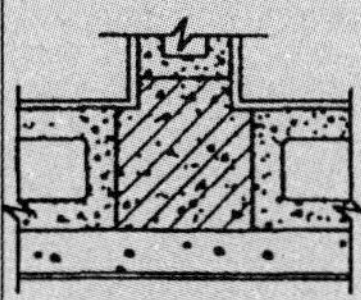 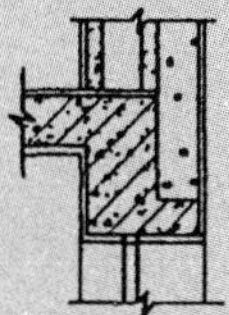	125	355	3.88	0.75	1.11	1.16
		150	380	4.25	0.85	1.00	1.04
		175	405	4.63	0.95	0.91	0.94
		200	430	5.00	1.05	1.83	0.86
5	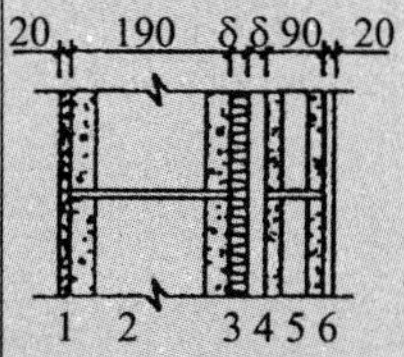 20 190 δ δ 90 20 1 2 3 4 5 6 1—石灰砂浆 2—混凝土砌块 3—发达地区棉板（ρ_0=100, λ=0.054） 4—空气层 5—混凝土砌块 6—水泥砂浆 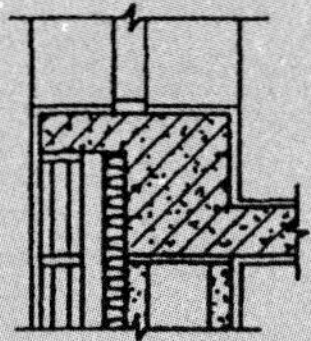 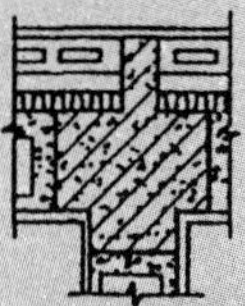	30（70）	420	4.00	1.19	0.75	0.91
		40（60）	420	4.17	1.37	0.66	0.83
		50（50）	420	4.34	1.56	0.58	0.75
		60（40）	420	4.50	1.74	0.53	0.70
		70（30）	420	4.67	1.92	0.48	0.66
		80（20）	420	4.83	2.09	0.45	0.63
		100（0）	420	5.17	2.30	0.41	0.59
6	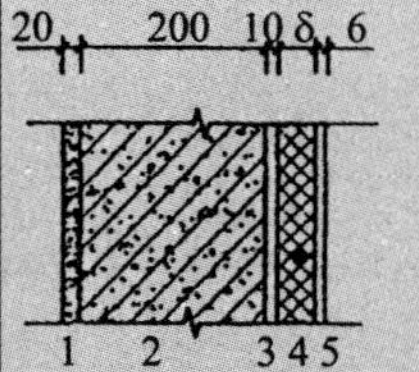 20 200 10 δ 6 1 2 3 4 5 1—石灰砂浆 2—钢筋混凝土墙 3—空气层 4—聚苯板（ρ_0=20, λ=0.05） 5—纤维增强层 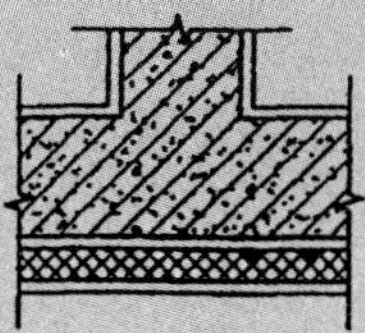 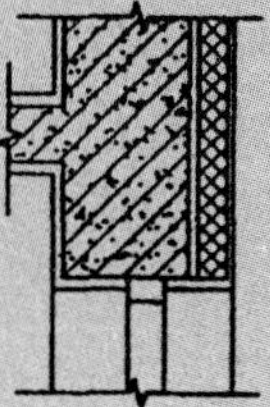	30	266	2.42	0.89	0.96	0.96
		40	276	2.50	0.81	0.81	0.81
		50	286	2.59	0.69	0.69	0.69
		60	296	2.68	0.61	0.61	0.61
		70	306	2.76	0.54	0.54	0.54
		80	316	2.85	0.49	0.49	0.49

（续）

编号	外墙构造	保温层厚度（mm）	外墙总厚度（mm）	主体部位			外墙平均传热系数 K_m [W/(m²·K)]
				热惰性指标 D 值	热阻 R (m²·K/W)	传热系数 K_P [W/(m²·K)]	
7	20、200、10、δ、25 1—石灰砂浆 2—钢筋混凝土墙 3—空气层 4—泰柏板或舒乐舍板（λ=0.063） 5—水泥砂浆	40 50 54	295 305 309	2.77 2.86 2.89	0.93 1.09 1.16	0.93 0.81 0.76	0.93 0.81 0.76
8	20、200、δ、20 1—石灰砂浆 2—钢筋混凝土墙 3—加气混凝土（ρ_0=500,λ=0.25） 4—水泥砂浆	125 150 175 200	365 390 415 440	4.20 4.57 4.95 5.32	0.65 0.75 0.85 0.95	1.25 1.11 1.00 0.91	1.37 1.24 1.13 1.04

表 3-37　黏土空心砖外墙热工性能指标

编号	外墙构造	保温层厚度（mm）	外墙总厚度（mm）	主体部位			外墙平均传热系数 K_m [W/(m²·K)]
				热惰性指标 D 值	热阻 R (m²·K/W)	传热系数 K_P [W/(m²·K)]	
1	20、δ、20 1—石灰砂浆 2—黏土空心砖 3—水泥砂浆	370	410	5.50	0.68	1.20	1.04

（续）

编号	外墙构造	保温层厚度（mm）	外墙总厚度（mm）	主体部位			外墙平均传热系数 K_m [W/(m²·K)]
				热惰性指标D值	热阻R (m²·K/W)	传热系数 K_P [W/(m²·K)]	
2	外墙构造同(1) 热桥外侧120空心砖	370	410	5.50	0.68	1.20	1.40
3	外墙构造同(1) 热桥外侧190空心砖50聚苯	490	530	7.08	0.88	0.97	0.85
4	外墙构造同(1) 热桥外侧240空心砖	490	530	7.08	0.88	0.97	1.08
5	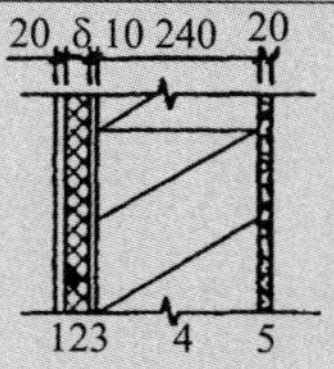 20 δ 10 240 20 123 4 5 1—石灰砂浆 2—高强珍珠岩板 (ρ_0=400,λ=0.14) 3—空气层 4—黏土空心砖墙 (26~36孔) 5—水泥砂浆 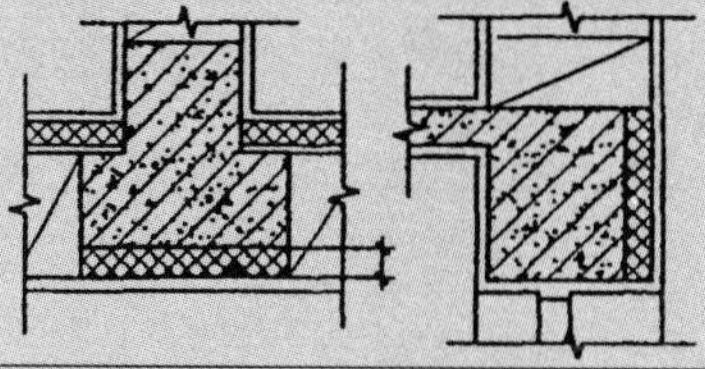	50 60 70 80 90 100	340 350 360 370 380 390	4.56 4.73 4.90 5.07 5.24 5.41	0.95 1.03 1.08 1.17 1.24 1.30	0.91 0.85 0.81 0.76 0.72 0.69	0.90 0.86 0.83 0.79 0.77 0.74
6	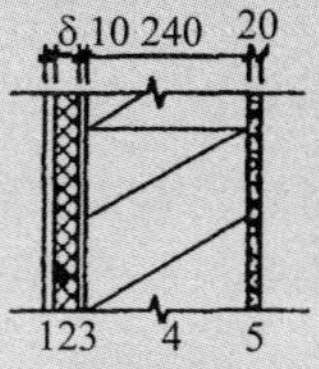 δ 10 240 20 123 4 5 1—石灰砂浆 2—高强珍珠岩板 (ρ_0=400,λ=0.17) 3—空气层 4—黏土空心砖墙 (26~36孔) 5—水泥砂浆 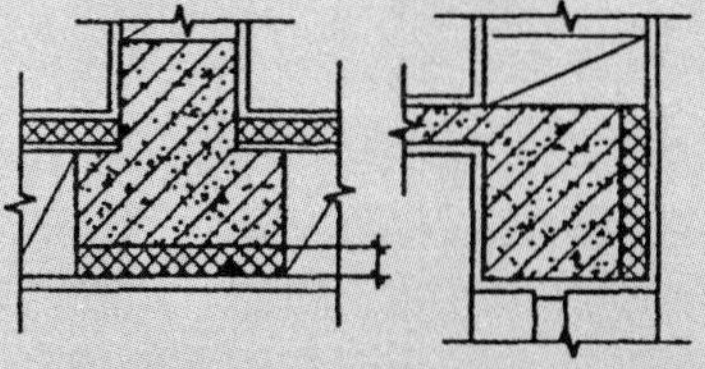	50 60 70 80 90 100	320 330 340 350 360 370	4.23 4.39 4.55 4.70 4.83 5.01	0.86 0.93 0.99 1.04 1.08 1.17	0.99 0.93 0.88 0.84 0.81 0.76	0.97 0.92 0.88 0.85 0.83 0.80
7	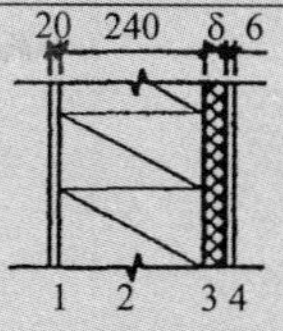 20 240 δ 6 1 2 34 1—石灰砂浆 2—黏土空心砖墙 (26~36孔) 3—聚苯板 (ρ_0=20,λ=1.15) 4—纤维增强层 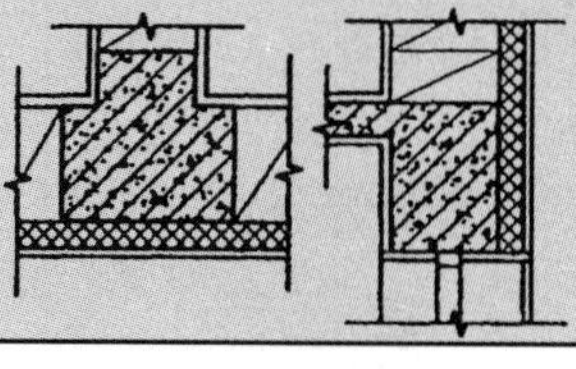	30 40 50 60 70 80	296 306 316 326 336 346	3.78 3.86 3.95 4.04 4.12 4.21	1.04 1.24 1.44 1.64 1.84 2.04	0.84 0.72 0.63 0.56 0.50 0.46	0.92 0.78 0.67 0.59 0.52 0.48

表 3-38 黏土实心砖外墙热工性能指标

编号	外墙构造	保温层厚度（mm）	外墙总厚度（mm）	主体部位			外墙平均传热系数 K_m［W/(m^2·K)］
				热惰性指标 D 值	热阻 R（m^2·K/W）	传热系数 K_P［W/(m^2·K)］	
1	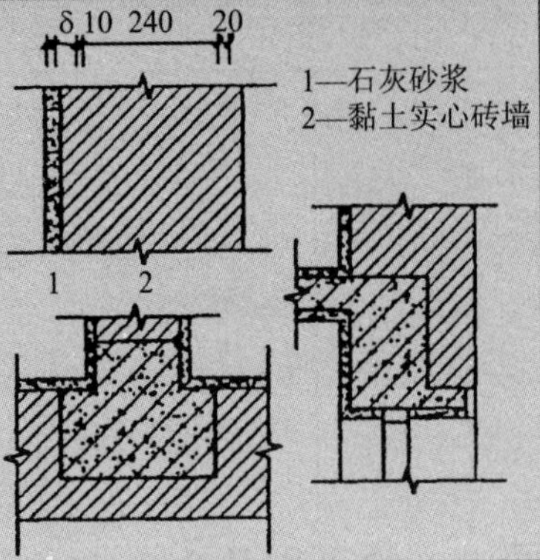 δ 10 240 20 1—石灰砂浆 2—黏土实心砖墙 1 2	370	390	5.09	0.48	1.59	1.79
2	外墙构造同(1) 热桥外侧 250 黏土砖	490	510	6.58	0.62	1.30	1.42
3	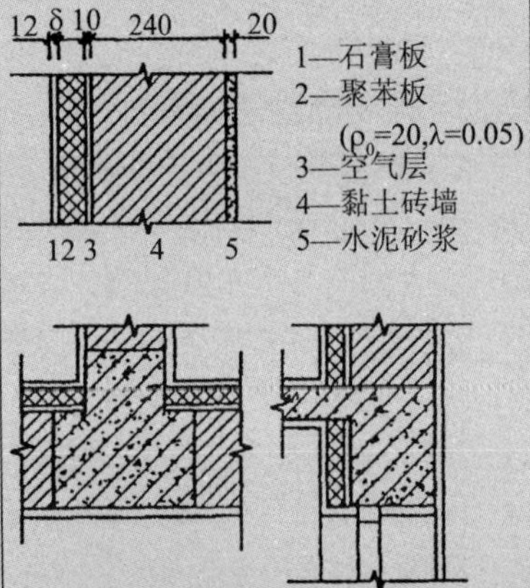 12 δ 10 240 20 1—石膏板 2—聚苯板 (ρ_0=20,λ=0.05) 3—空气层 4—黏土砖墙 5—水泥砂浆 1 2 3 4 5	30 40 50 60 70 80	312 322 332 342 352 362	3.89 3.97 4.06 4.15 4.23 4.32	1.10 1.30 1.50 1.70 1.90 2.10	0.80 0.69 0.61 0.54 0.49 0.44	1.47 1.39 1.31 1.26 1.20 1.15
4	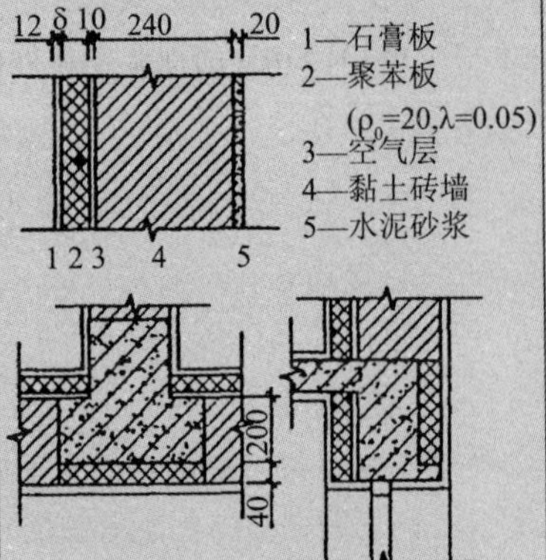 12 δ 10 240 20 1—石膏板 2—聚苯板 (ρ_0=20,λ=0.05) 3—空气层 4—黏土砖墙 5—水泥砂浆 1 2 3 4 5 200 40	30 40 50 60 70 80	312 322 332 342 352 362	3.89 3.97 4.06 4.15 4.23 4.32	1.10 1.30 1.50 1.70 1.90 2.10	0.80 0.69 0.61 0.54 0.49 0.44	0.83 0.76 0.70 0.65 0.61 0.58

（续）

编号	外墙构造	保温层厚度（mm）	外墙总厚度（mm）	主体部位			外墙平均传热系数 K_m [W/(m^2·K)]
				热惰性指标 D 值	热阻 R (m^2·K/W)	传热系数 K_P [W/(m^2·K)]	
5	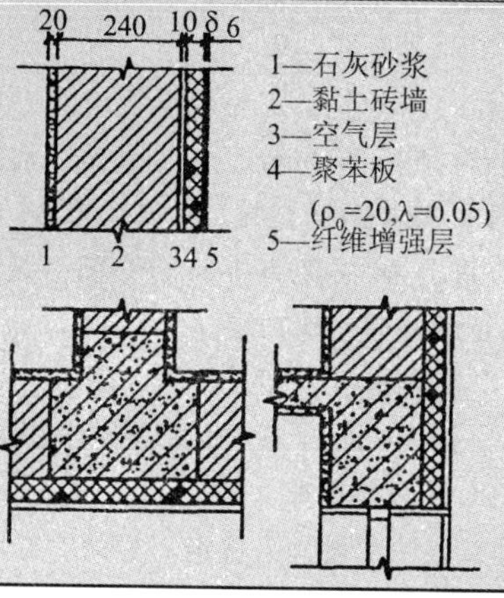 20 240 10 δ 6 1 2 34 5 1—石灰砂浆 2—黏土砖墙 3—空气层 4—聚苯板 (ρ_0=20, λ=0.05) 5—纤维增强层	30	306	3.72	1.07	0.82	0.86
		40	316	3.80	1.28	0.70	0.73
		50	326	3.89	1.46	0.62	0.64
		60	336	3.98	1.67	0.55	0.57
		70	346	4.06	1.85	0.50	0.51
		80	356	4.15	2.07	0.45	0.46

3.8.6 夏热冬冷地区居住建筑节能设计需满足下列条件

①条形建筑物的体形系数不应超过 0.35；点式建筑物的体形系数不应超过 0.40。

②外墙的传热系数应考虑结构性冷桥的影响，取平均传热系数。

③外墙传热系数和热惰性指标应为：

当传热系数 K[W/(m^2·K)]≤1.5 时，热惰性指标 D≥3.0；

当 K≤1.0 时，D≥2.5；

当 K 满足要求，但 D 不满足时，应按《民用建筑热工设计规范》GB50176－93 第 5.1.1 条验算隔热设计要求。

3.8.7 混凝土空心小砌块的保温构造

墙体的节能技术为墙体外保温、内保温、夹芯保温构造，主要采用形式为 500～600 级强度为 3～4MPa 的加气混凝土砌块内保温；250～300 级强度为 1.0～1.5MPa 的保温砌块外保温（如聚苯水泥板或珍珠岩保温板）；以及采用聚苯板、玻璃棉板的墙体外保温、内保温、夹芯保温。

(1) 加气混凝土砌块外保温做法

①外墙混凝土小型空心砌块应与加气混凝土保温砌块在砌筑外墙时同时砌筑，不得将保温砌块在主体结构完成后再外贴，加气混凝土保温块应由各层圈梁分层承托。

②加气混凝土保温砌块，应采用 AM－1 或 BJ－1 专用砂浆或其他专用砂浆砌筑，并与混凝土空心砌块贴砌。保温砌块竖缝灰缝的饱满度不得低于 80%，水平缝灰缝的饱满度不得低于 90%。专用砂浆是一种外加剂，在现场配制和搅拌应符合产品说明书中的各项技术要求。

③根据结构设计拉接的要求，在砌块水平灰缝内每隔 3 皮高度（600mm）位置应配置 3ϕ4

拉接钢筋网片(两根放置在砌块部位，另一根放置在保温块部位)，施工时不得漏放。在混凝土空心砌块位置的多筋网片，应注意有足够的砂浆保护层。

④加气混凝土砌块的外表面抹灰，应严格按做法表选材及按有关顺序操作。

(2)轻质板材(如聚苯水泥板或珍珠岩保温板等)外保温做法

①外墙混凝土小型空心砌块与保温板之间的连接构造，可以随砌随贴，也可以主体结构完工后外贴(一般为后贴)。

②保温板与主体结构的构造原则：一是应由圈梁部位分层承托，二是保温板应用专用砂浆与混凝土空心砌块墙粘贴(粘贴为点粘，点粘上下间距约150～200mm)，三是每隔3皮混凝土空心小砌块高度，应与保温板水平灰缝一致的灰缝内放3ϕ4钢筋拉接(分布筋为ϕ4中距300mm，拐角处ϕ4中距200mm；如保温板后贴，墙外应露出ϕ4中距300mm分布筋，纵向放一根ϕ4钢筋)，在混凝土空心砌块部位的钢筋应注意有足够的砂浆保护层。

③保温板外饰面做法：先做基层处理：第一，用EC胶涂刷板表面；第二，用EC－1型胶满贴涂塑玻璃丝网格布1层(规格为150g/m^2)；第三，抹3～5mm厚EC聚合物砂浆刮平；第四，按第二、第三再粘贴玻璃丝网格布1层，表面抹EC聚合物砂浆。

在完成基层处理后，外饰面具体做法可按88J1工程，做法由设计人选定。

(3)聚苯板、玻璃棉板的墙体外保温、内保温、夹芯保温做法

采用聚苯板、玻璃棉板在墙体外保温、内保温、夹芯保温做法构造见表3-39。

表3-39　普通混凝土小型空心砌块外墙保温作法

外墙内保温构造	①外面层厚度(mm)	②砌块厚度(mm)	③空气层厚度(mm)	④聚苯板厚度(mm)	⑤内面层厚度(mm)	外墙总厚度(mm)
④ 室外侧 室内侧 ① ② ③⑤	20	190	20	40	8	278
		190	20	40	8	258
外墙外保温构造	①外面层厚度(mm)	②聚苯板厚度(mm)	③找平层厚度(mm)	④砌块厚度(mm)		外墙总厚度(mm)
② 室外侧 室内侧 ①③ ④ ⑤	6	50	10	190	20	276
	10	50	10	190	20	280
外墙夹芯保温构造	①砌块厚度(mm)	②聚苯板厚度(mm)	③砌块厚度(mm)	④内面层厚度(mm)		外墙总厚度(mm)
室外侧 室内侧 ①② ③ ④	90	50	190	20		350
	90	45	190	20		345

4 楼梯

4.1 垂直交通设施的类型

在建筑物中，解决垂直交通和高差的措施主要有坡道、楼梯、台阶、爬梯、电梯和自动扶梯等。图 4-1 是楼梯、台阶及坡道坡度的适用范围。

4.1.1 坡道

坡道用于高差较小时的联系，常用坡度为 1/5 ~ 1/10，角度在 20°以下，一般应控制在 15°以下。室内坡道宽度不小于 1000mm，室外坡道宽度不小于 1500mm（在有台阶的入口处和困难地段可做 1200mm）。

坡道材料一般为抗冻性好和表面结实的材料，如混凝土、天然石等。

坡道多用于无障碍设计，坡道的表面应作防滑处理，但凹凸不宜过大。不同类型坡道的坡度在实际使用中还需有所分别：

①室内坡道不应大于 1/8，以减少所占使用面积。

②室外坡度不应大于 1/10，以便于行走和车辆通过。

③用于残废人轮椅的坡度不应大于 1/12，如坡道较长还应设置矮挡墙，以利轮椅使用方便与安全。

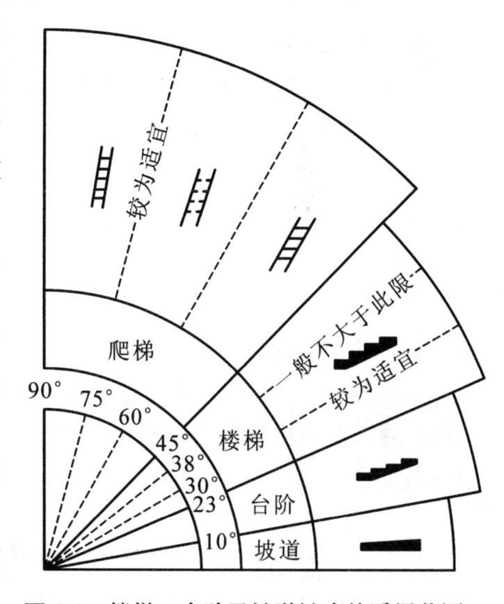

图 4-1 楼梯、台阶及坡道坡度的适用范围

4.1.2 楼梯

楼梯是用于楼层之间的交通联系，一般角度在20°～45°之间，以30°左右较为通用，舒适坡度为26°34′，即高宽比为1∶2。楼梯应设置坚固的栏杆或栏板；在幼儿活动的场所，还应附加低矮扶手；在幼儿、残疾人和病员活动的场所，应采用透空栏杆，以利攀缘防止滑倒。

楼梯的坡度视建筑的功能类型而定，楼梯的坡度越小、越平缓，行走也越舒适，但却扩大了楼梯间的进深，增加了建筑面积和造价。一般情况下，人流多的公共建筑的楼梯及室外梯级应较平缓，人流较少的住宅建筑的楼梯可稍陡。

4.1.3 台阶

台阶是建筑物出入口外面用以解决室内外高差的垂直交通设施，与楼梯的主要区别在于台阶一般不设置栏杆和扶手，因此要求坡度不宜太大，应控制在20°以下。台阶的踏面宽和踢面高，应符合人行步伐的最佳尺寸。室内台阶可用300mm×150mm，室外台阶应稍平缓，室外台阶步宽不宜小于0.3m，步高不宜大于0.15m，连续踏步数不应小于二级。

室内台阶应设置在明显位置，室外台阶表面应粗糙防滑，以便保证人员行走安全。密集场所的台阶高度超过0.7m时，其侧面宜有护栏措施，如用栏杆、花台、花池等。残疾人使用的台阶超过三级时，在台阶两侧应设扶手并符合《城市道路和建筑物障碍设计规范》的规定。

室外台阶的材料应采用耐久性、抗冻性、耐磨性好的材料，不宜采用表面易剥落的材料。

4.1.4 爬梯

爬梯是用于检修和消防的应急设施，多用于专用梯(工作梯、消防梯)等，常用角度为45°～90°，其中常用角度为59°(高宽比为1∶0.6)、73°(高宽比1∶0.30)和90°。较高并较陡的爬梯还应加设护身圈，以保安全。

其中，工作梯是供维修人员工作的垂直交通设施，为减少占用房间面积，一般坡度可达45°～60°。

4.1.5 电梯

电梯是90°的垂直交通设施，用于楼层之间的联系，多用于中高层建筑、医疗建筑和大中型商业建筑和高层建筑。电梯是高层建筑主要的交通联系设施，同时也必须设置楼梯满足安全疏散要求。

4.1.6 自动扶梯

自动扶梯，是供人流大、空间大的公共场所使用，有水平梯、上行梯、下行梯三种方式，向上或向下的倾斜角度一般在为30°左右，亦可以互换使用，多用于商场、大型火车站和航空候机楼。

4.2 楼梯的类型和设计要求

楼梯是建筑内上下层间的垂直交通疏散设施，在不设电梯的多层建筑以及高层建筑发生特殊或紧急事件的情况下，楼梯就是解决垂直交通的主要通道。

楼梯的基本组成包括梯段和平台，其中楼梯梯段指设有踏步供层间上下行走的通道段落，一般为安全起见，临空处设栏杆（栏板）和扶手。楼梯平台指设于踏步过多处及楼梯转弯处，调剂行走中疲劳。

4.2.1 楼梯的类型

楼梯的类型主要是根据建筑的平面功能要求和室内设计的美观来决定的。

①按楼梯主要承重结构所用材料的不同，有钢筋混凝土楼梯、木楼梯、钢楼梯等。其中，钢筋混凝土楼梯因其坚固、耐久、防火，应用较为广泛。

②按楼梯的平面形式，可分直跑式、双跑式、三跑式、多跑式及弧形和螺旋式等。楼梯的平面类型和建筑物平面有关，其中双跑楼梯是最常用的一种。

③按楼梯所处位置，可分为室内楼梯和室外楼梯等。

④按楼梯间的形式，可分为开敞式楼梯间、封闭式楼梯间、防烟楼梯间等。

4.2.2 楼梯设计要求

由于楼梯是建筑中重要的垂直交通设施，对建筑的正常使用和安全性负有不可替代的责任。我国《建筑设计防火规范》（JGJ37—87）及其他一些单项建筑的设计规范对楼梯设计的问题做出了明确的严格的规定。

（1）基本要求

①楼梯在建筑中位置应当标志明显、交通便利、方便使用。

②楼梯应与建筑的出口关系紧密、连接方便，楼梯间的底层一般均应设置直接对外出口。

③当建筑中设置数部楼梯时，其分布应符合建筑内部人流的通行要求。

（2）楼梯的数量和总宽度

①除个别的高层住宅之外，高层建筑中至少要设两个或两个以上的楼梯。

②普通公共建筑一般至少要设两个或两个以上的楼梯。如果符合表4-1的规定，也可以只设一个楼梯。

表4-1 仅设一个疏散楼梯的条件

耐火等级	层 数	每层最大建筑面积（m^2）	人 数
一、二级	二、三层	500	第二、三层人数之和不超过100人
三级	二、三层	200	第二、三层人数之和不超过50人
四级	二层	200	第二层人数之和不超过30人

注：本表不适用于医院、疗养院、托儿所、幼儿园。

a. 设有不少于两个疏散楼梯的一、二级耐火等级的公共建筑，如顶层局部升高时，其高出部分的层数不超两层，每层建筑面积不超过200m²，人数之和不超过50人时，可设一个楼梯。但应另设一个直通平屋面的安全出口。

b. 人流集中的公共建筑中楼梯的总宽度按照每100人应占有的楼梯宽度计算（又称百人指标）。百人指标与建筑的功能及使用人数有关。如剧院、电影院、礼堂建筑应满足：坐席数≤1200个时，楼梯的总宽度≥1.00m/100人，坐席数≤2500个时，楼梯的总宽度≥0.75m/100人；体育馆建筑应满足：3000～5000个坐席时，楼梯的总宽度≥0.50m/100人，5001～10000个坐席时，楼梯的总宽度≥0.43m/100人、10001～20000个坐席时，楼梯的总宽度≥0.37m/100人。

（3）对楼梯间的要求

楼梯间一般分开敞、封闭和防烟三种形式，对它们的要求也不相同。

①开敞楼梯间的设置要求。开敞楼梯间是建筑中较常见的楼梯间形式。但由于这种楼梯间与楼层是连通的，在火灾时犹如高耸的烟囱，既拔烟又抽火，垂直方向烟的流动速度可达3～4m/s，烟气在短时间内就能通过开敞楼梯间向上扩散，对人流的疏散及隔阻火灾蔓延不利。因此，当建筑的层数较多或对防火要求较高时，就应当采用封闭楼梯间或防烟楼梯间。

②封闭楼梯间的设置要求

a. 设置条件：医院、疗养院的病房楼，设有空气调节系统的多层旅馆和超过五层的其他公共建筑的室内疏散楼梯均应设置封闭楼梯间。部分高层建筑，只要符合相关要求也应设置封闭楼梯间。

b. 设置要求：封闭楼梯间的内墙上，除在同层开设通向公共走道的疏散门外，不应开设其他房间的门窗，也不能布置可燃气体管道和有关液体管道。

楼梯间门应向疏散方向开启。

③防烟楼梯间的设置要求

a. 设置条件：一类高层建筑和除单元式及通廊式住宅外的建筑高度超过32m的二类高层建筑以及塔式住宅，均应设置防烟楼梯间。

b. 设置要求：楼梯间入口处应设置前室、阳台或凹廊。前室的面积：公共建筑不应小于6.0m²，居住建筑不应小于4.5m²。

楼梯间前室的内墙上，除在同层开设通向公共走道的疏散门外，不应开设其他房间的门窗，也不能布置可燃气体管道和有关液体管道。

楼梯间前室应有良好的通风条件。开窗面积不应小于2.0m²，无开窗条件的前室，应设置机械送风、排风设施。

楼梯间及前室应设置乙级防火门，并向疏散方向开启。

④其他要求

a. 封闭楼梯间和防烟楼梯间一般均应通至房顶。

b. 超过六层的组合式单元住宅和宿舍，各单元的楼梯间均应通至平屋顶，如果进户门采用乙级防火门时，可以不通至房间。

(4) **楼梯间的间距和位置**

多层楼梯间的间距和位置应符合表 4-2 的要求。

表 4-2 安全疏散距离

名 称	房间门至外部出口或封闭楼梯间的最大距离(m)					
	位于两个外部出口或封闭楼梯间之间的房间①			位于袋形走廊两侧或尽端的房间②		
	耐火等级			耐火等级		
	一、二级	三级	四级	一、二级	三级	四级
托儿所、幼儿园	25	20	-	20	15	-
医院、疗养院	35	30	-	20	15	-
学校	35	30	-	22	20	-
其他民用建筑	40	35	25	22	20	15

注：1)非封闭楼梯时，按本表减 5.0m；
2)非封闭楼梯时，按本表减 2.0m。

高层建筑楼梯间的间距和位置应符合表 4-3 的规定。

表 4-3 安全疏散距离

高层建筑		房间门或住宅户门至最近的外部出口或楼梯间的最大距离(m)	
		位于两个安全出口之间的房间	位于袋形走廊两侧或尽端的房间
医院	病房部分	24	12
	其他部分	30	15
旅馆、展览馆、教学楼		30	15
其他		40	20

4.3 楼梯的设计

楼梯由楼梯段、平台和栏杆扶手三部分组成。为满足正常使用和紧急安全疏散要求，楼梯的各组成部分应符合有关规范要求。

4.3.1 楼梯的坡度

楼梯的坡度是指楼梯段沿水平面倾斜的角度。楼梯坡度小，踏步就比较平缓，行走就较舒适；反之，坡度大，行走就比较吃力。但楼梯的坡度越小，水平投影面积越大，这样会增加投资，影响建筑的经济性。因此，楼梯的坡度应根据建筑物的使用性质，人流量的多少分理选择。

楼梯的允许坡度范围在23°~45°之间，一般情况下，楼梯的适宜坡度为30°。通常用控制楼梯踏步宽度和高度的方法来控制楼梯的坡度。

4.3.2 楼梯段

(1) 楼梯段踏步的数量

楼梯段是由若干个连续踏步构成。为了不使人们上下楼梯感到过度疲劳及考虑人们行走的习惯行为，规定每个梯段的踏步数量不得超过18步也不得少于3步，少于3步时不做成踏步，而采用坡道连接。

(2) 楼梯段净宽度

楼北段的宽度是根据通行人流股数和建筑的防火要求确定的。我国规定：每股人流宽度按0.55+(0~0.15)m计算，其中0~0.15m为人行走时的摆幅。通常情况下，作为主要通行的楼梯，应不少于两股人流。

因此，作为主要通行的楼梯，楼梯净宽不应小于1.1m。

楼梯段的净宽度除满足上述最低要求外，还应根据建筑物的类型，符合各类建筑的专门规定。如商业建筑主要楼梯的梯段宽不应小于1.4m，医院主要楼梯的梯段宽不应小于1.65m。

(3) 梯井的净宽

两段楼梯之间的空隙称为梯井，一般为楼梯施工方便和安装栏杆扶手而设置的。梯段的宽度为60~200mm，大于200mm时，必须采取安全防护措施，防止儿童攀爬坠落。另外，公共建筑梯井的净宽不应小于150mm。

4.3.3 楼梯踏步尺寸

踏步由踏面和踢面所构成。为了增加踏步的行走舒适感，可将踏步凸出20mm做成凸缘或斜面。

踏步表面应注意防滑处理。常用的做法是铺防滑缸砖或设置金刚砂、铜条防滑条，如图4-2。

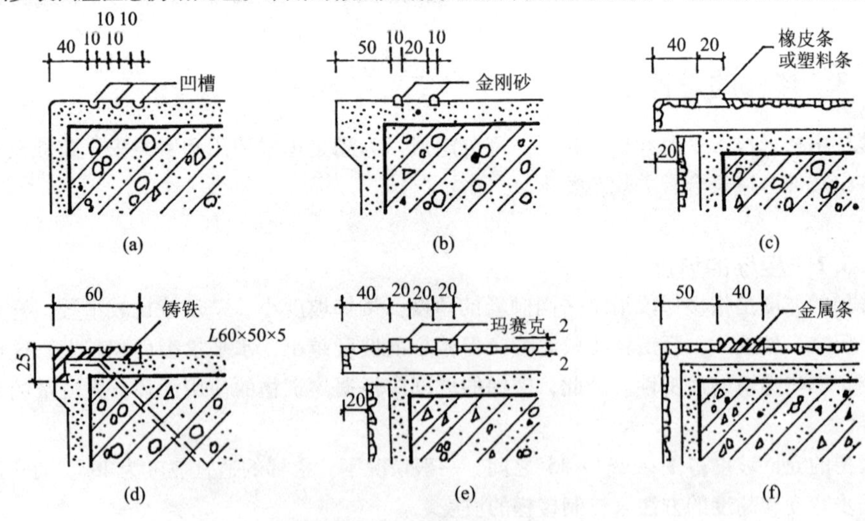

图4-2 踏步防滑条构造

(a)防滑凹槽；(b)金刚砂防滑条；(c)嵌橡皮防滑条；(d)铸铁包口防滑条；

(e)贴马赛克防滑条；(f)嵌金属防滑条

规范规定楼梯踏步宽度不应小于250mm，踏步高度不应大于180mm，

一般确定踏步尺寸的方法通常是采用经验计算公式：$b+2h=600\sim630$mm 或 $h+b=450$mm（b 为踏面宽；h 为踢面高），常用踏步尺寸见表4-4。

表4-4 常用踏步尺寸

名称	住宅	学校、办公楼	剧院、会堂	医院	幼儿园
踢面高（mm）	156～175	140～160	120～150	150	120～150
踢面宽（mm）	250～300	280～340	300～350	300	260～280

4.3.4 平台净宽度

平台主要用于连通楼层，转换梯段方向和中途休息。为了搬运家具设备和通行的顺畅，规定楼梯平台的宽度不应小于梯段的净宽，且不得小于1.2m（平台的净宽指扶手处平台的净宽度），如图4-3。

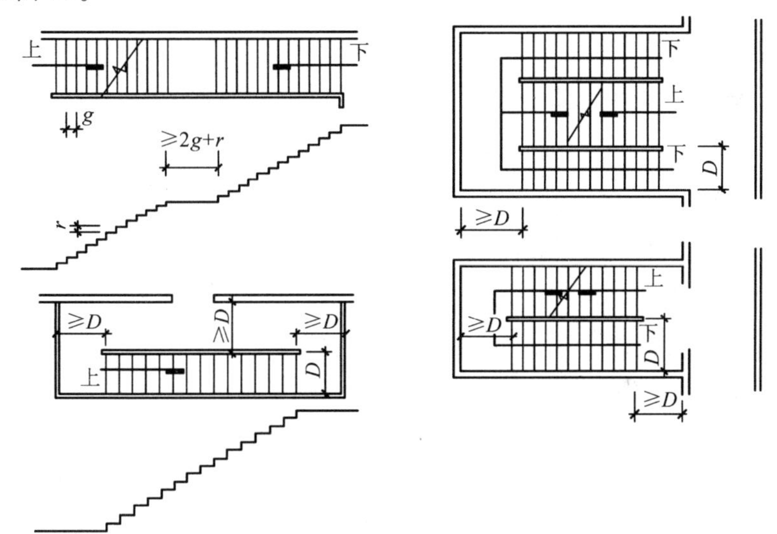

图4-3 楼梯和平台的尺寸关系

D—楼梯净宽度；g—踏面尺寸；r—题面尺寸

4.3.5 楼梯的净空高度

梯段的净空高度包括楼梯段之间的净高和平台过道处的净高。

（1）楼梯段之间的净高

是指梯段之间的最小高度，即下段楼梯踏步前缘至上方梯段表面的垂直距离。我国规定，梯段之间的净高不应小于2.2m。

（2）平台过道处的净高

是指平台过道地面至上部结构最低点（通常的平台梁）的垂直距离，平台过道处净高不应小于2.0m。

4.3.6 栏杆扶手

楼梯栏杆是楼梯的安全设施，一般情况下，梯段临空一侧应设置栏杆。

楼梯至少在梯段临空一侧设置扶手，梯段净宽达三股人流时应加设靠墙扶手，四股人流时应加设中间扶手。

楼梯的栏杆和扶手是与人体尺度关系密切的建筑构件，应合理确定栏杆高度。栏杆高度是指踏步前缘至上方扶手垂直距离。一般室内楼梯栏杆(斜栏杆)高度不应小于0.9m，室外楼梯栏杆高度不应小于1.05m，顶层楼梯应加设水平栏杆，其高度不应小于1.0m。

楼梯栏杆垂直杆件净距不应大于110mm，不应采用易攀爬的构造形式，栏杆应用坚固、耐久的材料制作，扶手应用坚固、耐磨、光滑、美观的材料制作。

栏板的构造如图4-4，栏杆与楼梯段的连接如图4-5，扶手类型如图4-6。

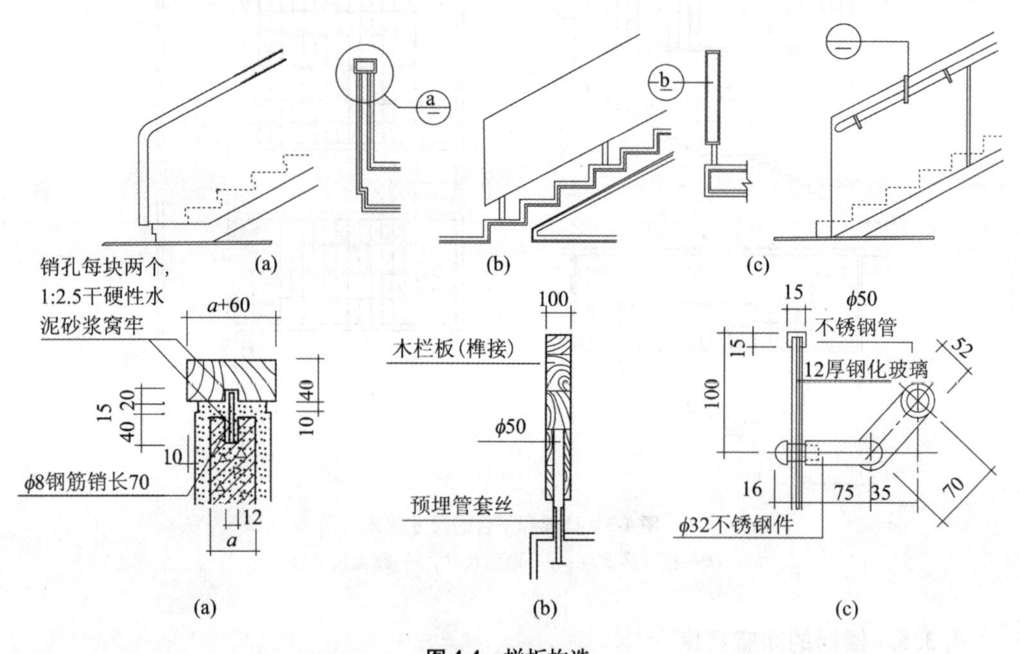

图4-4　栏板构造

(a)钢筋混凝土栏板；(b)木栏板；(c)玻璃栏板

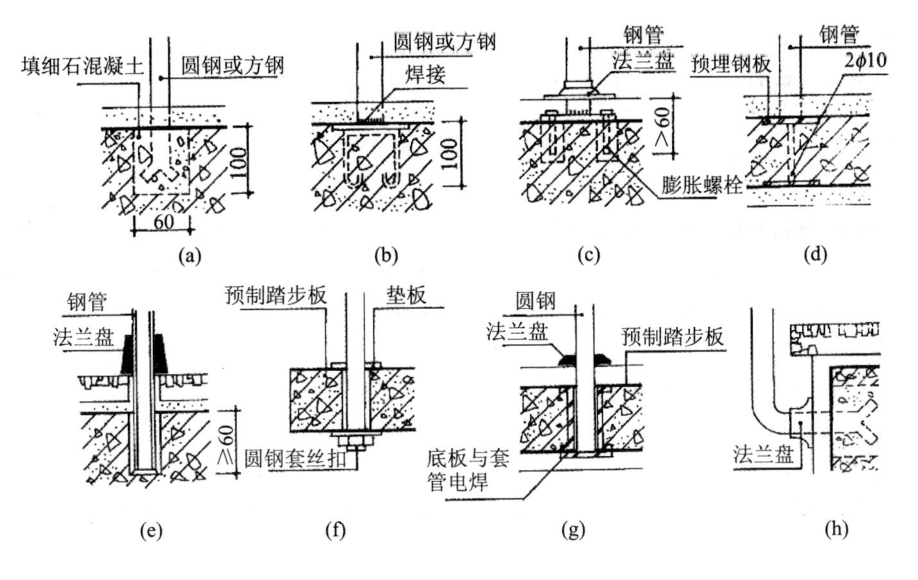

图 4-5 栏杆与楼梯的连接

(a)圆钢或方钢直栏杆直接插入踏步；(b)圆钢或方钢栏杆焊接在踏步的预埋钢板上；(c)钢管栏杆焊垫板用膨胀、螺栓靠近在踏步上；(d)钢管栏杆直接焊接预埋钢板上；(e)钢管栏杆直接插入踏步上；(f)栏杆端部带丝扣穿过预制踏步板用螺帽固定；(g)圆钢栏杆穿过预制踏步板用底板与套管焊接；(h)栏杆直接插入踏步侧面固定

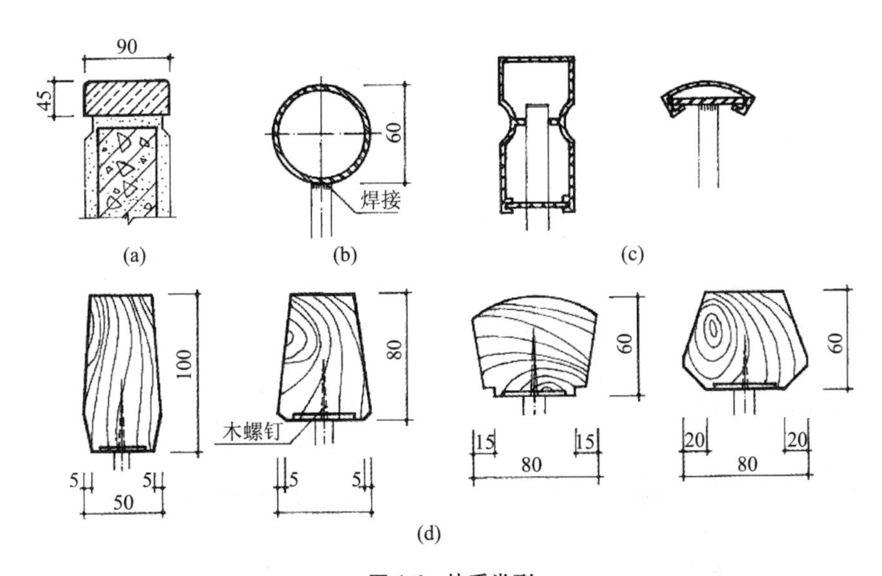

图 4-6 扶手类型

(a)石材扶手；(b)金属管扶手；(c)塑料扶手；(d)木扶手

4.4 钢筋混凝土楼梯构造

钢筋混凝土楼梯按施工方式不同，分为现浇和预制两种。

4.4.1 现浇钢筋混凝土楼梯构造

现浇钢筋混凝土楼梯是在施工现场支模，绑钢筋和浇注混凝土而成的，整体性好、刚度大、坚固耐久。现浇钢筋混凝土楼梯又分为板式和梁板式。

(1) 板式楼梯

板式楼梯是指梯段板两端搁在平台梁或梯梁上，梯段板承受该梯段全部荷载。结构简单，板底平整，施工方便，适用于跨度相对较小，受荷载相对较轻处，其水平投影长度在3m以内时比较经济。

板式楼梯配筋为纵向配置钢筋，搁于平台梁及楼面梁。板式楼梯配筋方式如图4-7。

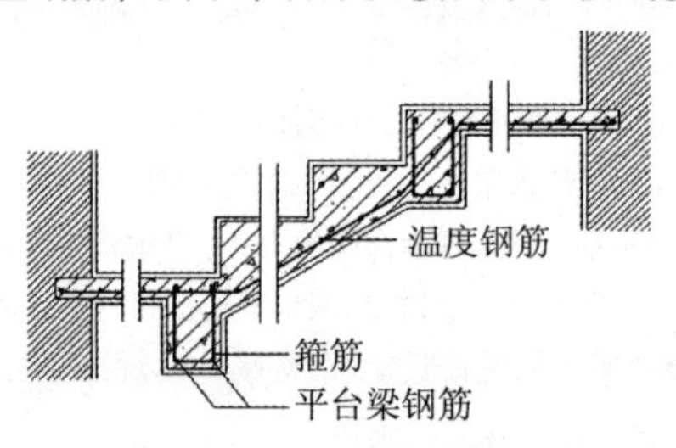

图4-7 板式楼梯的配筋方式

(2) 梁板式楼梯

梁板式楼梯的踏步板支承在斜梁上，斜梁又支承在平台梁上，斜梁可以在踏步板的下面、上面或侧面。

配筋方式如图4-8，梯段横向配筋，搁在斜梁，另加分布钢筋。

4.4.2 预制钢筋混凝土楼梯构造

预制装配式钢筋混凝土楼梯按其构件大小可分为小型构件装配式和大、中型构件装配式两大类。

(1) 小型构件装配式楼梯

小型构件装配式楼梯的特点是构件小、重量轻。由楼梯斜梁、踏步板、平台梁、预制板几部分组成。其传力路线为踏步块→斜梁→平台梁→墙或柱。

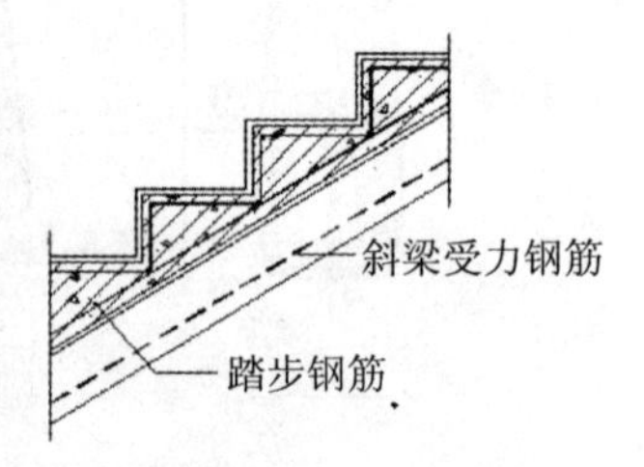

图4-8 梁板式楼梯的配筋方式

踏步板形式有三角形(实心、空心)、“L”形(正、反)和“一”字形，如图4-9。

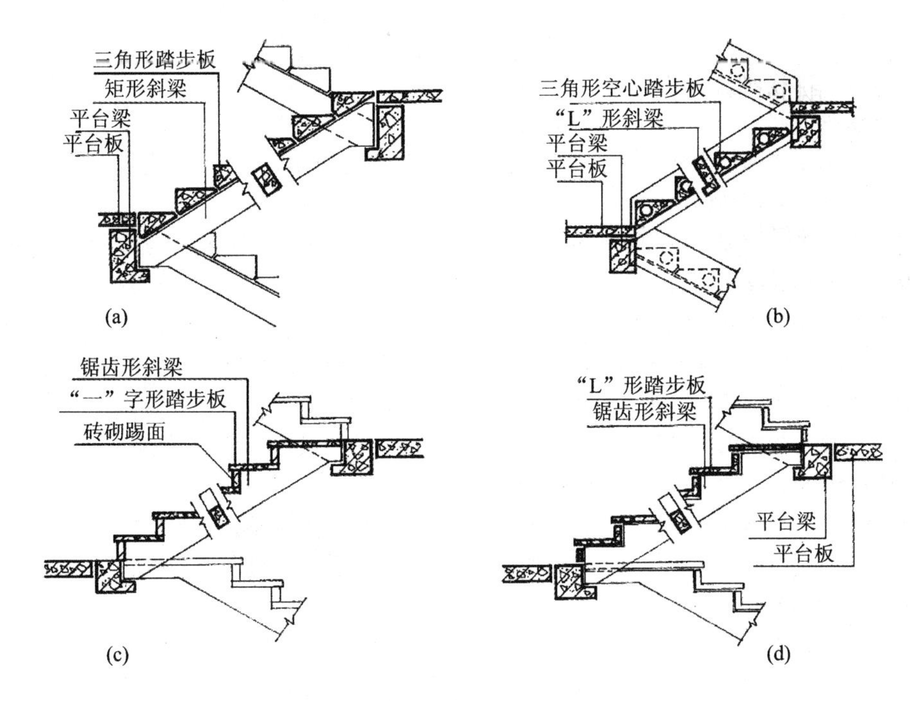

图 4-9 斜梁式楼梯

(a)三角形踏步板矩形斜梁；(b)三角形踏步板"L"形斜梁；
(c)"一"字形踏步板锯齿形斜梁；(d)"L"形踏步锯齿形斜梁

(2)大、中型构件装配式楼梯

大型构件装配式楼梯将梯段连平台预制成一个构件，断面可做成板式或空心板式、双梁槽板式或单梁式。

中型构件装配式楼梯一般将楼梯段和平台各做一个构件，通过装配完成楼梯安装，如图4-10。平台段可用一般楼板做平台板，另设平台梁，也可以将平台板和平台梁合成一个构件；梯段则有板式和梁式两种。平台梁采用矩形梁、"L"形梁或斜面"L"形梁搁置梯段，梯段搁置处一般用预埋铁件焊接或梯段顶留孔套在平台梁预埋插铁中。

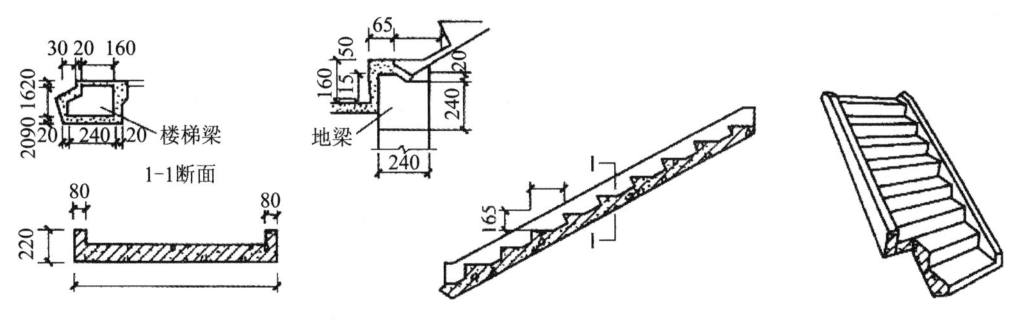

图 4-10 梯段式预制

4.4.3 楼梯细部构造

(1)踏步面层

楼梯踏步要求面层耐磨、便于清洁，其做法一般与地面相同，面层可分抹灰装饰、贴面装饰、铺钉装饰和地毯铺设等。

①抹灰装饰。踏面和踢面都做20~30mm厚水泥砂浆或水磨石粉刷，离踏口30~40mm处用金刚砂20mm宽或马赛克做防滑条一条或两条。

②贴面装饰可分板材饰面和面砖饰面。

板材饰面：常见材料有花岗石板、大理石板、水磨石板、人造花岗石板、玻璃面板等。

面砖饰面：釉面砖、缸砖、铜质砖、劈开砖、麻石砖等。

③铺钉装饰使用的材料有硬木板、塑料、铝合金、不锈钢、铜板等。铺设方式有两种：

小搁栅架空：木龙骨尺寸25mm×40mm。

实铺：铺板依靠榫头和螺钉直接固定于踏步踏面和踢面的预埋木砖或膨胀管上。

④地毯铺设可分连续式和间断式，地毯的固定方式分粘贴式和浮云式两类。

(2)防滑构造

为防止行走楼梯时滑跌，踏步表面应当加设防滑措施，通常做法是在踏步口留2~3道凹槽或设防滑条。常用的防滑材料主要有金刚砂、水泥铁屑、橡胶条、塑料条、金属条、缸砖、铸铁和折角铁等。

(3) 挡水线

楼梯段临空一侧应设置挡水线，防止水从梯井处自由流淌。挡水线做法一般有水泥砂浆，细石混凝土和金属挡水线等，具体做法应做专项设计。

5 混凝土和钢筋混凝土

5.1 混凝土

5.1.1 混凝土的拌制

(1) 混凝土搅拌机

混凝土搅拌机按其工作原理，可分为自落式和强制式两大类，见表5-1。

表5-1 搅拌机的分类

	鼓筒式	锥形反转出料式	锥形倾翻出料式
自落式	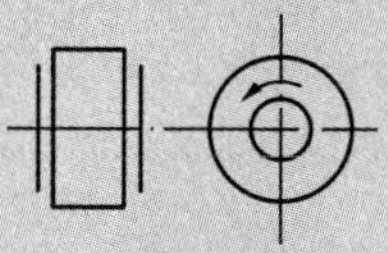	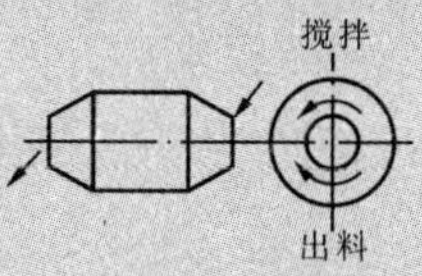 搅拌 出料	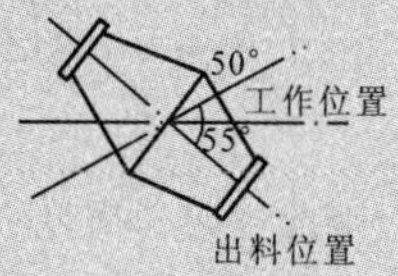 50° 工作位置 55° 出料位置
强制式	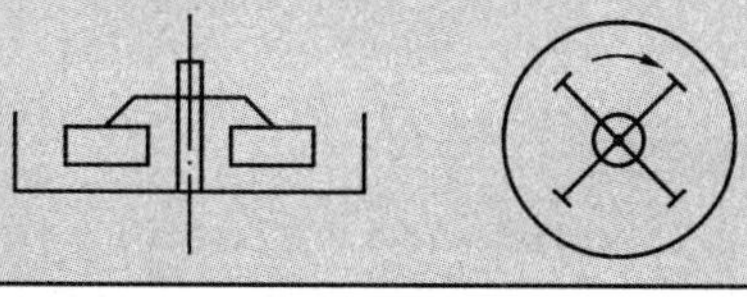		

自落式搅拌机由内壁装有叶片的旋转鼓筒组成，其工作原理为重力交流掺和机理。当搅拌筒绕水平轴旋转时，装入筒内的物料被叶片提升到一定高度后自由落下，物料下落时具有较大的动能，且各物料颗粒下落的时间、速度、落点和滚动距离不同。从而使物料颗粒相互穿插、渗透、扩散，最后达到均匀混合的目的。自落式混凝土搅拌机用于搅拌塑性混凝土。自落式搅拌机按搅拌筒的形状和出料方式的不同，可分为鼓筒式、双锥式等若干种。

强制式混凝土搅拌机工作原理为这种搅拌机中有转动叶片，这些不同角度和位置的叶片转动时通过物料，克服了物料的惯性、摩擦力和黏滞力，强制其产生环向、径向、竖向运动。而叶片通过后的空间又由翻越叶片的物料所充满。这种由叶片强制物产生剪切位移而达到均匀混和的机理，称为剪切搅拌机理。强制式搅拌机分为立轴式与卧轴式。宜于搅拌干硬性混凝土和轻骨料混凝土。

选择搅拌机时要根据工程量大小、混凝土的坍落度、骨料尺寸等而定。既要满足技术上的要求，又要考虑经济效果及节约能源。

搅拌机的主要工艺参数为工作容量。工作容量可以用进料容量或出料容量表示。

进料容量又称为干料容量，是指该型号搅拌机可装入的各种体积之和。搅拌机每次搅拌出混凝土的体积称为出料容量。出料容量与进料容量之比称为出料系数。即

出料系数 = 出料容量/进料容量

出料系数一般取0.65。

例如Jl－400A型混凝土搅拌机，进料容量为400L，出料容量为260L，即每次可装入干料体积400L，每次可搅拌出混凝土260L，即0.26m^3。

（2）搅拌制度

为了拌制出均匀优质的混凝土，除合理地选择搅拌机外，还必须正确地确定搅拌制度，即一次投料量、搅拌时间和投料顺序等。

①一次投料量。不同类型的搅拌机都有一定的进料容量。搅拌机不宜超载过多，如自落式搅拌机超载10%，就会使材料在搅拌筒内无充分的空间进行掺和，影响混凝土拌和物的均匀性，并且在搅拌过程中混凝土会从筒中溅出。故一次投料量宜控制在搅拌机的额定容量以下。但亦不可装料过少，否则会降低搅拌机的生产率。施工配料就是根据施工配合比以及施工现场搅拌机的型号，确定现场搅拌时原材料的一次投料量。搅拌时一次投料量要根据搅拌机的出料容量来确定。

按上例，已知条件不变，采用400L混凝土搅拌机，求搅拌时的一次投料量。

400L混凝土搅拌机每次可搅拌混凝土：

$$400 \times 0.65 = 260\text{L} = 0.26\text{m}^3$$

则搅拌时一次投料量为：

水泥：$285 \times 0.26 = 74.1$kg（取75kg，一袋半水泥）

砂：$75 \times 2.35 = 176.25$kg

石子：$75 \times 4.51 = 338.25$kg

水：$75 \times 0.63 - 75 \times 2.28 \times 0.03 - 75 \times 4.47 \times 0.01 = 47.25 - 5.13 - 3.35 = 38.77$kg

搅拌混凝土时，根据计算出的各组成材料的一次投料量按重量投料。

②搅拌时间。从原材料全部投入搅拌筒时起到开始卸出时止所经历的时间称为搅拌时间。为获得混合均匀、强度和工作性能都能满足要求的混凝土，所需的最短搅拌时间称最短搅拌时间。混凝土搅拌的最短时间见表5-2。

③投料顺序。确定原料投入搅拌筒内的顺序应从提高搅拌质量、减少机械的磨损和混凝土的粘罐现象、减少水泥飞扬、降低电耗以及提高生产率等方面综合考虑。按照原材料加入搅拌筒内的投料顺序的不同，常用的有一次投料法和两次投料法等。

一次投料法是将砂、石、水泥装入料斗，一次投入搅拌机内，同时加水进行搅拌。为了减少水泥的飞扬和粘罐现象。对自落式搅拌机，常采用的投料顺序是：先倒砂子（或石子），

表 5-2 混凝土搅拌的最短时间 (s)

混凝土的坍落度(mm)	搅拌机机型	搅拌机容量(L)		
		<250	250~500	>500
不大于 30	自落式	90	120	150
	强制式	60	90	120
大于 30	自落式	90	90	120
	强制式	60	60	90

注：掺有外加剂，搅拌时间应适当延长。

再倒水泥，然后倒入石子(或砂子)，将水泥夹在砂、石之间，最后加水搅拌。

二次投料法又分为预拌水泥砂浆和预拌水泥净浆法。预拌水泥砂浆法是将水泥、砂和水加入搅拌筒内进行搅拌，成为均匀的水泥砂浆后，再加入石子搅拌成均匀的混凝土。预拌水泥净浆法是先将水泥和水充分搅拌成均匀的水泥净浆后，再加入砂和石子搅拌成混凝土。试验表明，二次投料法的混凝土与一次投料法相比，混凝土强度可提高约 15%。在强度相同的情况下，可节约水泥 15%~20%。

水泥裹砂法又称 SEC 法，是日本研究的混凝土搅拌工艺。采用这种方法拌制的混凝土称 SEC 混凝土，又称造壳混凝土。该法的搅拌程序是：先加一定量的水，将砂表面的含水量调节到某一规定的数值后，再将石子加入与湿砂拌匀，然后将全部水泥投入，与润湿后的砂、石拌和，使水泥在砂、石表面形成一层低水灰比的水泥浆壳(此过程称为“成壳”)，最后将剩余的水和外加剂加入，搅拌成混凝土。试验表明，采用 SEC 法制备的混凝土与一次投料法相比较，强度可以提高 20%~30%，混凝土不易产生离析现象，泌水少，工作性好。用裹砂石法搅拌工艺可使混凝土强度提高 10%~20%，或节约水泥 5%~10%。在我国推广这种新工艺，有巨大的经济效益。

5.1.2 混凝土的运输

(1) 对混凝土运输的要求

混凝土由拌制地点运往浇筑地点有多种运输方法：选用时应根据建筑物的结构特点、混凝土的总运输量与每日所需的运输量、水平及垂直运输的距离，现有设备的情况以及气候、地形与道路条件等因素综合考虑。不论采用何种运输方式，都应满足下列要求：

①在运输过程中应保持混凝土的均匀性，避免产生分离、泌水、砂浆流失、流动性减小等现象。混凝土运至浇筑地点，应符合浇筑时规定的坍落度。

②混凝土应以最少的转载次数和最短的时间，从搅拌地点运至浇筑地点，使混凝土在初凝前浇筑完毕。

③混凝土的运输应保证混凝土的灌筑量。对于采用滑升模板施工的工程和不允许留施工缝的大体积混凝土的浇筑，混凝土的运输必须保证其浇筑工作能连续进行。

(2) 混凝土的运输方法

混凝土运输分为地面运输、垂直运输和楼地面运输三种情况。

①混凝土地面运输。如果采用预拌(商品)混凝土，运输距离较远时，多采用自卸汽车或

混凝土搅拌运输车。混凝土如来自工地搅拌站，则多用载重1t的小型机动翻斗车，近距离亦用双轮手推车，有时也用皮带运输机。

混凝土搅拌运输车是长距离运输混凝土的工具(见图5-1)。

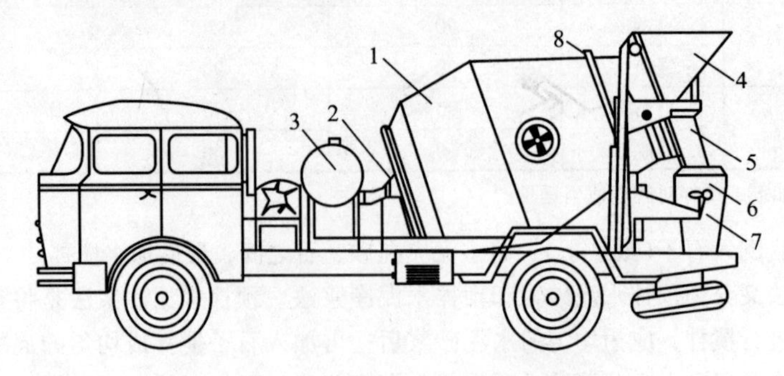

图5-1　混凝土搅拌运输车外形示意图

1—搅拌筒；2—轴承座；3—水箱；4—进料斗；
5—卸料槽；6—引料槽；7—托轮；8—轮圈

②混凝土垂直运输。混凝土垂直运输多采用塔式起重机、混凝土泵、快速提升斗和井架等。用塔式起重时，混凝土多放在吊斗中，这样可直接浇筑。

塔式起重机既能完成混凝土的垂直运输，又能完成一定的水平运输，在其工作幅度内，能直接将混凝土从装料地点吊升到浇筑地点送入模板内，中间不需转运，在现浇混凝土工程施工中应用广泛。

采用井架作垂直运输时，常把混凝土装在双轮手推车内推送到井架升降平台上(每次可装2~4台手推车)，提升到楼层上，再将手推车沿铺在楼面上的跳板推到浇筑地点。

③混凝土楼面运输。混凝土楼面运输一般以双轮手推车为主。也可用小型机动翻斗车，如用混凝土泵，则用布料杆布料。

5.1.3　混凝土泵送

混凝土泵是在压力推动下沿管道输送混凝土的一种设备。它能一次连续完成混凝土的水平运输和自由运输，配以布料杆还可以进行混凝土的浇筑。它具有工效高、劳动强度低、施工现场文明等特点，是发展较快的一种混凝土运输方法。

(1) 泵送混凝土的主要设备

①混凝土泵。混凝土泵按其机动性，可分为固定式泵、装有行走轮胎可牵引转移的混凝土泵(拖式混凝土泵)和装在载重汽车底盘上的汽车式混凝土泵。目前一般采用液压柱塞式混凝土泵，如图5-2所示。主要由两个液压油缸、两个混凝土缸、分配阀、料斗、“Y”形连通管及液压系统组成。通过液压控制系统的操纵作用，使两个分配阀交替启闭。液压油缸与混凝土缸相连通，通过液压油缸活塞杆的往复作用，以及要配阎的密切协同动作，使两个混凝土缸轮流交替完成吸入和压送混凝土冲程。在吸入冲程时，混凝土缸筒由料斗吸入混凝土拌和物；在压送冲程时，把混凝土送入“Y”形连通管内，并通过输送配管压送至浇筑地点，因而

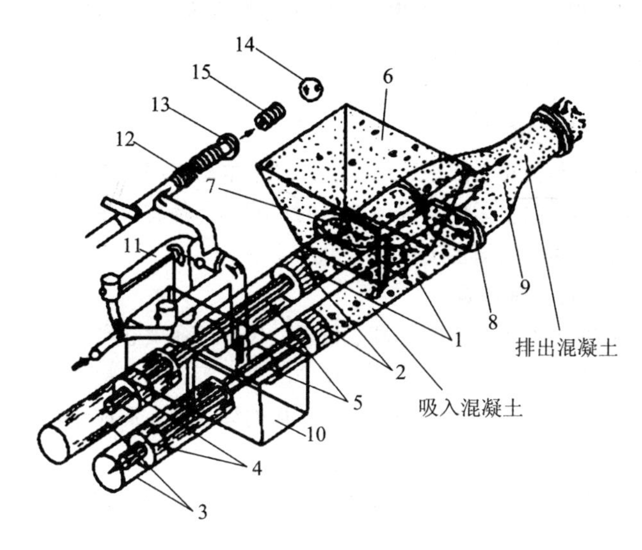

图 5-2　柱塞式混凝土泵工作原理图

1—混凝土缸；2—混凝土活塞；3—液压缸；4—液压活塞；5—活塞杆；
6—受料斗；7—吸入端水平片阀；8—排出端竖直片阀；9—“Y”形输送管；10—水箱；
11—水洗装置；12—水洗用高压软管；13—水洗用法兰；14—海绵球；5—清洗塞

使混凝土泵能连续稳定地运行。

②混凝土输送管。输送管是混凝土泵送设备的重要组成部分。管道配置与敷设是否合理，直接影响到泵送效率，有时甚至影响泵送作业的顺利完成。泵送混凝土的输送管道由耐磨锰钢无缝钢管制成，包括直管、弯管、接头管及锥形管(过渡管)等各种管件，有时在输送管末端配有软管，以利于混凝土浇筑和布料。

③泵送混凝土施工

a. 在编制施工组织设计和绘制施工总平面图时，应妥善选定混凝土泵或布料杆的合适位置。当与混凝土搅拌运输车配套使用时，要使混凝土搅拌运输车便于进出施工现场，便于就位向混凝土泵喂料，能满足铺设混凝土输送管道的各项具体要求，在整个施工过程中，尽可能减少迁移次数；混凝土泵机的基础应坚实可靠，无坍塌，不得有不均匀沉降，就位后应固定牢靠。

b. 混凝土泵的输送能力应满足施工速度的要求；混凝土的供应必须保证输送混凝土的泵能连续工作，故混凝土搅拌站的供应能力至少应比混凝土泵的工作能力高约 20% 。另外，必须考虑混凝土浇筑时间的运输情况，防止因为交通堵塞而造成混凝土无法及时运至的问题。

c. 输送管道的布置原则是尽量使输送距离最短，故输送管线宜直，转弯宜缓，接头应严密。

d. 泵送混凝土前，应先泵送清水清洗管道。再按规定程序试泵，待运转正常后再交付使用。启动泵机的程序是：启动料斗搅拌叶片→将润滑浆(水泥素浆)注入料斗→打开截止阀→开动混凝土泵→将润滑浆泵入输送管道→往料斗内装入混凝土并进行泵送。

e. 在泵送作业过程中，要经常注意检查料斗的充盈情况，不允许出现完全泵空的现象，以免空气进入泵内，防止活塞出现干磨现象。

5.1.4 混凝土的浇筑

混凝土的浇筑工作包括布料摊平、捣实、抹平修整等工序。浇筑工作的好坏对于混凝土的密实性与耐久性，结构的整体性及构件外形的正确性，都有决定性的影响，因此是混凝土工程施工中保证工程质量的关键性工作。

(1) 混凝土浇筑的一般规定

在混凝土浇筑前，应检查模板的标高、位置、尺寸、强度和刚度是否符合要求，接缝是否严密；检查钢筋和预埋件的位置、数量和保护层厚度等，并将检查结果填入隐蔽工程记录表中；清除模板内的杂物和钢筋上的油污；对模板的缝隙和孔洞应予堵严；对木模板应浇水湿润，但不得有积水。

混凝土的浇筑，应由低处往高处分层浇筑。每层的厚度应根据捣实的方法、结构的配筋情况等因素确定，且不应超过表5-3的规定。

表5-3 混凝土浇筑层厚度 (mm)

捣实混凝土的方法		浇筑层的厚度
插入式振捣		振捣器作用部分长度的1.25倍
表 面 振 动		200
人工捣固	在基础、无筋混凝土或配备筋稀疏的结构中	250
	在梁、墙板、柱结构中	200
	在配筋密列的结构中	150
轻骨料混凝土	插入式振捣	300
	表面振动(振动时需加荷)	200

在浇筑竖向结构混凝土前，应先在底部填以50～100mm厚与混凝土内砂浆成分相同的水泥砂浆；浇筑中不得发生离析现象；当浇筑高度超过3m时，应采用串筒、溜管或振动溜管使混凝土下落。

在一般情况下，梁和板的混凝土应同时浇筑。较大尺寸的梁(梁的高度大于1m)、拱和类似的结构，可单独浇筑。

在浇筑与柱和墙连成整体的梁和板时，应在柱和墙浇筑完毕后停歇1～1.5h，使混凝土拌和物初步沉实后，再继续浇筑上面的梁板结构的混凝土。

在混凝土浇筑过程中，应经常观察模板、支架、钢筋、预埋件和预留孔洞的情况，当发现有变形、移位时，应及时采取措施进行处理。

混凝土浇筑后，必须保证混凝土均匀密实，充满模板整个空间；新、旧混凝土结合良好；拆模后，混凝土表面平整光洁。

为保证混凝土的整体性，浇筑混凝土应连续进行。当必须间歇时，其间歇时间宜缩短，并应在前层混凝土凝结之前将次层混凝土浇筑完毕。间歇的最长时间与所用的水泥品种、混凝土的凝结条件以及是否掺用促凝或缓凝型外加剂等因素有关。而混凝土连续浇筑的允许间歇时间则应由混凝土的凝结时间而定。混凝土运输、浇筑及间歇的全部时间不得超过表 5-4 的规定，若超过时，应留设施工缝。

表 5-4 混凝土运输、浇筑和间歇的允许时间 （min）

混凝土强度等级	气温	
	不高于 25℃	高于 25℃
不高于 C30	210	180
高于 C30	180	150

注：当混凝土中掺有促凝或缓凝型外加剂时，其允许时间应根据实验结果确定。

（2）施工缝的留置

如果由于技术上的原因或设备、人力的限制，混凝土的浇筑不能连续进行，中间的间歇时间需超过混凝土的初凝时间，则应留置施工缝。施工缝的留设位置应事先确定。该处新旧混凝土的结合力较差，是结构中的薄弱环节，因此，施工缝宜留置在结构受剪力较小且便于施工的部位。施工缝的留设位置应符合下列规定：

①柱施工缝宜留置在基础的顶面、梁和吊车梁牛腿的下面、无梁楼板柱帽的下面(见图 5-3)。

②与板连成整体的大截面梁，施工缝应留置在板底面以下 20～30mm 处。当板下有梁托时，施工缝应留置在梁托下部。

③单向板施工缝可留置在平行于板的短边的任何位置。

④有主次梁的楼板宜顺着次梁方向浇筑，施工缝应留置在次梁跨度的中间 1/3 范围内，见图 5-4。

⑤墙施工缝留置在门洞口过梁跨中 1/3 范围内，也可留在纵横墙的交接处。

⑥双向受力板、大体积混凝土结构、拱、穹拱、薄壳、蓄水池、斗仓、多层钢架及其他结构复杂的工程，施工缝的位置应按设计要求留置。

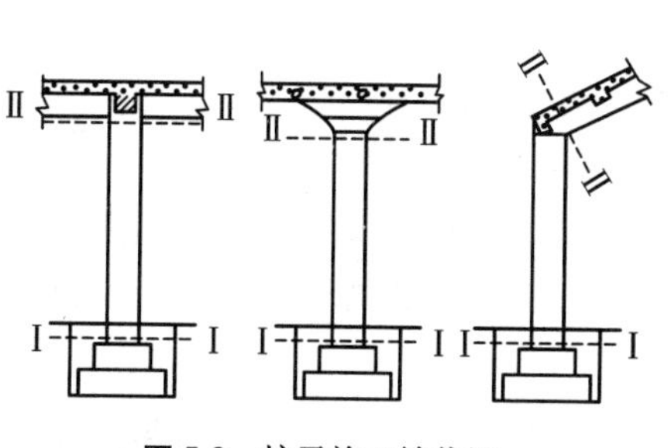

图 5-3 柱子施工缝位置

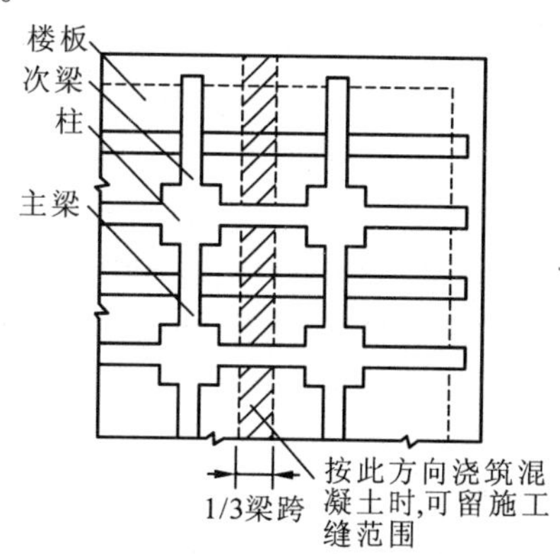

图 5-4 有主次梁的楼板施工缝位置

施工缝所形成的截面应与结构所产生的轴向压力相垂直，以发挥混凝土传递压力好的特性。所以，柱、梁的施工缝截面应垂直于结构的轴线，板、墙的施工缝应与板面、墙面垂直，不得留斜搓。

在施工缝处继续浇筑混凝土时，为避免使已浇筑的混凝土受到外力振动而破坏其内部已形成的凝结结晶结构，必须待已浇筑混凝土的抗压强度不小于 $1.2N/mm^2$ 时才可进行。

继续浇筑前，在已硬化的混凝土表面上，应清除水泥薄膜和松动石子以及软弱混凝土层，并加以充分湿润和冲洗干净，且不得有积水。然后，宜先在施工缝处铺一层水泥浆或与混凝土内成分相同的水泥砂浆，即可继续浇筑混凝土。混凝土应细致捣实，使新旧混凝土紧密结合。

(3) 混凝土的捣实

混凝土的振捣分为人工振捣和机械振捣。

人工振捣是利用捣棍或插钎等用人力对混凝土进行夯、插，使之密实成型。只有在采用塑性混凝土，而且缺少机械或工程量不大时才采用人工捣实。

采用机械捣实混凝土，早期强度高，可以加快模板的周转，提高生产率，并能获得高质量的混凝土，应尽可能采用。

①振动捣实机械。振动捣实机械按其工作方式不同可分为内部振动器、表面振动器、外部振动器等几种。

a. 内部振动器又称插入式振动器，是施工现场使用最多的一种，适用于基础、柱、梁、墙等深度或厚度较大的结构构件的混凝土捣实。

插入式振动器的工作部分是振动棒，是一个棒状空心圆柱体，内部安装偏心振子。在电动机驱动下，由于偏心振子的振动，棒体产生高频微幅的机械振动。工作时，将振动棒插入混凝土中，通过棒体将振动能传给混凝土，其振动密实的效率高。

根据振动棒激振原理的不同，插入式振动器分为偏心轴式和行星滚锥式(简称行星式)两种。为使上下层混凝土结合成整体，振动棒插入下层混凝土的深度不应小于5cm。振动棒插点间距要均匀排列，以免漏振。振实普通混凝土的移动间距，不宜大于振捣器作用半径的1.5倍；捣实轻骨料混凝土的移动间距，不宜大于其作用半径；振捣器与模板的距离，不应大于其作用半径的1/2，并避免碰撞钢筋、模板、芯管、吊环、预埋件等。各插点的布置方式有行列式与交错式两种(见图5-5)。振动棒在各插点的振动时间应视混凝土表曲呈水平不显著下沉，不再出现气泡，表面泛出水泥浆为止。

b. 表面振动器又称平板振动器，是由带偏心块的电动机和平板组成。平板振动器是放在混凝土表面进行振捣，适用于振捣楼板、地面、板形构件和薄壳等薄壁构件。

c. 外部振动器又称附着式振动器，它是直接固定在模板上，利用带偏心块的振动器产生的振动力，通过模板传递给混凝土，达到振实的目的。适用于振捣断面较小或钢筋较密的柱、梁、墙等构件。

(4) 大体积混凝土的浇筑

①大体积混凝土的温度裂缝。大体积混凝土的温度裂缝分为两种：表面裂缝和贯穿裂缝。

混凝土随着温度的变化而发生膨胀或收缩，称为温度变形。对大体积混凝土施工阶段来

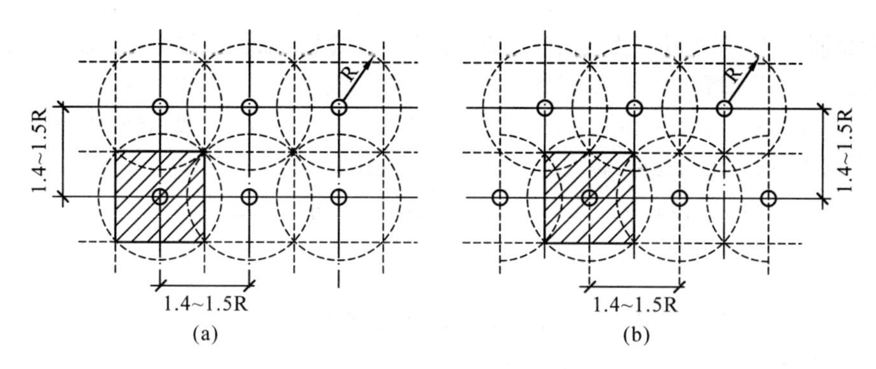

图5-5 内部振捣器振捣混凝土布置示意图

(a)行列式；(b)交错式

说，裂缝是由于温度变形而引起的，在混凝土浇筑初期，水泥产生大量的水化热，使混凝土的温度很快上升。而大体积混凝土结构物一般断面较厚，且表面散热条件好，热量可向大气中散发；而混凝土内部由于散热条件较差，水化热聚集在内部不易散失，因此产生内外温度差，形成内约束。结果在混凝土内部产生压应力，面层产生拉应力。当拉应力超过混凝土该龄期的抗拉强度时，混凝土表面就产生裂缝。工程实践表明，混凝土内部的最高温度多数发生在混凝土浇筑后的最初3～5天。大体积混凝土常见的裂缝大多数是发生在早期的不同深度的表面裂缝。

②防止大体积混凝土裂缝的技术措施

a. 合理选择混凝土的配合比：尽量选用水化热低的水泥(如矿渣水泥、火山灰水泥等)，并在满足设计强度要求的前提下，尽可能减少水泥的用量，以减少水泥的水化热。

b. 骨料：混凝土中粗细骨料级配的好坏，对节约水泥和保证混凝土具有良好的和易性关系很大。粗骨料采用碎石和卵石均可，应采用连续级配或合理的掺配比例。其最大粒径不得大于钢筋最小净距的3/4。细骨科宜选用中砂或粗砂。对砂、石料的含泥量必须严格控制不超过规定值，否则会增加混凝土的收缩，引起混凝土抗拉强度降低，对混凝土的抗裂不利，因此，石子的含泥量不得超过1%，砂子的含量不得超过3%。

c. 外掺加剂的应用：在混凝土掺入外加剂或外掺料，可以减少水泥用量，降低混凝土的温升，改善混凝土的和易性和坍落度，满足可泵性的要求。常用的外加剂有木质素磺酸钙，它属于阴离子表面活性剂，对水泥颗粒有明显的分散效应，并能使水的表面张力降低而引起加气作用。在泵送混凝土中掺入水量0.2%～0.3%的外掺加剂，不仅使混凝土的和易性有明显的改善，同时可减少10%的拌和水，节约10%左右的水泥，从而降低了水化热。在混凝土中掺入少量磨细的粉煤灰(粉煤灰的掺量一般以15%～25%为宜)，可以减少水泥的用量；并可改善混凝土的和易性，对降低混凝土的水化热有良好的作用，同时还有明显的经济效益。

如在混凝土中掺入适量的微膨胀剂或膨胀水泥，可使混凝土得到补偿收缩，减少混凝土的温度应力。

d. 大体积混凝土的浇筑：应根据整体连续浇筑的要求，结合结构尺寸的大小、钢筋疏密、混凝土供应条件等具体的情况，合理分段分层进行。可选用以下三种方案(见图5-6)：

(a)全面分层：图5-6(a)为全面分层浇筑方案。在整个模板内，将结构分成若干个厚度相等的浇筑层，浇筑区的面积即为结构平面面积。浇筑混凝土时从短边开始，沿长边方向进行浇筑，要求在逐层浇筑过程中，第二层混凝土要在第一层混凝土初凝前浇筑完毕。为此要求每层浇筑都要有一定的速度(称浇筑强度)，其浇筑强度可按下式计算：

$$Q = \frac{HF}{T_1 - T_2}$$

式中 Q——混凝土浇筑强度(m^3/h)；

H——混凝土分层浇筑时的厚度，应符合表5-3的要求(m)；

F——混凝土浇筑区的面积(m^2)；

T_1——混凝土的初凝时间(h)；

T_2——混凝土的终凝时间(h)。

如果按上式计算所得的浇筑强度很大，相应需要配备的混凝土搅拌机和运输、振捣设备量也较大。所以，全面分层方案一般适用于平面尺寸不大的结构。

(b)分段分层：图5-6(b)为分段分层方案。当采用全面分层方案时浇筑强度很大。现场混凝土搅拌机、运输和振捣设备均不能满足施工要求时，可采用分段分层方案。浇筑混凝土时结构沿长边方向分成若干段，分段浇筑。每一段浇筑工作从底层开始，当第一层混凝土浇筑一段长度后，便回头浇筑第二层，当第二层浇筑一段长度后，回头浇筑第二层，如此向前呈阶梯形推进。分段分层方案适于结构厚度不大而面积或长度较大时采用。

(c)斜面分层：图5-6(c)为斜面分层方案。采用斜面分层方案时，混凝土一次浇筑到顶，由于混凝土自然流淌而形成斜面。混凝土振捣工作从浇筑层下端开始逐渐上移。斜面分层方案多用于长度较大的结构。

根据施工季节的不同，大体积混凝土的施工可分别采用降温法和保温法施工。夏季主要用降温法施工，即在搅拌混凝土时掺入冰水，一般温度可控制在5～10℃。在浇筑混凝土后采用冷水养护降温，但要注意水温和混凝土温度之差不超过20℃，或采用覆盖材料养护。冬季

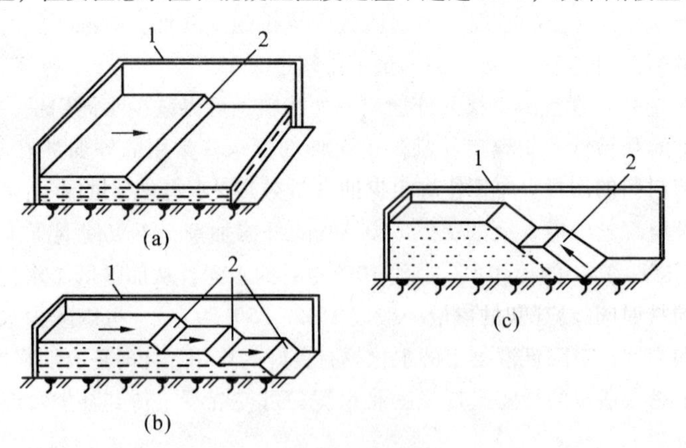

图5-6 大体积混凝土浇筑方案

(a)全面分层；(b)分段分层；(c)斜面分层

1—模板；2—浇筑面

可以采用保温法施工，利用保温模板和保温材料防止冷空气侵袭，以达到减少混凝土内外温差的目的。

5.1.5 混凝土的养护

混凝土的养护方法很多，常用的是对混凝土试块的标准条件下的养护，对预制构件的热养护，对一般现浇混凝土结构的自然养护。

混凝土在温度为(20±3)℃、相对湿度为90%以上的潮湿环境或水中的条件下进行的养护，称为标准养护。

为了加速混凝土的硬化过程，对混凝土进行加热处理，将其置于较高温度条件下进行硬化的养护，称为热养护。常用的热养护方法是蒸汽养护。

混凝土在常温下(平均气温不低于+5℃)采用适当的材料覆盖混凝土，并采取浇水润湿、防风防干、保温防冻等措施所进行的养护，称为自然养护。自然养护分洒水养护和喷涂薄膜养生液养护两种。混凝土的自然养护应符合下列规定：

① 应在混凝土浇筑完毕后的12h以内对混凝土加以覆盖并保湿养护，当日平均气温低于+5℃时，不得浇水。

② 混凝土的浇水养护时间。对采用硅酸盐水泥、普通硅酸盐水泥或矿渣硅酸盐水泥拌制的混凝土，不得少于7天；对掺用缓凝型外加剂或有抗渗性要求的混凝土，不得少于14天；采用其他品种水泥时，混凝土的养护时间应根据所采用水泥的技术性能确定。

③浇水次数应能保持混凝土处于润湿状态。混凝土的养护用水应与拌制用水相同。

④采用塑料布覆盖养护时，混凝土敞露的全部表面应覆盖严密，并应保持塑料布内有凝结水。

⑤混凝土强度达到1.2N/mm^{2}前，不得在其上踩踏或安装模板及支架。

5.1.6 混凝土工程质量检验

(1)混凝土在拌制、浇筑和养护过程中的质量检查

①首次使用的混凝土配合比应进行开盘鉴定，其工作件能应满足设计要求。开始生产时应至少留置一组标准养护试件作强度试验，以验证配合比。

②混凝土组成材料的用量，每工作班至少抽查两次，要求每盘称量偏差在允许范围之内。

③每工作班混凝土拌制前，应测定砂、石含水率，并根据测试结果调整材料用量，提出施工配合比。

④混凝土的搅拌时间，应随时检查。

⑤在施工过程中，还应对混凝土运输浇筑及间歇的全部时间、施工缓和后浇带的位置、养护制度进行检查。

(2)混凝土强度检查

为了检查混凝土强度等级是否达到设计要求，或混凝土是否已达到拆模、起吊强度及预应力构件混凝土是否达到张拉、放张预应力筋时所规定的强度，应制作试块，做抗压强度试验。

①检查混凝土是否达到设计强度等级。混凝土抗压强度(立方强度)是检查结构或构件混凝土是否达到设计强度等级的依据。其检查方法是，制作边长为150mm的立方体试块，在温度为(20±3)℃和相对湿度为90%以上的潮湿环境或水中的标准条件下，经28天养护后试验确定。试验结果，作为核算结构或构件的混凝土强度是否达到设计要求的依据。

混凝土试块应用钢模制作，试块尺寸、数量应符合下列规定：

a. 试块的最小尺寸，应根据骨料的最大粒径，按下列规定选定：骨料的最大粒径≤30mm，选用100mm的立方体；骨料的最大粒径≤40mm，选用150mm的立方体；骨料的最大粒径≤60mm，选用200mm的立方体。

b. 当采用非标准尺寸的试块时，应将抗压强度折算成标准试块强度，其折算系数分别为：边长为100mm的立方体试块－0.95；边长为200mm的立方体试块－1.05。

c. 用作评定结构或构件混凝土强度质量的试块．应在浇筑地点随机取样制作。检验评定混凝土强度用的混凝土试块组数，应按下列规定留置：每拌制100盘且不超过100m^3的同配合比的混凝土，其取样不得少于一次；每工作班拌制的同配合比的混凝土不足100盘时，其取样不得少于两次；当一次连续浇筑超过1000m^3时，同一配合比的混凝土每200m^3取样不得少于一次；每一楼层，同一配合比的混凝土，取样不得少于一次；每次取样应至少留置一组(3个)标准试件。

②检查施工各阶段混凝土的强度。为了检查结构或构件的拆模、出厂、吊装、张拉、放张及施工期间临时负荷的需要，尚应留置与结构或构件同条件养护的试块。试块的组数可按实际需要确定。

③混凝土强度验收评定标准。混凝土强度应分批进行验收。同一验收批的混凝土应由强度等级相同、龄期相同以及生产工艺和配合比基本相同的混凝土组成。每一验收批的混凝土强度，应以同批内全部标准试件的强度代表值来评定。

每组(3块)试块应在同盘混凝土中取样制作，其强度代表值按下述规定确定：取3个试块试验结果的平均值，作为该组试块的强度代表值；当3个试块中的最大或最小的强度值与中间值相比超过15%时，取中间值代表该组的混凝土试块的强度；当3个试块中的最大和最小的强度值与中间值相比均超过中间值的15%时，其试验结果不应作为评定的依据。

根据混凝土生产情况，在混凝土强度检验评定时，按以下3种情况进行：当混凝土的生产条件在较长时间内能保持一致，且同一品种混凝土的强度变异性能保持稳定时，由连续的三组试块代表一个验收批，其强度同时满足下列要求：

$$m_{f_{cu}} \geqslant f_{cu} + 0.7\sigma_0 \quad f_{cn,\min} \geqslant f_{cu,k} - 0.7\sigma_0$$

当混凝土强度等级不高于C20时，强度的最小值尚应满足下式要求：

$$f_{cu,\min} \geqslant 0.85 f_{cu,K}$$

当混凝土强度等级高于C20时，强度的最小值尚应满足下式要求：

$$f_{cu,\min} \geqslant 0.9 f_{cu,k}$$

式中 $m_{f_{cu}}$——同一验收批混凝土立方体抗压强度平均值(MPa)；

$f_{cu,k}$ ——混凝土立方体抗压强度标准值(MPa);

$f_{cu,\min}$ ——同一验收批混凝土立方体抗压强度最小平均值(MPa);

σ_0 ——验收批混凝土立方体抗压强度的标准差(MPa),应根据前一检验期内(检验期不应超过3个月,强度数据总批数不得小于15)同一品种混凝土试块的强度数据按下式确定:

$$\sigma_0 = \frac{0.59}{m}\sum \Delta f_{cu,i}$$

式中 $f_{cu,k}$ ——第i批试件立方体抗压强度中最大值与最小值之差;

m——用以确定该验收批混凝土立方体抗压强度标准值的数据总批数。

当混凝土的生产条件不能满足上面的规定或在前一个检验期内的同一品种混凝土没有足够的数据用以确定验收混凝土立方体抗压强度标准差时,应由不少于10组的试块代表一个验收批,其强度同时满足下列要求:

$$m_{f_{cu}} - \lambda_1 S_{f_{cu}} \geqslant 0.9 f_{cu,k}$$

$$f_{cu,\min} \geqslant \lambda_2 f_{cu,k}$$

式中 λ_1、λ_2——合格判定系数,按表5-5选用;

$S_{f_{cu}}$ ——同一验收批混凝土立方体抗压强度的标准差,当 $S_{f_{cu}}$ 的计算值小于 $0.06 f_{cu,k}$ 时,取 $f_{cu,k} = 0.06 S_{f_{cu}}$。

混凝土立方体抗压强度的标准差 $S_{f_{cu}}$ 可按下式计算:

$$S_{f_{cu}} = \sqrt{\frac{\sum f_{cu,i}{}^2 - n^2 \mu f_{cu}{}^2}{n-1}}$$

式中 $f_{cu,i}$ ——第i组混凝土抗压强度值(MPa);

n——一个验收批混凝土试块的组数;

μf_{cu} ——n组混凝土试件强度的平均值(MPa)。

表5-5 合格判定系数

试块组数	10~14	15~24	≥25
λ_1	1.70	1.65	1.60
λ_2	0.90	0.85	

对零星生产的预制构件的混凝土或现场搅拌的批量不大的混凝土,可采用非统计法评定,此时,验收批混凝土的强度必须同时满足下列要求:

$$m_{f_{cu}} \geqslant 1.15 f_{cu,k}$$

$$f_{cu,\min} \geqslant 0.95 f_{cu,k}$$

(3)现浇混凝土结构的外观检查

①外观质量的一般规定。现浇结构的外观质量缺陷,应由监理(建设)单位、施工单位等各方根据其对结构性能和施工性能影响的严重程度,按表5-6确定。

表 5-6　现浇结构外观的主要质量缺陷

名　称	现　象	严重缺陷	一般缺陷
露　筋	构件内钢筋未被混凝土包裹而外露	纵向受力钢筋有露筋	其他钢筋有少量露筋
蜂　窝	混凝土表面缺少水泥砂浆而形成石子外露	构件主要受力部位有蜂窝	其他部位有少量蜂窝
孔　洞	混凝土中孔穴深度和长度均超过保护层厚度	构件主要受力部位有孔洞	其他部位有少量孔洞
夹　渣	混凝土中夹有杂物且深度超过保护层厚度	构件主要受力部位有夹渣	其他部位有少量夹渣
疏　松	混凝土中局部不密实	构件主要受力部位有疏松	其他部位有少量疏松
裂　缝	缝隙从混凝土表面延伸至混凝土内部	构件主要受力部位有影响结构性能或使用功能的裂缝	其他部位有少量不影响结构性能或使用用能的裂缝
连接部位缺陷	构件连接处混凝土缺陷及连接钢筋、连接件松动	连接部位有影响结构传力性能的缺陷	连接部位有基本不影响结构传力性能的缺陷
外形缺陷	缺棱掉角、棱角不直、翘曲不平、飞边凸肋等	清水混凝土构件有影响使用功能或装饰效果的外形缺陷	其他混凝土构件有不影响使用功能的外形缺陷
外表缺陷	构件表面麻面、掉皮、起砂、玷污等	具有重要装饰效果的清水混凝土构件有外表缺陷	其他混凝土构件有不影响使用功能的外表缺陷

现浇结构拆模后，应由监理(建设)单位、施工单位对外观质量和尺寸偏差进行检查，做出记录，并应及时按施工技术方案对缺陷进行处理。

②外观质量。现浇结构的外观质量不应有严重缺陷。对已出现的严重缺陷，应由施工单位提出技术处理方案，并经监理(建设)单位认可后进行处理。对经处理的部位，应重新检查验收。

现浇结构的外观质量不应有严重缺陷。对已出现的严重缺陷，应由施工单位提出技术处理方案，并经监理(建设)单位认可后进行处理。对经处理的部位，应重新检查验收。

③尺寸偏差。现浇结构不应有影响结构性能和使用功能的尺寸偏差。混凝土设备基础不应有影响结构性能和设备安装的尺寸偏差。

对超过尺寸允许偏差且影响结构性能和安装、使用功能的部位，应由施工单位提出技术处理方案，并经监理(建设)单位认可后进行处理。对经处理的部位，应重新检查验收。

现浇结构和混凝土设备基础拆模后的尺寸偏差应符合表 5-7、表 5-8 的规定。

表 5-7　现浇结构尺寸允许偏差和检验方法

项　目		允许偏差(mm)	检验方法
轴线位置	基　础	15	钢尺检查
	独立基础	10	
	墙、柱、梁	8	
	剪力墙	5	

（续）

项　目			允许偏差(mm)	检验方法
垂直度	层　高	≤ 5m	8	经纬仪或吊线、钢尺检查
		> 5m	10	经纬仪或吊线、钢尺检查
	全　高（H）		H/1000 且≤30	经纬仪、钢尺检查
标　高	层　高		±10	水准仪或拉线、钢尺检查
	全　高		±30	
截面尺寸			+8，-5	钢尺检查
电梯井	井筒长、宽对定位中心线		+25，0	钢尺检查
	井筒全高（H）垂直度		H/1000 且≤30	经纬仪、钢尺检查
表面平整度			8	2m 靠尺和塞尺检查
预埋设施中心线位置			10	钢尺检查
			5	
			5	
预留洞中心线位置			15	钢尺检查

注：检查轴线、中心线位置时，应沿纵、横两个方向量测，并取其中的较大值。

表 5-8　混凝土设备基础尺寸允许偏差和检验方法

项　目		允许偏差(mm)	检验方法
坐标位置		20	钢尺检查
不同平面的标高		0，-20	水准仪或拉线、钢尺检查
平面外形尺寸		±20	钢尺检查
凸台上平面外形尺寸		0，-20	钢尺检查
凹穴尺寸		+20，0	钢尺检查
平面水平度	每　米	5	水平尺、塞尺检查
	全　长	10	水准仪或拉线、钢尺检查
垂直度	每　米	5	经纬仪或吊线、钢尺检查
	全　长	10	
预埋地脚螺栓	标高（顶部）	+20，0	水准仪或拉线、钢尺检查
	中心距	±2	钢尺检查
预埋地脚螺栓孔	中心线位置	10	钢尺检查
	深　度	+20，0	钢尺检查
	孔垂直度	10	吊线、钢尺检查
预埋活动地脚螺栓锚板	标　高	+20，0	水准仪或拉线、钢尺检查
	中心线位置	5	钢尺检查
	带槽锚板平整度	5	钢尺、塞尺检查
	带螺纹孔锚板平整度	2	钢尺、塞尺检查

注：检查轴线、中心线位置时，应沿纵、横两个方向量测，并取其中的较大值。

(4)现浇结构常见外观质量缺陷原因与修补方法有如下几种

①露筋。露筋是指混凝土内部纵筋或箍筋局部裸露在结构构件表面，产生露筋的原因是：钢筋保护层垫块过少或漏放，或振捣时位移，致使钢筋紧贴模板；结构构件截面小，钢筋过密，石子卡在钢筋上，使水泥浆不能充满钢筋周围，混凝土配合比不当，产生离析，靠模板部位缺浆或漏浆；混凝土保护层太小或保护层处混凝土漏振或振捣不实；木模板未浇水润湿，吸水黏结或拆模过早，以致缺棱、掉角，导致露筋。修整时，对表面露筋，应先将外露钢筋上的混凝土残渣及铁锈刷洗干净后，在表面抹1:2或1:2.5的水泥砂浆，将露筋部位抹平；当露筋较深时，应凿去薄弱混凝土和凸出的颗粒。洗刷干净后，用比原混凝土强度等级高一级的细石混凝土填塞压实，并加强养护。

②蜂窝。蜂窝是指结构构件表面混凝土由于砂浆少，石子多，局部出现酥松，石子之间出现孔隙类似蜂窝状的孔洞。造成蜂窝的主要原因是：材料计量不准确，造成混凝土配合比不当；混凝土搅拌时间不够，未拌和均匀，和易性差，振捣不密实或漏振，或振捣时间不够；下料不当或下料过高，未设串筒，使石子集中，使混凝土产生离析等。如混凝土出现小蜂窝，可用水洗刷干净后，用1:2或1:2.5的水泥砂浆抹平压实；对于较大的蜂窝，应凿去蜂窝处薄弱松散的颗粒，刷洗干净后，再用比原混凝土强度等级提高一级的骨料混凝土填塞，并仔细捣实；较深的蜂窝，如清除困难，可埋压浆管、排气管，表面抹砂浆或灌筑混凝土封闭后，进行水泥压浆处理。

③孔洞。孔洞是指混凝土结构内部有尺寸较大的空隙，局部没有混凝土或蜂窝特别大，钢筋局部或全部裸露。产生孔洞的原因是：混凝土严重离析，砂浆分离，石子成堆，严重跑浆，又未进行振捣；混凝土一次下料过多、过厚、下料过高，振动器振动不到，形成松散孔洞；在钢筋较密的部位，混凝土下料受阻，或混凝土内掉入工具、木块、泥块、冰块等杂物，混凝土被卡住。混凝土若出现孔洞，应与有关单位共同研究，制定补强方案后方可处理，一般修补方法是将孔洞周围的松散混凝土和软弱浆膜凿除，用压力水冲洗，充分润湿后用比原混凝土强度等级提高一级的细石混凝土仔细浇灌、捣实。为避免新旧混凝土接触面上出现收缩裂缝，细石混凝土的水灰比宜控制在0.5以内，并可掺入水泥用量的万分之一的铝粉。

④裂缝。结构构件在施工过程中由于各种原因在结构构件上产生纵向的、横向的、斜向的、竖向的、水平的、表面的、深进的或贯穿的各类裂缝。裂缝的深度、部位和走向随产生的原因而异，裂缝宽度、深度和长度不一，无规律性，有的受温度、湿度变化的影响闭合或扩大。裂缝的修补方法，按具体情况而定，对于结构构件承载力无影响的一般性细小裂缝，可将裂缝部位清洗干净后，用环氧浆液灌缝或表面涂刷封闭；如裂缝开裂较大时，应沿裂缝凿八字形凹槽，洗净后用1:2或1:2.5的水泥砂浆抹补，或干后用环氧胶泥嵌补；由于温度、干燥收缩、徐变等结构变形变化引起的裂缝，对结构承载力影响不大，可视情况采用环氧胶泥或防腐蚀涂料涂刷裂缝部位，或加贴玻璃丝布进行表面封闭处理；对有结构整体、防水防渗要求的结构裂缝，应根据裂缝宽度、深度等情况，采用水泥压力灌浆或化学注浆的方法进行裂缝修补，或表面封闭与注浆同时使用；严重裂缝将明显降低结构刚度，应根据情况采用预应力加固或用钢筋混凝土围套、钢套箍或结构胶黏剂粘贴钢板加固等方法处理。

5.2 钢筋

钢筋的制作与绑扎是钢筋混凝土结构施工中的一个重要的施工步骤，钢筋工也是钢筋混凝土结构施工中的一个重要工种，钢筋材质及制作的质量直接影响到钢筋混凝土结构的工程质量。本章从钢筋的品种和检验、钢筋的加工、钢筋的连接、钢筋的绑扎与安装及钢筋混凝土构件配筋构造要求这几个方面来介绍钢筋工程，使大家对钢筋的制作与绑扎方法能够更好地理解与应用，更好地保证钢筋混凝土结构中钢筋工程的施工质量。

5.2.1 钢筋的种类和性能

(1) 钢筋的种类

①钢筋按生产加工工艺划分。钢筋按生产加工工艺可分两类：热轧钢筋和冷加工钢筋(冷轧带肋钢筋、冷轧扭钢筋、冷拔螺旋钢筋)。

热轧钢筋是经热轧成型并自然冷却的成品钢筋，分为热轧光圆钢筋和热轧带肋钢筋两种。热轧光圆钢筋应符合国家标准《钢筋混凝土用热轧光圆钢筋》(GB13013－1991)的规定。热轧带肋钢筋应符合国家标准《钢筋混凝土用热轧带肋钢筋》(GB1499－1998)的规定。冷轧带肋钢筋是热轧圆盘条经冷轧或冷拔减径后在其表面冷轧成三面或二面有肋的钢筋。冷轧带肋钢筋应符合国家标准《冷轧带肋钢筋》(GB13788－1992)的规定。冷轧带肋钢筋的外形见图5-7。肋呈月牙形，三面肋沿钢筋横截面周围上均匀分布，其中有一面必须与另两面反向。

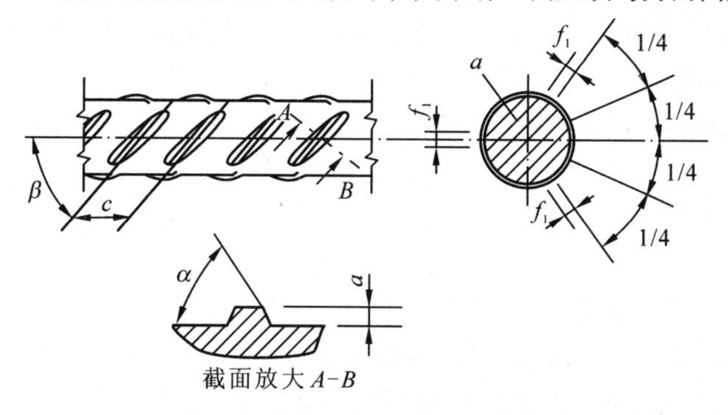

图5-7 冷轧带肋钢筋表面及截面形状

冷轧扭钢筋是用低碳钢钢筋(含碳量低于0.25%)经冷轧扭工艺制成，这种钢筋具有较高的强度，而且有足够的塑性，与混凝土黏结性能优异，代替HPB235级钢筋可节约钢材约30%。一般用于预制钢筋混凝土圆孔板、叠合板中的预制薄板以及现浇钢筋混凝土楼板等。冷轧扭钢筋应符合行业标准(冷轧扭钢筋)(JG3046－1998)的规定。

冷拔螺旋钢筋是热轧圆盘条经冷拔后在表面形成连续螺旋槽的钢筋。山东省地方标准《冷拔螺旋钢筋混凝土中小型受弯构件设计与施工暂行规定》(DBJ 14-BG 3－96)，可供参考。

冷拔螺旋钢筋的外形见图5-8。冷拔螺旋钢筋生产，可利用原有的冷拔设备，只需增加一个专用螺旋装置与陶瓷模具。该钢筋有强度适中、握裹力强、塑性好、成本低等优点，可用于钢筋混凝土构件中的受力钢筋，以节约钢材；用于预应力空心板可提高延性，改善构件使用性能。

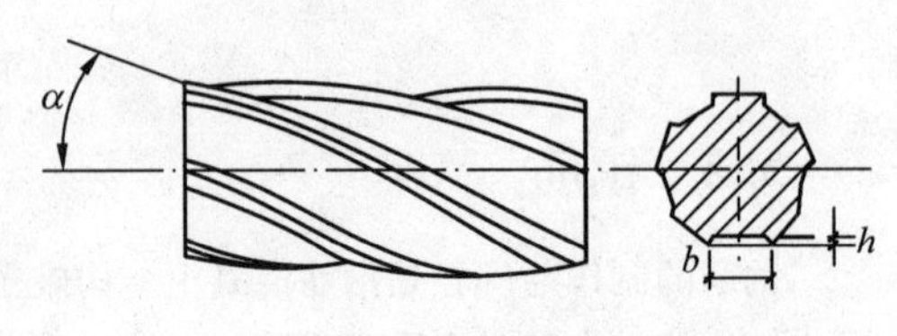

图 5-8　冷拔螺旋钢筋

②钢筋按供应方式划分。为便于运输，通常将直径为 6 ~ 10mm 的钢筋卷成圆盘，称盘条钢筋；将直径大于 12mm 的钢筋轧成 6 ~ 12m 长一根，称直条或定尺钢筋。

③钢筋按强度划分。热轧钢筋的强度等级由原来的 I 级、II 级、III 级和 IV 级更改为按照屈服强度(MPa)分为 HPB235、HRB335、HRB400 及 RRB400 等，级别越高，其强度及硬度越高，塑性逐级降低。

《混凝土结构设计规范》(GB50010 - 2002)第 4. 2. 1 条规定：普通钢筋宜采用热轧带肋钢筋 HRB400 级和 HRB335，也可采用热轧光圆钢筋 HPB235 和余热处理钢筋 RRB400 级；并在条文说明中提倡用 HRB400 级(即新 III 级)钢筋作为我国钢筋混凝土结构的主力钢筋，但是由于 HRB400 级钢筋的连接费用较高，一度限制了其在实际工程中的使用。由于采用高强度钢筋能够有效地降低钢筋混凝土结构中的钢筋用量，并且随着国家对节能减排的要求越来越高，钢筋混凝土结构采用高强度钢筋已经成为了一种趋势，某些省市已经出台政策，限制 HPB235 及 HRB335 级钢筋的使用，可以预期，在不远的将来 HRB400 钢筋会得到更为广泛的应用。

④钢筋按直径大小划分。钢筋按直径大小可分为钢丝(直径 3 ~ 5mm)、细钢筋(直径 6 ~ 10mm)、中粗钢筋(12 ~ 20mm)和粗钢筋(直径大于 20mm)。

此外，按钢筋在结构中的作用不同可分为受力钢筋、架立钢筋和分布钢筋。

(2) 钢筋的性能

①钢筋的力学性能。热轧钢筋具有软钢性质，有明显的屈服点，其应力 - 应变图见图 5-9。从图中可以看出，在应力达到 a 点之前，应力与应变成正比，呈弹性工作状态，a 点的应力值 σ_p 称为比例极限；在应力超过 a 点之后，应力与应变不成比例，有塑性变形，当应力达到 b 点，钢筋到达了屈服阶段，应力值保持在某一数值附近上下波动而应变继续增加，取该阶段最低点 c 点的应力值称为屈服点 σ_s；超过屈服阶段后，应力与应变又呈上升状态，直至最高点 d，称为强化阶段，d 点的应力值称为抗拉强度(强度极限)σ_b；从最高点 d 至断裂点 e 钢筋产生颈缩现象，荷载下降，伸长增大，很快被拉断。

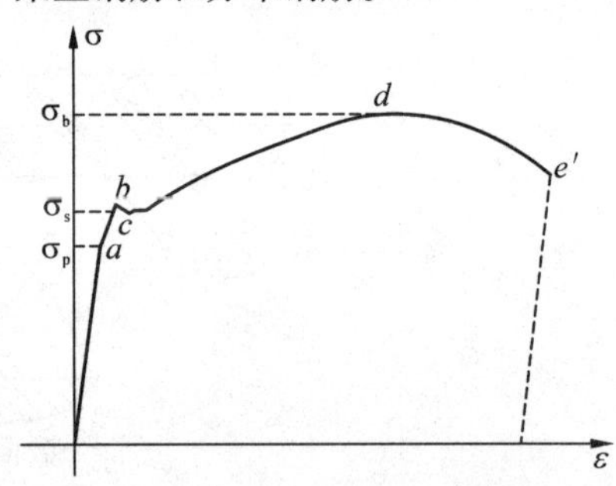

图 5-9　热轧钢筋的应力 - 应变图

钢筋的延性通常用拉伸试验测得的伸长率表示。影响延性的主要因素是钢筋材质。热轧低碳钢筋强度虽低但延性好。随着加入合金元素和碳量的加大，强度提高了但延性减小。对钢筋进行热处理和冷加工同样可提高强度，但延性会降低。

常用钢筋的力学性能见表 5-9 和表 5-10 所示。

表 5-9 普通钢筋强度标准值 (N/mm²)

种 类		符 号	d(mm)	f_{rk}
热轧钢筋	HPB 235(Q235)	ϕ	8～20	235
	HRB 335(20MnSi)	Φ	6～50	400
	HRB 400(20MnSiV、20MnSiNb、20MnTi)	Φ	6～50	400
	HRB 400(20MnSi)	Φ^{R}	8～40	400

注：1)热轧钢筋直径 d 系指公称直径；

2)当采用直径大于40mm的钢筋时，应有可靠的工程经验。

表 5-10 钢筋弹性模量 (N/mm²)

种 类	E_s
HPB 235 级钢筋	2.1×10^5
HRB 335 级钢筋、HRB 400 级钢筋、热处理钢筋	2.0×10^5
消除应力钢丝、螺旋肋钢丝、刻痕钢丝	2.05×10^5
钢绞线	1.95×10^5

注：必要时钢绞线可采用实测的弹性模量。

②钢筋的冷弯性能。钢筋冷弯是考核钢筋的塑性指标，也是钢筋加工所需的，钢筋弯折、做弯钩时应避免钢筋裂缝和折断。低强的热轧钢筋冷弯性能较好，强度较高的稍差，冷加工钢筋的冷弯性能最差。

③钢筋的焊接性能。钢材的可焊性系指被焊钢材在采用一定焊接材料、焊接工艺条件下，获得优质焊接接头的难易程度，也就是钢材对焊接加工的适应性。它包括以下两个方面：

a. 工艺焊接性：也就是接合性能，指在一定焊接工艺条件下焊接接头中出现各种裂纹及其他工艺缺陷的敏感性和可能性。这种敏感性和可能性越大，则其工艺焊接性越差。

b. 使用焊接性：是指在一定焊接条件下焊接接头对使用要求的适应性，以及影响使用可靠性的程度。这种适应性和使用可靠性越大，则其使用焊接性越好。

5.2.2 钢筋检验

钢筋进场应有出厂质量证明书或实验报告，并按照品种、批号及直径分批验收，验收内容包括钢筋标牌和外观检查，并按照有关规定取样，进行机械性能试验。进场后钢筋在运输和储存时，不得损坏标志，并应根据品种、规格按批分别挂牌堆放，并标明数量。

(1) 主控项目

钢筋进场时，应按现行国家标准《钢筋混凝土用热轧带肋钢筋》(GB 1499－1998)等的规定抽取试件作为力学性能检验，其质量必须符合有关标准的规定。

检查数量：按进场的批次和产品的抽样检验方案确定。

检验方法：检查产品合格证、出厂检验报告和进场复验报告。

对有抗震设防要求的框架结构，其纵向受力钢筋的强度应满足设计要求；当设计无具体要求时，对一、二级抗震等级，检验所得的强度实测值应符合下列规定：钢筋的抗拉强度实测值与屈服强度实测值的比值不应小于1.25；钢筋的屈服强度实测值与强度标准值的比值不应大于1.3。

检查数量：按进场的批次和产品的抽样检验方案确定。

检验方法：检查产品合格证、出厂检验报告和进场复验报告。

当发现钢筋脆断、焊接性能不良或力学性能显著不正常等现象时，应对该批钢筋进行化学成分检验或其他专项检验。

（2）一般项目

钢筋应平直、无损伤，表面不得有裂纹、油污、颗粒状或片状老锈。

检查数量：进场时和使用前全数检查。

检查方法：观察。

（3）热轧钢筋检验

热轧钢筋进场时，应按批进行检查和验收。每批由同一牌号、同一炉罐号、同一规格的钢筋组成，重量不大于60t。允许由同一牌号、同一冶炼方法、同一浇注方法的不同炉罐号组成混合批，但各炉罐号含碳量之差不得大于0.02%，含锰量之差不大于0.15%。

①外观检查。从每批钢筋中抽取5%进行外观检查，钢筋表面不得有裂纹、结疤和折叠。钢筋表面允许有凸块，但不得超过横肋的高度，钢筋表面上其他缺陷的深度和高度不得大于所在部位尺寸的允许偏差。

钢筋可按实际重量或公称重量交货。当钢筋按实际重量交货时，应随机抽取10根（6m长）钢筋称重，如重量偏差大于允许偏差，则应与生产厂交涉，以免损害用户利益。

②力学性能试验。从每批钢筋中任选两根钢筋，每根取两个试件分别进行拉伸试验（包括屈服点、抗拉强度和伸长率）和冷弯试验。

拉伸、冷弯、反弯试验试件不允许进行车削加工。计算钢筋强度时，采用公称横截面面积。反弯试验时，经正向弯曲后的试件应在100℃温度下保温不少于30min，经自然冷却后再进行反向弯曲。当供方能保证钢筋的反弯性能时，正弯后的试件也可在室温下直接进行反向弯曲。

如有一项试验结果不符合规范要求，则从同一批中另取双倍数量的试件重作各项试验。如仍有一个试件不合格，则该批钢筋为不合格品。

对热轧钢筋的质量有疑问或类别不明时，在使用前应作拉伸和冷弯试验。根据试验结果确定钢筋的类别后，才允许使用。抽样数量应根据实际情况确定。这种钢筋不宜用于主要承重结构的重要部位。

余热处理钢筋的检验同热轧钢筋。

（4）冷轧带肋钢筋检验

冷轧带肋钢筋进场时，应按批进行检查和验收。每批由同一钢号、同一规格和同一级别的钢筋组成，重量不大于50t。

①外观检查。每批抽取5%（但不少于5盘或5捆）进行外形尺寸、表面质量和重量偏差的检查。检查结果应符合规范的要求，如其中有一盘（捆）不合格，则应对该批钢筋逐盘或逐捆检查。

②力学性能试验。钢筋的力学性能应逐盘、逐捆进行检验。从每盘或每捆取两个试件，

一个作拉伸试验，一个作冷弯试验。试验结果如有一项指标不符合规范的要求，则该盘钢筋判为不合格；对每捆钢筋，尚可加倍取样复验判定。

(5)冷轧扭钢筋检验

冷轧扭钢筋进场时，应分批进行检查和验收。每批由同一钢厂、同一牌号、同一规格的钢筋组成，重量不大于10t。当连续检验10批均为合格时检验批重量可扩大一倍。

①外观检查。从每批钢筋中抽取5%进行外形尺寸、表面质量和重量偏差的检查。钢筋表面不应有影响钢筋力学性能的裂纹、折叠、结疤、压痕、机械损伤或其他影响使用的缺陷。钢筋的压扁厚度和节距、重量等应符合规范的要求。当重量负偏差大于5%时，该批钢筋判定为不合格。当仅轧扁厚度小于或节距大于规定值，仍可判为合格，但需降直径规格使用，例如公称直径为ϕ14降为ϕ12。

②力学性能试验。从每批钢筋中随机抽取3根钢筋，各取一个试件。其中，两个试件作拉伸试验，一个试件作冷弯试验。试件长度宜取偶数倍节距，且不应小于4倍节距，同时不小于500mm。当全部试验项目均符合规范的要求，则该批钢筋判为合格。如有一项试验结果不符合规范的要求，则应加倍取样复检判定。

5.2.3 钢筋的加工

钢筋的加工过程包括除锈、调直、切断、镦头、弯曲、焊接、机械连接和绑扎等。

(1)钢筋除锈

钢筋的表面应洁净。油渍、漆污和用锤敲击时能剥落的浮皮、铁锈等应在使用前清除干净。在焊接前，焊点处的水锈应清除干净。

钢筋的除锈，一般可通过以下两个途径：一是在钢筋冷拉或钢丝调直过程中除锈，对大量钢筋的除锈较为经济省力；二是用机械方法除锈，此外，还可采用手工除锈(用钢丝刷、砂盘)、喷砂和酸洗除锈等。在除锈过程中发现钢筋表面的氧化铁皮鳞落现象严重并已损伤钢筋截面，或在除锈后钢筋表面有严重的麻坑、斑点伤蚀截面时，应降级使用或剔除不用。

(2)钢筋调直

①钢筋调直机。钢筋调直机的技术性能，见表5-11。图5-10为GT3/8型钢筋调直机外形。

表5-11 钢筋调直机技术性能

机械型号	钢筋直径(mm)	调直速度(m/min)	断料长度(mm)	电机功率(kW)	外形尺寸(mm)长×宽×高	机 重(kg)
GT3/8	3~8	40、65	300~6500	9.25	1854×741×1400	1280
GT6/12	6~12	36、54、72	300~6500	12.6	1770×535×1457	1230

应当注意：冷拔钢丝和冷轧带肋钢筋经调直机调直后，其抗拉强度一般要降低10%~15%。使用前应加强检验，按调直后的抗拉强度选用。如果钢丝抗拉强度降低过大，则可适当降低调直筒的转速和调直块的压紧程度。

②卷扬机拉直设备。卷扬机拉直设备，如图5-11所示。两端采用地锚承力。滑轮组回程

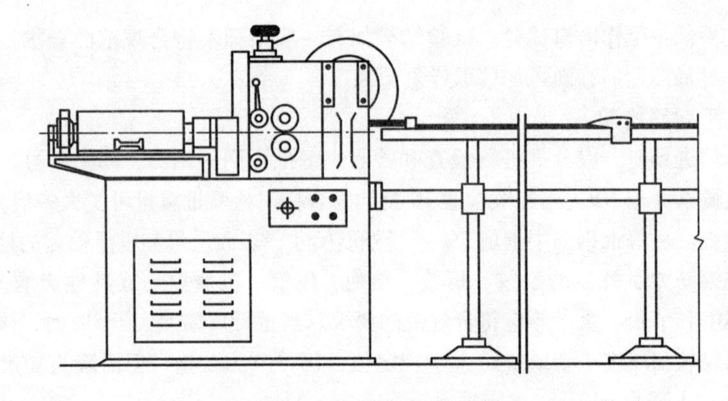

图 5-10　GT3/8 型钢筋调直机

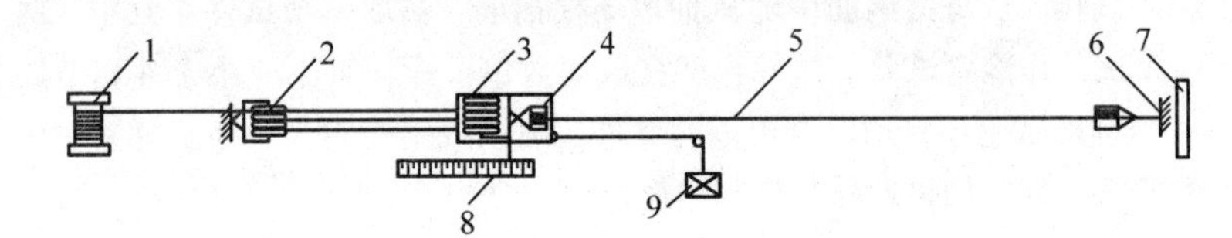

图 5-11　卷扬机拉直设备布置

1—卷扬机；2—滑轮组；3—冷拉小车；4—钢筋夹具；
5—钢筋；6—地锚；7—防护壁；8—标尺；9—荷重架

采用荷重架，标尺量伸长。该法设备简单，宜用于施工现场或小型构件厂。

(3)钢筋切断

①钢筋切断机。钢筋切断机的技术性能，见表 5-12。图 5-12 与图 5-13 为钢筋切断机外形。

表 5-12　钢筋切断机技术性能

机械型号	钢筋直径(mm)	每分钟切断次数	切断力(kN)	工作压力(N/mm^2)	电机功率(kW)	外形尺寸(mm)长×宽×高	重　量(kg)
GQ40	6~40	40	–	–	3.0	1150×430×750	600
GQ40B	6~40	40	–	–	3.0	1200×490×570	450
GQ50	6~50	30	–	–	5.5	1600×690×915	950
DYQ32B	6~32	–	320	45.5	3.0	900×340×380	145

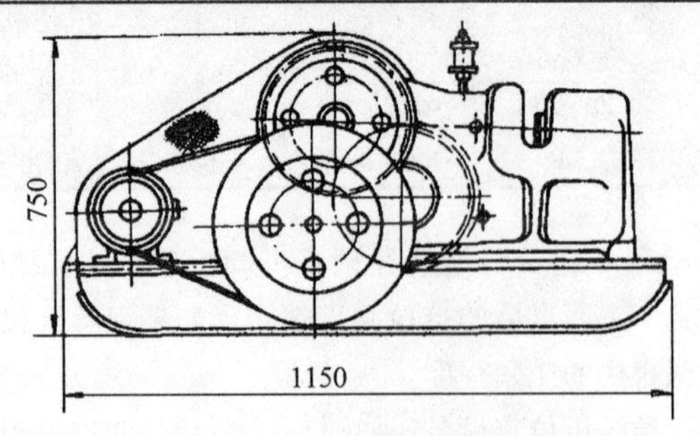

图 5-12　GQ40 型钢筋切断机

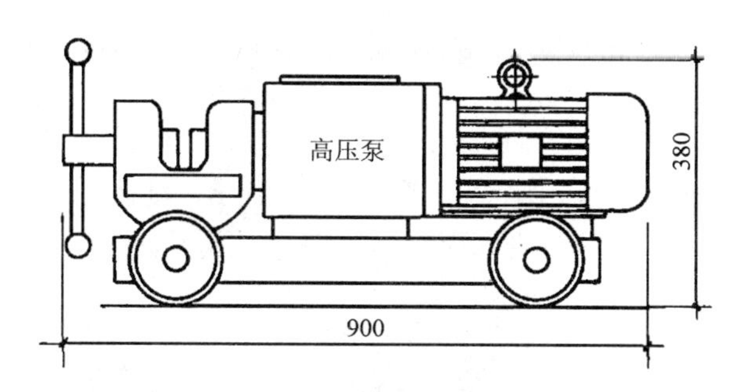

图 5-13 DYQ32B 电动液压切断机

②手动液压切断器。手动液压切断器，如图 5-14 所示。型号为 GJ5Y－16，切断力 80kN，活塞行程为 30mm，压柄作用力 220N，总重量 6．5kg，可切断直径 16mm 以下的钢筋。这种机具体积小、重量轻、操作简单、便于携带等特点。

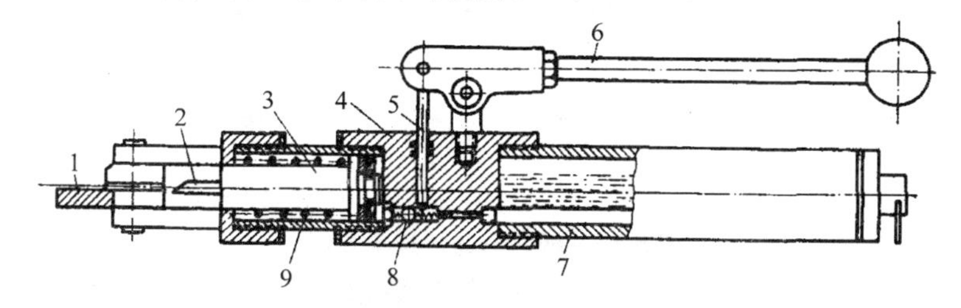

图 5-14 手动液压切断器

1—滑轴；2—刀片；3—活塞；4-缸体；5—柱塞；
6—压杆；7—储油筒；8—吸油阀；9—回位弹簧

(4)钢筋弯曲

①钢筋弯钩和弯折的有关规定

a. 受力钢筋：HPB235 级钢筋末端应作 180°弯钩，其弯心直径 D 不应小于钢筋直径的 2.5 倍，弯钩的弯后平直部分长度不应小于钢筋直径的 3 倍，如图 5-15 所示。

钢筋作不大于 90°的弯折时[图 5-16(a)]，弯折处的弯心直径 D 不应小于钢筋直径的 5 倍。当设计要求钢筋末端需作 135°弯钩时[图 5-16(b)]，HRB335 级、HRB400 级钢筋的弯心直径 D 不应小于钢筋直径的 4 倍，弯钩的弯后平直部分长度应符合设计要求。

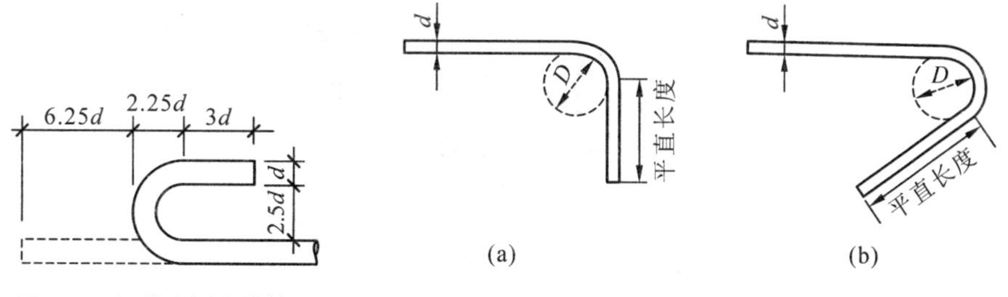

图 5-15 钢筋半圆弯钩简图

图 5-16 受力钢筋弯折

(a)90°；(b)135°

b. 箍筋：除焊接封闭环式箍筋外，箍筋的末端应作弯钩。弯钩形式应符合设计要求；当设计无具体要求时，应符合下列规定：箍筋弯钩的弯弧内直径应不小于受力钢筋的直径；箍筋弯钩的弯折角度：对一般结构，不应小于90°；对有抗震等要求的结构应为135°。箍筋弯后的平直部分长度：对一般结构，不宜小于箍筋直径的5倍；对有抗震等要求的结构，不应小于箍筋直径的10倍。有抗震要求时箍筋及拉筋弯钩做法见图5-17所示。

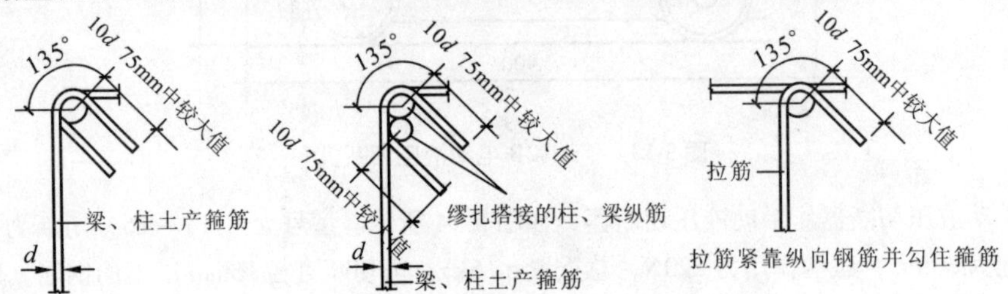

图5-17　有抗震要求时箍筋及拉筋弯钩做法

②机具设备

a. 钢筋弯曲机：钢筋弯曲机的技术性能，见表5-13，图5-18为GW－40型钢筋弯曲机外形。

表5-13　钢筋弯曲机技术性能

弯曲机类型	钢筋直径(mm)	弯曲速度(r/min)	电机功率(kW)	外形尺寸(mm)长×宽×高	重　量(kg)
GW32	6～32	10/20	2.2	875×615×945	340
GW40	6～40	5	3.0	1360×740×865	400
GW40A	6～40	0	3.0	1050×760×828	450
GW50	25～50	2.5	4.0	1450×760×800	580

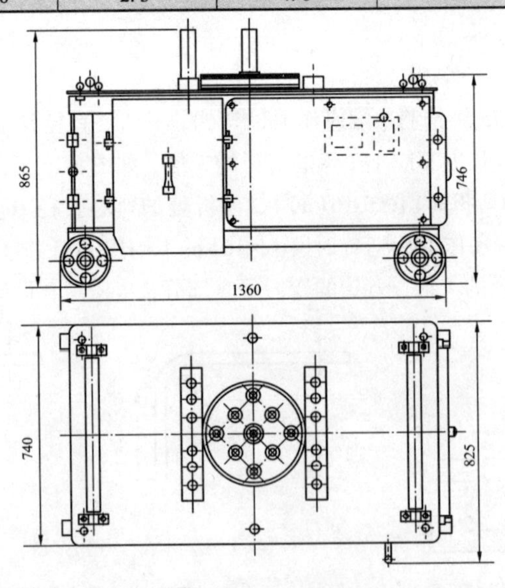

图5-18　GW－40型钢筋弯曲机

b. 手工弯曲工具：在缺机具设备条件下，也可采用手摇扳手弯制钢筋、卡盘与扳头弯制粗钢筋。手动弯曲工具的尺寸，详见表5-14与表5-15。

表5-14　手摇扳手主要尺寸　（mm）

项　次	钢筋直径	a	b	c	d
1	φ6	500	18	16	16
2	φ8～10	600	22	18	20

表5-15　卡盘与扳头（横口扳手）主要尺寸　（mm）

项　次	钢筋直径	卡　盘			扳　头			
		a	b	c	d	e	h	L
1	φ12～16	50	80	20	22	18	40	1200
2	φ18～22	65	90	25	28	24	50	1350
3	φ25～32	80	100	30	38	34	76	2100

（5）钢筋下料

钢筋加工前应根据图样进行配料计算，算出各种钢筋的下料长度、总根数及钢筋总重量，然后编制钢筋配料单，作为钢筋备料、加工的依据。

结构施工图中注明的钢筋尺寸是钢筋的外轮廓尺寸（即从钢筋的外皮到外皮量得的尺寸），称为钢筋的外包尺寸。在钢筋制备安装后，也是按外包尺寸验收。

钢筋在制备前是按直线下料，如果下料长度按外包尺寸总和进行计算，则加工后钢筋的尺寸必然大于设计要求的外包尺寸，这是因为钢筋在弯曲时，外皮伸长，内皮缩短，只有中轴线长度不变，钢筋的外包尺寸和轴线长度之间存在一个差值，称为“量度差值”，按外包尺寸总和下料是不准确的。只有钢筋的直线段部分，其外包尺寸等于轴线长度，二者无量度差值。因此，钢筋下料时，其下料长度应为各段外包尺寸之和减去弯曲处的量度差值，再加上两端弯钩的增长值。

直钢筋下料长度＝构件长度－保护层厚度＋弯钩增加长度

弯起钢筋下料长度＝直段长度＋斜段长度－量度差值＋弯钩增加长度

箍筋下料长度＝箍筋周长－量度差值＋弯钩增加长度

上述钢筋需要搭接的话，还应增加钢筋搭接长度。

①钢筋中部弯曲处的量度差值。钢筋弯曲后一是在弯曲处

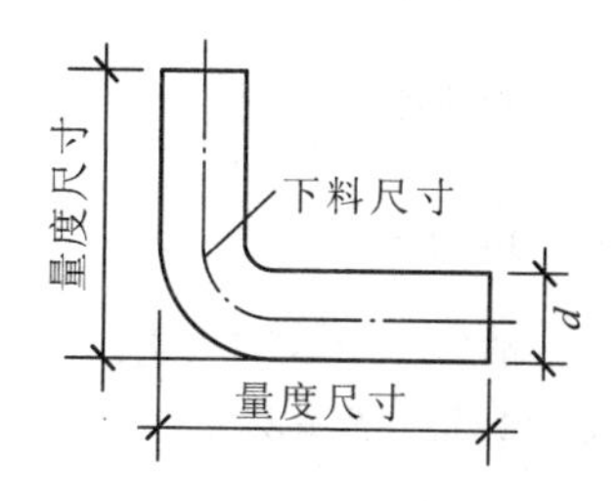

图5-19　钢筋弯曲时的度量方法

内皮收缩、外皮延伸、轴线长度不变；二是在弯曲处形成圆弧。钢筋的量度方法是沿直线量外包尺寸见图5-19；因此，弯起钢筋的量度尺寸大于下料尺寸，两者之间的差值称为量度差值。

钢筋中部弯曲处的量度差值与钢筋弯心直径及弯曲角度有关。弯起钢筋中间部位弯折处的弯心直径 D，不小于钢筋直径 d 的5倍，如图5-20所示。

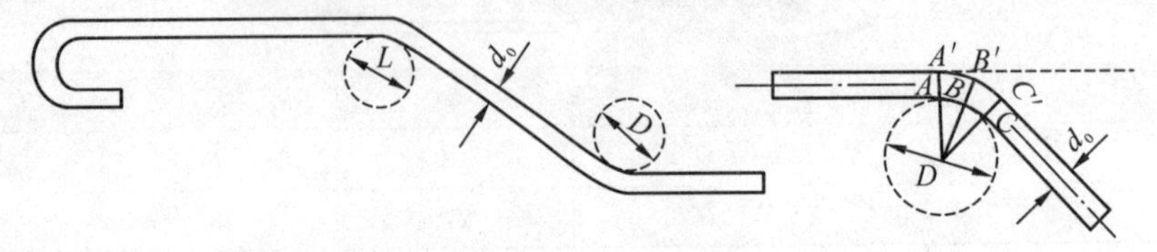

图5-20　钢筋弯折处量度差值计算简图

当 $D=5d$ 时，弯折处的外包尺寸为：

$$A'B'+B'C'=2A'B'=2\left(\frac{D}{2}+d\right)\text{tg}\frac{\alpha}{2}=2\left(\frac{5d}{2}+d\right)\text{tg}\frac{\alpha}{2}=7\text{dtg}\frac{\alpha}{2}$$

钢筋弯折处中线长度 ABC 为：$ABC=(D+d)\cdot\frac{2\pi}{360°}=(5d+d)\cdot\frac{2\pi}{360°}=6d\pi\frac{\alpha}{360}$

则弯折处量度差值为：$7d\text{tg}\frac{\alpha}{2}-6\pi d\frac{\alpha}{360}=(7\text{tg}\frac{\alpha}{2}-6\pi\frac{\alpha}{360})d$

由上式，当弯曲45°时，即以 $\alpha=45°$ 代入。

量度差为：$\left(7\text{tg}\frac{45°}{2}-6\pi\frac{45°}{360°}\right)d=(7\times0.414-6\times3.14\times\frac{1}{8})d=(2.898\times2.355)d$

$$=0.543d$$

取为 $0.5d$；

同理，当弯折30°时，量度差值为 $0.306d$，取 $0.3d$；

当弯折60°时，量度差值为 $0.90d$，取 $1d$；

当弯折90°时，量度差值为 $2.29d$，取 $2d$；

当弯折135°时，量度差值为 $3d$。

②钢筋末端弯钩时下料长度的增长值

a. Ⅰ级钢筋末端需要作180°弯钩，其圆弧弯心直径 D 不应小于钢筋直径 d 的2.5倍，平直部分长度不宜小于钢筋直径 d 的3倍(用于轻骨料混凝土结构时，其弯心直径 D 不应小于钢筋直径 d 的3.5倍)，如图5-21所示。

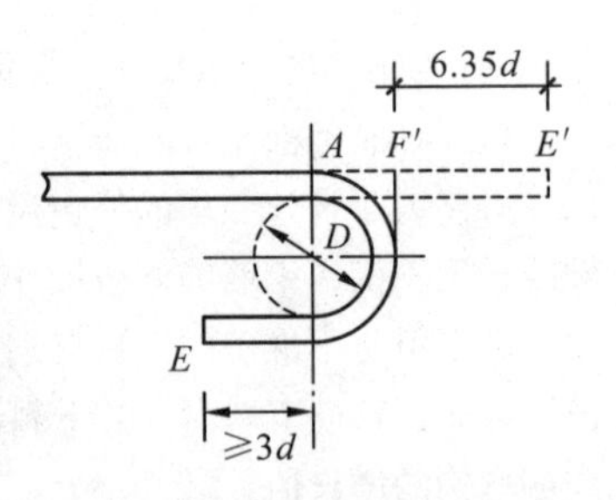

图5-21　钢筋末端180°弯钩示意图

当弯曲直径 $D=2.5d$ 时：$AE'=\frac{\pi}{2}(2.5d+d)+3d=8.5d$

钢筋的外包尺寸是 A 量到 F'：$AF'=\frac{D}{2}+d=\frac{1}{2}(2.5d)+d=2.25d$

故每一个180°弯钩，钢筋下料时应增加的长度(增长值)为：

$AE'-AF'=8.5d-2.25d=6.25d$(包括量度差值)

在生产实践中，由于实际弯心直径与理论弯心直径有时不一致，钢筋粗细和机具条件不同等而影响平直部分的长短(手工弯钩时平直部分可适当加长，机械弯钩时可适当缩短)，因此在实际配料计算时，对弯钩增加长度常根据具体条件，采用经验数据，见表5-16。

表5-16　180°弯钩增加长度参考表(用机械弯)

钢筋直径(mm)	≤6	8~10	12~18	20~28	32~36
一个弯钩长度(mm)	40	$6d$	$5.5d$	$5d$	$4.5d$

b. 箍筋弯钩增长值：当无抗震要求箍筋弯90°弯钩时，下料长度增长值可按图5-22计算。

一个弯钩增长值为：$AC-AB=(A'D'+5d)-\frac{D}{2}+d=\frac{\pi}{4}(D+d)+5d-\frac{D}{2}+d$

$$=0.785D+0.785d+5d-0.5D-d$$

$$=0.285D+4.785d$$

可近似取$0.3D+5d$。

式中　D——弯钩的弯曲直径，应大于受力钢筋直径，且不小于箍筋直径的5倍；

d——箍筋直径。

当有抗震要求箍筋弯135°弯钩时下料长度增长值可按图5-23计算。

一个弯钩增长值为：$AC-AB=(A'D'+10d)-\frac{D}{2}+d=\frac{135°}{360°}\pi(D+d)+10d-\frac{D}{2}+d$

$$=1.18(D+d)+10d-\frac{D}{2}+d=1.18D+1.18d+10d-0.5D-d$$

$$=0.68D+10.18d$$

可近似取$0.7D+10d$。

式中　D——弯钩的弯曲直径，应大于受力钢筋直径，且不小于箍筋直径的5倍；

d——箍筋直径。

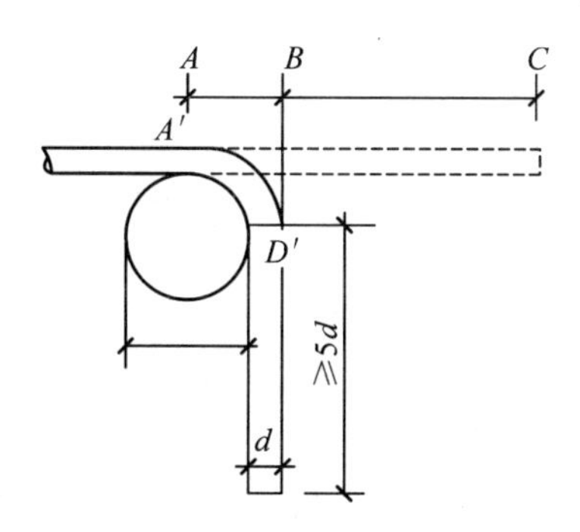

图5-22　箍筋端部90°弯钩计算简图

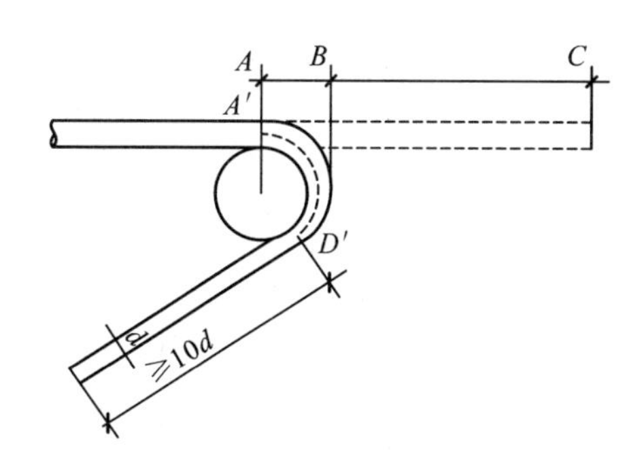

图5-23　箍筋端部135°弯钩计算简图

计算箍筋下料长度时，一个弯钩增长值可按上式计算，也可查表5-17取近似值。

表 5-17　箍筋两个弯钩下料增长值

受力钢筋直径(mm)	90°/90°弯钩					135°/135°弯钩				
	箍筋直径(mm)					箍筋直径(mm)				
	5	6	8	10	12	5	6	8	10	12
≤25	70	80	100	120	140	160	200	240	280	
>25	80	100	120	140	150	160	180	210	260	300

c. 例题：某建筑物一层共有 10 根编号为 L－1 的梁(见图 5-24)，试计算各钢筋下料长度并绘制钢筋配料单。

［解］　钢筋保护层取 25mm

①号钢筋外包尺寸：$6240 + 2 \times 200 - 2 \times 25 = 6590$mm

下料长度：$6590 - 2 \times 2d + 2 \times 6.25d = 6590 - 2 \times 2 \times 25 + 2 \times 6.25 \times 25 = 6802$mm

②号钢筋外包尺寸：$6240 - 2 \times 25 = 6190$mm

下料长度：$6190 + 2 \times 6.25d = 6190 + 2 \times 6.25 \times 12 = 6340$mm

③号弯起钢筋外包尺寸分段计算：

端面平直段长度：$240 + 50 + 500 - 25 = 765$mm

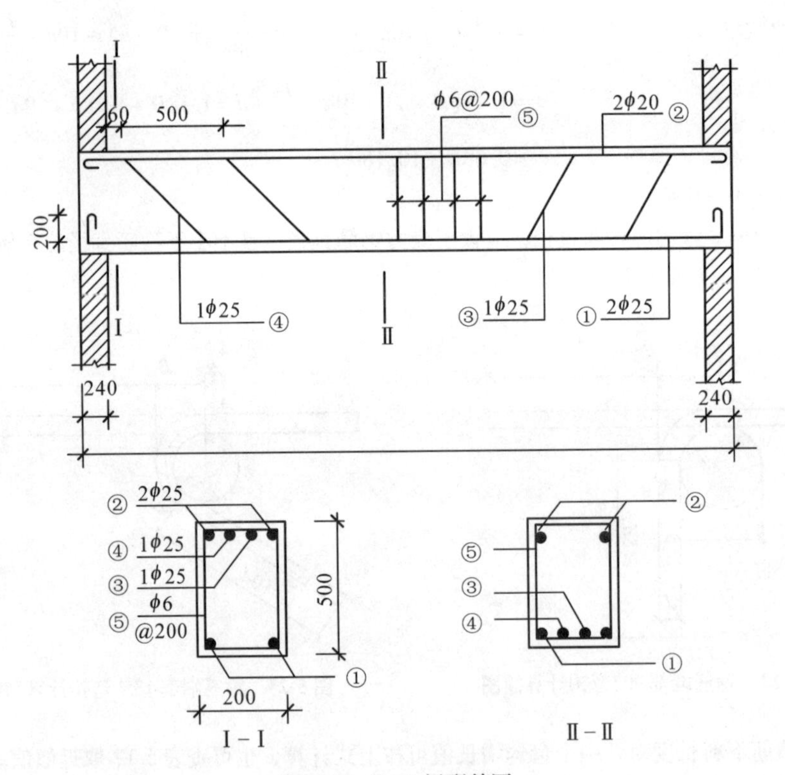

图 5-24　L－1 梁配筋图

斜段长：$(500-2\times25)\times1.414=636\text{mm}$

中间直段长：$6240-2\times(240+50+500+450)=3760\text{mm}$

外包尺寸为：$(765+636)\times2-3760=6562\text{mm}$

下料长度：$6562-4\times0.5d+2\times6.25d=6562-4\times0.5\times25+2\times6.25\times25$

$=6824\text{mm}$

④号弯起钢筋外包尺寸分段计算：

端部平直段长度：$240+50-25=265\text{mm}$

斜段长同③号钢筋为：636mm

中间直段长：$6240-2(240+50-450)=4760\text{mm}$

外包尺寸：$(265+636)\times2-4760=6562\text{mm}$

下料长度：$6562-4\times0.5d+2\times6.25d=6562-4\times0.5\times25+2\times6.25\times25$

$=6824\text{mm}$

⑤号箍筋外包尺寸：宽度 $200-2\times25+2\times6=162\text{mm}$

高度 $500-2\times25+2\times6=462\text{mm}$

外包尺寸为：$(162+462)\times2=1248\text{mm}$

⑤号筋端部为两个90°/90°弯钩，主筋直径为25mm，箍筋直径为6mm，两个弯钩增长值为80mm。

⑤号筋下料长度 $1248-3\times2d+80=1248-3\times2\times6-80=1292\text{mm}$

钢筋配料计算完毕，填写配料单见表5-18。

列入加工计划的配料单，将每一编号的钢筋制作一块料牌，作为钢筋加工的依据与钢筋安装的标志。钢筋配料单和料牌，应严格校核，必须准确无误，以免返工浪费。

表5-18　例题的钢筋配料单

项次	构件名称	简图	直径(mm)	钢号	下料长度(mm)	单位根数	合计根数	重量(kg)
1	L_1梁	200 6240 200	25	ϕ	6802	2	20	523.75
2		6240	12	ϕ	6340	2	20	112.60
3		765 636 4760 636 765	25	ϕ	6824	1	10	262.72
4	共10根	265 4760 636 265	25	ϕ	6824	1	10	262.72
5		202 462 502 162	6	ϕ	1292	32	320	91.78
6	合计	ϕ6 1691.78kg；ϕ12 112.60kg；ϕ25 1049.19kg						

(6)钢筋加工允许偏差

钢筋加工完毕后应对钢筋的形状与尺寸进行检查，检查方法可采用目测结合钢尺量测，按每工作班同一类型钢筋、同一加工设备抽查不应少于3件。钢筋加工的形状与尺寸应符合设计要求，其偏差应符合表5-19的要求。

表 5-19　钢筋加工的允许偏差

项　目	允许偏差（mm）
受力钢筋顺长度方向全长的净尺寸	±10
弯起钢筋的弯折位置	±20
箍筋内的净尺寸	±5

5.2.4　钢筋的连接

(1)焊接连接

钢筋焊接常用方法有电弧焊、闪光对焊、电阻点焊和电渣压力焊。此外，还有气压焊、埋弧压力焊等。钢筋焊接方法分类及适用范围，见表 5-20。钢筋焊接质量检验，应符合行业标准《钢筋焊接及验收规程》(JGJ 18－96)和《钢筋焊接接头试验方法标准》(JGJ/T 27－2001)的规定。

表 5-20　钢筋焊接方法分类及适用范围

焊接方法		接头形式	适用范围	
			钢级级别	钢筋直径(mm)
电弧焊	搭接双面焊	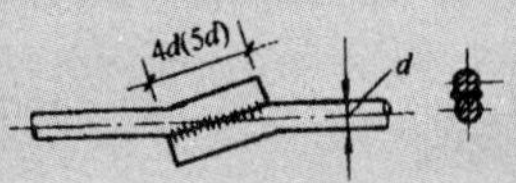	HPB235 级、HRB335 级 及 HRB400 级 RRB400 级	10～40 10～25
	搭接单面焊	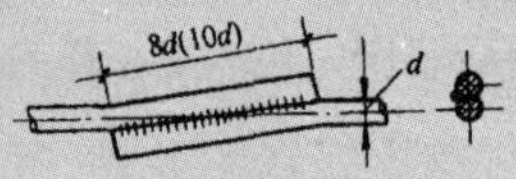	HPB235 级、HRB335 级 及 HRB400 级 RRB400 级	10～40 10～25
	熔槽帮条焊	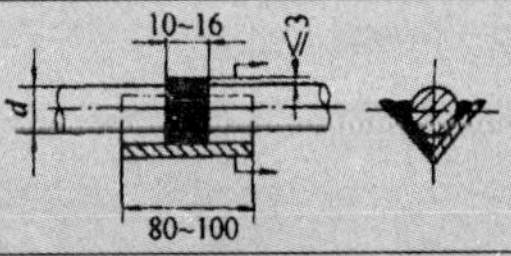	HPB235 级、HRB335 级 及 HRB400 级 RRB400 级	20～40 20～25
	剖口平焊		HPB235 级、HRB335 级 及 HRB400 级 RRB400 级	18～40 18～25
	剖口立焊		HPB235 级、HRB335 级 及 HRB400 级 RRB400 级	18～40 18～25
	钢筋与钢板搭接焊	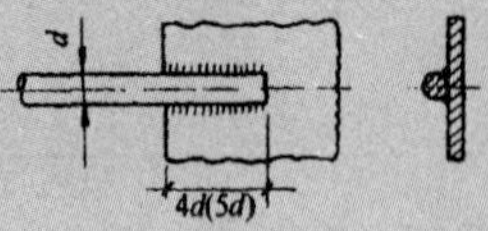	HPB235 级与 HRB335 级	8～40
	预埋件角焊	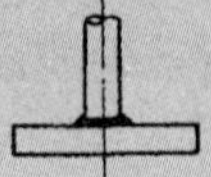	HPB235 级与 HRB335 级	6～25

（续）

焊接方法		接头形式	适用范围	
			钢级级别	钢筋直径(mm)
电弧焊	预埋件穿孔塞焊		HPB235 级与 HRB335 级	20～25
电渣压力焊			HPB235 级、HRB335 级	14～40
电阻点焊			HPB235 级 HRB335 级 冷轧带肋钢筋 冷拔光圆钢筋	6～14 5～12 4～5
闪光对焊		d	HPB235 级、HRB335 级 及 HRB400 级 RRB400 级	10～40 10～25
电弧焊	帮条双面焊	2d(2.5d) 2～5 d 4d(5d)	HPB235 级、HRB335 级 及 HRB400 级 RRB400 级	10～40 10～25
电弧焊	帮条单面焊	4d(5d) 2.5 d 8d(10d)	HPB235 级、HRB335 级 及 HRB400 级 RRB400 级	10～40 10～25
气压焊			HPB235 级、HRB335 级 及 HRB400	14～40
预埋件埋弧压力焊			HPB235 级、HRB335 级	6～25

注：1)表中的帮条或搭接长度值，不带括号的数值用于 HPB235 级钢筋，括号中的数值用于 HRB335 级、HRB400 级及 RRB400 级钢筋；
2)电阻电焊时，适用范围内的钢筋直径系指较小钢筋的直径。

①钢筋焊接的一般规定如下：

a. 电渣压力焊应用于柱、墙等现浇混凝土结构中竖向受力钢筋的连接；不得用于梁、板等构件中水平钢筋的连接。

b. 在工程开工或每批钢筋正式焊接前，应进行施工现场条件下的焊接性能试验。合格后，方可正式生产。

c. 钢筋焊接施工之前，应清除钢筋或钢板焊接部位和与电极接触的钢筋表面上的锈斑油污、杂物等；钢筋端部若有弯折、扭曲时，应予以矫直或切除。

d. 进行电阻点焊、闪光对焊、电渣压力焊或埋弧压力焊时，应随时观察电源电压的波动情况。对于电阻点焊或闪光对焊，当电源电压下降大于5%、小于8%时，应采取提高焊接变压器级数的措施；当大于或等于8%时，不得进行焊接。对于电渣压力焊或埋弧压力焊，当电源电压下降大于5%时，不宜进行焊接。

e. 从事钢筋焊接施工的相关人员应经过专业技术培训且拥有相应的专业技能资格认证，以保证钢筋的焊接质量。并且应经常对其进行安全生产教育，制定和实施安全技术措施，加强焊工的劳动保护，防止发生烧伤、触电、火灾、爆炸以及烧坏焊接设备等事故。

f. 焊机应经常维护保养和定期检修，确保正常使用。

(2)焊接方法

①电弧焊。电弧焊是利用弧焊机使焊条与焊件之间产生高温电弧，使焊条和电弧燃烧范围内的焊件熔化，待其凝固后便形成焊缝或接头，如图5-25所示。其应用较广，如整体式钢筋混凝土结构中钢筋的接长、装配式钢筋接头、钢筋骨架焊接及钢筋与钢板的焊接等。

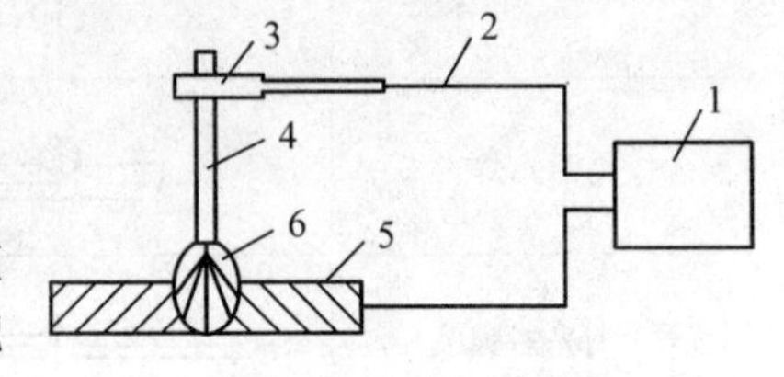

图5-25　电弧焊示意图

1—电源；2—导线；3—焊钳；4—焊条；5—钢筋；6—接头

a. 钢筋电弧焊包括帮条焊、搭接焊、坡口焊等接头形式。焊接时应符合下列要求：

(a)应根据钢筋级别、直径、接头形式和焊接位置，选择焊条、焊接工艺和焊接参数。

(b)焊接时，引弧应在垫板、帮条或形成焊缝的部位进行，不得烧伤主筋。

(c)焊接地线与钢筋应接触紧密。

(d)焊接过程中应及时清渣，焊缝表面应光滑，焊缝余高应平缓过渡，弧坑应填满。

电弧焊的接头形式有搭接接头(见图5-26)、帮条接头(见图5-27)、坡口(剖口)接头(见图5-28)等。无论哪种接头形式，都必须保证所连接钢筋的轴线在一条直线上。

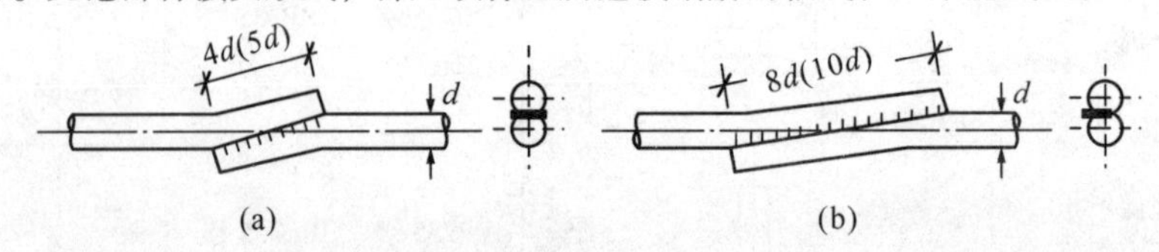

图5-26　搭接接头

(a)双面焊缝；(b)单面焊缝

搭接接头适用于直径10～40mm的HPB235、HRB335级钢筋连接。帮条接头适用于直径10～40mm的HPB235、HRB335、HRB400和HRB500级钢筋连接。帮条钢筋宜与被连接主筋同级别、同直径。坡口(剖口)接头适用于直径10～40mm的HPB235、HRB335、HRB400和HRB500级钢筋连接。有平焊和立焊两种。坡口接头较以上两种接头节约钢材。

b. 电弧焊焊接完成后应对电弧焊接头进行焊接质量检查，检查内容包括外观检查和受力性能检查，钢筋电弧焊接头尺寸偏差及缺陷允许值见表5-21。

电弧焊接头进行力学性能试验时，以300个同一接头形式、同一钢筋级别的接头作为一批，从成品中每批随机切取3个接头进行拉伸试验。钢筋电弧焊接头拉伸试验结果，应符合

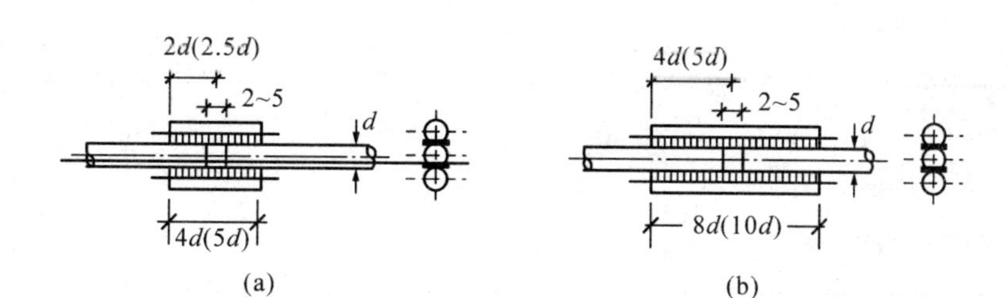

图 5-27 帮条接头

(a)双面焊缝；(b)单面焊缝

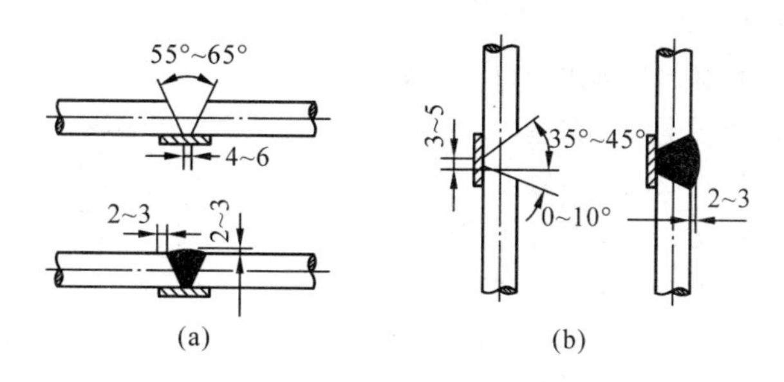

图 5-28 坡口接头

(a)坡口平焊；(b)坡口立焊

下列要求：

(a)3 个热轧钢筋接头试件的抗拉强度均不得小于该级别钢筋规定的抗拉强度。

(b)3 个接头试件均应断于焊缝之外，并应至少有 2 个试件呈延性断裂。

当试验结果，有一个试件的抗拉强度小于规定值，或有 1 个试件断于焊缝，或有 2 个试件发生脆性断裂时，应再取 6 个试件进行复验。复验结果当有一个试件抗拉强度小于规定值，或有 1 个试件断于焊缝，或有 3 个试件呈脆性断裂时，应确认该批接头为不合格品。

表 5-21 钢筋电弧焊接头尺寸偏差及缺陷允许值

名称	单位	接头形式		
		帮条焊	搭接焊	坡口焊
帮条沿接头中心线的纵向偏移	mm	0.5d	–	–
接头处弯折角	°	4	4	4
接头处钢筋轴线的偏移	mm	0.1d	0.1d	0.1d
		3	3	3
焊缝厚度	mm	+0.05d 0	+0.05d 0	–
焊缝宽度	mm	+0.1d 0	+0.1d 0	–
焊缝长度	mm	−0.5d	−0.5d	–
横向咬边深度	mm	0.5	0.5	0.5

（续）

名　称		单　位	接头形式		
			帮条焊	搭接焊	坡口焊
在长 $2d$ 焊缝表面上的气孔及夹渣	数量	个	2	2	-
	面积	mm^2	6	6	-
在全部焊缝表面上的气孔及夹渣	数量	个	-	-	2
	面积	mm^2	-	-	6

注：d 为钢筋直径（mm）。

②闪光对焊。闪光对焊是利用对焊机使两段钢筋接触，通过低电压强电流，把电能转化为热能，利用焊接电流通过两根钢筋接触点产生的电阻热，使接触点金属熔化，产生强烈飞溅，形成闪光，再迅速施以轴向压力顶锻，使两根钢筋焊合在一起，如图5-29所示。闪光对焊具有成本低、质量好、工效高，并对各种钢筋均能适用的特点，因而得到普遍的应用。闪光对焊可分为连续闪光焊、预热闪光焊、闪光—预热—闪光焊三种工艺。

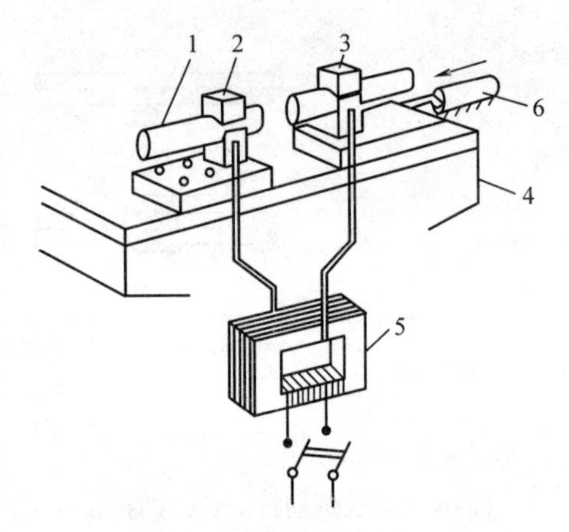

图5-29　钢筋闪光对焊

1—钢筋；2—固定电极；3—可动电极；4—机座；5—变压器；6—推动装置

a. 连续闪光焊：连续闪光焊工艺过程包括连续闪光和顶锻过程，即先将钢筋夹在焊机电极钳口上（钢筋与电极接触处应清除锈污，电极内应通入循环冷却水），然后闭合电源，使两端钢筋轻微接触，由于钢筋端部凸凹不平，开始仅有一点或数点接触，接触面很小，故电流强度和接触电阻很大，接触点很快熔化，形成“金属过梁”。过梁进一步加热，产生金属蒸气飞溅形成闪光现象。而后再徐徐移动钢筋，保持接头轻微接触，形成连续闪光过程，接头也同时被加热。直至接头端面烧平、杂质闪掉、接头熔化后，随即施加适当的轴向压力迅速顶锻，先带电顶锻，随之断电顶锻到一定长度，使两根钢筋对焊成为一体。

b. 预热闪光焊：预热闪光焊是在连续闪光焊接之前，增加一次预热过程，方法是在闭合电源后使两钢筋端面交替地接触和分开，这时在钢筋端面的间隙中即发出断续的闪光而形成预热过程。适用于焊接直径16～32mm的HRB335、HRB400和RRB400级钢筋及直径12～28mm的HRB500级钢筋。特别适用于直径为25mm以上且端面较平整的钢筋。

c. 闪光—预热—闪光焊：闪光—预热—闪光焊是在预热闪光焊前再增加一次闪光过程，使钢筋预热均匀。比较适应焊接直径大于25mm且端面不够平整的钢筋，这是闪光对焊中最常用的一种方法。

d. 闪光对焊焊接接头质量检验：闪光对焊焊接完成后应对闪光对焊接头进行焊接质量检查。

取样数量：在同一台班内，由同一焊工，按同一焊接参数完成的300个同类型接头作为一批。一周内连续焊接时，可以累计计算。一周内累计不足300个接头时，也按一批计算。

钢筋闪光对焊接头的外观检查，每批抽查10%的接头，且不得少于10个。

钢筋闪光对焊接头的力学性能试验包括拉伸试验和弯曲试验，应从每批成品中切取6个试件，3个进行拉伸试验，3个进行弯曲试验。

外观检查：钢筋闪光对焊接头的外观检查，应符合下列要求：接头处不得有横向裂纹；与电极接触处的钢筋表面，不得有明显的烧伤；接头处的弯折，不得大于4°；接头处的钢筋轴线偏移α，不得大于钢筋直径的0.1倍，且不得大于2mm。

拉伸试验：钢筋对焊接头拉伸试验时，应符合下列要求：三个试件的抗拉强度均不得低于该级别钢筋的抗拉强度标准值；至少有两个试样断于焊缝之外，并呈塑性断裂。

当检验结果有1个试件的抗拉强度低于规定指标，或有2个试件在焊缝或热影响区发生脆性断裂时，应取双倍数量的试件进行复验。复验结果，若仍有1个试件的抗拉强度低于规定指标，或有3个试件呈脆性断裂，则该批接头即为不合格品。

弯曲试验：钢筋闪光对焊接头弯曲试验时，应将受压面的金属毛刺和镦粗变形部分去掉，与母材的外表齐平。

弯曲试验可在万能试验机、手动或电动液压弯曲机上进行，焊缝应处于弯曲的中心点，弯心直径见表5-22。弯曲至90°时，至少有2个试件不得发生破断。

表5-22 钢筋对接接头弯曲试验指标

钢筋级别	弯心直径(mm)	弯曲角(°)
HPB235级	$2d$	90
HRB333级	$4d$	90
HRB400级	$5d$	90

注：1) d 为钢筋直径；

2) 直径大于25mm的钢筋对焊接头，作弯曲试验时弯心直径应增加一个钢筋直径。

当试验结果，有2个试件发生破断时，应再取6个试件进行复验。复验结果，当仍有3个试件发生破断，应确认该批接头为不合格品。

③电阻点焊。电阻点焊就是将已除锈的钢筋交叉点放在点焊机的两电极间，钢筋通电发热至一定温度后，加压使焊点金属焊合，如图5-30所示。适用于6～14mm的HPB235、HRB335级钢筋及冷拔低碳钢丝的交叉焊接。不同直径钢筋点焊时，大小钢筋直径之比，在小钢筋直径小于10mm时，不宜大于3；在小钢筋直径为10～14mm时，不宜大于2。

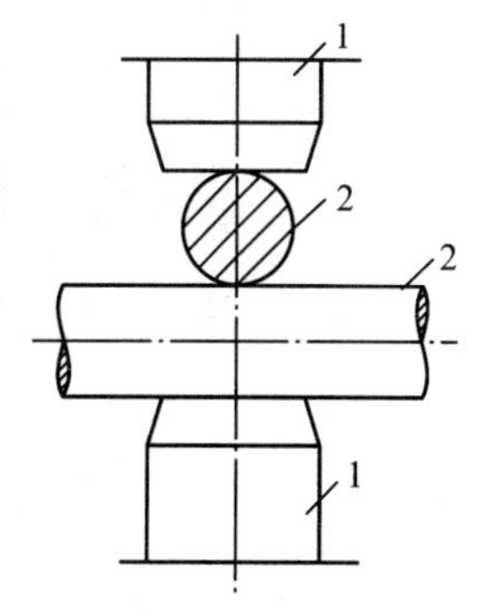

图5-30 钢筋电阻点焊

1—电极；2—钢筋

在各种预制构件中，利用点焊机进行交叉钢筋焊接，使若干单根钢筋成型为各种网片、骨架，以代替人工绑扎，是实现生产机械化、提高工效、节约劳动力和材料(因钢筋端部不需弯钩)、保证质量、降低成本的一种有效措施。而且采用焊接骨架和焊接网，可使钢筋在混凝土中能更好地锚固，可提高构件的刚度和抗裂性，因此钢筋网片成型应优先采用点焊。

④电渣压力焊。电渣压力焊是利用电流通过渣池产生的电阻热将钢筋端部熔化，然后施加压力使钢筋焊合，如图5-31(a)所示。主要用于现浇结构中直径差在9mm以内，直径为14～40mm的HPB235、HRB335、HRB400级竖向或斜向(倾斜度在4:1范围内)钢筋的接长。这种焊接方法操作简单、工作条件好、工效高、成本低，比电弧焊接头节电80%以上，比绑扎连接和帮条焊接节约钢筋约30%，提高工效6～10倍。

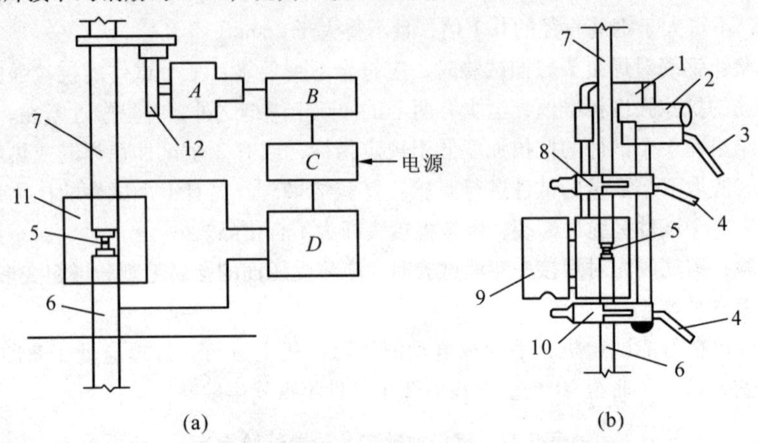

图5-31　电动凸轮式钢筋自动电渣压力焊示意图

(a)焊接原理；(b)机头

1—把子；2—电机传动部分；3—电源线；4—焊把线；

5—铁丝圈；6—下钢筋；7—上钢筋；8—上夹头；9—焊药盒；

10—下夹头；11—焊剂；12—凸轮；A—电机与减速箱；

B—操作箱；C—控制箱；D—焊接变压器

电渣压力焊是目前工程中竖向或斜向钢筋接长应用最广泛的连接方法之一。但它不宜用于RRB400级钢筋的连接；在供电条件差、电压不稳、雨季或防火要求高的场合应慎用。

a. 电渣压力焊焊接工艺包括：引弧、造渣、电渣和挤压四个过程，如图5-32所示。

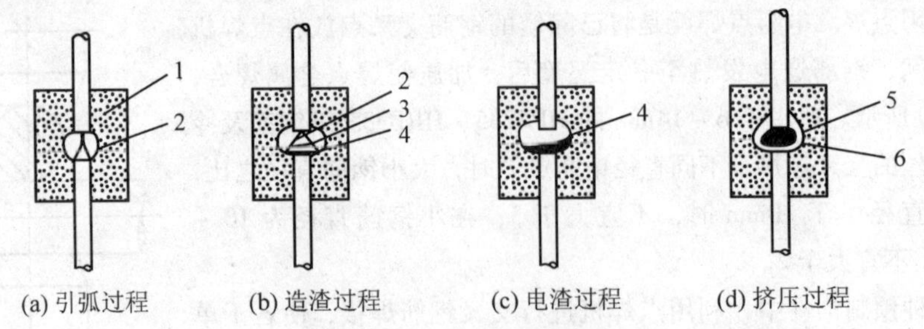

图5-32　钢筋电渣压力焊工艺过程

(a)引弧过程；(b)造渣过程；(c)电渣过程；(d)挤压过程

1—焊剂；2—电弧；3—渣池；4—熔池；5—渣壳；6—熔化的钢筋

b. 电渣压力焊焊接参数主要包括：焊接电流、焊接电压和焊接时间等，见表5-23。

表5-23 电渣压力焊焊接参数

钢筋直径(mm)	焊接电流(A)	焊接电压(V)		焊接通电时间(s)	
		电弧过程 u2.1	电渣过程 u2.2	电弧过程 t1	电渣过程 t2
14	200～220	35～45	22～27	12	3
16	200～250			14	4
18	250～300			15	5
20	300～350			17	5
22	350～400			18	6
25	400～450			21	
28	500～550			24	6
32	600～650			27	6
36	700～750			30	7
40	850～900			33	8

c. 电渣压力焊焊接缺陷及消除措施：在钢筋电渣压力焊的焊接过程中，如发现轴线偏移、接头弯折、结合不良、烧伤、夹渣等缺陷，参照表5-24查明原因，采取措施，及时消除。

表5-24 电渣压力焊接头焊接缺陷及消除措施

项 次	焊接缺陷	消除措施
1	轴线偏移	(1)矫直钢筋端部 (2)正确安装夹具和钢筋 (3)避免过大的顶压力 (4)及时修理或更换夹具
2	弯折	(1)矫直钢筋端部 (2)注意安装和扶持上钢筋 (3)避免焊后过快卸夹具 (4)修理或更换夹具
3	咬边	(1)减小焊接电流 (2)缩短焊接时间 (3)注意上钳口的起点和止点，确保上钢筋顶压到位
4	未焊合	(1)增大焊接电流 (2)避免焊接时间过短 (3)检修夹具，确保上钢筋下送自如
5	焊包不匀	(1)钢筋端面力求平整 (2)填装焊剂尽量均匀 (3)延长焊接时间，适当增加熔化量
6	气孔	(1)按规定要求烘焙焊剂 (2)摘除钢筋焊接部位的铁锈 (3)确保接缝在焊剂中合适埋入深度

（续）

项　次	焊接缺陷	消除措施
7	烧伤	(1)钢筋导电部位除净铁锈 (2)尽量夹紧钢筋
8	焊包下淌	(1)彻底封堵焊剂筒的漏孔 (2)避免焊后过快回收焊剂

d. 电渣压力焊焊接接头质量检验

取样数量：电渣压力焊接头应逐个进行外观检查。当进行力学性能试验时，应从每批接头中随机切取3个试件做拉伸试验，且应按下列规定抽取试件：在一般构筑物中，应以300个同级别钢筋接头作为一批；在现浇钢筋混凝土多层结构中，应以每一楼层或施工区段中300个同级别钢筋接头作为一批，不足300个接头仍应作为一批。

外观检查：电渣压力焊接头外观检查结果应符合下列要求：四周焊包凸出钢筋表面的高度应大于或等于4mm；钢筋与电极接触处，应无烧伤缺陷；接头处的弯折角不得大于4°；接头处的轴线偏移不得大于钢筋直径0.1倍，且不得大于2mm。

外观检查不合格的接头应切除重焊，或采用补强焊接措施。

拉伸试验：电渣压力焊接头拉伸试验结果，3个试件的抗拉强度均不得小于该级别钢筋规定的抗拉强度。

当试验结果有1个试件的抗拉强度低于规定值，应再取6个试件进行复验。复验结果，当仍有1个试件的抗拉强度小于规定值，应确认该批接头为不合格品。

⑤钢筋气压焊。钢筋气压焊是采用氧乙炔火焰或其他火焰对两钢筋对接处加热，使其达到塑性状态，然后加压完成的一种压焊方法。钢筋气压焊工艺具有设备简单、操作方便、质量好、成本低等优点，但对焊工要求严，焊前对钢筋端面处理要求高。被焊两钢筋直径之差不得大于7mm，钢筋下料要用砂轮锯，不得使用切断机，以免钢筋端头呈马蹄形而无法压接，钢筋端面附近50～100mm范围内的铁锈、油污、水泥浆等杂物必须清除干净。

钢筋气压焊的工艺过程包括：顶压、加热与压接过程。气压焊时，应根据钢筋直径和焊接设备等具体条件选用等压法、二次加压法或三次加压法焊接工艺。两钢筋安装后，预压顶紧。预压力宜为10MPa，钢筋之间的局部缝隙不得大于3mm。钢筋加热初期应采用碳化焰（还原焰），对准两钢筋接缝处集中加热，并使其淡白色羽状内焰包住缝隙或伸入缝隙内，并始终不离开接缝，以防止压焊面产生氧化。待接缝处钢筋红黄，随即对钢筋加第二次加压，直至焊口缝隙完全闭合。

(3)机械连接

①套筒挤压连接。这是我国最早出现的一种钢筋机械连接方法。按挤压方向不同，分为套筒径向挤压连接和套筒轴向挤压连接两种，以套筒径向挤压连接为多用。

a. 套筒径向挤压连接：是将两根待接钢筋插入优质钢套筒，用挤压设备沿径向挤压钢套筒，使之产生塑性变形，依靠变形后的钢套筒与被连接钢筋纵、横肋产生的机械咬合作用使套筒与钢筋成为整体的连接方法。如图5-33所示。这种方法适用于直径18～40mm的带肋钢筋的连接，所连接的两根钢筋的直径之差不宜大于5mm。该方法具有接头性能可靠、质量稳定、不受气候的影响、连接速度快、安全、无明火、节能等优点。但设备笨重、工人劳动强度大，不适合在高密度布筋的场合使用，有时液压油污染钢筋，综合成本较高。

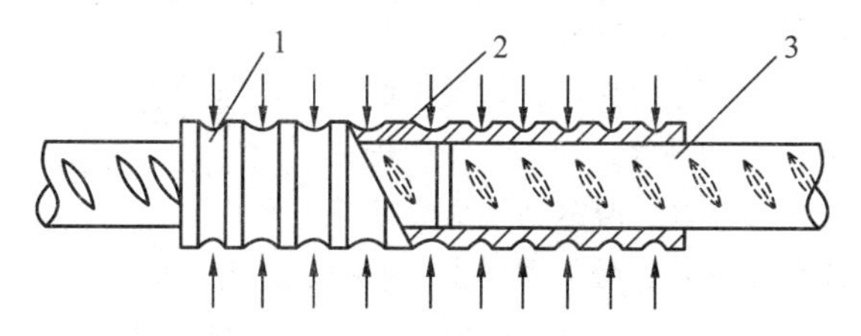

图 5-33　钢筋套筒径向挤压连接

1—压痕；2—钢套筒；3—变形钢筋

b. 套筒轴向挤压连接：是将两根待接钢筋插入优质钢套筒，用挤压设备沿轴向挤压钢套筒，使之产生塑性变形，依靠变形后的钢套筒与被连接钢筋纵、横肋产生的机械咬合作用使套筒与钢筋成为整体的连接方法，如图 5-34 所示。这种方法一般用于直径 25～32mm 的同直径或相差一个型号直径的带肋钢筋连接。

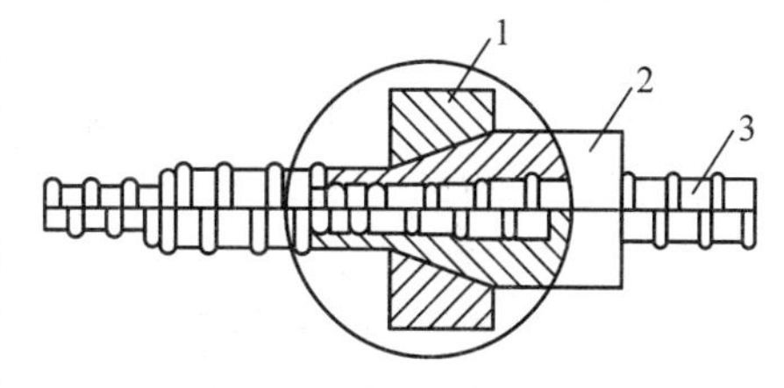

图 5-34　钢筋套筒轴向挤压连接

1—压模；2—钢套筒；3—变形钢筋

②锥螺纹套筒连接。锥螺纹套筒连接是将两根待接钢筋端头用套丝机做出锥形丝扣，然后用带锥形内丝的钢套筒将钢筋两端拧紧的连接方法，如图 5-35 所示。这种方法适用于直径 16～40mm 的各种钢筋的连接，所连接钢筋的直径之差不宜大于 9mm。该方法具有接头可靠、操作简单、不用电源、全天候施工、对中性好、施工速度快等优点。接头的价格适中，低于挤压套筒接头，高于电渣压力焊和气压焊接头。

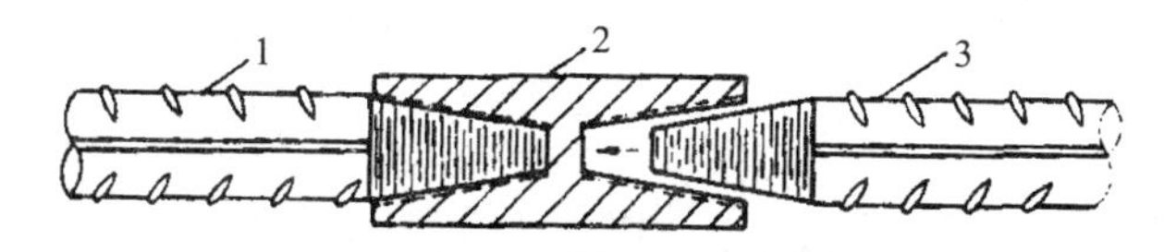

图 5-35　钢筋锥螺纹套筒连接

1—已连接的钢筋；2—锥螺纹套筒；3—未连接的钢筋

③直螺纹套筒连接。直螺纹套筒连接是将两根待接钢筋端头切削或滚压出直螺纹，然后用带直内丝的钢套筒将钢筋两端拧紧的连接方法。这种方法适用直径 16～40mm 的各种钢筋的连接。该方法是综合了套筒挤压连接和锥螺纹连接的优点，于 20 世纪 90 年代后期才发展起来的一种钢筋连接新技术。它具有接头强度高、质量稳定、施工方便、不用电源、全天候施工、对中性好、施工速度快等优点。是目前工程应用最广泛的粗钢筋连接方法。

按螺纹丝扣加工工艺不同，可分为镦粗直螺纹套筒连接、直接滚压直螺纹套筒连接和剥肋滚压直螺纹套筒连接 3 种。

a. 镦粗直螺纹套筒连接：是将钢筋端头冷镦扩粗，再在镦粗段上切削直螺纹，用同径或者异径套筒将两根钢筋连接起来，见图5-36。钢筋端部经冷镦后不仅直径增大，使套丝后丝扣底部横截面积不小于钢筋原截面积，而且由于冷镦后钢材强度的提高，致使接头部位有很高的强度，断裂均发生母材，达到SA级接头性能的要求。但钢筋端头经冷镦扩粗后，金相组织发生了变化，延伸率降低，易产生脆断；此外，加工工艺复杂，增加了辅助用工，加大了接头成本。

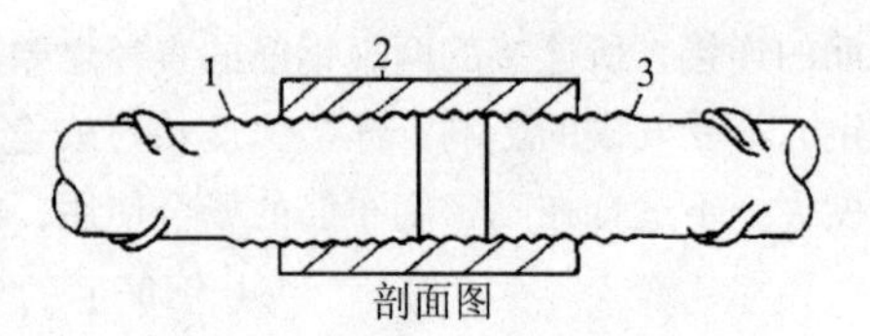

图5-36　钢筋直螺纹套筒连接

1—已连接的钢筋；2—直螺纹套筒；3—正在拧入的钢筋

b. 直接滚压直螺纹套筒连接：是先在一平台上将钢筋端头的纵横肋滚掉，然后再滚压出丝头。较镦粗直螺纹经济，但因滚压纵横肋时，铁屑不可避免地会挤压在钢筋表面上，使滚压丝扣时易产生虚扣，造成丝扣直径不一，连接操作要相对困难些。

c. 剥肋滚压直螺纹套筒连接：是将钢筋端头的纵横肋先行切削圆滑后，使钢筋滚丝前的柱体直径达到同一尺寸，再滚压丝头。此法螺纹精度高、接头质量稳定、施工速度快、价格适中，目前应用较为广泛。

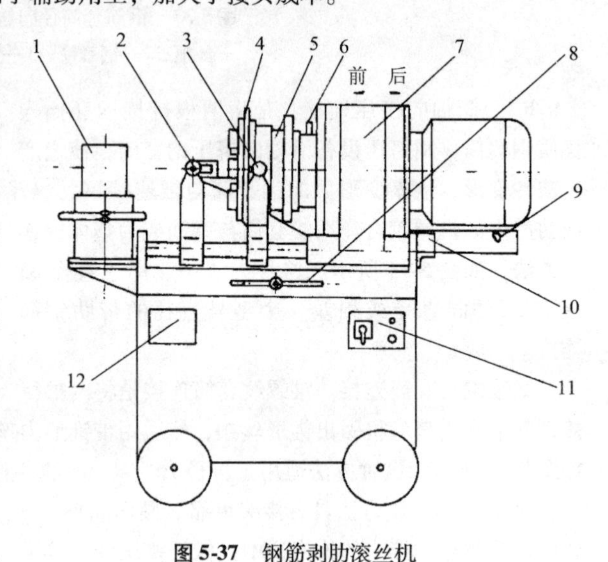

图5-37　钢筋剥肋滚丝机

1—台钳；2—涨刀触头；3—收刀触头；4—剥肋机构；5—滚丝头；6—上水管；7—减速机；8—进给手柄；9—行程挡块；10—行程开关；11—控制面板；12—标牌

钢筋剥肋滚丝机由台钳、剥肋机构、滚丝头、减速机、涨刀机构、冷却系统、电器控制系统、机座等组成，见图5-37。其工作过程：将待加工钢筋夹持在夹钳上，开动机器，扳动进给装置，使动力头向前移动，开始剥肋滚压螺纹，待滚压到调定位置后，设备自动停机并反转，将钢筋端部退出滚压装置，扳动进给装置将动力头复位停机，螺纹即加工完成。

5.2.5　钢筋绑扎与安装

(1)钢筋网片、骨架制作的准备工作

钢筋网片、骨架制作成型的正确与否，直接影响着结构构件的受力性能。因此必须重视并妥善组织这一技术工作。钢筋网片、骨架制作的准备工作主要包含以下几方面内容：

①熟悉施工图纸。在熟悉施工图纸时，要明确各个单根钢筋的形状及各个细部的尺寸，确定各类结构的绑扎程序。如发现图纸中有错误或不当之处，应及时与工程设计部门联系解决。

②核对钢筋配料单及料牌。熟悉施工图纸的同时，应核对钢筋配料单及料牌，再根据料单和料牌，核对钢筋半成品的材质、尺寸、直径和规格数量是否正确，有无错配、漏配及变形。如发现问题，应及时整修增补。

③工具、附件的准备。绑扎钢筋用的工具和附件主要有扳手、铁丝、小撬棒、马架、画线尺等，还要准备水泥砂浆垫块或塑料卡等保证保护层厚度的附件，以及钢筋撑脚或混凝土撑脚等保证钢筋网片位置正确的附件等。

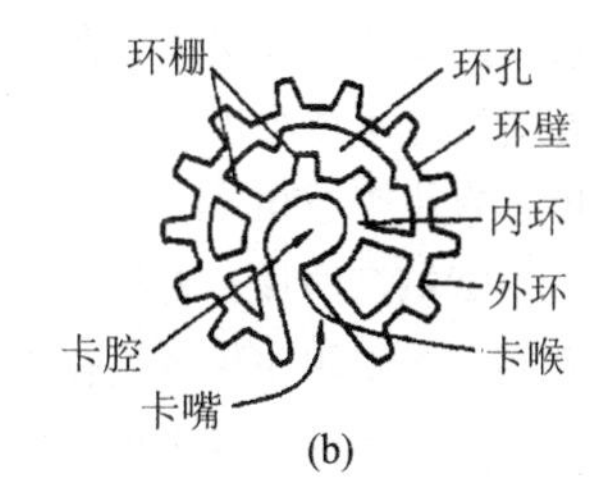

(a)　　(b)

图 5-38　控制混凝土保护层用的塑料卡

(a)塑料垫块；(b)塑料环圈

水泥砂浆垫块的厚度，应等于保护层厚度。水泥砂浆垫块在使用过程中可以呈梅花形均匀布置。

塑料卡的形状有两种：塑料垫块和塑料环圈(见图 5-38)。

a. 画钢筋位置线：平板或墙板的钢筋，需要在模板上按照图纸要求的钢筋间距画线；柱的箍筋，在两根对角线主筋上画点；梁的箍筋，在架立筋上画点；基础的钢筋，在两向各取一根钢筋上画点或在固定架上画线。

钢筋接头的画线，应根据到料规格，结合规范对有关接头位置、数量的规定，使其错开，并在模板上画线。

b. 研究钢筋安装顺序，确定施工方法。在熟悉施工图纸的基础上，要仔细研究钢筋安装的顺序，特别是在比较复杂的钢筋安装工程中，应先研究逐根钢筋穿插就位的顺序，并与模板工联系讨论支模与绑扎钢筋的配合关系，以减少绑扎困难

(2)钢筋网片骨架的制作与安装

①钢筋网片、骨架的钢筋搭接长度

a. 当纵向受拉钢筋的绑扎搭接接头面积百分率不大于 25% 时，其最小搭接长度应符合表 5-25 的规定。接头面积百分率是连接区段内搭接钢筋的面积与全部钢筋面积的比值。连接区段为 $1.3L_l$(L_l为搭接长度)。当纵向受拉钢筋搭接接头面积百分率大于 25%，但不大于 50% 时，其最小搭接长度应按表 5-25 中的数值乘以系数 1.2 取用；当接头面积百分率大于 50% 时，应按表 5-25 中的数值乘以系数 1.35 取用。任何情况下，受拉钢筋的搭接长度不应小于 300mm。

表 5-25　纵向受拉钢筋的最小搭接长度

钢筋类型级别		混凝土强度等级			
		C10	C20～25	C30～35	≥C40
光圆钢筋	HPB235	45*d*	35*d*	30*d*	25*d*
带肋钢筋	HRB335	55*d*	45*d*	35*d*	30*d*
	HRB400 和 RRB400		55*d*	40	35*d*

注：*d* 为钢筋直径；两根直径不同钢筋的搭接长度，以较粗钢筋的直径计算。

b. 纵向受压钢筋搭接时，其最小搭接长度应根据上述规定确定相应数值后，再乘以系数0.7取用。在任何情况下，受压钢筋的搭接长度不应小于200mm。

c. 焊接钢筋骨架和焊接钢筋网片采用绑扎搭接连接时，接头不宜设置在受力较大处。焊接钢筋骨架和焊接钢筋网片在受力方向的搭接长度不应小于表5-25中相应数值的0.7倍，且在受拉区不得小于250mm，在受压区不宜小于200mm。焊接钢筋网片在非受力方向的搭接长度不宜小于100mm。

②钢筋网片、骨架的现场制作与安装。由于受到钢筋网片、骨架运输条件和变形控制的限制，多采用在现场进行绑扎安装钢筋的方法。现场绑扎安装钢筋时，要根据不同构件的特点和现场条件，确定绑扎顺序。如：厂房柱，一般是先绑下柱，再绑牛腿，后绑上柱；桁架，一般是先绑腹杆，再绑上、下弦，后绑结点；在框架结构中总是先绑柱，其次是主梁、次梁、过梁，再最后是楼板钢筋。

(3)钢筋网片、骨架的验收

①钢筋的级别、直径、根数、间距、位置和预埋件的规格、位置、数量是否与设计图相符，要特别注意悬挑结构如阳台、挑梁、雨棚等的上部钢筋位置是否正确，浇筑混凝土时是否会被踩下。钢筋安装位置的偏差，应符合表5-26的规定。

表5-26　钢筋安装位置的允许偏差和检验方法

<table>
<tr><th colspan="3">项　目</th><th>允许偏差(mm)</th><th>检验方法</th></tr>
<tr><td rowspan="2">绑扎钢筋网</td><td colspan="2">长、宽</td><td>±10</td><td>钢尺检查</td></tr>
<tr><td colspan="2">网眼尺寸</td><td>±20</td><td>钢尺量连续三档，取最大值</td></tr>
<tr><td rowspan="2">绑扎钢筋骨架</td><td colspan="2">长</td><td>±10</td><td>钢尺检查</td></tr>
<tr><td colspan="2">宽、高</td><td>±5</td><td>钢尺检查</td></tr>
<tr><td rowspan="5">受力钢筋</td><td colspan="2">间距</td><td>±10</td><td rowspan="2">钢尺量两端、中间各一点，取最大值</td></tr>
<tr><td colspan="2">排距</td><td>±5</td></tr>
<tr><td rowspan="3">保护层厚度</td><td>基础</td><td>±10</td><td>钢尺检查</td></tr>
<tr><td>柱、梁</td><td>±5</td><td>钢尺检查</td></tr>
<tr><td>板、墙、壳</td><td>±3</td><td>钢尺检查</td></tr>
<tr><td colspan="3">绑扎箍筋、横向钢筋间距</td><td>±20</td><td>钢尺量连续三档，取最大值</td></tr>
<tr><td colspan="3">钢筋弯起点位置</td><td>20</td><td>钢尺检查</td></tr>
<tr><td rowspan="2">预埋件</td><td colspan="2">中心线位置</td><td>5</td><td>钢尺检查</td></tr>
<tr><td colspan="2">水平高差</td><td>+3，0</td><td>钢尺和塞尺检查</td></tr>
</table>

注：1)检查预埋件中心线位置时，应沿纵、横两个方向量测，并取其中的较大值；
2)表中梁类、板类构件上部纵向受力钢筋保护层厚度的合格点率应达到90%及以上，且不得有超过表中数值1.5倍的尺寸偏差。

②钢筋接头位置、数量、搭接长度是否符合规定。

③钢筋绑扎是否牢固，钢筋表面是否清洁，有无污物、铁锈等。

④混凝土保护层是否符合要求等。

⑤预埋件的规格、数量、位置等。

5.2.6 钢筋的代换

(1)代换原则

当施工中采用的钢筋的品种或规格与设计要求不符时，可参照以下原则进行钢筋代换：

①等强度代换。当构件受强度控制时，钢筋可按强度相等原则进行代换。

②等面积代换。当构件按最小配筋率配筋时，钢筋可按面积相等原则进行代换。

③当构件受裂缝宽度或挠度控制时，代换后应进行裂缝宽度或挠度验算。

(2)等强代换方法

$$n_2 \geqslant \frac{n_1 d_1^2 f_{y1}}{d_2^2 f_{y2}}$$

式中 n_2 ——代换钢筋根数；

n_1 ——原设计钢筋根数；

d_2 ——代换钢筋直径；

d_1 ——原设计钢筋直径；

f_{y2} ——代换钢筋抗拉强度设计值；

f_{y1} ——原设计钢筋抗拉强度设计值。

(3)等面积代换方法

这种代换方法应用于原设计钢筋与代换钢筋强度相同或原设计钢筋强度小于代换钢筋强度时，后一种情况代换时不经济，但是一般来说往往是最稳妥的一种方法，等面积代换方法是施工技术力量较为薄弱时常采用的一种方法。

$$A_{s1} = A_{s2}$$

式中 A_{s1} ——原设计钢筋的截面计算面积；

A_{s2} ——拟代换钢筋的截面计算面积。

(4)代换注意事项

钢筋代换时，必须充分了解设计意图和代换材料性能，并严格遵守现行混凝土结构设计规范的各项规定；凡重要结构中的钢筋代换应征得设计单位同意。

①对某些重要构件，如吊车梁、薄腹梁、桁架下弦等，不宜用 HPB235 级光圆钢筋代替 HRB335 和 HRB400 级带肋钢筋。

②代换后的钢筋应满足相应的配筋构造规定，如钢筋的最小直径、最小及最大配筋率、最小及最大间距、体积配筋率、根数、锚固长度等。

③同一截面内，应避免弹性模量不一样的不同种类的钢筋同时作为受拉钢筋或者受压钢筋混合使用，以免构件受力不均。例如梁受拉钢筋不应同时混合使用 HPB235 级钢筋和 HRB335 级钢筋，但是允许受拉钢筋采用 HRB335 级钢筋的同时，受压区的构造配筋采用 HPB235 级钢筋。

④电梯、吊环等对材料延性要求较高的部位或者构件内钢筋弯折角度大于 90°时，不得以 HRB335 和 HRB400 级带肋钢筋来代替 HPB235 级光圆钢筋。

⑤受弯构件(如梁、板)及偏心受压构件(如框架柱、有吊车厂房柱、桁架上弦等)或偏心受拉构件作钢筋代换时，不取整个截面配筋量计算，应按受力面(受压或受拉)分别代换。

⑥一般当构件的配筋受裂缝宽度控制时，如以小直径钢筋代换大直径钢筋，强度等级低的钢筋代替强度等级高的钢筋，则可不作裂缝宽度验算。

5.3 模板

5.3.1 概述

模板系统由模板和支架两部分组成，模板的作用就是形成混凝土构件所需要的形状和几何尺寸；支架则是用来保持模板的设计位置。

(1)对模板系统的基本要求

①保证工程结构的构件各部分形状尺寸和相互位置的正确。

②具有足够的承载能力、刚度和稳定性，能可靠地承受新浇筑混凝土的自重和侧压力，以及在施工过程中所产生的荷载。

③构造简单、装拆方便，并便于钢筋的绑扎、安装和混凝土的浇筑、养护等要求。

④模板的接缝严密、不漏浆。

(2)模板系统的分类

①按材料分类。模板按所用的材料不同，分为木模板、钢木模板、胶合板模板、钢竹模板、钢模板、塑料模板、玻璃钢模板、铝合金模板等。

②按结构类型分类。按结构类型分类模板可分为：基础模板、柱模板、梁模板、楼板模板、楼梯模板、墙模板、壳模板、烟囱模板等多种。

③按施工方法分类

a. 现场装拆式模板：在施工现场按照设计要求的结构形状、尺寸及空间位置，现场组装的模板。当混凝土达到拆模强度后拆除模板。现场装拆式模板多用定型模板和工具式支撑。

b. 固定式模板：制作预制构件用的模板。按照构件的形状、尺寸在现场或预制厂制作模板，涂刷隔离剂，再制作下一批构件。各种胎模(土胎模、砖胎模、混凝土胎模)即属固定式模板。

c. 移动式模板：随着混凝土的浇筑，模板可沿垂直方向或水平方向移动，称为移动式模板。如烟囱、水塔、墙柱混凝土浇筑采用的滑升模板、提升模板；筒壳浇筑混凝土采用的水平移动式模板等。

5.3.2 组合式模板

(1)组合式钢模板

①定型组合钢模板的组成。定型组合钢模板是一种工具式定型模板，由钢模板、连接件和支承件等部分组成。

a. 钢模板：组合钢模板包括平面模板、阴角模板、阳角模板和连接角模，如图 5-39 所示。此外，还有一些异形模板。

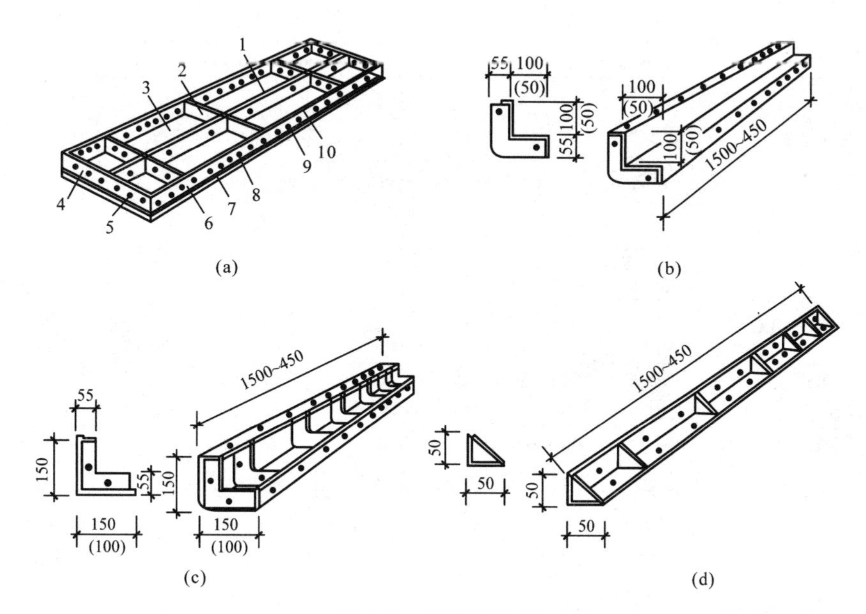

图 5-39　钢模板类型

(a)平面模板；(b)阳角模板；(c)阴角模板；(d)连接角模

1—中纵肋；2—中横肋；3—面板；4—横肋；5—插销孔；6—纵肋；

7—凸棱；8—凸鼓；9—“U”形卡孔；10—钉子孔

钢模板的规格见表 5-27。如拼装时出现不足模数的空缺，则用镶嵌木条补缺，用钉子或螺栓将木条与钢模板边框上的孔洞连接。

表 5-27　钢模板的规格

模板名称			模板长度(mm)					
			450		600		750	
			代号	尺寸	代号	尺寸	代号	尺寸
平面模板(代号P)	宽 度(mm)	300	P3004	300×450	P3006	300×600	P3007	300×750
		250	P2504	250×450	P2506	250×600	P2507	250×750
		200	P2004	200×450	P2006	200×600	P2007	200×750
		150	P1504	150×450	P1506	150×600	P1507	150×750
		100	P1004	100×450	P1006	100×600	P1007	100×750
阴角模板(代号E)			E1504	150×150×450	E1506	150×150×600	E1507	150×150×750
			E1004	100×150×450	E1006	100×150×600	E1007	100×150×750
阳角模板(代号Y)			Y1004	100×100×450	Y1006	100×100×600	Y1007	100×100×750
			Y0504	50×50×450	Y0506	50×50×600	Y0507	50×50×750
连接角模(代号J)			J0004	50×50×450	J0006	50×50×600	J0007	50×50×750

（续）

模板名称			模板长度(mm)					
			900		1200		1500	
			代号	尺寸	代号	尺寸	代号	尺寸
平面模板（代号P）	宽度（mm）	300	P3009	300×950	P3012	300×1200	P3015	300×1500
		250	P2509	250×900	P2512	250×1200	P2515	250×1500
		200	P2009	200×900	P2012	200×1200	P2015	200×1500
		150	P1509	150×900	P1512	150×1200	P1515	150×1500
		100	P1009	100×900	P1012	100×1200	P1015	100×1500
阴角模板（代号E）			E1509	150×150×900	E1512	150×150×1200	E1515	150×150×1500
			E1009	100×150×900	E1012	100×150×1200	E1015	100×150×1500
阳角模板（代号Y）			Y1009	100×100×900	Y1012	100×100×1200	Y1015	100×100×1500
			Y0509	50×50×900	Y0512	50×50×1200	Y0515	50×50×1500
连接角模（代号J）			J0009	50×50×900	J0012	50×50×1200	J0015	50×50×1500

b. 连接件：定型组合钢模板的连接件包括“U”形卡、“L”形插销、钩头螺栓、对拉螺栓、紧固螺栓和扣件等。

“U”形卡：如图5-40所示，用于钢模板之间的自由拼接，将相邻模板夹紧固定。其安装的距离不大于300mm，即每隔一孔卡插一个，安装方向一顺一倒相互交错，以抵消因打紧“U”形卡可能产生的位移。

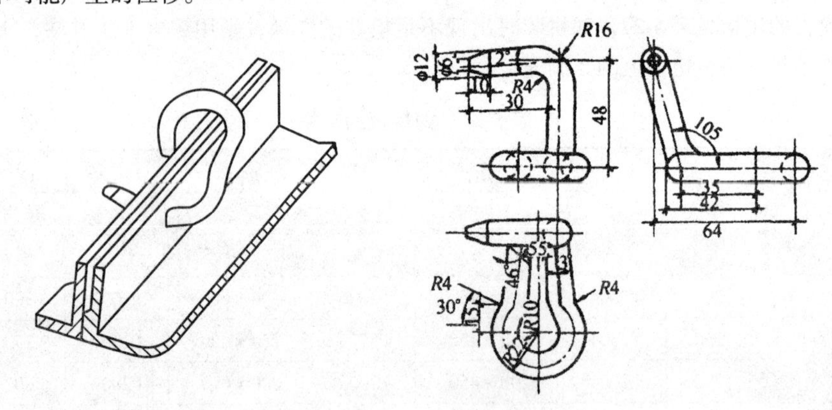

图5-40 “U”形卡

“L”形插销：如图5-41所示，用于插入钢模板端部横肋的插孔内，以加强两相邻模板接头处的刚度和保证接头处板面平整。

钩头螺栓：如图5-42所示，用于钢模板与内外钢楞之间的连接固定。安装间距一般不大于600mm，长度应与采用的钢楞尺寸相适应。

紧固螺栓：如图5-43所示，用于紧固内外钢楞，增强拼接模板的整体性，其长度应与采用的钢楞尺寸相适应。

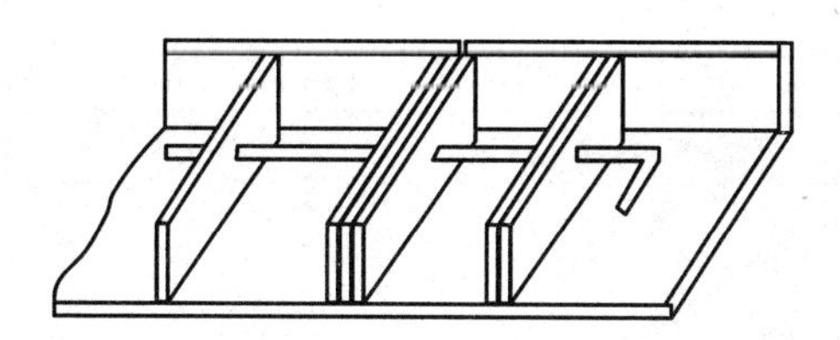

图 5-41 “L”形插销

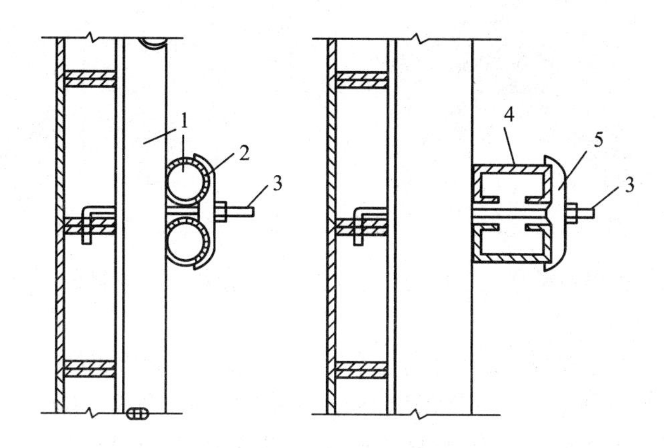

图 5-42 钩头螺栓连接

1—圆钢管钢楞；2—“3”形扣件；3—钩头螺栓；

4—内卷边槽钢钢楞；5—碟形扣件

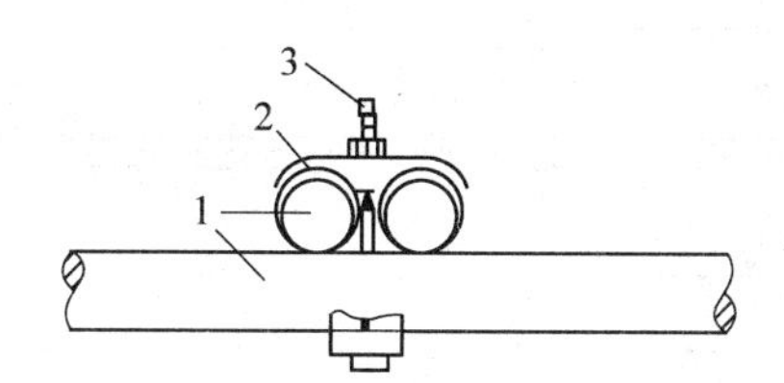

图 5-43 紧固螺栓连接

1—圆钢管钢楞；2—“3”形扣件；3—紧固螺栓

对拉螺栓：如图 5-44 所示，用于连接墙壁两侧模扳，保持模板与模板之间的设计厚度，并承受混凝土侧压力及水平荷载，使模板不致变形。

对拉螺栓的规格和性能，见表 5-28。

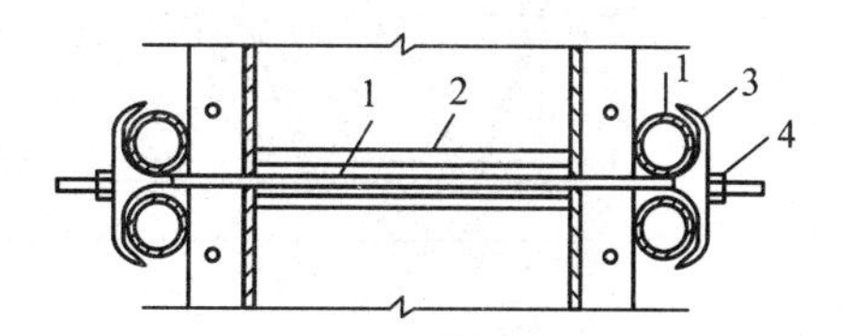

图 5-44 对拉螺栓连接

1—对拉螺栓；2—塑料套管；

3—“3”形扣件；4—螺母

表 5-28　对拉螺栓的规格和性能

螺栓直径(mm)	螺纹内径(mm)	净面积(mm^2)	容许拉力(kN)
M12	10.11	76	12.90
M14	11.84	105	17.80
M16	13.84	144	24.50
T12	9.50	71	12.05
T14	11.50	104	17.65
T16	13.50	143	24.27
T18	15.50	189	32.08
T20	17.50	241	40.91

扣件：扣件用于钢楞与钢楞或钢楞与钢模板之间的扣紧。按钢楞的不同形状，分别采用蝶形扣件和“3”形扣件。

c. 支承件：定型组合钢模板的支承件包括钢桁架、支架、钢楞、斜撑、梁卡具、柱箍等。

钢桁架：如图 5-45 所示，钢桁架采用角钢、扁钢和圆钢筋制成，其两端可支承在钢筋托具、墙和梁侧模板的横挡以及柱顶梁底横挡上，以支承梁或板的模板。图 5-45(a)所示为整榀式，一个桁架的承载能力约为 30kN(均匀放置)；图 5-45(b)所示为组合式桁架，可调范围为 2.5～3.5m，一榀桁架的承载能力约为 20kN(均匀放置)。

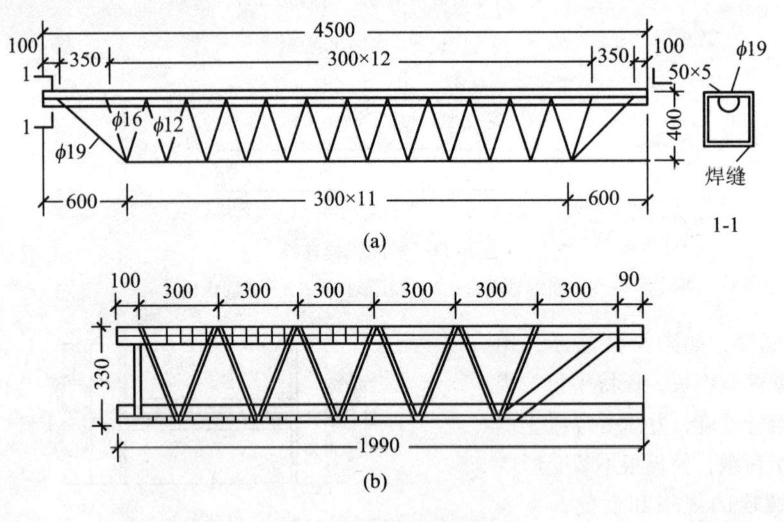

图 5-45　钢桁架示意图

(a)整榀式；(b)组合式

钢支架：用于大梁、楼板等水平模板的垂直支撑，常用钢支架如图 5-46(a)所示，它由内外两节钢管制成，其高低调节距模数为 100mm，支架底部除垫板外，均用木楔调整，以利于拆除。另一种钢管支架本身装有调节螺杆，能调节一个孔距的高度，使用方便，但成本较高，如图 5-46(b)所示。当荷载较大单根支架承载力不足时，可用组合钢支架或钢管井架，如图 5-46(c)所示。还可以用扣件式钢管脚手架、门型脚手架作支架，如图 5-46(d)所示。钢管之间的连接采用的扣件及碗扣接头。

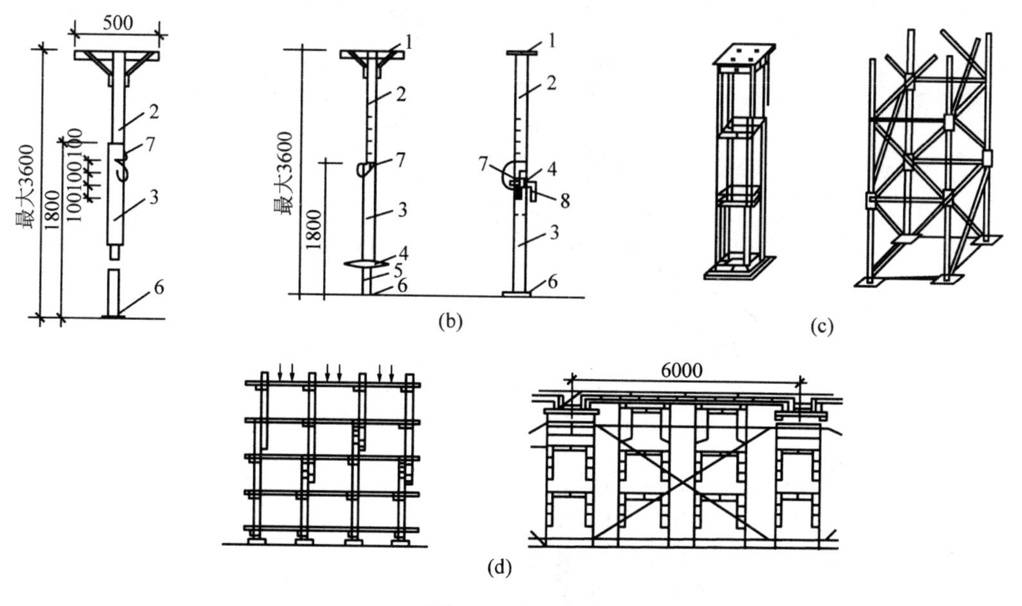

图 5-46 钢支架

(a)钢管支架；(b)调节螺杆钢管支架；(c)组合钢支架和钢管支架；

(d)扣件式钢管和门型脚手架支架

1—顶板；2—插管；3—套管；4—转盘；

5—螺杆；6—底板；7—插销；8—转动手柄

斜撑：如图 5-47 所示，用于承受墙、柱等侧模板的侧向荷载和调整竖向支模的垂直度。由组合钢模板拼成的整片墙模或柱模，在吊装就位后，应用斜撑调整和固定其垂直位置。

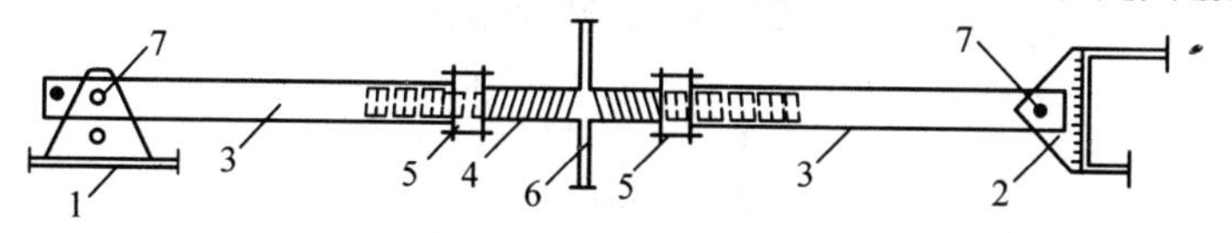

图 5-47 斜撑构造示意图

1—底座；2—顶撑；3—钢管斜撑；4—花篮螺丝；

5—螺母；6—悬杆；7—销钉

钢楞：钢楞一般用圆钢管、矩形钢管、槽钢或内卷边槽钢制作，而以钢管用得较多。

梁卡具：如图 5-48 所示，又称梁托架，用于固定矩形梁、圈梁等模板的侧模板，也可用于侧模板上口的固定。其宽度和高度均可调节，使用梁卡具可节约斜撑等材料。

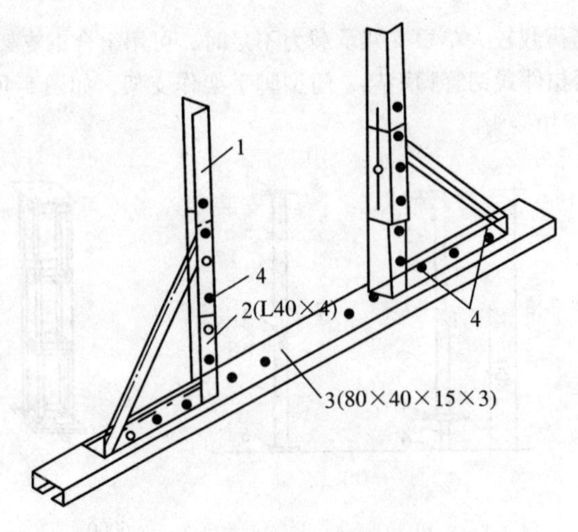

图 5-48　组合梁卡具构造示意图

1—调节杆；2—三脚架；3—底座；4—螺栓

柱箍：如图 5-49 所示，又称柱卡箍、定位夹箍，用于直接支承和夹紧各类柱模的支承件，可根据柱模的外形尺寸和侧压力的大小来选用。

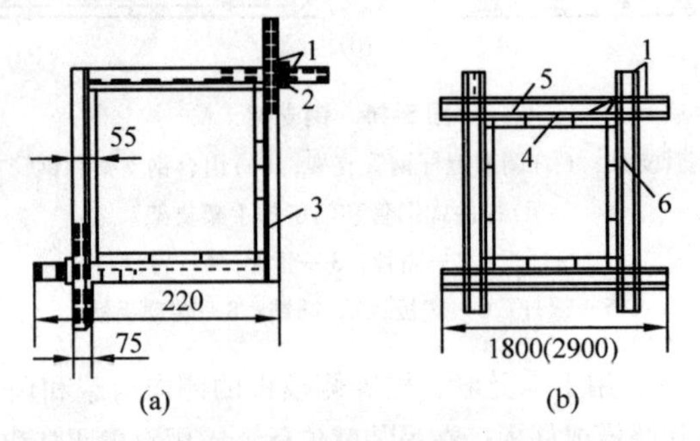

图 5-49　柱箍构造示意图

(a)角钢型;¢(b)型钢型

1—插销；2—限位器；3—夹板；

4—模板；5—型钢 A；6—型钢 B

(2) 钢框木(竹)胶合板模板

钢框木(竹)胶合板模板，是以热轧异型钢为钢框架，以覆面胶合板作板面，并加焊若干钢肋承托面板的一种组合式模板。面板有木、竹胶合板，单片木面竹芯胶合板等。板面施加的覆面层有热压三聚氰胺浸渍纸、热压薄膜、热压浸涂和涂料等。

品种系列(按钢框高度分)除与组合钢模板配套使用的 55 系列(即钢框高 55mm，刚度小、易变形)外，现已发展有 63、70、75、78、90 等，其支承系统各具特色。现行《钢框竹胶合板模板》(JG/T 3059－1999)标准中，选定边框高度为 75mm。

钢框木(竹)胶合板的规格长度最长已达到 2400mm，宽度最宽已达到 1200mm。因此，具有：自重轻、用钢量少、面积大、可以减少模板拼缝、提高结构浇筑后表面的质量和维修方便、面板损伤后可用修补剂修补等特点。

(3) 木模板

①基础模板。如图5-50所示，为一阶梯形基础模板。如果地质良好、地下水位较低，可取消阶梯形模板的最下一阶进行原槽浇筑。模板安装时应牢固可靠，保证混凝土浇筑后不变形和发生位移。

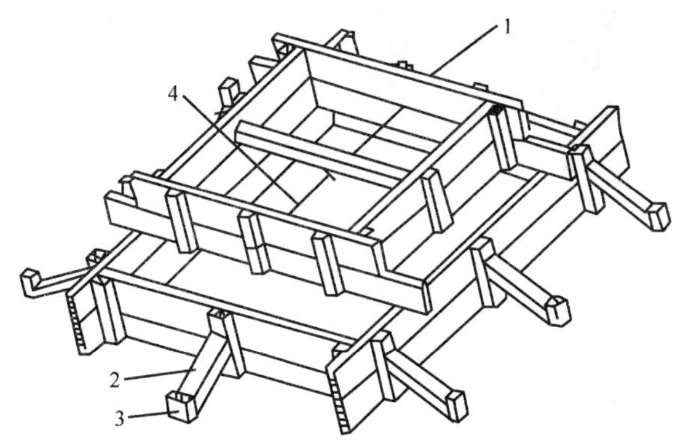

图5-50　阶梯形基础模板

1—拼板；2—斜撑；3—木桩；4—铁丝

②柱模板。柱模板由内、外拼板（共四块）组成，如图5-51所示。两块内拼板宽度与柱截面相同。两块外拼板的宽度则为柱截面宽度与两块内拼板厚度之和。拼板长度等于基础面（或楼面）至上一层楼板底面的距离，若柱与梁相接，还应该留出梁的缺口。

③梁模板。梁模板主要由侧模、底模及支撑系统组成，如图5-52所示。

底模板的宽度同梁宽，侧模的高度则与其所处位置有关，边梁外侧模高度为梁高加梁底模厚度，一般梁侧模则为梁高加底模厚度再减去混凝土板厚，梁模板的长度则为梁净长减去两块柱模厚度。

梁下支撑常采用木支柱、钢管支架、组合钢支架、金属支架、钢桁架等。

④现浇楼板模板。楼板的特点是面积大、厚度薄，因而模板产生的侧压力较小，底模所受荷载也不大，故模板的厚度一般为2.5mm，安装时多采用定型板，以提高安装效率。尺寸不足处用

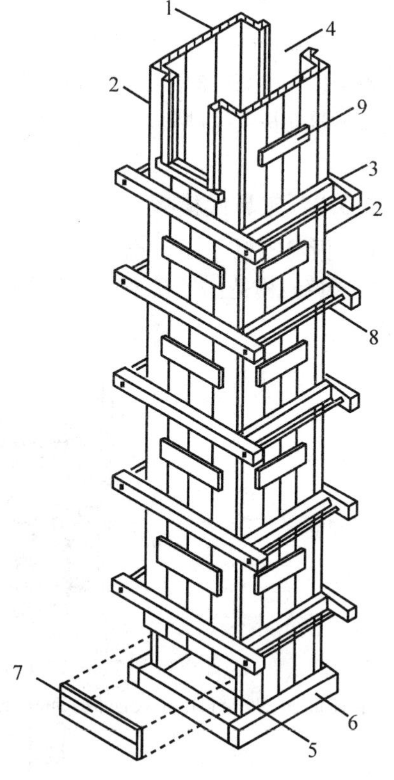

图5-51　矩形柱模板

1—内拼板；2—外拼板；3—柱箍；4—梁缺口；5—清理孔；6—底部木框；7—盖板；8—拉紧螺栓；9—拼条

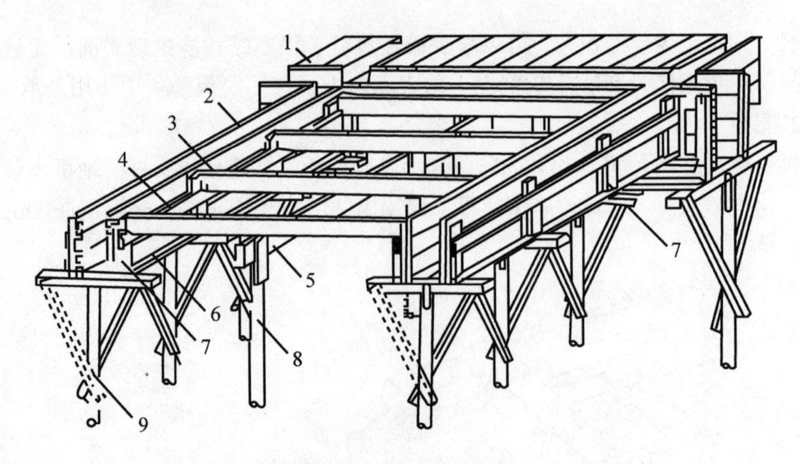

图 5-52　梁、楼板模板

1—楼板模板；2—梁侧模板；3—搁栅；4—横挡；
5—牵杠；6—夹条；7—短撑木；8—牵杠撑；9—支撑

零星木材补足。模板支撑在楞木上，其端面尺寸一般为 60mm × 120mm，间距不大于 600mm，楞木再支撑在梁侧模的托板上，通过托板把力传给梁的支撑系统，如板的跨度大于 2m，楞木中间应增设几排支撑排架。

5.3.3　工具式模板

(1) 滑动模板

①滑模的构造。滑模由模板系统、操作平台系统和提升系统三部分组成，如图 5-53 所示。

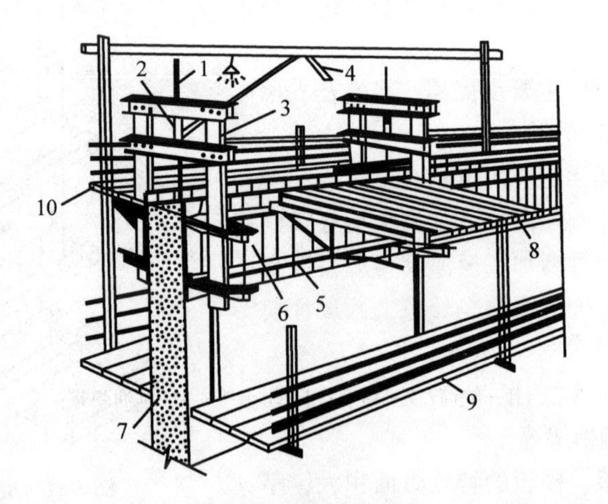

图 5-53　滑升模板

1—支承杆；2—液压千斤顶；3—油管；4—提升架；5—围圈；6—模板；
7—混凝土墙体；8—操作平台桁架；9—内吊脚手架；10—外脚手架

a. 模板系统：包括模板、围圈和提升架等。

模板：模板依赖围圈带动其沿混凝土的表面向上滑动。模板的主要作用是承受混凝土的侧压力、冲击力和滑升时的摩阻力，并使混凝土按设计要求的截面形状成型。模板多用钢模或钢木组合模板，一般墙体钢模板也可采用组合模板改装。

围圈：围圈用于支承和固定模板，其主要作用是使模板保持组装的平面形状，并将模板与提升架连接成一个整体。

提升架：提升架的作用是固定围圈，把模板系统和操作平台系统连成整体，承受整个模板系统和操作平台系统的全部荷载并将其传递给液压千斤顶，同时控制模板、围圈由于混凝土的侧压力和冲击力而产生的变形。

b. 操作平台系统：包括操作平台、内外吊脚手架和外挑脚手架，是绑扎钢筋、浇筑混凝土、提升模板、安装预埋件等工作的场所，也是钢筋、混凝土、预埋件等材料和千斤顶、振捣器等小型备用机具的暂时存放场地。

c. 液压提升系统：包括支承杆、液压千斤顶和液压操纵装置等，它是使滑升模板向上滑升的动力装置。

②滑升原理。滑模的滑升是通过液压千斤顶在支承杆上的爬升。由于千斤顶是与提升架连接在一起的，千斤顶的爬升带动提升架向上，并使模板沿墙体滑升(见图 5-54)。

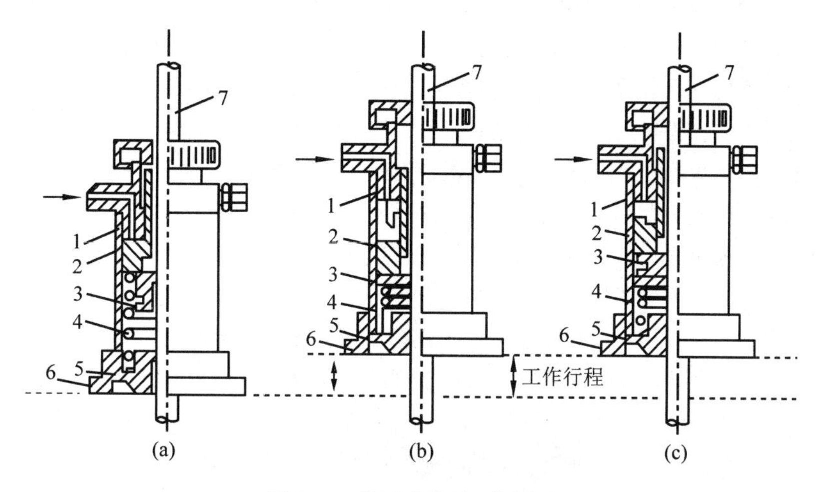

图 5-54　液压千斤顶工作原理

(a)进油；(b)加压上升；(c)回油

1—缸筒；2—活塞；3—上卡头；4—排油弹簧；

5—下卡头；6—底座；7—支承杆

③模板的滑升。滑升模板施工一般为连续作业，中途不作停歇，机械化程度较高。滑升过程是滑模施工的主导工序，其他各工序作业均应安排在限定时间内完成，不宜以停滑或减缓滑升速度来迁就其他作业。

施工时，先进行滑升模板装置的组装工作。组装工作完成，经过检查核对，证明组装质量符合要求后，即可进入混凝土的浇筑等滑升施工阶段。在确定滑升程序或平均滑升速度时，除应考虑混凝土出模强度要求处，还应考虑气温条件、混凝土原材料及强度等级、结构特点、模板条件等因素。

在滑升模板施工过程中，绑扎钢筋、浇筑混凝土、提升模板这三个工序是相互配合地进行工作的。在上述主要工序之间，穿插进行其他各项工作，如接长支承杆，留设门窗孔洞和预埋件，支设梁底模板，特殊部位处理，修饰混凝土表面，养护混凝土，观测和控制建筑物垂直度的偏差等。滑升完毕后，最后进行模板装置的拆除。

(2)爬升模板

爬升工艺可选用模板与爬架互爬、模板与模板互爬及整体爬升等，其中以第一种应用最为广泛。模板与爬架互爬称为有爬架爬模，模板与模板互爬称为无爬架爬模。

①有爬架爬模。一般由爬升模板、爬架和爬升设备三部分组成。

爬升模板的面板一般用组合式钢模板组拼或薄钢板制成，也可用木(竹)胶合板制作。横肋和竖向大肋一般采用槽钢，槽钢规格和布置间距需要按计算确定。

爬架由支承架、附墙架(底座)以及吊模扁担、爬升爬架的千斤顶架(或吊环)等组成。

爬升设备是用于安装模板和固定爬升设备的。常用的爬升设备为捯链和单作用液压千斤顶。如图5-55所示为一种有爬架爬模。其下部设有附墙架，附墙架用螺栓固定在下层混凝土结构上；上部支承立柱坐落在附墙架上，与之成为整体。支承立柱上端有挑横梁，用以悬吊提升爬升模板用的动力装置(如电动葫芦等)，通过动力装置启动模板提升。模板顶端有提升爬架用动力设备，在模板固定后，通过它提升爬架。由此，爬架与模板相互提升，向上施工。爬升模板的背面还可悬挂外脚手架，为模板、钢筋及混凝土等施工提供作业平台。

②无爬架爬模。无爬架爬模的特点是取消了爬架，模板有甲、乙两类组成，爬升时两类模板互为依托，用提升设备使两类相邻模板交替爬升(见图5-56)。

无爬架爬模的爬升装置由三角爬架、爬杆、卡座和液压千斤顶组成。三角爬架插在模板上口两端套筒内，套筒用“U”形螺栓与竖向背楞连接，三角爬架可自由回转，用以支承卡座和爬杆。爬杆用直径为25mm的圆钢制成，上端用卡座固定在三角爬架上。每块模板上装两台起重量为3.5t的液压千斤顶，甲型模板安装在模板中间偏下处，乙型模板安装在模板上口两端。供油用齿轮泵，输油管用高压胶管。

无爬架爬模的操作平台用三角挑架作支撑。安装在乙型模板竖向背楞和它下面的生根背楞上，共设置三道，上面铺脚手板，外测设护栏和安全网。上、中层平台供安装、拆除模板时使用，并在中层平台上加设模板支撑一道，使模板、挑架和支撑形成稳固的整体，并用来调整模板的角度，也便于拆模时松动模板；下层平台供修理墙面用。

无爬架爬升模板施工的爬升程序如图5-57所示。

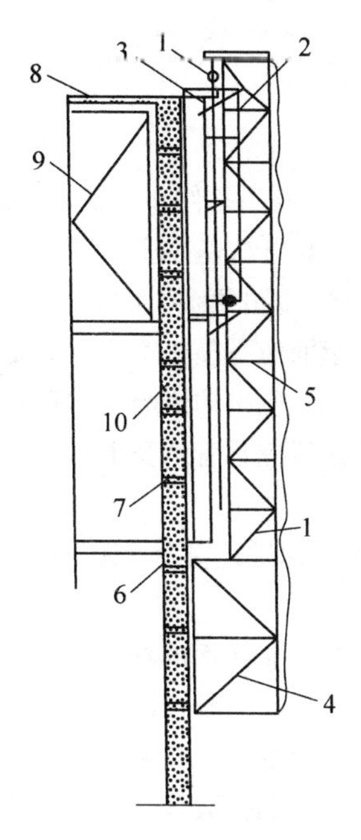

图 5-55 有爬架爬升模板

1—提升模板的动力装置；
2—提升爬架的动力装置；
3—外模板；4—爬架的附属架；
5—爬架的支承立柱；6—附属螺栓；
7—预留孔；8—楼板模板；
9—楼板模板支架；10—混凝土墙体

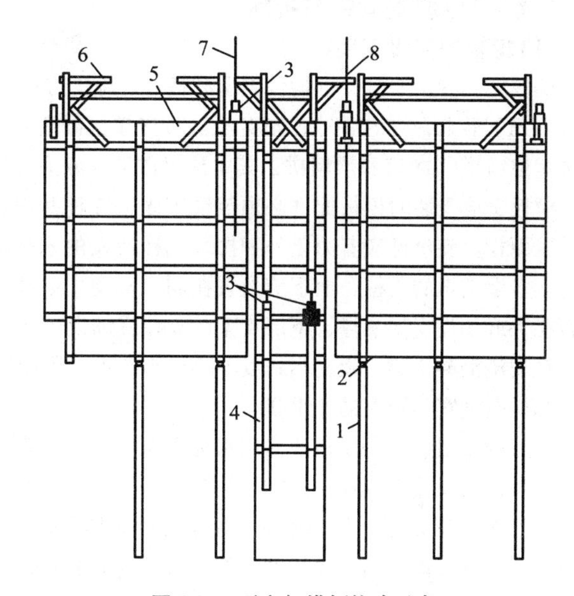

图 5-56 无爬架模板构造示意

1—“生根”背楞；2—连接板；
3—液压千斤顶；4—甲型模板；
5—乙型模板；6—三角爬架；
7—爬杆；8—卡座

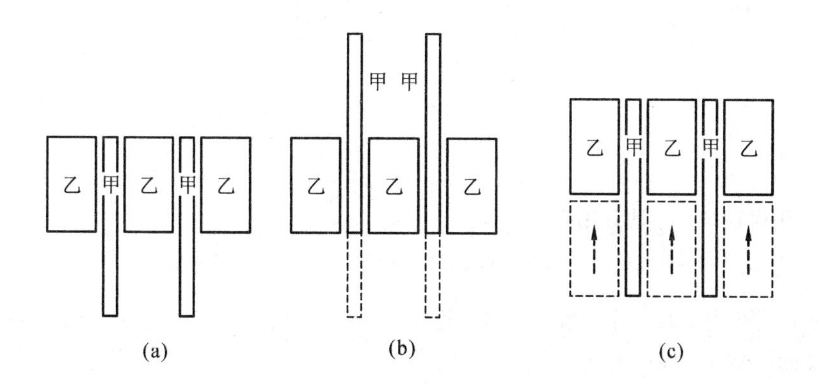

图 5-57 无爬架爬升模板施工爬生程序

(a)模板复位、浇筑混凝土；(b)甲型模板爬升；(c)乙型模板爬升就位，浇筑混凝土

5.3.4 模板的安装与拆除

(1)模板的支设安装

模板安装的程序应根据构件类型和特点、施工方法和机械选择、施工条件和环境等确定。一般为先下后上，先内后外，先支模，后支撑，再紧固。模板的支设方法基本上有两种，即单块就位组拼(散装)和预组拼，其中预组拼又可分为分片组拼和整体组拼两种。

模板支设安装时模板配件必须装插牢固，支柱和斜撑下的支承面应平整垫实，要有足够的受压面积。支承件应着力于外钢楞，支柱所设的水平撑与剪刀撑，应按构造与整体稳定性布置。多层支设的支柱，上下应设置在同一竖向中心线上，下层楼板应具有承受上层荷载的承载能力或加设支架支撑，下层支架的立柱应铺设垫板。

对现浇混凝土梁、板，当跨度不小于4m时，模板应按设计要求起拱；当设计无具体要求时，起拱高度宜为跨度的3/1000。

柱模板安装前先在模板底面用水泥砂浆找平，并调整好柱模板安装底面的标高，或设木框，在木框上安装钢模板，边柱外侧模板需支承在承垫板条上，板条要用螺栓固定在下层结构上，如图5-58所示。柱模根部要用水泥砂浆堵严，防止跑浆；柱模的浇筑口和清扫口，在配模时应一并考虑留出。柱模的清扫口应留置在柱脚一侧，如果柱子断面较大，为了便于清理，亦可两面留设。浇筑混凝土前通过清扫口将柱内的垃圾清理完毕后，立即将清扫口封闭。

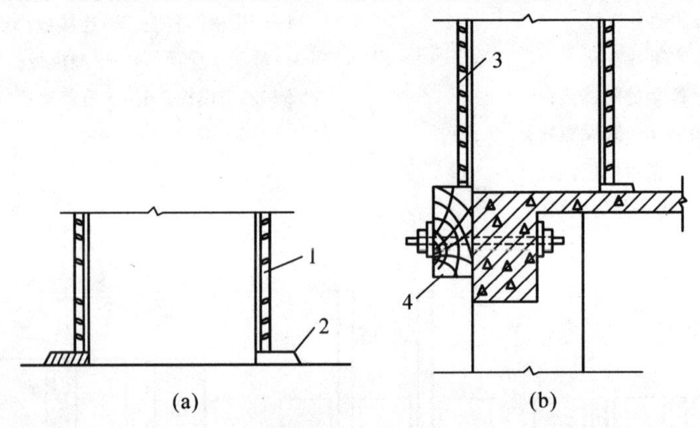

图5-58 柱模板安装

(a)柱模板安装底面处理；(b)边柱外侧模板的固定方法

1—柱模板；2—砂浆找平层；3—边柱外侧模板；4—承垫板条

有梁楼板模板安装时要注意桁架之间要设拉结，以保持桁架垂直，拼接桁架的螺栓要拧紧，数量要满足要求；模板两端应牢固，中间尽量少设或不设固定点，以便拆模，如图5-59所示。

采用扣件钢管脚手或碗扣式脚手架作支架时，扣件要拧紧，杯口要紧扣，要抽查扣件的扭力矩。横杆的步距要按设计要求设置。模板支柱纵、横方向的水平拉杆、剪力撑等，均应按设计要求布置；一般工程当设计无规定时，支柱间距一般不宜大于2m，纵横方向的水平拉

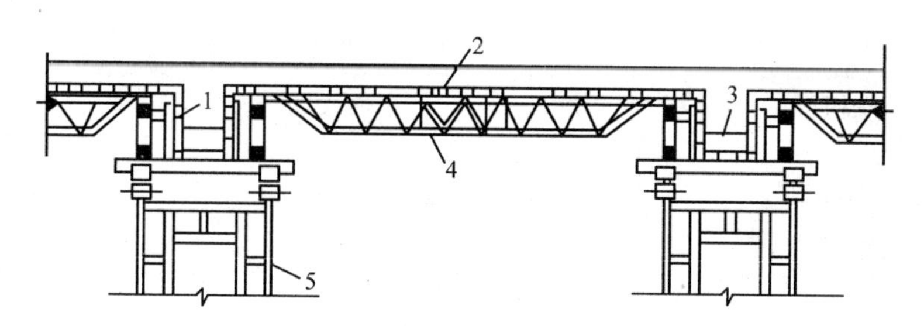

图 5-59 梁楼板模板

1—梁模板；2—楼板模板；3—对拉螺栓；4—伸缩式桁架

杆的上下间距不宜大于 1.5m，纵横方向的垂直剪力撑的间距不宜大于 6m；跨度大或楼层高的工程，必须认真进行设计，尤其是对支撑系统的稳定性，必须进行结构计算，按设计精心施工。

楼梯模板一般比较复杂，施工前应根据实际层高放样，先安装休息平台梁模板，再安装楼梯模板斜楞，然后铺设楼梯底模、安装外帮侧模和踏步模板。安装模板时要特别注意斜向支柱(斜撑)的固定，防止浇筑混凝土时模板移动。

(2)模板的拆除

模板拆除时，应根据混凝土的强度、各个模板的用途、结构的性质、水泥品种及混凝土硬化时的气温等确定拆除方法，遵循先支后拆，先非承重部位，后承重部位以及自上而下的原则。

侧模板为非承重模板，可在混凝土强度能保证其表面及棱角不因拆除而损坏时将侧模板拆除。具体时间可参考表 5-29。底模板在与混凝土结构同条件养护的试件达到表 5-30 规定强度标准值时，方可拆除。达到规定强度标准值所需时间可参考表 5-31

表 5-29 侧模板拆除时间参考表

水泥品种	混凝土强度等级	混凝土的平均硬化温度(℃)					
		5	10	15	20	25	30
		混凝土强度达到 2.5MPa 所需天数					
普通水泥	C10	5	4	3	2	1.5	1
	C15	4.5	3	2.5	2	1.5	1
	≥C20	3	2.5	2	1.5	1.0	1
矿泥及火山灰质水泥	C10	8	6	4.5	3.5	2.5	2
	C15	6	4.5	3.5	2.5	2	1.5

表 5-30 现浇结构拆模时所需混凝土强度

结构类型	结构跨度(m)	按设计的混凝土强度标准值的百分率计(%)
板	≤2	50
	>2，≤8	75
	>8	100

(续)

结构类型	结构跨度(m)	按设计的混凝土强度标准值的百分率计(%)
梁、拱、壳	≤8 100	75 >8
悬臂构件	≤2 100	75 >2

表 5-31　底模板拆除时间参考表

水泥的标号及品种	混凝土达到设计强度标准值的百分率(%)	硬化时昼夜平均温度(℃)					
		5	10	15	20	25	30
32.5 级普通水泥	50	12	8	6	4	3	2
	75	26	18	14	9	7	6
	100	55	45	35	28	21	18
42.5 级普通水泥	50	10	7	6	5	4	3
	75	20	14	11	8	7	6
	100	50	40	30	28	20	18

(3)模板工程安装质量检查及验收

①钢模板工程安装过程中，应进行下列质量检查和验收：

(a)钢模板的布局和施工顺序。

(b)连接件、支承件的规格、质量和紧固情况；支承着力点和模板结构整体稳定性。

(c)预埋件和预留孔洞的规格数量及固定情况；扣件规格与对拉螺栓、钢楞的配套和紧固情况。

(d)模板轴线位置和标志；竖向模板的垂直度和横向模板的侧向弯曲度。

(e)模板的拼缝度和高低差；各种预埋件和预留孔洞的固定情况。

(f)对拉螺栓、钢楞与支柱的间距。

(g)支柱、斜撑的数量和着力点。

(h)模板结构的整体稳定。

(i)有关安全措施。

②模板工程验收时，应提供下列文件：

(a)模板工程的施工设计或有关模板排列图和支承系统布置图。

(b)模板工程质量检查记录及验收记录。

(c)模板工程支模的重大问题及处理记录。

③现浇混凝土结构所用模板的安装尺寸偏差见表 5-32，检查数量为在同一检验批内，对梁、柱和独立基础，应抽查构件数量的 10%，且不少于 3 件；对墙和板，应按有代表性的自然间抽查 10%，且不少于 3 间；对大空间结构，墙可按相邻轴线间高度 5m 左右划分检查面，板可按纵、横轴线划分检查面，抽查 10%，且均不少于 3 面。

表 5-32 现浇结构模板安装的允许偏差及检验方法

<table>
<tr><th colspan="2">项目</th><th>允许偏差(mm)</th><th>检验方法</th></tr>
<tr><td colspan="2">轴线位置</td><td>5</td><td>钢尺检查</td></tr>
<tr><td colspan="2">底模上表面标高</td><td>±5</td><td>水准仪或拉线、钢尺检查</td></tr>
<tr><td rowspan="2">截面内部尺寸</td><td>基础</td><td>±10</td><td>钢尺检查</td></tr>
<tr><td>柱、墙、梁</td><td>+4，-5</td><td>钢尺检查</td></tr>
<tr><td rowspan="2">层高垂直度</td><td>不大于5m</td><td>6</td><td>经纬仪或吊线、钢尺检查</td></tr>
<tr><td>大于5m</td><td>8</td><td>经纬仪或吊线、钢尺检查</td></tr>
<tr><td colspan="2">相邻两板表面高低差</td><td>2</td><td>钢尺检查</td></tr>
<tr><td colspan="2">表面平整度</td><td>5</td><td>2m 靠尺和塞尺检查</td></tr>
</table>

注：检查轴线位置时，应沿纵、横两个方向量测，并取其中的较大值。

④预制构件模板安装的偏差应符合表5-33的规定。检查数量为首次使用及大修后的模板应全数检查；使用中的模板应定期检查，并根据使用情况不定期抽查。

表 5-33 预制构件模板安装的允许偏差及检验方法

<table>
<tr><th colspan="2">项目</th><th>允许偏差(mm)</th><th>检验方法</th></tr>
<tr><td rowspan="4">长度</td><td>板、梁</td><td>±5</td><td rowspan="4">钢尺量两角边，取其中较大值</td></tr>
<tr><td>薄腹梁、桁架</td><td>±10</td></tr>
<tr><td>柱</td><td>0，-10</td></tr>
<tr><td>墙板</td><td>0，-5</td></tr>
<tr><td rowspan="2">宽度</td><td>板、墙板</td><td>0，-5</td><td rowspan="2">钢尺量一端及中部，取其中较大值</td></tr>
<tr><td>梁、薄腹梁、桁架、柱</td><td>+2，-5</td></tr>
<tr><td rowspan="3">高(厚)度</td><td>板</td><td>+2，-3</td><td rowspan="3">钢尺量一端及中部，取其中较大值</td></tr>
<tr><td>墙板</td><td>0，-5</td></tr>
<tr><td>梁、薄腹板、桁架、柱</td><td>+2，-5</td></tr>
<tr><td rowspan="4">侧向弯曲</td><td>梁、板、柱</td><td>l/1000 且≤15</td><td rowspan="2">拉线、钢尺量最大弯曲处</td></tr>
<tr><td>墙板、薄腹梁、桁架</td><td>l/1500 且≤15</td></tr>
<tr><td>板的表面平整度</td><td>3</td><td>2m 靠尺和塞尺检查</td></tr>
<tr><td>相邻两板表面高低差</td><td>1</td><td>钢尺检查</td></tr>
<tr><td rowspan="2">对角线差</td><td>板</td><td>7</td><td rowspan="2">钢尺量两个对角线</td></tr>
<tr><td>墙板</td><td>5</td></tr>
<tr><td>翘曲</td><td>板、墙板</td><td>l/1500</td><td>调平尺在两端量测</td></tr>
<tr><td>设计起拱</td><td>薄腹梁、桁架、梁</td><td>±3</td><td>拉线、钢尺量跨中</td></tr>
</table>

注：I 为构件长度(mm)。

⑤固定在模板上的预埋件、预留孔和预留洞均不得遗漏，且应安装牢固，其偏差应符合表5-34的规定。检验方法为钢尺检查。

表5-34　预埋件和预留孔洞的允许偏差

项目		允许偏差(mm)
预埋钢板中心线位置		3
预埋管、预留孔中心线位置		3
插筋	中心线位置	5
	外露长度	+10，0
预埋螺栓	中心线位置	2
	外露长度	+10，0
预留洞	中心线位置	10
	尺寸	+10，0

注：检查中心线位置时，应沿纵、横两个方向量测，并取其中的较大值。

5.4　新农村住宅常用的预制钢筋混凝土构件

5.4.1　钢筋混凝土矩形檩条

(1)构件的特点及适用范围

钢筋混凝土矩形檩条具有构造简单、制作、运输、安装简便的特点，在北方农村中使用较多。这种檩条适用于各种材料的屋面基层上铺平瓦或小青瓦的坡屋面(屋面坡度1:2~1:2.5)或平顶屋面农村住宅房屋。檩条间距(水平间距)不小于0.6m，不大于1.2m。

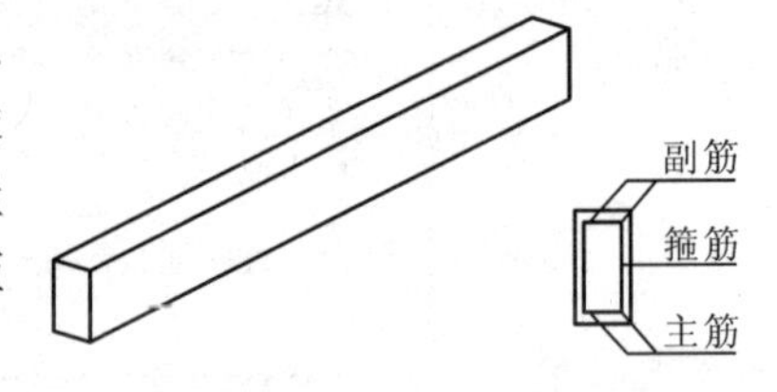

图5-60　钢筋混凝土矩形檩条示意图

外加荷载分为130、180、230、280kN/m(不包括檩条自重)，4个等级。

檩条长度有3.0、3.3、3.6、3.9m 4种(若长度不在此规定中，可根据实际尺寸选用较大长度规格的截面和配筋，如3.4m、3.5m可用3.6m的截面和配筋)。钢筋混凝土矩形檩条示意图见图5-60。

(2)材料

混凝土为C20号，钢材为Ⅰ级钢。

(3)制作及安装中注意事项

主筋的混凝土净保护层不小于19mm(即箍筋净保护层不小于15mm)。

檩条强度需达100%(即200kN/cm^2)方可允许出厂安装。

檩条堆放、运输时，只能立板，不能平放。

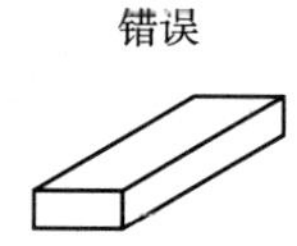

檩条安放时要正放，不能斜放，主筋在下，严禁倒置。如何避免檩条倒置的发生，请选用者观察以下几种情况。

①上部有预埋毛刺　　②上部有预留孔 φ12 80

③上部做成斜面　　④檩条侧面注有面上标记

檩条放置在空斗墙和三合土墙时，檩条下面要实砌五皮砖，支承长度≥110mm(见图5-61)。

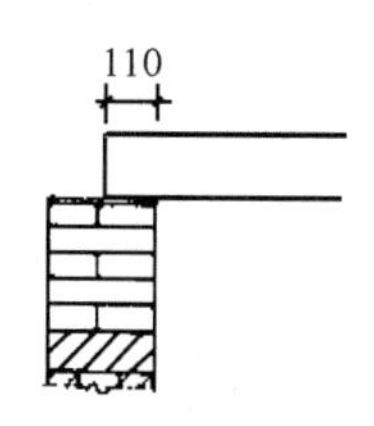

图5-61　檩条放置在空斗墙或三合土墙上

当墙的厚度较小时(小于240mm)，墙上放置2根檩条，檩条支承长度小于110mm时可采用檩条下部加钢板如图5-62或2根檩条错接如图5-63以增加支承长度。

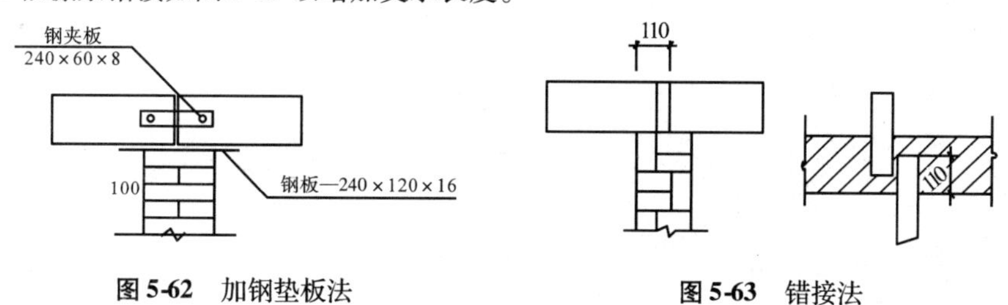

图5-62　加钢垫板法　　图5-63　错接法

(4)檩条构造

①檩条顶面的构造(见图5-64)

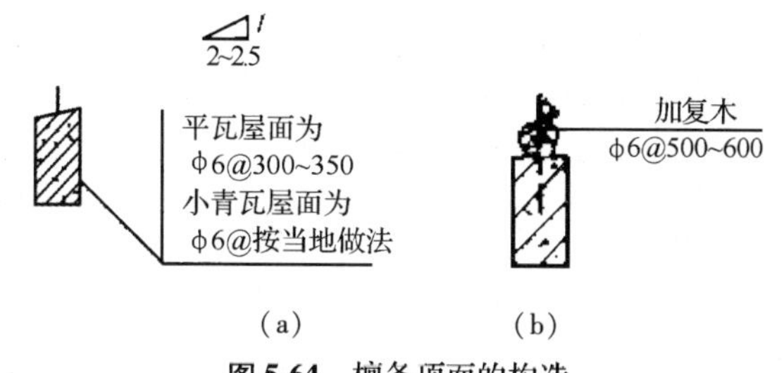

图5-64　檩条顶面的构造

(a)最好做成斜面省去复木；(b)檩条顶面加做复木

②檩条与檩条常用和比较简便的连接方法(见图5-65)

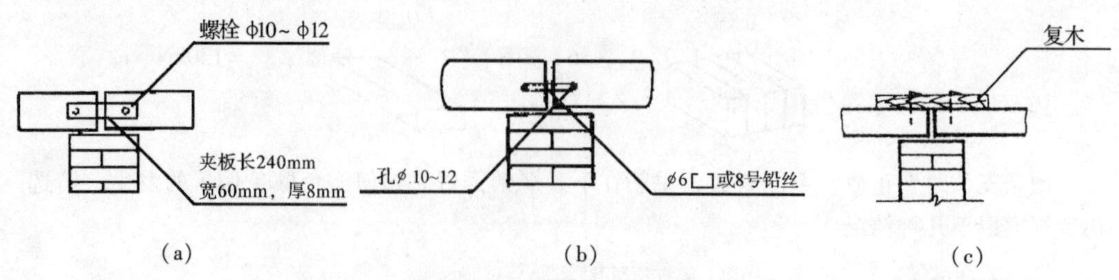

图 5-65　檩条与檩条连接方法

(a)螺栓夹板法；(b)檩条端部预留孔中插入钢筋用铅丝绑扎；(c)复木拉接

(5)构件编号

LT 33-13

- LT：钢筋混凝土檩条
- 33：开间尺寸 3.3m
- 13：外加荷载 130KN/m

(6)檩条的选用

先根据具体工程的屋面构造要求计算出每米檩条上的线荷载(kN/m)，从选用表(见表5-35)上选用。(计算时每根檩条还要考虑一个 80kN 的检修集中荷载，但此荷载不应与雪荷载同时计算，表 5-35 列出了几种开间的檩条，当承受一个 80kN 检修集中荷载换算为均布荷载值)。

表 5-35　檩条荷载换算表

检修集中荷载简图	开间(m)	换算为均布荷载(kN/m)	检修集中荷载简图	开间(m)	换算为均布荷载(kN/m)
P=80kg；$L/2$，$L/2$；L_0=开间-100	3.0 3.3 3.6	q_p 55 50 46	P=80kg；$L/2$，$L/2$；L_0=开间-100	3.9 4.2	q_p 41 39

例：已知，房屋开间尺寸为 3.6m，屋面坡度为 1∶2.5，$\alpha = 21°52'$，$\cos\alpha = 0.928$，檩条水平间距为 0.8m，平瓦屋面，屋面构造如图 5-66。

荷载计算：平瓦 $55kN/m^2 \div \cos\alpha = 59.2kN/m^2$

椽子　$13kN/m^2 \div \cos\alpha = 14kN/m^2$

雪荷载取 $S = 40kN/m^2$，$S_0 = CS$

因为 $\alpha < 25°$，$C = 1$

所以 $S_0 = CS = 1 \times 40 = 40kN/m^2$

$S_P = S_0 \times$ 檩条间距(0.8) $= 32kN/m^2$

检修集中荷载 $P = 80kg$，查表 5-35。

$q_p = 46kN/m^2 > S_p$，故选用 q_p。

所以，每米檩条上的外加荷载

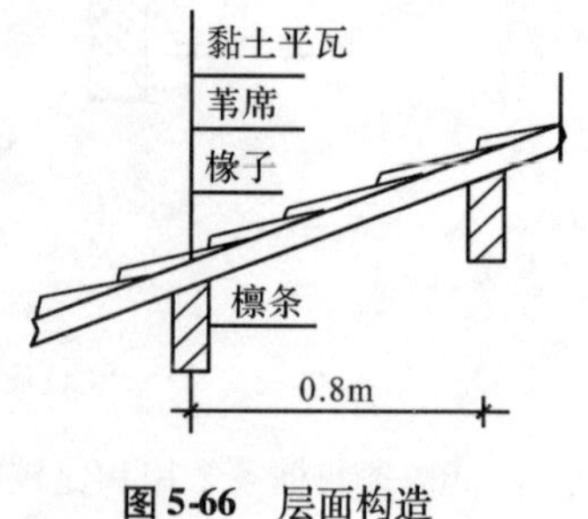

图 5-66　层面构造

$$q=(59.2+14)\times 檩条水平间距(0.8)+46=116.4\text{kN/m}$$

从钢筋混凝土矩形檩条选用表1(见表5-36)选用LT36－13，外加荷载＝130kN/m。

(7)钢筋混凝土矩形檩条模板及配筋图(见图5-67)

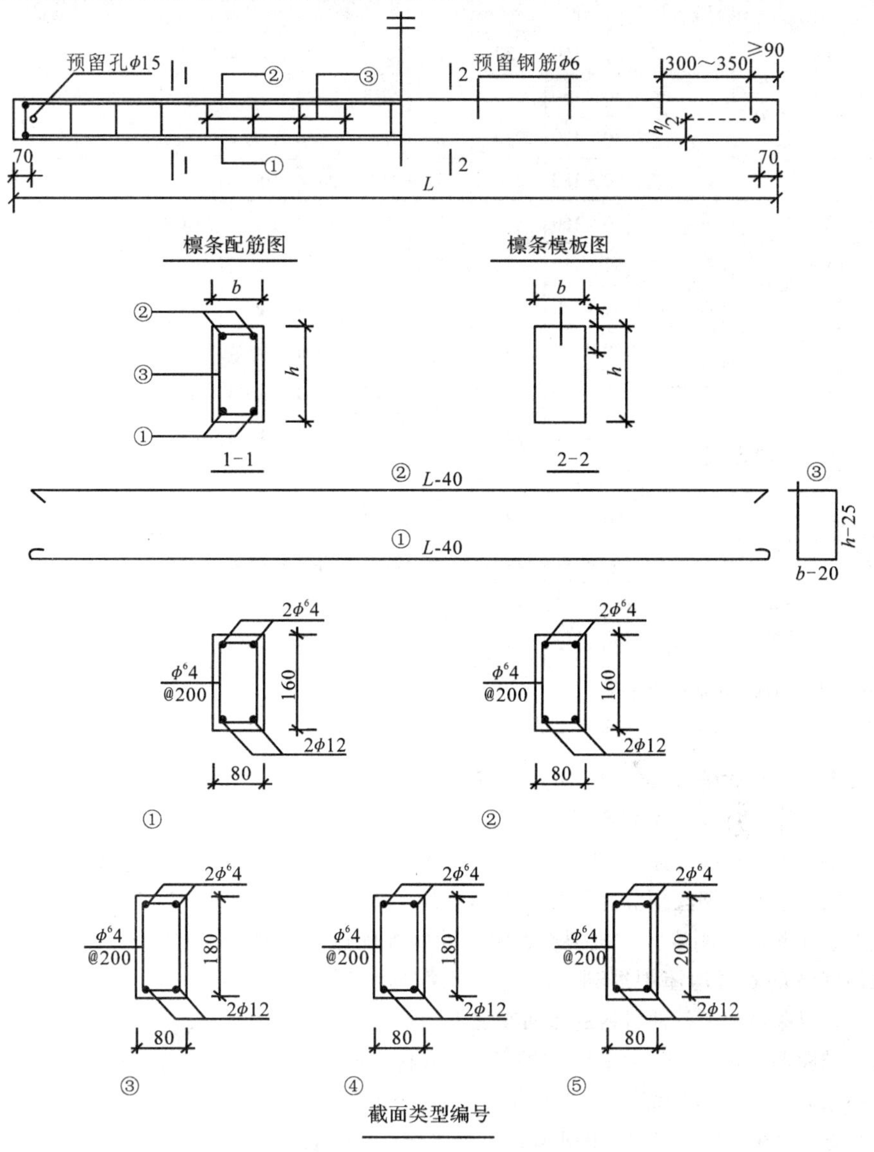

图5-67　钢筋混凝土矩形檩条模板及配筋图

表 5-36 钢混凝土矩形檩条选用表

檩条编号	长度 L(mm)	截面形式 ($b\times h$)	截面尺寸 (mm)	外加荷载 (kN/m)	截面类型	钢筋编号			钢筋重量 (kg)	混凝土标号	混凝土体积 (m^3)	构件重量 (kg)
						①	②	③				
LT30－13	2980		80×160	130	1	$2\phi8$	$2\phi^b4$	$16\phi^b4$	3.63	200	0.038	96
LT30－18			80×160	180	1	$2\phi8$	$2\phi^b4$	$16\phi^b4$				
LT30－23			80×160	230	2	$2\phi10$	$2\phi^b4$	$16\phi^b4$	3.69			
LT30－28			80×180	280	3	$2\phi10$	$2\phi^b4$	$10\phi^b4$			0.043	107
LT33－13	3280		80×160	130	1	$2\phi8$	$2\phi^b4$	$18\phi^b4$	4.03	200	0.042	105
LT33－18			80×180	180	3	$2\phi10$	$2\phi^b4$	$18\phi^b4$	5.6		0.048	119
LT33－23			80×180	230	3	$2\phi10$	$2\phi^b4$	$18\phi^b4$				
LT33－28			80×180	280	4	$2\phi12$	$2\phi^b4$	$18\phi^b4$	7.4			
LT36－13	3580		80×160	130	2	$2\phi10$	$2\phi^b4$	$19\phi^b4$	6.07	200	0.046	115
LT36－18			80×180	180	3	$2\phi10$	$2\phi^b4$	$19\phi^b4$			0.052	130
LT36－23			80×180	230	3	$2\phi12$	$2\phi^b4$	$19\phi^b4$				
LT36－28			80×200	280	5	$2\phi12$	$2\phi^b4$	$19\phi^b4$	8.05		0.057	144
LT39－13	3880		80×180	130	3	$2\phi10$	$2\phi^b4$	$21\phi^b4$	6.59	200	0.056	140
LT39－18			80×200	180	5	$2\phi12$	$2\phi^b4$	$21\phi^b4$	8.81		0.062	155
LT39－23			80×200	230	5	$2\phi12$	$2\phi^b4$	$21\phi^b4$				

注：外加荷载不包括檩条自重

5.4.2 冷拔低碳钢丝预应力混凝土矩形檩条

(1)构件的特点及适用范围

采用先张法长线台座(台座长度不小于 50m)自然养护生产的冷拔低碳钢丝预应力混凝土矩形檩条，具有节约钢材、重量轻、刚度大、抗裂性、耐久性好等优点。已在浙江省的农村房屋中得到广泛使用，深受农民欢迎。这种檩条适用于各种材料的屋面基层上铺平瓦或小青瓦的坡屋面(坡度 1∶2～1∶2.5)或平屋面的农村住宅房屋。檩条间距(水平距离)不小于 0.6m，不大于 1.2m。外加荷载为 130、180、230、280kN/m 4 个等级。檩条长度有 3.0、3.3、3.6、3.9、4.2m 5 种。冷拔低碳钢丝预应力混凝土矩形檩条示意图见图 5-68。

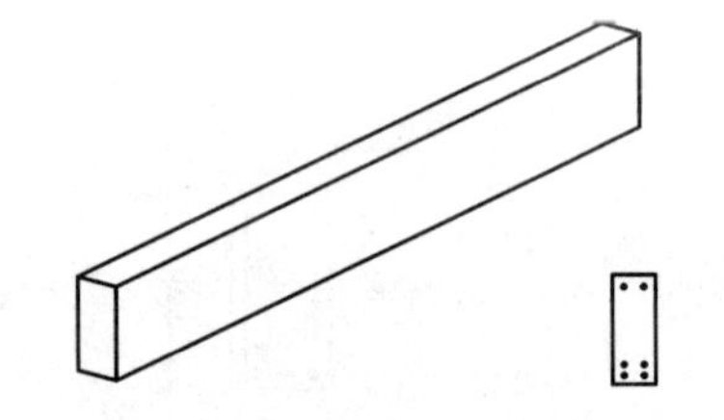

图 5-68 冷拔低碳钢比预应力混凝土矩形檩条示意图

(2)材料

混凝土为 C30 号细石混凝土，钢材为甲级Ⅱ组冷拔低碳钢丝，强度见表 5-37。

预应力冷拔低碳钢丝张拉控制应力取值 $\sigma_k = 0.7R_y^b$，每根冷拔低碳钢丝的张拉值见表 5-38。檩条断面的纵向钢丝全部进行张拉，张拉的具体规定如下：

表 5-37　冷拔低碳钢丝强度表

钢筋品种(冷拔低碳钢丝)	ϕ^b3	ϕ^b4	ϕ^b5
标准强度 R_y^b（kN/m²）	7000	6300	6000
张拉控制应力 σ_k(kN/m²)	4900	4550	4200

表 5-38　冷拔低碳钢丝的张拉值表

钢筋品种(冷拔低碳钢丝)	ϕ^b3	ϕ^b4	ϕ^b5
每根冷拔钢丝的张拉值(kN/根)	348(366)	570(600)	820(860)

冷拔低碳钢丝张拉采用一次张拉从 $0\rightarrow1.05\sigma_k$。张拉好的钢丝必须当天浇完混凝土，在一个构件上不能留施工缝。若因天气影响当天不能浇完混凝土时，要将钢丝放松，重新张拉后再进行浇筑混凝土。

(3)制作及安装注意事项

主筋的混凝土净保护层不得小于 19mm。

放松预应力冷拔低碳钢丝时混凝土强度需达到 0.7R 强度(即 C30 号混凝土强度为 210 kN/m²)。檩条强度达到 100%(即 300kN/m²)方可允许出厂安装，构件堆放和运输时只能立放，不能平放。

檩条安放时要正放，垂直于地面，不能倒置，主筋在下(即筋多的一面在下)，防止檩条断裂。檩条放置在空斗墙和三合土墙上时，檩条下要实砌五皮砖，支承长度应小于 110mm(见图 5-61)。当墙的厚度较小时(小于 240mm)，墙上放置 2 根檩条，每根檩条支承长度小于 110mm 时，可采用檩条下部加钢板(见图 5-62)，或 2 根檩条错接(图 5-63)，以增加支承长度。

(4)檩条构造

檩条顶面构造和檩条的连接构造参见图 5-64、图 5-65。

(5)构件编号

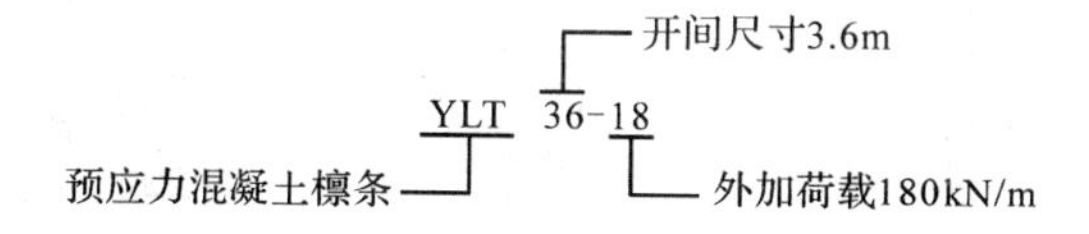

(6)檩条选用

根据具体工程的屋面构造计算出每米檩条上的线荷载(kN/m)，再从预应力混凝土矩形檩条选用表(表 5-39)上选用。(80kN 集中检修荷载换算为均布荷载值见表 5-35)。

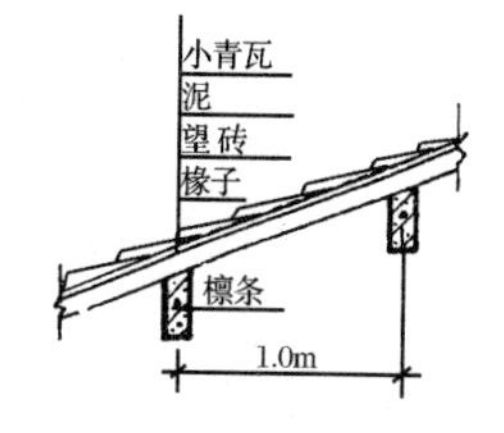

图 5-69　小青瓦屋面构造

例：已知房屋开间尺寸为 3.6m，屋面坡度为 1∶2，$\alpha=26°34'$，$\cos\alpha=0.894$，檩条水平间距为 1m，小青瓦屋面构造如图 5-69。

荷载计算：小青瓦 $100\text{kN/m}^2\div\cos\alpha=112\text{kN/m}^2$

椽子 $13\text{kN/m}^2\div\cos\alpha=14.5\text{kN/m}^2$

望砖 $28\text{kN/m}^2\div\cos\alpha=31.3\text{kN/m}^2$

草泥 $16kN/m^2 \div \cos\alpha = 17.9kN/m^2$

雪荷载取 $S = 40kN/m^2$，$S_0 = CS$，因为 $\alpha > 25°$，$C = 0.96$

所以 $S_0 = CS = 0.96 \times 40 = 38.4kN/m^2$

$S_P = 38.4 \times 1 = 38.4kN/m$。检修集中荷载 $P = 80kN$，查表 5-35 得

$q_p = 46kN/m$，qp > sp，所以每米檩条上的外加荷载 $q = (112 + 14.5 + 31.3 + 17.9) \times$ 檩条间距$(1.0) + 46 = 221.7kN/m$。

从预应力混凝土矩形檩条选用表(表 5-39)选用，YLT36 − 23，外加荷载为 230kN/m。

冷拔低碳钢丝预应力混凝土矩形檩条选用表见表 5-39。

(7) 冷拔低碳钢丝预应力混凝土矩形檩条模板及配筋图(见图 5-70)

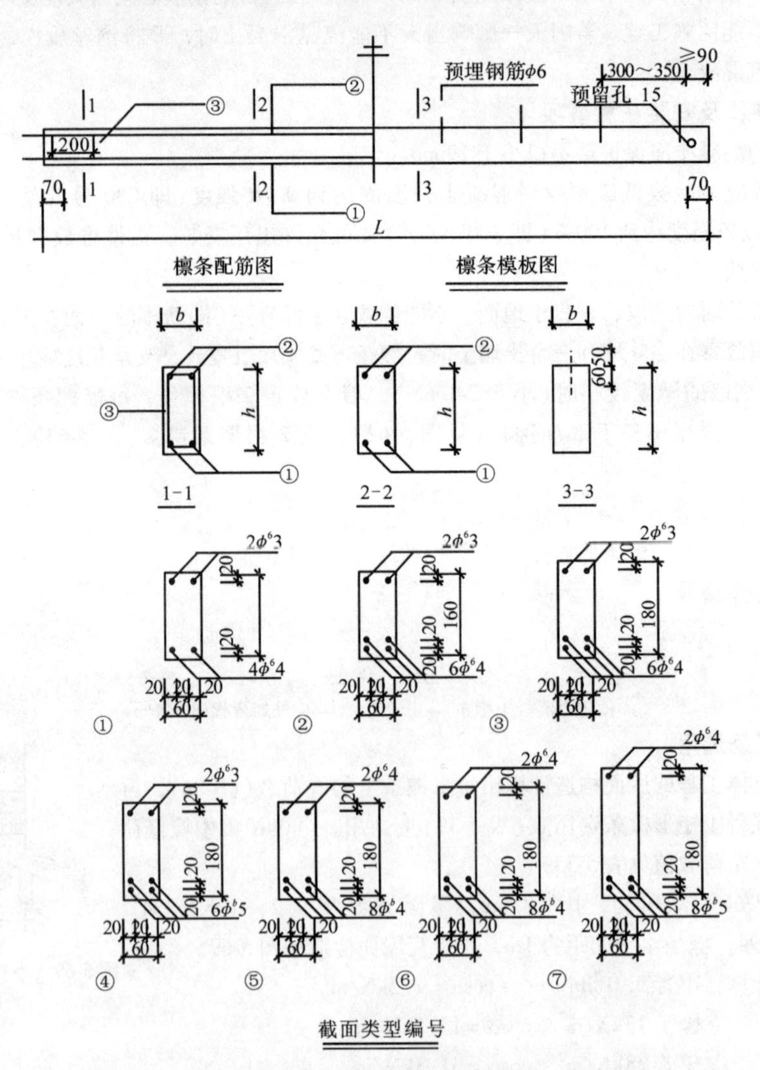

图 5-70　冷拔低碳钢丝预应力混凝土矩形檩条模板配筋图

表 5-39 冷拔低碳钢丝预应力混凝土矩形檩条选用表

檩条编号	长度 L(mm)	截面形式 ($b\times h$)	截面尺寸 (mm)	外加荷载 (kN/m)	截面类型	钢筋编号			钢筋重量 (kg)	混凝土标号	混凝土体积 (m^3)	构件重量 (kg)
						①	②	③				
YLT30-13	2980		60×160	130	1	$4\phi^b4$	$2\phi^b3$	$4\phi^b3$	1.60	300	0.029	72
YLT30-18			60×160	180	2	$6\phi^b4$	$2\phi^b3$	$4\phi^b3$	2.19			
YLT30-23			60×180	230	4	$6\phi^b5$	$3\phi^b3$	$4\phi^b3$	3.18		0.032	80
YLT30-28			60×180	280	4	$6\phi^b5$	$2\phi^b3$	$4\phi^b3$				
YLT33-13	3280		60×160	130	2	$6\phi^b4$	$2\phi^b3$	$4\phi^b3$	2.40	300	0.031	79
YLT33-18			60×180	180	3	$6\phi^b4$	$2\phi^b4$	$4\phi^b3$			0.035	89
YLT33-23			80×200	230	6	$8\phi^b4$	$2\phi^b4$	$4\phi^b3$	3.43		0.053	131
YLT33-28			80×300	280	6	$8\phi^b4$	$2\phi^b4$	$4\phi^b3$				
YLT36-13	3580		60×180	130	3	$6\phi^b4$	$2\phi^b3$	$4\phi^b3$	2.61	300	0.039	97
YLT36-18			60×180	180	4	$6\phi^b5$	$2\phi^b3$	$4\phi^b3$	3.80			
YLT36-23			60×200	230	6	$8\phi^b4$	$2\phi^b4$	$4\phi^b3$	3.67		0.057	144
YLT36-28			60×220	280	7	$8\phi^b5$	$2\phi^b4$	$4\phi^b3$	4.95		0.063	158
YLT39-13	3880		60×180	130	5	$8\phi^b4$	$2\phi^b4$	$4\phi^b3$	3.97	300	0.042	105
YLT39-18			60×200	180	6	$8\phi^b4$	$2\phi^b4$	$4\phi^b3$			0.062	155
YLT39-23			60×220	230	7	$8\phi^b5$	$2\phi^b4$	$4\phi^b3$	5.69		0.068	171
YLT39-28			60×220	280	7	$8\phi^b5$	$2\phi^b4$	$4\phi^b3$				
YLT42-13	4180		80×200	130	6	$8\phi^b4$	$2\phi^b4$	$4\phi^b3$	4.26	300	0.067	168
YLT42-18			80×220	180	7	$8\phi^b5$	$2\phi^b4$	$4\phi^b3$	6.12		0.074	184
YLT42-23			80×220	230	7	$8\phi^b5$	$2\phi^b4$	$4\phi^b3$				

注：外加荷载不包括檩条自重。

5.4.3 钢筋混凝土楼梯踏步板

楼梯踏步示意图见图 5-71。

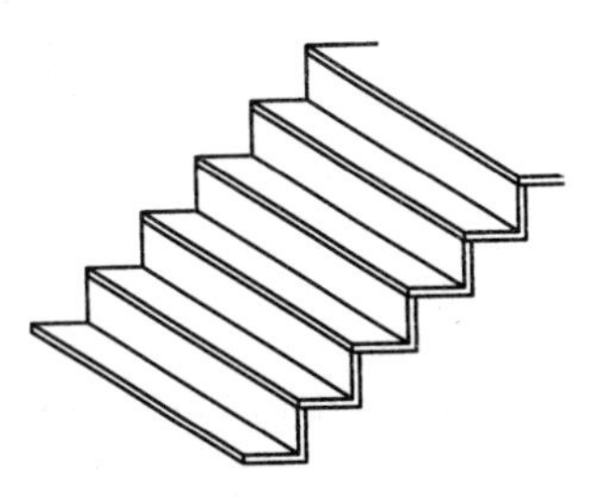

图 5-71 楼梯踏步示意图

(1)类型

“一”型和“L”型楼梯踏步板构件轻，制作安装方便，适用于楼梯净宽度比较小的农村住宅楼房。TB_1 踏步板配筋图见图 5-72；TB_2、YTB_2 踏步板配筋图见图 5-73；楼梯踏步板选用表见表 5-40，适用于楼梯净宽不小于 0.75m，且不大于 1.0m 的。踏步板两端支承在砖墙上，支承长度不小于 110mm，随墙身同时砌筑。“一”型板的踏步高度受砖尺寸的影响，高度为 100～200mm。

(2)材料

YTB_2混凝土标号为 C30，钢材为甲级Ⅱ组冷拔钢丝，每根钢丝的张拉值：ϕ^b4—570kN/根，钢筋剪断时混凝土强度应达设计标号 70%(即 210kN/m^2)。

表 5-40　楼梯踏步板选用表

板型		板编号	适用于楼梯净宽（mm）	板长 L（mm）	板厚 h（mm）	钢筋编号			钢筋重量（kg）	混凝土标号	混凝土体积（m^3）	构件重量（kg）
						①	②	③				
250～300	普通钢筋混凝土	TB_1	750～900	1100	50	$3\phi6$	$5\phi^b4$		1.03～1.35	300	0.014～0.020	34～39
			850～1000	1300		$4\phi6$	$6\phi^b4$					
250～300	普通钢筋混凝土	TB_2	750～900	1100	40	$1\phi6$	$5\phi^b4$	$3\phi^b4$	0.714～0.847	200	0.017～0.023	41～59
			850～1000	1300		$1\phi6$	$6\phi^b4$	$3\phi^b4$				
	预应力钢筋混凝土	YTB_2	750～900	1100	35	$1\phi^b4$	$5\phi^b4$	$3\phi^b4$	0.572～0.632	300	0.015～0.021	36～51
			850～1000	1300		$1\phi^b4$	$5\phi^b4$	$3\phi^b4$				

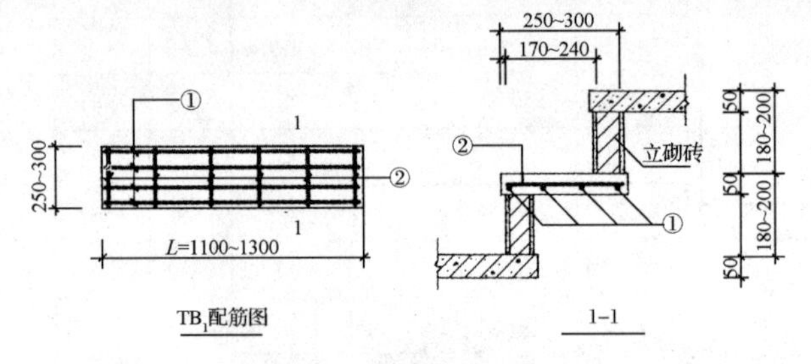

图 5-72　TB_1 踏步板配筋图

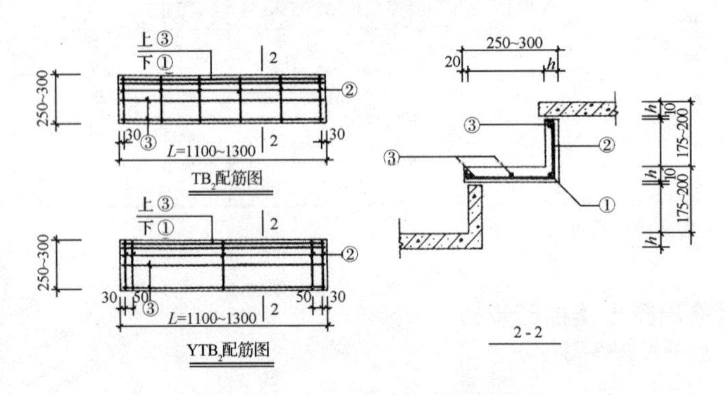

图 5-73　TB_2、YTB_2 踏步板配筋图

TB_1 混凝土标号为 C30，TB_2 混凝土标号为 C20，钢材为Ⅰ级钢。

(3) 构件编号

TB_1——钢筋混凝土“一”型踏步板；

TB_2——钢筋混凝土“L”型踏步板；

YTB_2——预应力钢筋混凝土“L”型踏步板。

(4) 踏步板钢筋净保护层厚度不得小于 10mm

5.4.4 钢筋混凝土门窗过梁

①钢筋混凝土门窗过梁示意图见图 5-74。

②钢筋混凝土门窗过梁配筋图见图 5-75。

③钢筋混凝土门窗过梁选用表见表 5-41。

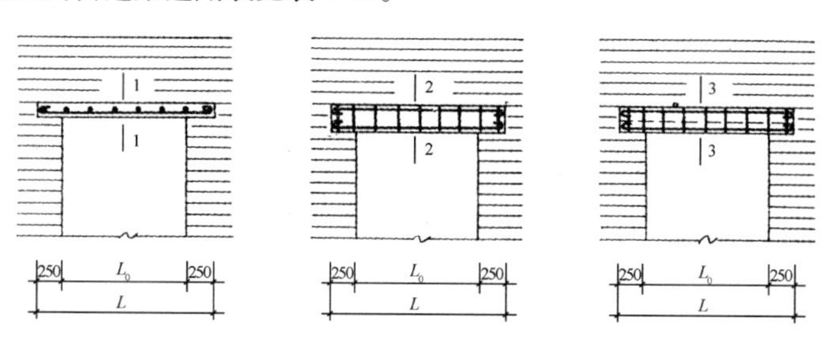

图 5-74 门窗过梁示意图

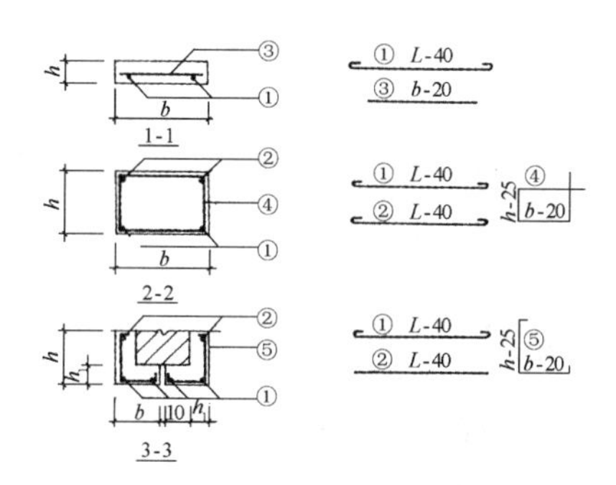

图 5-75 钢筋混凝土门窗过梁配筋图

表 5-41 钢筋混凝土门窗过梁选用表

檩条编号	截面形式	净跨 L_0 (mm)	截面规格尺寸(mm)				钢筋编号					钢筋重量 (kg)	混凝土标号	混凝土体积 (m^3)	构件重量 (kg)
			长度 L	梁宽 b	梁高 h	h_1	①	②	③	④	⑤				
GL-9		900	1400	220~240	60		2ϕ10		8ϕ^b24 @200			1.91	200	0.020	50
GL-10		1000	1500	220~240	120		2ϕ8	2ϕ6		9ϕ^b4 @200		2.51		0.045	114
GL-12		1200	1700	220~240	180		2ϕ8	2ϕ6		9ϕ^b4 @200		2.87		0.049	122
GL-15		1500	2000	220~240	180		2ϕ10	2ϕ6		11ϕ^b4 @200		4.35		0.08	224
L-GL-10		1000	1500	105~115	100	50	2ϕ6	1ϕ^b4			9ϕ^b4 @200	1.04	200	0.012	31
L-GL-15		1500	2000	105~115	150	50	2ϕ8	1ϕ^b4			11ϕ^b4 @200	2.12		0.0215	54
L-GL-18		1800	2300	105~115	150	50	2ϕ10	1ϕ^b4			12ϕ^b4 @200	4.09		0.025	62

(4)设计说明

①本设计适用于墙厚为220~240mm，只承受过梁上部的砖墙荷载不大于500kN/m和门窗宽度小于1.8m的农村住宅。

②过梁截面为矩形的，高度有60mm、120mm、180mm三种。梁高大于180mm的可以抽孔(孔径ϕ50~60mm)。截面“L”形的，高度有100mm和150mm两种，梁宽为105mm和115mm两种，可适用于墙厚一砖墙和半砖墙。

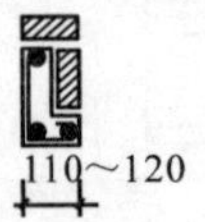

③门窗过梁两端支承在砖墙上的长度不得小于250mm，若放置在空斗墙上时，过梁下需实砌五皮砖。

④材料。混凝土为C20，钢材为Ⅰ级钢。

⑤构件编号

GL-9：过梁净跨度0.9m；GL——门窗过梁

L-GL-10：过梁净跨度1.0m；L-GL——L型门窗过梁

5.4.5 钢筋混凝土遮阳防雨门窗过板

(1)钢筋混凝土遮阳防雨门窗过板示意图见图5-76

(2)钢筋混凝土遮阳防雨门窗过板配筋图见图5-77

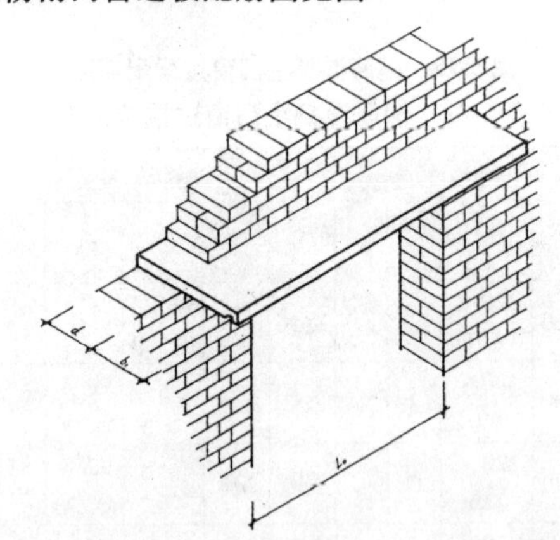

图5-76 钢筋混凝土遮阳防雨门窗过板示意图

(3)设计说明

①本设计适用于农村住宅侧向山墙门窗宽度小于1.2m的遮阳防雨门窗过板，这种门窗过板在农村住宅建设中颇受欢迎。

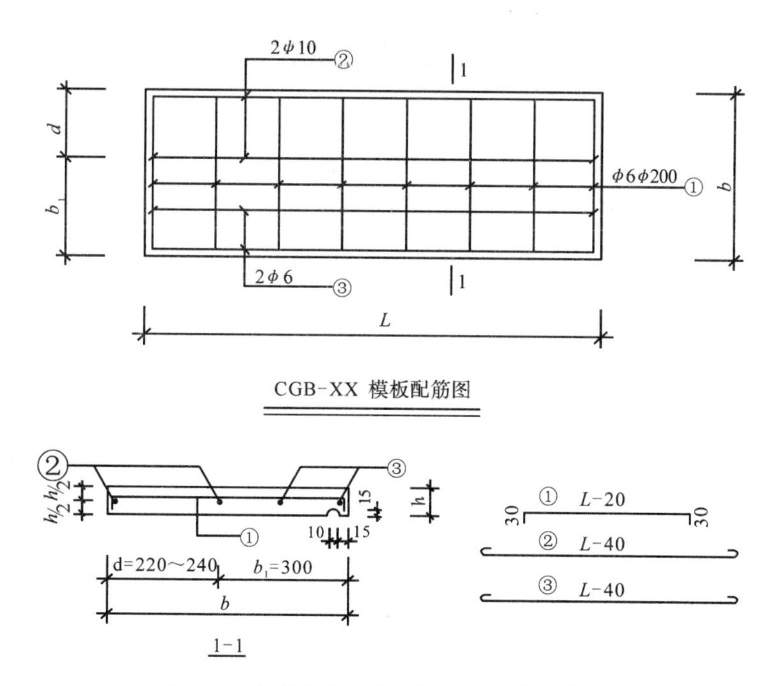

图 5-77 钢筋混凝土遮阳防雨门窗过板配筋图

②门窗过板两端支承在砖墙上每端的支承长度不得小于 250mm，而且不能直接放在空斗墙上。当墙体为空斗墙时，板下要实砌五皮砖。

③安装时，窗过板不要放错方向，滴水线在外。

④窗过板不能上人，窗过板上砖墙高度不小于 1m。

⑤材料。混凝土为 C20，钢材为 I 级钢。

⑥构件编号

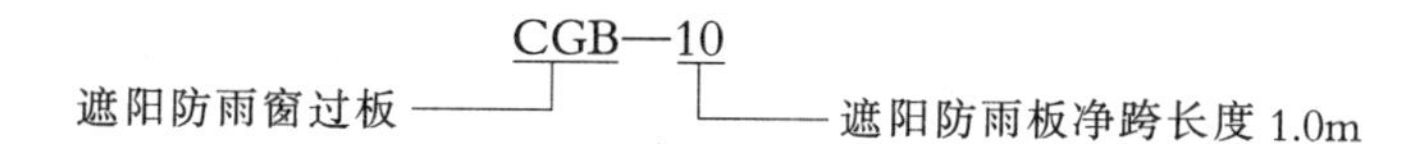

⑦表 5-42 为钢筋混凝土遮阳防雨门窗过板选用表。

表 5-42 钢筋混凝遮阳防雨门窗过板选用表

构件编号	跨度(mm)		截面规格尺寸(mm)				钢筋编号			钢筋重量(kg)	混凝土标号	混凝土体积(m^3)	构件重量(kg)
	净跨 L_0	跨长 L	墙厚 d	挑出长度 b_1	板宽 b	板厚 h	①	②	③				
CGB-8	800	1300	220~240	300	520~540	60	ϕ6@200	2ϕ10	2ϕ6	4.44	C20	0.0421	105
CGB-9	900	1400	220~240	300	520~540	60	ϕ6@200	2ϕ10	2ϕ6	4.86	C20	0.0454	113
CGB-10	1000	1500	220~240	300	520~540	60	ϕ6@200	2ϕ10	2ϕ6	4.92	C20	0.0482	122
CGB-12	1200	1700	220~240	300	520~540	60	ϕ6@200	2ϕ12	2ϕ6	5.82	C20	0.0551	138

6 楼(地)面及室外地面

6.1 楼(地)面的基本构造

6.1.1 楼面和地面的基本要求

(1)强度、刚度要求

楼板层和地面层均需要有足够的强度和刚度保证在荷载作用下安全和正常使用。在荷载的作用下。楼板要求挠度不大于跨度的1/250，地面要求使用时不发生沉降、裂缝和起拱。

(2)隔声要求

楼板的隔声包括隔绝空气传声和隔绝撞击传声。楼板的隔声量一般在40~50dB。可以通过在楼面表面铺设弹性材料、在楼板和面层之间加弹性垫层和采用空心构件等方式进行隔声处理。

(3)经济要求

一般楼板和地面约占建筑物总造价的20%~30%，选用楼(地)面材料时应考虑就地取材，减低楼(地)面的造价。

(4)防火、隔热、保温要求

(5)防水、防潮要求

对有水的房间，如卫生间、淋浴间、厨房等楼(地)面都应根据情况进行防水、防潮处理，以防止因潮湿、渗水影响建筑物的正常使用。

6.1.2 地面的基本构造

地面是指建筑物最底层房间与土壤交接处的水平构件，它承受其上的荷载，并均匀地传递给地坪下的土壤。地面的构造一般包括面层、垫层和地基三部分(见图6-1)。

(1)面层

主要起直接承受各种物理和化学作用，保护结构层和美化室内的作用。面层可按使用材料和施工方法来分类。如按使用材料有塑料地面层、木板面层、水泥制品面层等。

按施工方法分为整体面层和块料面层等。

(2) 垫层

承受面层的荷载并将荷载传给下面的地基。

垫层有足够的整体刚度，通常采用素混凝土、碎石、碎砖垫层。

(3) 基层

基层承受地面的荷载。底层地面的基层为夯实的土层，对于较好的填土如砂质黏土，只要夯实即可满足要求。碰到填土较差时，可掺碎砖、石子等骨料夯实。一般要求填土夯实层的地耐力不少于0.1N/m²。

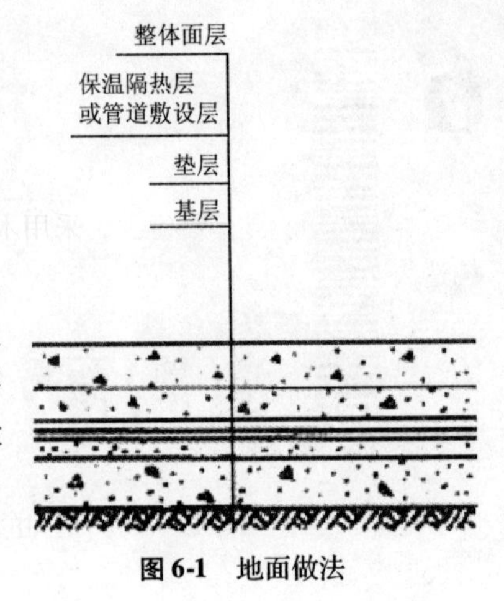

图6-1　地面做法

6.1.3　楼面的基本构造

楼面一般由面层、结构层和顶棚等基本层次组成。

(1) 面层

位于楼面的最上层，也称楼面层，起着保护楼面和室内美化的作用。根据构造特点不同，可分为整体面层、板块面层、木竹面层等。

(2) 中间层

设置在面层和结构层之间，主要有管线敷设层、隔声层、防水层、保温隔热层、结合层、找平层等。

(3) 结构层

结构层是楼面的承重部分，包括梁、板等构件承受整个楼板的荷载。

(4) 顶棚

顶棚是室内空间上部的装修层，又称天棚。

楼面的构造如图6-2。

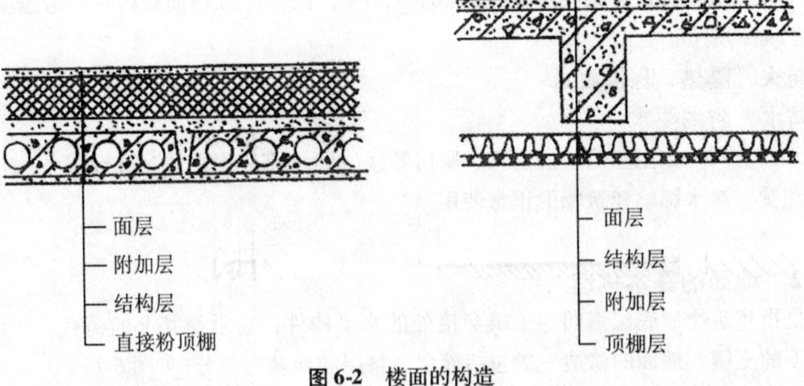

图6-2　楼面的构造

6.1.4　楼板的类型

根据楼板结构层使用的材料有以下几种类型:

(1)木楼板

木楼板是我国传统做法，采用木梁承重，上铺木地板，下做板条抹灰顶棚。具有自重轻、构造简单等优点，但耐火性、耐久性、隔声能力较差。为节约木材，现在已很少采用。

(2)钢筋混凝土楼板

钢筋混凝土楼板强度高、刚度好，有较强的耐久性和防火性能，具有良好的可塑性，且便于工业化生产和机械化施工，是目前我国房屋建筑中广泛采用的楼板形式。

(3)压型钢板组合的楼板

这种组合体系是利用凹凸相间的压型钢板作衬板，与现浇混凝土浇筑在一起而形成的钢衬板组合楼板，既提高了楼板的强度和刚度，又加快了施工进度。近几年来，主要用于大空间，高层民用建筑和大跨度工业厂房中。

6.1.5　踢脚线和墙裙

踢脚线的作用主要用于遮盖墙面与楼(地)面的接缝，有保护墙面和美观的作用。其高度一般为120～150mm，常用的踢脚材料有水泥砂浆、塑料、釉面砖、木材等(见图6-3)。

墙裙即踢脚板的向上延伸，居家内墙裙主要起装饰作用，高度一般为1000mm左右；卫生间、厨房的墙裙主要起防水及便于清洗的作用，高度一般为1500mm左右，如图6-4。

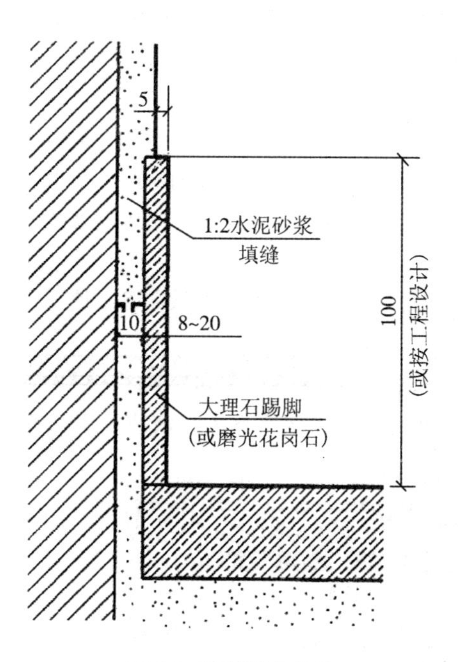

图6-3　踢脚线的构造

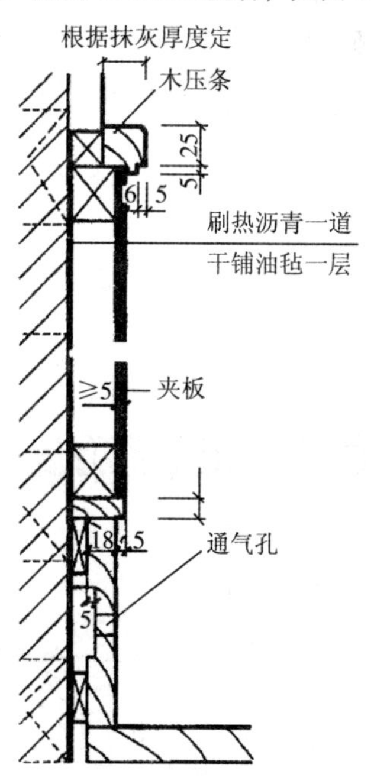

图6-4　墙裙的构造做法

6.2 钢筋混凝土楼板

钢筋混凝土楼板强度高、刚度大、坚固耐久且防火性能好，便于生产、施工，目前是我国各类建筑中楼板的基本形式。按其施工方法不同，可分为现浇式、装配式和装配整体式三种类型。

现浇钢筋混凝土楼板整体性好、刚度大、抗震性能好、梁板布置灵活，适应各种不规则平面，目前应用最多；装配式钢筋混凝土楼板的优点是节省模板，有利于提高劳动生产率，加快施工进度，但其整体性差，抗震性能较低，在抗震设防地区应用较少；一些建筑为了节省模板，加快施工进度、增强楼板的整体性，常做成装配整体式楼板。

6.2.1 现浇钢筋混凝土楼板

现浇钢筋混凝土楼板是在现场支模板、绑扎钢筋、浇筑混凝土梁、板，经养护后而成。它整体性好、抗震性强，能适应各种建筑平面构件形状的变化，但它模板用量多，现场湿作业量大、工期长，且受施工季节的影响较大。

现浇钢筋混凝土楼板按楼板受力和支撑条件不同可分为板式楼板、梁板式楼板、无梁式楼板和井式楼板几种，以板式和梁板式最为常用。

(1)板式楼板

板式楼板是将楼板现浇成一块平板，板下不设梁，板直接搁置于墙上。具有所占建筑空间小、顶棚平整、施工支模简单的特点。但其跨度受限制，单向板跨度不大于2.5m，双向板跨度在3~4m，主要用于小跨度部位，如厨房、卫生间、走廊等。

(2)梁板式楼板

当房间的跨度较大时，弯矩增大，为了保持板的刚度又不增加板厚，以免增大配筋量从而使楼板更为经济合理，可以设置梁作为板的支承点，以便减小板的跨度。由板、梁组合而成的楼板称为梁板式楼板(又称肋形楼板)。荷载先由板传给梁，再由梁传给墙或柱、受力和传力更为合理。结构布置：

①当房间尺寸不大时，可以仅在一个方向设梁。梁可以直接支承在承重墙上，称为单梁式楼板。

②当房间平面尺寸较大时，则应在两个方向设梁，梁有主梁和次梁之分。次梁与主梁一般是垂直相交，板搁置在次梁上，次梁搁置在主梁上，主梁搁置在墙或柱上，称为复梁式楼板。

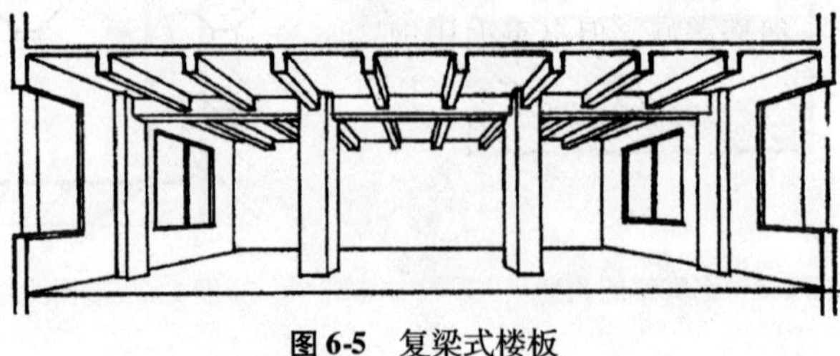

图6-5　复梁式楼板

⑶梁板的经济跨度及截面尺寸。梁的布置除了考虑承重要求外，还应综合考虑经济合理性。

a. 主梁：一般主梁的经济跨度为 5 ~ 8m，截面高度为跨度的 1/14 ~ 1/8，宽度为高度的 1/3 ~ 1/2。

b. 次梁：主梁的间距即为次梁的跨度，次梁的经济跨度为 4 ~ 6m，截面高度为跨度的 1/18 ~ 1/12，宽度为高度的 1/3 ~ 1/2。

c. 板：次梁的间距即为板的跨度，一般为 1.7 ~ 2.7m，板的厚度一般为 60 ~ 80mm。

(3) 井式楼板

对平面尺寸较大且平面形状为方形或接近方形的房间或门厅，可将两方向的梁等间距布置，并采用等截面高度的梁，形成井格形的梁板结构，称为井式楼板。井式楼板无主梁、次梁之分，布置规整，具有较好的装饰性。

井式楼板结构的板跨一般为 6 ~ 10m，板厚为 70 ~ 80mm，井格边长一般在 2.5m 之内。由于两个方向的梁具有相同的截面尺寸，截面高度较肋形楼盖小，常用于公共建筑的大厅。井式楼板结构有正井式和斜井式两种，如图 6-6。

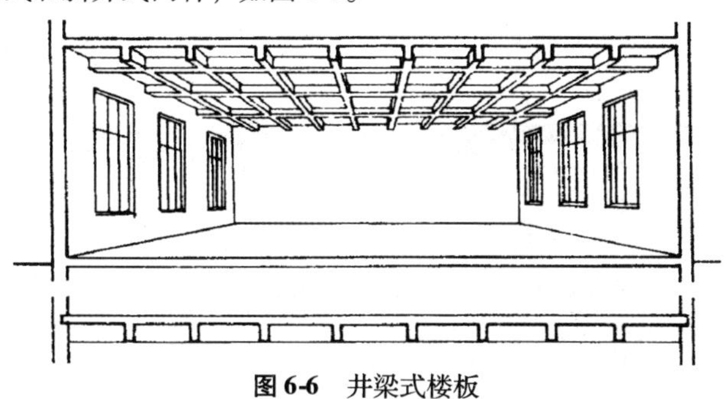

图 6-6　井梁式楼板

(4) 无梁楼板

直接支承在墙和柱上的楼板称为无梁楼板楼盖没有主梁和次梁。无梁楼板的荷载直接由板传至墙和柱，比较简捷。柱网一般布置为正方形或矩形，柱距以 6m 左右较为经济。当楼面荷载较小时，可采用无柱帽形式；当楼面荷载较大时，为提高楼面承载能力及刚度，增大柱对板的承托面积和减小板跨，可在柱顶上加设柱帽和托板，如图 6-7。跨较大，板厚一般不小于 120mm。无梁楼板的优点是楼层净空高，通风和卫生条件比一般楼盖好，但自重大用钢量大，常用于书库、仓库、商场等，有时也用于水池的顶板、底板和片筏基础等处。

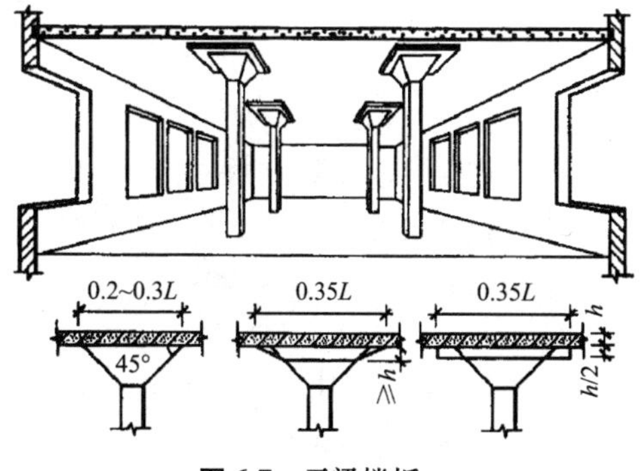

图 6-7　无梁楼板

6.2.2　预制装配式钢筋混凝土楼板

装配式钢筋混凝土楼板是指将在预制厂生产或施工现场预制的梁板构件，安装而成的楼板，这种楼板具有节约模板、减少作业量、施工速度快、有利于工业化生产的特点。但其整体性、抗震性和防水性较差，又不便于在楼板上开设洞孔，目前一般民用建筑及公共建筑使用较少。

(1)板的类型

装配式楼板根据其截面形状可分为平板、槽形板、空心板三种，如图6-8所示。

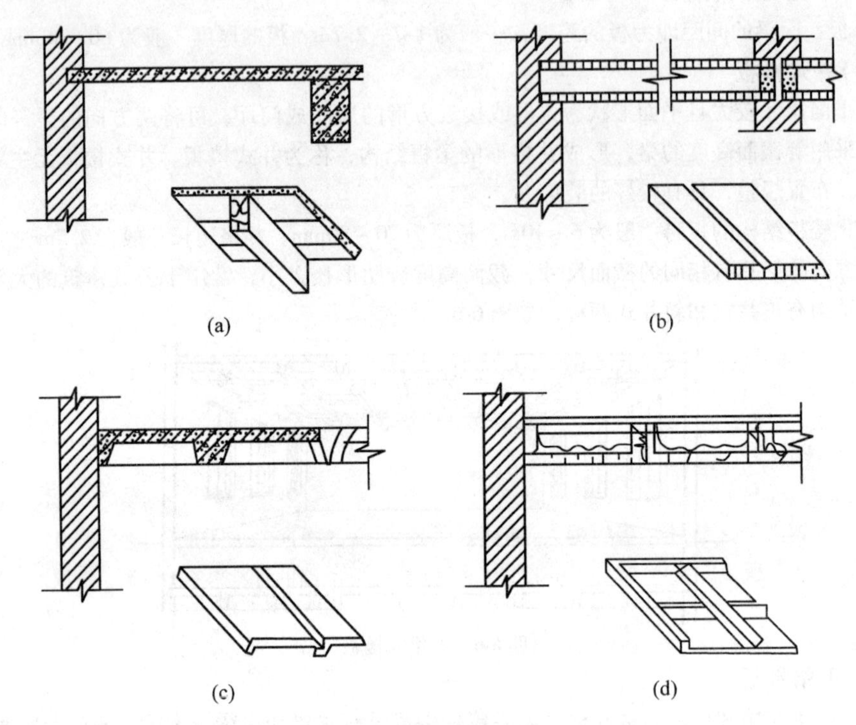

图6-8　装配式楼板的类型

(a)平板；(b)空心板；(c)正放槽形板；(d)倒放槽形板

(2)板的布置方式

装配式楼板的布置，应根据房间的开间和进深尺寸来确定，合理选择板的布置方式。

板的布置方式有两种：

①预制板直接搁在承重墙上，形成板式结构布置。多用于开间较小横墙较多的住宅、住宿楼等，如图6-9(a)。

②预制板搁在梁上、梁支承于墙或柱上，形成梁式结构布置。多用于教学楼、办公楼等较大空间的建筑物，如图6-9(b)。

(3)节点的连接构造

为保证楼板本身的整体性，使楼板与墙、梁等构件共同工作，提高建筑物的抗震性能，板与板、板与墙、板与梁之间要有可靠的连接。

①板与板的连接。预制钢筋混凝土板侧边缝有"V"形缝、"U"形缝、凹形缝三种，可用不

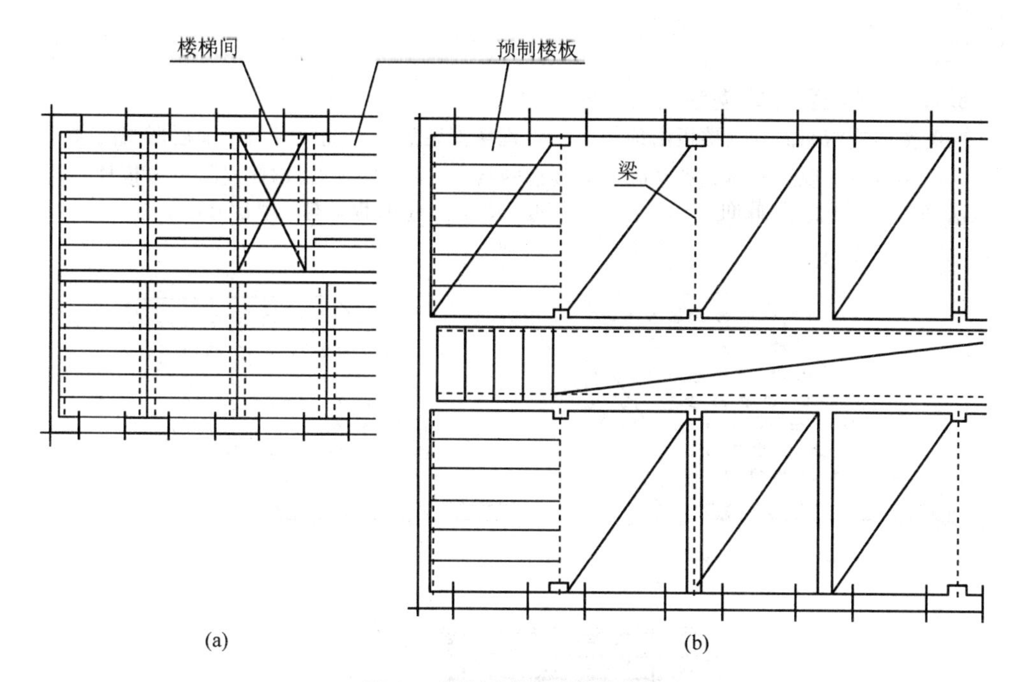

图 6-9 预制式楼板的结构布置

(a)板式结构布置；(b)梁板结构布置

低于 C15 细实混凝土灌注，当板缝大于 50mm 时，应配以纵向受力钢筋，如图 6-10。

②板与墙、梁的连接。板与墙的连接包括板端与支承墙的连接及板侧与非支承墙的连接。预制板搁置在砖墙或梁上时，均应满足一定的支承长度，同时为增强楼板的整体刚度，应在板与墙、梁之间及板端与板端连接处设置锚拉钢筋。如图 6-11 所示。

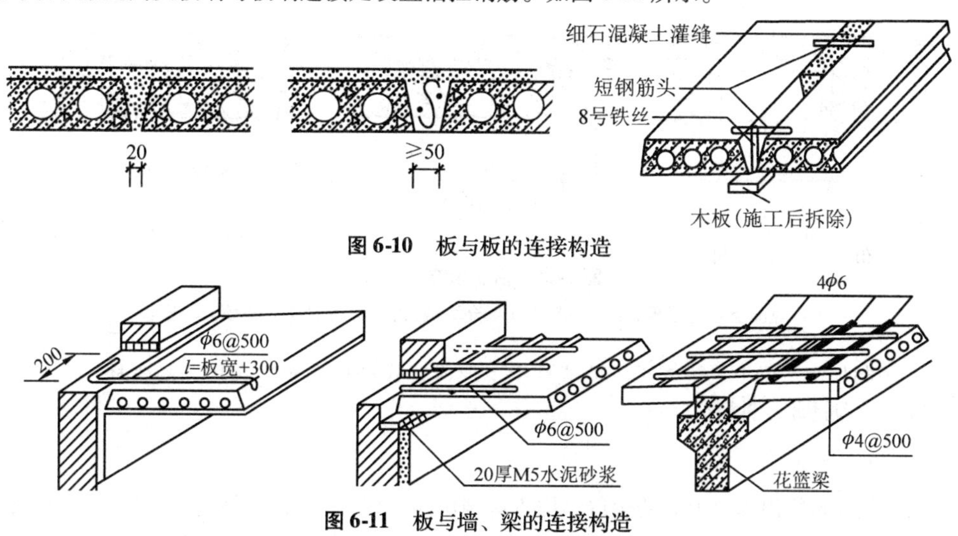

图 6-10 板与板的连接构造

图 6-11 板与墙、梁的连接构造

6.2.3 装配整体式钢筋混凝土楼板

装配整体式钢筋混凝土楼板由预制板(梁)现场安装后，再浇筑混凝土面层形成的整体楼板。这种楼板兼有现浇整体式和预制装配楼板的特点，装配整体式钢筋混凝土楼板具有较好的整体性，又节省模板和支撑，施工速度较快，常见的做法为叠合式楼板及密肋填充块楼板，如图 6-12、图 6-13。

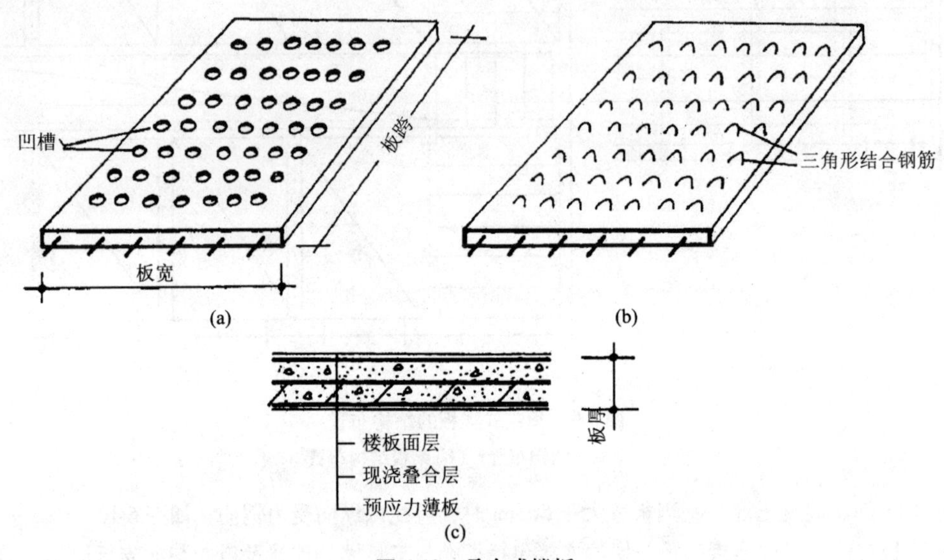

图 6-12 叠合式楼板

(a)板面刻槽；(b)板面露出三角形结合钢筋；(c)叠合组合楼板

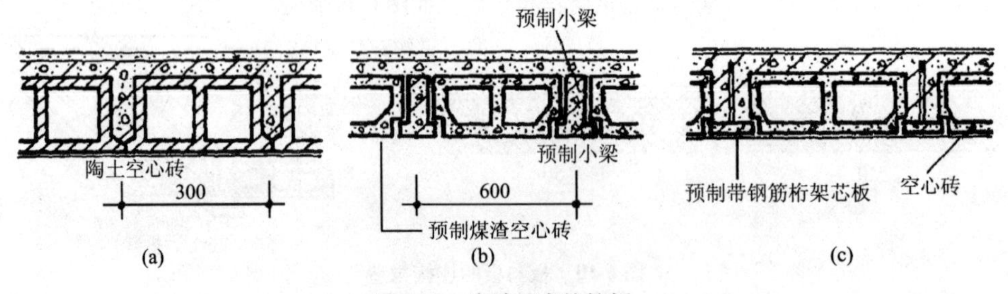

图 6-13 密肋填充块楼板

(a)现浇空心砖楼板；(b)预制小梁填充块楼板；(c)带骨架芯板填充块楼板

6.3 雨棚、阳台

6.3.1 雨棚

雨棚是建筑物出入口上方的构造。用于遮挡雨水，保护外门不受侵害，并有一定的装饰作用。雨棚一般采用现浇钢筋混凝土悬挑构件，有板式和梁板式两种，悬挑长度一般为 1 ~ 1.5m，大型雨棚下常设柱，形成门廊。

为防止雨棚产生倾覆，通常将雨棚板与门上过梁整体现浇在一起，雨棚顶面应设不小于1%的排水坡度，顶面还应采用防水砂浆抹面保护根部，并应延伸全四周，做成高度不小于250mm的泛水。

6.3.2 阳台

阳台是建筑物室内空间向室外的延伸。作为休息、眺望、晾晒衣服等用途，同时，还可增加建筑物的立面造型。多层及高层住宅，应设置阳台。

(1)阳台的形式

①按施工方法不同分为预制阳台和现浇阳台。

②按阳台与外墙的相对位置分为凸阳台、凹阳台、半凹凸阳台。

凸阳台和半凹凸阳台通常采用悬挑式结构，一般有挑梁式、挑板式和压梁式三种。凸阳台应具有足够的稳定性，防止倾覆。

(2)阳台的细部构造

①栏杆和栏板。是阳台的安全围护，应具有足够的强度与稳定性，与楼板和外墙应可靠连接。

低层、多层住宅阳台栏杆(栏板)的净高不低于1.05m，高层住宅阳台栏杆(栏板)的净高不低于1.1m，但也不高于1.2m。栏杆的垂直杆件的净距不大于110mm，且不得采用易攀爬的构造形式。

栏杆和栏板按外形分为实体式和空花式。实体式多采用现浇钢筋砼栏板和砖砌栏板；空花式多采用金属栏杆或预制混凝土栏杆。在抗震设防烈度较高的地区，应优先采用现浇钢筋混凝土栏板或金属栏杆。

②金属栏杆与阳台楼板的连接通常采用预埋通长扁铁焊接成采用膨胀螺栓紧固连接。

砖砌栏板的厚度不小于120mm，栏板上部设置通长的钢筋混凝土压顶，并按要求设置不小于120mm×120mm的钢筋混凝土构造桩，压顶与构造柱应整体现浇，保证栏板有较高的整体性。

(3)阳台的排水措施

为防止阳台雨水流入室内，阳台的地面应低于室内地面20~50mm。阳台的排水一般采用内排水，在阳台内侧设置地漏和排水管、阳台地面设5%的排水坡工排至地漏，将雨水引入地下排水管网。

6.4 地面垫层的施工

地面的垫层是承受并传递地面荷载于基土上的构造层，其类型应根据不同的面层结构选择合适的垫层类型，见表6-1。

表 6-1 地面面层与垫层类型

面层结构	垫层类型
以黏合剂或砂浆结合的块材面层	宜采用混凝土垫层
砂或炉渣结合的块材面层	宜采用碎石、矿渣、灰土或三合土等垫层

6.4.1 灰土垫层

灰土垫层应采用熟化石灰(可采用磨细生石灰，亦可用粉煤灰或电石渣代替)与黏土(或粉质黏土、粉土)的拌和料铺设，其厚度不应小于100mm。灰土垫层应分层夯实，经湿润养护、晾干后方可进入下一工序施工。灰土垫层施工时应注意连续进行、尽快完成，防止水流入施工面。

施工前应保持基土表面干净、无积水，已办理完隐蔽工程验收；已放好控制地面、标高水平线；相关电器管线、设备管线及埋件已经安装完毕，且位置准确、稳固。

施工流程

①基层处理。确定基土表面干净，土料含水率合适；检验土料和石灰质量。

②过筛。土料用孔径16～20mm的筛子，熟化石灰用孔径6～10mm筛子过筛。

③灰土拌和。按设计要求进行灰土拌和。无设计要求时，一般熟化石灰: 黏性土为3:7或2:8(体积比)，拌和料的体积比应通过试验确实，至少翻拌两次，保证拌和好的灰土颜色一致；磨细生石灰: 黏性土为3:7(体积比)的比例拌和，洒水堆放8h后可以使用。

④分层铺设灰土并夯打密实。每层的虚铺厚度为200～250mm(使用压路机可到300mm)，木耙打平，并用尺和标准杆检验；采用人工或轻型机具夯实，一般不少于3遍(碾压不少于6遍)，不得隔日夯实或遭雨淋。

⑤检验。每层夯实应进行检验，符合要求再进行上层施工。最上层施工完毕后，应拉线或用靠尺检查平整度及标高。

6.4.2 砂垫层和砂石垫层

砂石应选用天然级配材料，铺设时不应有粗细颗粒分离现象，夯至不松动为止。其中，砂垫层厚度不应小于60mm，砂石垫层厚度不应小于100mm。砂应采用中砂、石子的最大粒径不得大于垫层厚度的2/3。温度低于－10℃不宜施工；施工标准应达到夯压密实、表面平整等设计要求。砂石宜采用质地坚硬的中砂、粗砂、砾砂、碎石、石屑或工业废料；砂和天然砂均不得含有草根、树叶、垃圾等有机杂质，含泥量不应超过5%(用做排水固结地基时，含泥量不宜超过3%)；碎石或卵石最大粒径不得大于垫层的2/3，并不宜大于50mm。

施工流程：

①基层处理。坚硬基土，检验基土土质，并打底夯两遍，密实表土。

②做出控制铺填厚度的标准。一般砂石垫层厚度不宜小于100mm。

③分层铺设。砂石垫层应分段均匀铺设，避免精细颗粒分离，用粒径为5～25mm的细砂石填补表面空隙；每段铺完应洒水湿润表面，打夯三遍或碾压四遍以上，砂垫层厚度不应小

于60mm，同样分层均匀摊铺，夯实后的厚度不大于虚铺厚度的3/4。

6.4.3 水泥混凝土垫层

水泥混凝土垫层铺垫前，其下一表层应湿润。垫层厚度不应小于60mm。水泥混凝土垫层重混凝土的强度等级应符合设计要求，且不应小于C10。所采用的粗骨料，其最大粒径不应大于垫层厚度的2/3；含泥量不应大于2%；砂为中粗砂，其含泥量不应大于3%。大面积混凝土垫层应分区段进行浇筑，分区结合变形缝位置、不同类型的建筑地面连接处的设备基础位置进行划分，与设置的变形缝的间距一致。混凝土浇筑一般从一端开始，由内而外连续浇筑，其铺设应连续进行，间歇一般不超过2h。采用平板式振捣器或振动杆(厚度超过200mm应采用插入式振捣器)。

水泥混凝土垫层铺设在基土上时，当气温长期处在0℃以下，如设计无要求，垫层应设置伸缩缝。

室内地面的水泥混凝土垫层，应设置纵向缩缝和横向缩缝。

①纵向缩缝。纵向缩缝间距不得大于6m，一般应做平头缝或加肋板平头缝，当垫层厚度大于150mm时，可作企口缝；平头缝和企口缝的缝间不得放置隔离材料，浇注时应互相紧贴。企口缝的尺寸应符合设计要求。

②横向缩缝。横向缩缝间距不得大于12m，应做假缝。假缝宽度为5～20mm，深度为垫层厚度的1/3，缝内填水泥砂浆。

6.5 找平层的施工

找平层是在垫层、楼板上或填充层(轻质、松散材料)上起整平、找坡或加强作用的构造层。找平层应采用水泥砂浆或水泥混凝土铺设，并应符合有关面层的规定。

找平层与其下一层结合必须牢固，不得有空鼓；其表面应密实，不能有起砂、蜂窝和裂缝等问题出现，铺设前，当下一层有松散填充料时，应先铺平振实。

6.5.1 材料要求

找平层采用碎石或卵石的粒径不应大于其厚度的2/3，含泥量不应大于2%；砂为中粗砂，含泥量不应大于3%。水泥砂浆体积比或水泥混凝土强度比应符合设计要求，且水泥砂浆体积比不应小于3:3(或相似的强度等级)；水泥混凝土强度等级不应小于C15；应采用饮用水。

6.5.2 操作流程

①基层处理。基层表面平整度应控制在10mm内，抹找平层前对基层洒水使其湿润。清理找平层下一层表面，其下一层为松散填充料时，应湿润；为光滑表面时，应划毛；凸出基层表面的硬块要剔平扫净。

②冲筋、贴灰饼。根据+500mm标高水平线，在地面四周做灰饼，大房间相距1.5～2m

增加冲筋。

③抹水泥砂浆或铺设水泥混凝土并找平。拌制水泥砂浆时，按石子、水泥、砂、水、外加剂的顺序投料搅拌；控制配料比例、用水量和拌制量(砂浆初凝前应用完)；搅拌时间不得少于1.5min，当有外加剂时，时间还应适当延长。

6.6 隔离层的施工

隔离层是防止建筑地面上各种液体或地下水、潮气渗透地面等作用的构造层，适用于有水、油或腐蚀性或非腐蚀性液体经常作用的面层下铺设。仅防止地下潮气透过地面，也称防潮层。

隔离层的材料材质应经过有资质的检测单位认定。隔离层厚度应符合设计要求，与其下一层粘贴牢固，不能有空鼓现象；防水涂层必须保证平整、均匀、无脱皮、起壳、裂缝和鼓泡等问题。有防水要求的楼(地)面(如厕浴间、厨房等)在面层下必须设防水层，防水层四周与墙接触处，应向上高出地面不少于250mm，保证地面面层流水坡向地漏，不倒泛水、不积水，必须经过24h蓄水试验无渗漏。

6.6.1 隔离材料

需有出厂合格证、检验报告，并经抽样复试。

常用的隔离层材料有：石油沥青油毡(一至二层)；沥青玻璃布油毡(一层)；再生胶油毡(一层)；聚氯乙烯卷材(一层)；防水冷胶料(一布三胶)；防水涂膜(三道)；防油渗胶泥玻璃纤维(一布二胶)；刚性防水材料与柔性防水涂料复合。

6.6.2 施工流程

①清理基层。基层表面应坚固、洁净、干燥、

②设置结合层。做冷底子油或底胶。

③附加层处理。地漏、管根、阴阳角等处应加涂，用作附加层处理，可增加一层增强材料。

④铺设防水隔离层。应根据隔离层材料的施工要求进行涂布工作需要多道涂布时，应待前一道固化后再进行施工；刮涂方向应与前一道刮涂方向垂直，每道厚度应基本相同；管道穿过楼板面时，防水涂料应超过套管上口，在靠近墙面时，如无设计要求时应高出面层20～30mm。

6.7 室外地面

6.7.1 整体面层铺设做法

除有特殊使用要求外，面层应满足平整、耐磨、不起尘、防滑、易于清洁等要求。

铺设整体面层，应符合设计要求，其地面变形缝应符合建筑地面的沉降缝、伸缩缝和防

震缝，应与结构相应缝位置一致，且应贯通建筑地面的各构造层；沉降缝和防震缝的宽度应符合设计要求，缝内清理干净，以柔性密封材料填嵌后用板封盖，并应于面层齐平。

整体面层的水泥性基层的抗压强度不得小于1.2MPa；表面应粗糙、清洁、湿润，不能有积水，铺设前应涂刷界面处理剂。

整体面层允许的偏差和检验方法如表6-2所示。

表6-2 整体面层允许的偏差和检验法

项次	项目	允许偏差						检验方法
		水泥混凝土面层	水泥砂浆面层	普通水磨石面层	高级水磨石面层	水泥钢(铁)屑面层	防油渗混凝土和不发火面层	
1	表面平整度	5	4	3	2	4	5	用2m靠尺和楔形塞尺检查
2	踢脚线上口平直	4	4	3	3	4	4	拉5m线和用钢尺检查
3	缝格平直	3	3	3	2	3	3	

(1)水泥混凝土面层

水泥混凝土面层在工业与民用建筑工程中应用较为广泛，主要用于承受较大磨损和强度需要的建筑中。

①面层要求。水泥混凝土面层铺设不得留施工缝，当施工间隙超过允许时间规定时，应对接槎处进行处理。面层的强度等级不应小于C20；水泥混凝土垫层兼面层强度等级不应小于C15。水泥混凝土采用的粗骨料，最大粒径不应大于面层厚度的2/3，细石混凝土面层采用的石子粒径不应当大于15mm。

②施工流程

a. 清理基层：将基层表面的浮土、砂浆块等杂物清理干净，如有油污采用5%~10%浓度的火碱溶液清洗干净。在墙的四周统一标高线+500mm高处弹好水平线。

b. 洒水湿润：提前一天对板表面进行洒水湿润，清除表面积水。

c. 刷素水泥浆：在浇灌细砼前刷(水泥:水约1:0.4~1:0.45)纯水泥浆，并进行随刷随铺。

d. 冲筋贴灰饼：小房间在房间四周根据标高线做出灰饼，大房间冲筋做灰饼，有地漏的厕所间在地漏四周做出泛水坡度。

e. 铺细石混凝土：在楼面上分段顺序均匀铺混凝土，随铺随用长刮尺刮平排实，表面有塌陷时，用细石混凝土补平、抹压。

f. 撒水泥砂子干拌砂浆：超过3mm的砂以水泥:砂子为1:1的比例干拌砂浆均匀撒在地面上并搓平。在细石混凝土面层灰面吸水后再挂平、搓平。

g. 抹面：第一遍轻轻抹压面层，把脚印压平；面层开始凝结，用铁抹子进行第二遍抹压，将面层的凹坑、砂眼和脚印压平。当地面面层上稍有脚印，而抹压无抹子纹时，用铁抹子进行第三遍抹压，抹压用力稍大，将抹子纹抹平压光，压光掌握好时间，控制在终凝前完成。在标高不同处棱角顺直且高低一致。

h. 养护：楼(地)面交活24h后，及时满铺湿润锯末养护。

③水泥砂浆面层。水泥砂浆地面是指采用水泥砂浆涂抹混凝土基层上的面层，具有材料简单、整体性好、强度高、施工操作简单、施工速度快、经济的特点，在建筑工程中是应用最为广泛的面层构造。

a. 面层要求：水泥砂浆面层的厚度应符合设计要求，且不应小于20mm。面层的体积比应为1:2，强度等级不应小于M15。水泥采用硅酸盐水泥、普通硅酸盐水泥，其强度等级不应小于M32.5，不同等级、不同强度的水泥严禁混用；砂应为中粗砂，如采用石屑，其粒径应为1~5mm，含泥量不得大于3%。

b. 施工流程

清理基层：将基层表面的浮土、油污、杂物、砂浆块等杂物清理干净，明显凹陷采用水泥砂浆和细石混凝土垫平。凿毛表面光滑处并清刷干净。在墙的四周统一标高线+500mm高处弹好水平线。

洒水湿润：提前一天对板表面进行洒水湿润，清除表面积水。

刷素水泥浆：在浇灌细砼前刷纯水泥浆(水泥:水约1:0.4~1:0.45)，并进行随刷随铺。

冲筋贴灰饼：根据标高线用1:2干硬性水泥砂浆做出约50mm灰饼，纵横间距约1.5m左右。有地漏或坡度要求的地面，在坡向地漏一边做出泛水坡度。

铺水泥砂浆：水泥砂浆配比宜为1:2，稠度不大于35mm，强度等级小于M15。水泥砂浆面层不应小于20mm。在楼面上均匀铺水泥砂浆。

找平、压光：铺抹砂浆后，按灰饼高度找平砂浆，第一遍抹压抹平压实至起浆；面层开始凝结至踩上有脚印但不下陷时，用铁抹子进行第二遍抹压，将面层的凹坑、砂眼和脚印压平，使上表面平出光。当地面面层开始终凝时，进行第三边压光，压光掌握好时间，控制在终凝前完成，应达到表面洁净，无裂纹、脱皮、麻面等问题。

养护：楼(地)面交活24h内，及时满铺湿润锯末养护。

6.7.2 板块面层铺设

板块面层一般包括砖面层、大理石面层和花岗石面层、预制板块面层、料石面层、塑料板面层、活动地板面层和地毯面层等面层类型。板块面层允许的偏差应符合表6-3规定。

表6-3 板块面层允许的偏差

项次	项目		缸砖面层	水泥花砖面层	水磨石板块面层	大理石面层和花岗石面层	塑料板面层	水泥混凝土板块面层	碎拼大理石、碎拼花岗石面层	活动地板面层	条石面层	块石面层	检验方法
1	表面平整度	2.0	4.0	3.0	3.0	1.0	2.0	4.0	3.0	2.0	10.0	10.0	用2m靠尺和楔型塞尺检查
2	缝格平直	3.0	3.0	3.0	3.0	2.0	3.0	3.0	—	2.5	8.0	8.0	拉5m线和用钢尺检查

（续）

项次	项目												检验方法
			缸砖面层	水泥花砖面层	水磨石板块面层	大理石面层和花岗石面层	塑料板面层	水泥混凝土板块面层	碎拼大理石、碎拼花岗石面层	活动地板面层	条石面层	块石面层	
3	接缝高低差	0.5	1.5	0.5	1.0	0.5	0.5	1.5	—	0.4	2.0	—	用钢尺和楔型塞尺检查
4	踢脚线上口平直	3.0	4.0	—	4.0	1.0	2.0	4.0	1.0	—	—	—	拉5m线和用钢尺检查
5	板块间隙宽度	2.0	2.0	2.0	2.0	1.0	—	6.0	—	0.3	5.0	—	用钢尺检查

(1)砖面层

砖面层结构致密、平整光洁、种类多、施工方便且效果好，但性脆、韧性差、热稳定性较低，适于工业及民用建筑铺设缸砖、水泥花砖、陶瓷锦砖的地面工程。实际使用中，应根据生产条件和使用功能在建筑地面工程中选用。

①面层要求。水泥砂浆面层和水泥砂浆结合层上的块料面层宜在垫层或找平层的混凝土或水泥砂浆抗压达到1.2MPa后铺设。铺设前应刷以水灰比0.4～0.5的水泥浆，并随刷随铺。墙地砖施工前应对其规格、颜色进行检查，墙地砖尽量减少非整砖，且使用部位适宜，有突出物体时应按规定进行套割。铺在水泥砂浆结合层上的陶瓷地砖，在铺设前应用水浸湿，其表面无明水方可铺设，结合层和板块应分段同时铺砌，铺砌时不应采用剂浆方法，板块与结合层间以及在墙角、镶边和靠墙处，均应紧密贴合，板块与结合层之间不得有空隙，亦不得在靠墙处用砂浆填补代替板块，饰面板表面不得有划痕、缺棱掉角等质量缺陷。不得使用过期和结的水泥作胶结材。

墙地砖品种、规格、颜色和图案应符合设计的要求，与下一层的结合应平整牢固，图案清晰、无污迹和浆痕，表面色泽基本一致，接缝均匀、板块无裂纹、掉角和缺棱，单块板边角空鼓不得超过数量的5%。

②施工流程。施工流程可分为：基层清理→抹底层砂浆→弹线、找规矩→铺砖→拔缝、修整→擦缝、勾缝→养护。

a. 基层清理：将楼面的砂浆污物等清理干净。

b. 水泥砂浆打底：刷素水泥浆一道，浇水湿透，撒素水泥面，用扫帚扫匀，随扫浆随抹灰；从+500mm下反至底灰上皮的标高(从地面平减去砖厚及黏结砂浆厚度)。抹灰饼，每隔1m左右冲一道筋，冲筋应使用干硬性砂浆，厚度不宜小于20mm；用1∶3水泥砂浆根据冲筋的标高，用木抹子将砂浆摊平、拍实，用木杠刮平，使其铺设的砂浆与冲筋找平，再用靠尺板横竖检查其平整度，用木抹子锉平，25h后浇水养护。

c. 找规矩、弹线：沿房间纵、横两个方向排好尺寸，缝宽宜1mm为宜，当尺寸不足整块砖的倍数时可裁割半块砖用于边角处，尺寸相差较小时，可调整缝隙，根据已确定后的砖数和缝宽拉线预先镶贴两行标准，控制纵、横线，并严格控制好方整。

d. 铺砖：按纵、横标准砖，找好位置及标高，以此为筋，拉线、铺砖，应从里向外退着铺，每块砖应跟线。

e. 擦缝、勾缝、养护：用1:1水泥细砂浆先满擦缝，再用园钢筋抽缝使其密实，平整光滑。铺好后常温48h覆盖浇水养护。

(2)大理石、花岗石和人造石面层

大理石面层、花岗石面层和人造石广泛应用于高等级的场所建筑和耐化学反应的建筑地面工程。

①面层要求。石材铺贴前应浸水湿润；天然石材铺贴前应进行对色、拼花并试拼、编号；铺贴前宜作背涂处理，减少“水渍”现象发生，铺贴应平整牢固、接缝平直、无歪斜、无污迹和浆痕、表面洁净，颜色协调。

②施工流程。基层处理→弹线→试拼→编号→刷水泥浆结合层→铺砂浆→铺石块→灌缝、擦缝→打蜡

a. 基层清理：将楼面的砂浆污物等清理干净。

b. 试拼：在正式铺设前，对每一房间石材板块按照图案、颜色、纹理试拼，试拼后按两个方向编号排列，顺序排放整齐。

c. 水泥砂浆打底：刷素水泥浆一道，浇水湿透，撒素水泥面，用扫帚扫匀，随扫浆随抹灰。

d. 铺砂浆：根据水平线定出地面找平层厚度，拉“十”字控制线，由里而外铺1:3干硬性水泥砂浆，用木杠刮平，用抹子摊平、拍实，找平层厚度宜高出石材底面标高3~4mm。

e. 铺石材板块：一般应先里后外沿控制线铺设，石材板块之间接缝要严，一般不留缝隙。

f. 擦缝、勾缝、养护：用1:1水泥细砂浆分几次灌入缝隙，并用长把刮板把流出的水泥浆向缝隙内喂灰，1~2h后擦缝，同时擦净板面。

g. 打蜡：石材地面晾晒清理后，用布或麻丝将成蜡均匀涂在石材面上，擦打第一遍蜡，并重复上述方法涂第二遍蜡，保证光洁、颜色。

(3)料石面层

料石面层指天然条石和料石地面工程，主要有关于一些工业建筑的底层地面工程，其大面积施工应先作出样板间，经验收后方可继续施工。条石为直棱柱体，顶面粗琢平整，地面面积至少不大于顶面面积的60%，厚度一般为100~150mm，强度等级应大于MU60，块石强度等级应大于MU30。条石面层应组砌合理，无十字缝，铺砌方向和坡度应符合设计要求，块石面层石料缝隙应相互错开，通缝不超过两块石料。其施工流程应为：灰土或砂垫层→找标高、拉线→铺石材→填缝。

(4)塑料板面层

塑料板面层可适用于各种公共设施、住宅、办公室以及电脑房和有防腐要求的建筑地面工程，面层具有重量轻、使用舒适、耐磨、防火、绝缘性好、施工方便等特点，应用广泛。

要防止塑料地板铺贴后表面不平呈波浪形，必须在施工中注意：

①应严格控制粘贴基层的表面平整度，对凹凸度大于±2mm的表面要作平整处理。

②操作人员在涂刮胶黏剂时，使用齿形刮板涂刮胶黏剂，使胶层的厚度薄而均匀，涂刮

时，基层与塑料板粘贴面上的涂刮方向应成纵横相交，使面层铺贴时，粘贴面的胶层均匀，避免涂刮的胶黏剂有波浪形。在粘贴塑料地板时，如果胶黏剂内的稀释剂已挥发，胶体流动性差，会造成粘贴时不易抹平，使面层呈波浪形，因此，施工温度应控制在 15～30℃，相对湿度应不高于 70% 下进行。

施工流程为：基层清理→弹线找规矩→配兑胶结剂→塑料板清洁→刷胶→粘贴地面→滚压→粘贴塑料踢脚板。

6.7.3 台阶、坡道

(1)室外台阶由平台和踏步组成

台阶应等建筑物主体工程完成后再进行施工，并与主体结构之间留出约 10mm 的沉降缝。

台阶由面层、垫层、基层等组成，面层应采用水泥砂浆、混凝土、水磨石、缸砖、天然石材等耐气候作用的材料。图 6-14 为台阶类型及构造。

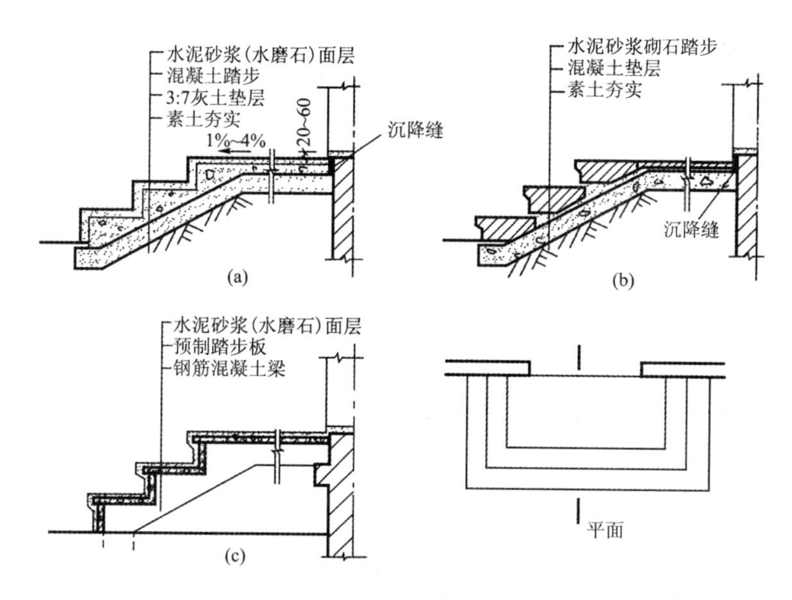

图 6-14　台阶类型及构造

(a)混凝土台阶；(b)石台阶；(c)钢筋混凝土架空台阶

(2)坡道

坡道分为行车坡道和轮椅坡道，行车坡道又分为普通坡道和回车坡道。

考虑人在坡道上行走时的安全，坡道的坡度受面层做法的限制：光滑面层坡道不大于 1∶12，粗糙面层坡道不大于 1∶6，带防滑齿坡道不大于 1∶4。

坡道的构造与台阶基本相同，垫层的强度和厚度应根据坡道上的荷载来确定，季节冰冻地区的坡道需在垫层下设置非冻胀层。图 6-15 为坡道构造。

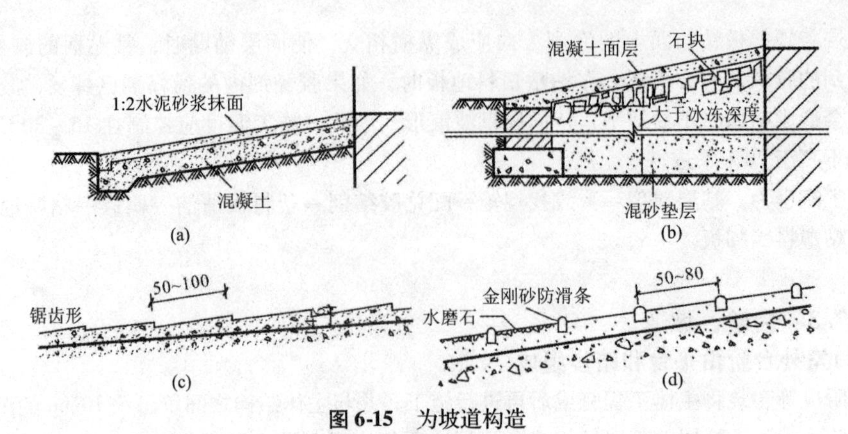

图 6-15　为坡道构造

(a)混凝土坡道；(b)块石坡道；(c)防滑锯齿槽坡道；(d)防滑条坡道

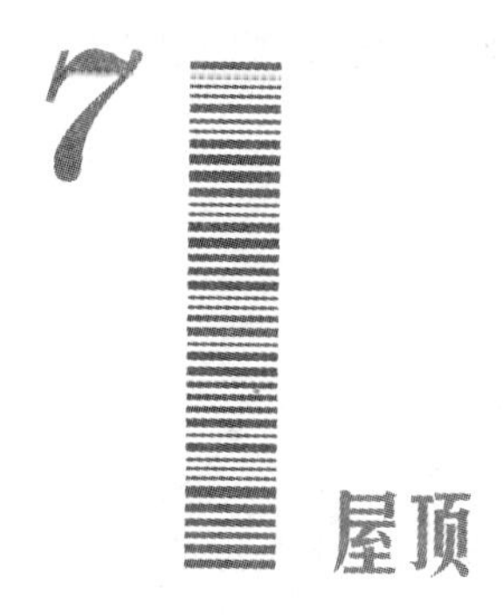

7 屋顶

7.1 屋顶的功能和类型

7.1.1 屋顶的功能

屋顶是房屋最上层的围护结构，抵御风沙、雨雪、日晒等对室内的侵袭。在炎热地区要求能隔热，寒冷地区要求能保温。屋顶的设计要求包括结构上的安全性，构造上满足保温、隔热、防水、排水等要求。

7.1.2 屋顶的类型

屋顶一般按排水坡度的不同分为平屋顶和坡屋顶。

①平屋顶。屋顶坡度小于5%的屋顶称为平屋顶。主要特点是构造简单、节约材料、屋顶平缓、可做成屋顶花园、露台等。常用坡度为1%~3%。

②坡屋顶。坡度大于10%屋顶叫坡屋顶。从建筑屋顶防漏角度考虑，坡屋顶“排”重于“防”，“导”重于“堵”，屋顶不会积水，自然就不容易渗漏水，这是坡屋顶优于平屋顶之所在。

坡屋顶的屋顶防水覆盖材料种类较多，目前常用的有水泥瓦、彩色水泥瓦、彩色油毡瓦、

表 7-1　屋顶类型及适宜坡度

屋顶类别	屋顶名称	适宜坡度(%)
坡屋顶	黏土瓦屋顶	≥40
	小青瓦屋顶	≥30
	平瓦屋顶	20~50
	卷材坡屋顶	≥40
	波形瓦屋顶	10~50
	构件自防水屋顶	≥25

小青瓦、琉璃瓦、彩色压型钢板波形瓦、压型钢板、玻璃纤维增强聚酯波形瓦等。表 7-1 是屋顶类型及适宜坡度。

坡屋顶有单坡、双坡和四坡屋顶等类型。图 7-1 是坡屋顶的形式。

由于坡屋顶造型丰富多彩，并能就地取材，至今仍被广泛应用。

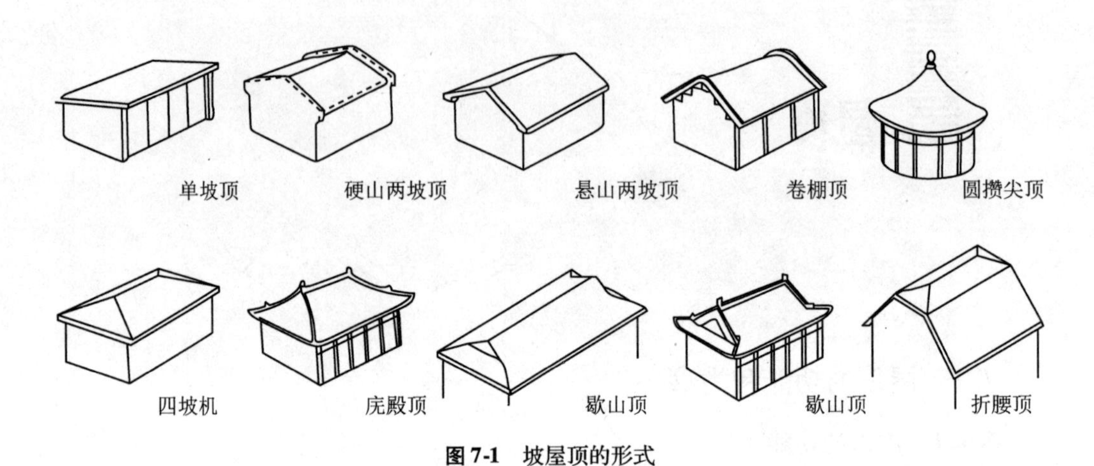

图 7-1　坡屋顶的形式

7.2　平屋顶

平屋顶指坡度在小于5%的屋顶。目前房屋建筑材料大量使用钢筋水泥，房屋多为钢筋混凝土的屋顶，因此大量建筑都采用平屋顶形式。平屋顶构造简单、施工方便，能适应各种平面形式。

7.2.1　平屋顶的构造

平屋顶的构造层次和做法应当根据屋顶是否上人、屋顶的找坡方式、屋顶所处房间的湿度、屋顶板承重情况、屋顶位置确定其构造层次。基本结构层次包括承重层(结构层)、保温隔热层、找坡层、找平层、防水层、保护层几个层次，见图 7-2。

因各地气候条件不同，其组成略有差异。

7.2.2　平屋顶的排水

为了迅速排除屋顶雨水，首先应选择适宜的排水坡度，确定合理的排水方式，做好屋顶排水设计。

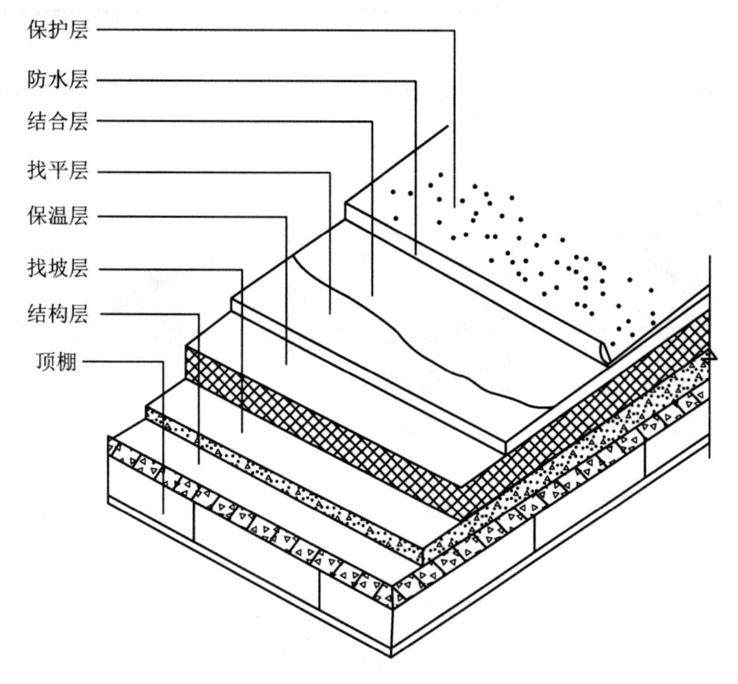

图 7-2　平屋顶的主要构造

(1)排水坡度

平屋顶的排水坡度常用1%~3%，坡度形成有构造找坡和结构找坡两种方式。

①构造找坡。又称材料找坡或垫置坡度，是在水平的屋顶板上面，采用轻质材料垫置出排水坡度。找坡材料多用炉渣等轻质材料。

②结构找坡。又称搁置坡度，是利用屋顶板自身形成坡度，不需另做找坡材料。可减轻屋顶荷载，施工简单，但顶棚是斜面，有的需要设吊顶棚。

(2)排水方式

①无组织排水。又称自由落水，屋顶的雨水由檐口自由地排到室外地面，不需设置天沟和雨水管，构造简单，一般仅用于少雨的低层建筑。

②有组织排水。把屋顶划分成若干区域，设置一定的排水设施(雨水管、天沟等)，按一定的排水坡度将雨水有组织集中至雨水口，通过雨水管排至散水或明沟内。

一般用于降水量较大或较重要的建筑，目前广泛使用。

雨水管的间距为12～18m，直径不宜小于75mm。

有组织外排水，如图7-3，有组织内排水，如图7-4。

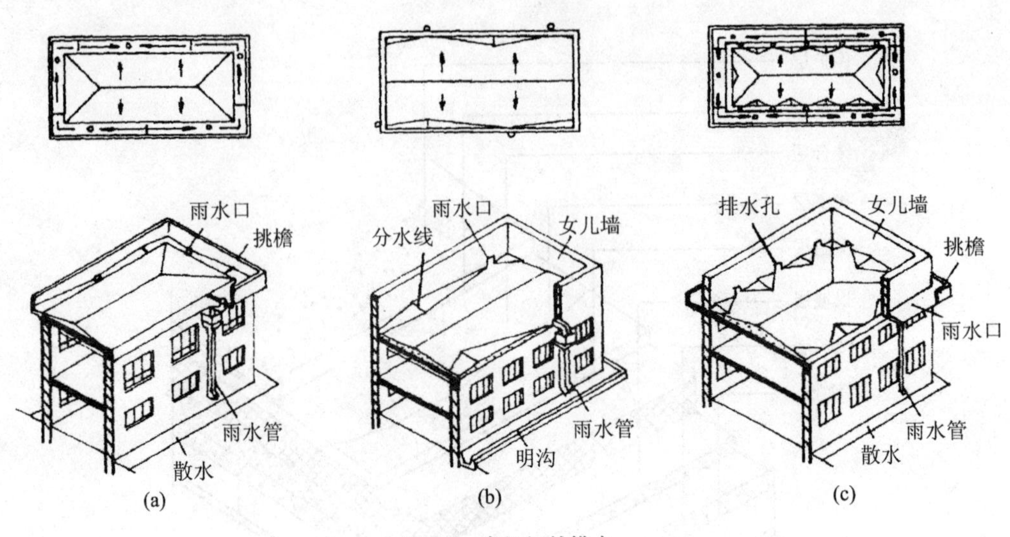

图 7-3　有组织外排水

(a)檐沟外排水；(b)女儿墙外排水；(c)带女儿墙的檐沟外排水

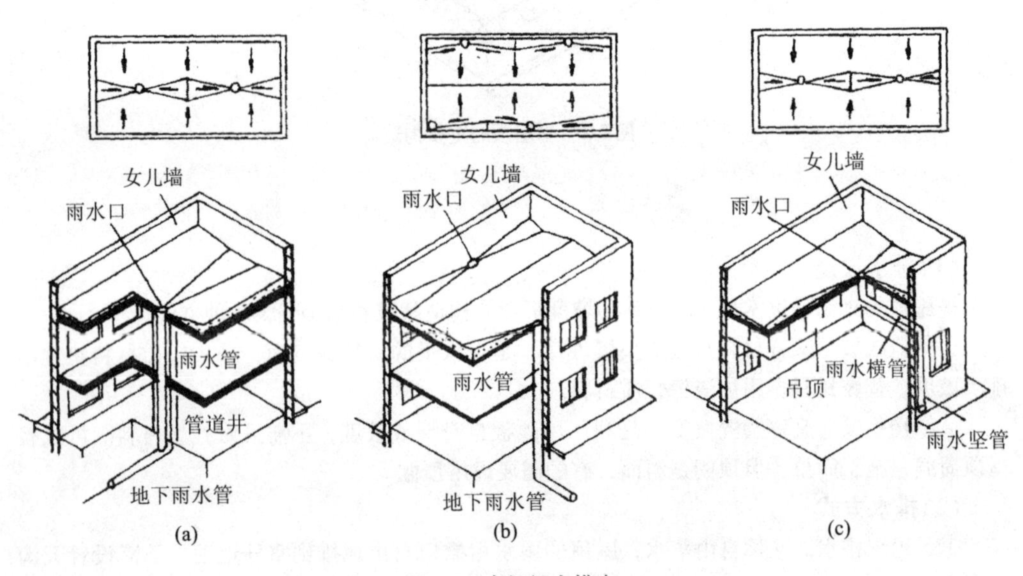

图 7-4　有组织内排水

(a)房间中部内排水；(b)外墙内侧内排水；(c)内落外排水

7.2.3　平屋顶保温隔热层的施工

(1)平屋顶保温层的构造

保温层适用于具有保温隔热要求的屋顶工程，保温层可采用松散材料保温层、板状保温层或整体保温层，易腐蚀的保温材料应做防腐处理。

①保温材料。保温层用料应选择容重轻、空隙多、体积密度和导热系数小、含水率和吸

水率低、不燃、难燃、阻燃型的高效保温材料，如预制膨胀珍珠岩、膨胀蛭石加气混凝土块、泡沫塑料等块材或板材。屋顶保温材料应具有吸水率低、表观密度和导热系数较小，并有一定强度的性能。保温材料要求干燥，才能起保温隔热作用。封闭式保温层含水率应相当于该材料在当地自然风干状态下的平衡含水率。保温材料的体积密度不应大于 $1000kg/m^3$，导热系数不大于 025W/(m·K)，耐压强度应大于 $4kg/cm^2$。

保温层厚度的允许偏差：整体现浇保温层为 +10%，-5%；板状保温材料为 ±5，且不得大于 4mm。

a. 松散保温材料的质量要求见表 7-2

表 7-2　松散保温材料的质量要求

松散保温材料	粒径(mm)	堆积密度(kg/m^2)	导热系数
膨胀蛭石	3～15	<300	<0.14W/m·K
膨胀珍珠岩	>0.15(<0.15 的含量不应大于 8%)	<120	<0.07W/m·K

b. 板状保温材料质量要求见表 7-3：板状保温材料应检查密度、厚度、板的形状和强度。根据设计要求，一般选用厚度不小于 3cm、规格一致、外观整齐的产品。

表 7-3　板状保温材料质量要求

项目	聚苯乙烯泡沫塑料		硬质聚氨酯泡沫塑料	泡沫玻璃	微孔混凝土类	膨胀憎水(珍珠岩)板	水泥聚苯颗粒板
	挤压	模压					
表观密度(kg/m^3)	25～38	15～30	≥30	≥150	500～550	300～450	≤250
导热系数[(W/(m·K))]	≤0.03	0.039～0.041	≤0.027	≤0.062	≤0.14	≤0.12	0.07
抗压强度(MPa)	-	-	-	≥0.4	≥2.0	≥0.3	0.3
70℃48h 后尺寸变化率(%)	≤2.0	2.0～4.0	≤5.0	-	-	-	-
吸水率(V/V,%)	≤1.5	2.0～6.0	≤3	≤0.5	-	-	
外观质量	板材表面基本平整，无严重凹凸不平，厚度允许偏差不大于5%，且不大于4mm，憎水率≥98%						

c. 保温隔热材料的贮运、保管：保温材料应采取防雨、防潮的措施；并应分类堆施，防止混杂；板状保温隔热材料在搬运时应轻放，防止损伤断裂，缺棱掉角，保证板的外形完整。

(2)平屋顶保温层施工

保温层基层应平整、干燥、干净，铺筑厚度应满足设计要求。

把屋顶保温材料涂刷界面剂后，从一侧依次平铺在找平层上，铺设厚度应均匀，随铺随即压实。保温材料缝隙要严密、平整，确保与面基层有可靠的黏结。当屋顶结构层坡度较大时(大于 30°)檐口处应有防止保温层下滑的措施。板块保温材料应铺贴密实，以确保保温、防水效果，防止找平层出现裂缝。

保温层边角应避免出现边线不直、边槎不齐整，影响屋顶找坡、找平和排水。如屋顶保温层干燥有困难，应采取排汽措施，避免出现保温材料表观密度过大、铺设前含水量大、未充分晾干等现象。

①板块装保温层铺设可分为干铺板块状保温层和黏结铺设板块状保温层。

干铺板块状保温层：直接铺设在结构层或隔汽层上，分层铺设时上下两层板块缝应相互错开，表面两块相邻的板边厚度一致；板间缝隙应采用同类材料嵌填密实。

黏结铺设板块装保温层：用黏结材料浆板块状保温材料平粘在屋顶基层上，应贴严、粘牢，板缝间或缺角处应用碎屑加胶料拌匀填补严密。一般用水泥、石灰混合砂浆黏结；聚苯板材料应用沥青胶结材料。

②整体保温层铺设主要包括下面3种保温层铺设。

水泥白灰炉渣保温层：炉渣、水泥渣应过筛，粒径控制在5~40mm，一般配合比为水泥:白灰:炉渣为1:1:8，使用前用石灰水将炉渣闷透3天以上，施工时分层滚压。

沥青膨胀蛭石、沥青膨胀珍珠岩应色泽一致，无沥青团，使用时宜用机械搅拌，铺设厚度应符合设计要求，表面平整。

现喷硬质聚氨酯泡沫塑料保温层应按配比准确计量，发泡厚度均匀一致，喷涂应连续均匀。如基层表面温度过低，可先薄薄地涂一层甲组涂料，然后喷涂施工，最后抹找平层。

(3)平屋顶隔热层的施工

①平屋顶隔热屋顶的类型和构造设计。平屋顶隔热屋顶的类型和构造设计应根据建筑物的使用要求、屋顶的结构形式、环境气候条件、防水处理方法和施工条件等因素，经技术经济比较确定。蓄水屋顶的坡度不宜大于0.5%；种植屋顶的坡度不宜大于3%；架空隔热屋顶的坡度不宜大于5%。

蓄水屋顶、种植屋顶的防水层，应选择耐腐蚀、耐穿刺性能好的材料；蓄水屋顶不宜在寒冷地区、地震区和震动较大的建筑物上使用；架空隔热屋顶宜在通风较好的建筑物上采用，不宜在寒冷地区采用；倒置式屋顶保温层应采用憎水性或吸水率低的保温材料。

隔热层的设计规定：架空隔热层的高度应按照屋顶宽度或坡度大小的变化确定。架空隔热制品的质量应符合非上人屋顶的黏土砖强度等级不应小于MU7.5；上人屋顶的黏土砖强度等级不应小于MU10。

蓄水屋顶(见图7-5)应划分为若干蓄水区，每区的边长不宜大于10m；蓄水区的分仓墙宜采用水泥砂浆砌筑，其强度等级宜为M10；墙的顶部可设置直径为ϕ6mm或ϕ8mm的钢筋砖带，也可采用钢筋混凝土压顶。在变形缝的两侧，应分成两个互不连通的蓄水区；长度超过40m的蓄水屋顶，应做横向伸缩缝一道。蓄水屋顶、种植屋顶泛水的防水层高度应高出溢水口100mm；应设排水管、溢水口和给水管，排水管应与水落管连通；溢水口的上部高度应距分仓墙顶面100mm；过水孔应设在分仓墙底部，排水管应与水落管连通；分仓缝内应嵌填沥青麻丝，上部用卷材封盖，然后加扣混凝土盖板。蓄水深度宜为150~200mm。

种植屋顶四周应设置围护墙及泄水管、排水管。当种植屋顶为柔性防水层时，上部应设置刚性保护层，种植介质四周应设挡墙；挡墙下部应设泄水孔。蓄水屋顶、种植屋顶应设置人行通道(见图7-6)。

倒置式屋顶的保温层上面可采用混凝土等板材、水泥砂浆或卵石做保护层；卵石保护层与保温层之间应铺设纤维织物；板状保护层可干铺，也可用水泥砂浆铺砌(见图7-7)。

②保温层厚度应根据设计计算确定。

③细部构造。天沟、檐沟与屋顶交接处，排气出口应埋设排气管，排气管应设置在结构层上，穿过保温层的管壁应打排气孔；架空隔热的架空隔热层高度宜为100～300mm的架空隔热层高度宜为100～300mm。

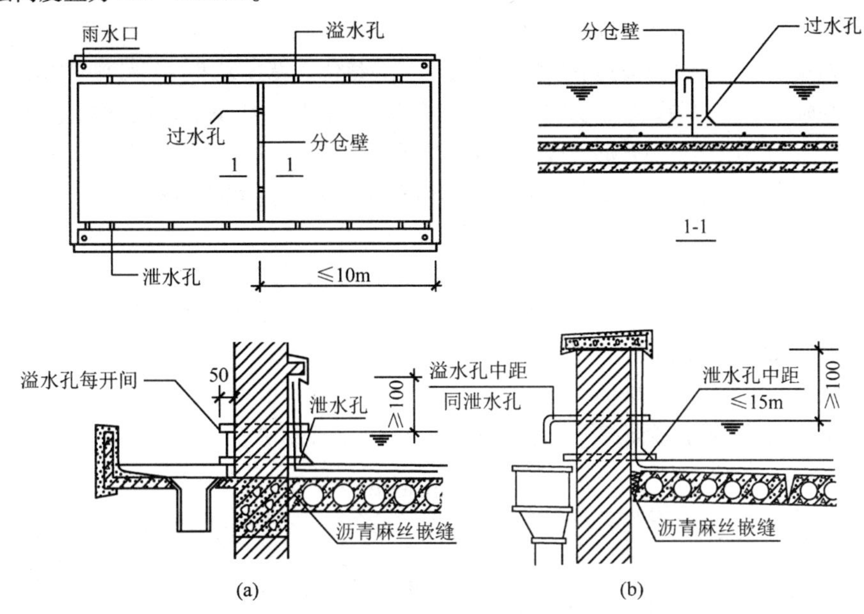

图7-5 蓄水屋顶构造示意

(a)带檐沟；(b)不带檐沟

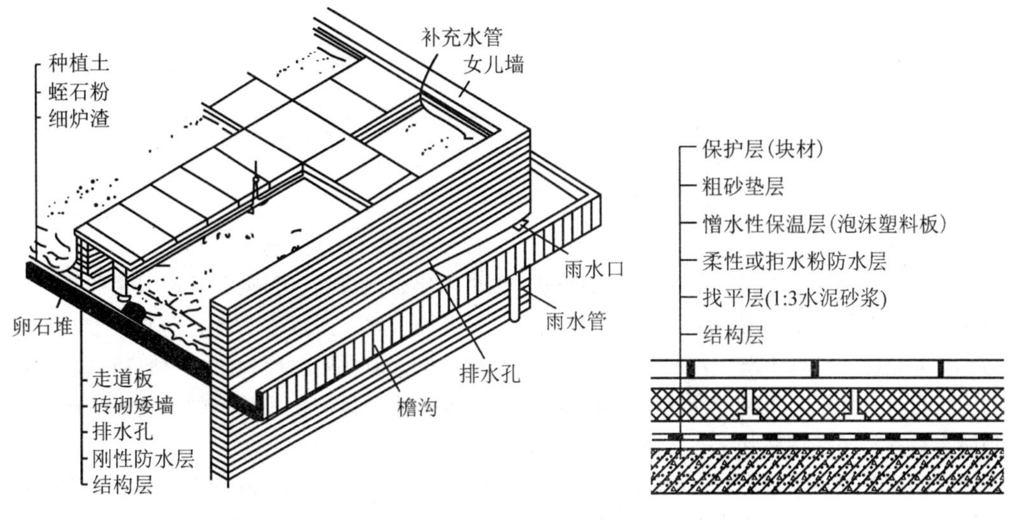

图7-6 种植屋顶构造示意

图7-7 倒置式屋顶构造示意

7.2.4 平屋顶找平层的施工

找平层施工质量的好坏，将直接影响屋顶工程的质量，找平层应有足够的强度和刚度，承受荷载时不致产生显著变形。找平层一般采用水泥砂浆、细石混凝土或沥青砂浆找平，做到平整、坚实、清洁、无凹凸形及尖锐颗粒。其平整度为：用2m长的直尺检查，找平层与直尺间的最大空隙不应超过5mm，空隙仅允许平缓变化，每米长度内不得多于一处。铺设屋顶隔气层和防水层以前，找平层必须清扫干净。

屋顶及檐口、檐沟、天沟找平层的排水坡度，必须符合设计要求，平屋顶采用结构找坡应不小于3%，采用材料找坡宜为2%，天沟、檐沟纵向找坡不应小于1%，沟底落水差不大于200mm，在与突出屋顶结构的连接处以及在房屋的转角处，均应做成圆弧或钝角，其圆弧半径应符合要求：沥青防水卷材为100～150mm，高聚物改性沥青防水卷材为50mm，合成高分子防水卷材为20mm。

为了防止由于温差及混凝土构件收缩而使防水屋顶开裂，找平层应留分格缝，缝宽一般为20mm. 其纵横向最大间距，当找平层采用水泥砂浆或细石混凝土时，不宜大于6m；采用沥青砂浆时，则不宜大于4m。

分格缝处应附加200～300mm宽的油毡，用沥青胶结材料单边点贴覆盖。

采用水泥砂浆或沥青砂浆找平层时，其厚度和技术要求符合表7-4的规定。

表7-4 找平层厚度和技术要求

类别	基层种类	厚度(mm)	技术要求
水泥砂浆找平层	整体混凝土	15～20	1:2.5～1:3(水泥:砂)体积比，水泥强度等级不低于32.5
	整体或板状材料保温层	20～25	
	装配式混凝土、松散材料保温层	20～30	
细石混凝土找平层	松散材料保温层	30～35	混凝土强度等级不低于C20
沥青砂浆找平层	整体混凝土	15～20	质量比1:8(沥青:砂)
	装配式混凝土板、整体或板状材料保温层	20～25	

7.2.5 平屋顶防水层的施工

(1)屋顶防水

屋顶防水是建筑工程中存在的重要问题，也是多年来的难题。目前，较多采用的是刚性及柔性防水两种做法。刚性防水由于温差应变，易开裂渗水；柔性多为卷材防水，也有涂膜防水和涂料防水。近年来，各种新型防水材料相继问世，但常用的屋顶防水材料还是以卷材为主，尤其是沥青类卷材，因其较经济的性价比，成为我国目前防水材料的主流，但作为屋顶防水材料，还存在易老化、寿命短的弱点。

①防水等级和设防要求。《屋顶工程技术规范》(GB50207—1994)根据建筑物的性质、重要程度、使用功能要求及防水层耐用年限将屋顶防水分为四个等级(见表7-5)。

屋顶防水多道设防时，可将卷材、涂膜、细石防水混凝土、瓦等材料复合使用，也可使用卷材叠层。使用多种材料复合时，耐老化、耐穿刺的防水层应放在最上面，相邻材料之间应有相容性。屋顶防水层的细部构造如天沟、檐沟、阴阳角、水落口、变形缝等处应设置附加层，保证防水效果。

②防水材料。我国的屋顶防水材料目前发展到刚性、柔性、金属、粉末四大类。

表 7-5 屋顶防水等级和设防要求

项目	屋顶防水等级			
	Ⅰ级	Ⅱ级	Ⅲ级	Ⅳ级
建筑物类别	特别重要或对防水有特殊要求的建筑物	重要的建筑和高层建筑	一般的建筑	非永久性的建筑
防水层合理使用年限	25 年	15 年	10 年	5 年
设防要求	三道或三道以上防水设防	二道防水设防	一道防水设防	一道防水设防
防水层选用材料	宜选用合成高分子防水卷材、高聚物改性沥青防水卷材、金属板材、合成高分子防水涂料、细石防水混凝土等材料	宜选用高聚物改性沥青防水卷材、合成高分子防水卷材、金属板材、合成高分子防水涂料、高聚物改性沥青防水涂料、细石防水混凝土、平瓦、油毡瓦等材料	宜选用高聚物改性沥青防水卷材、合成高分子防水卷材、三毡四油沥青防水卷材、金属板材、高聚物改性沥青防水涂料、合成高分子防水涂料、细石防暑混凝土、平瓦、油毡瓦等材料	可选用二毡三油沥青防水卷材、高聚物改性沥青防水涂料等材料

注：1）此处采用沥青均指石油沥青，不包括煤沥青和煤焦油等材料；

2）石油沥青纸胎油毡和沥青复合胎柔性防水卷材为限制使用材料；

3）在Ⅰ、Ⅱ级屋顶防水设防中，如仅做一道金属板材，应符合有关技术规定。

a. 刚性防水材料：是具有较高强度和无延伸能力的防水材料，如防水砂浆、防水混凝土等，目前除水泥砂浆和细石混凝土外，还出现了聚合物水泥砂浆、预应力混凝土、微膨胀混凝土、外加剂混凝土、钢纤维混凝土等新品种。

b. 柔性防水材料：是指具有一定柔韧性和较大延伸率的防水材料，现已有沥青卷材，高分子卷材，防水涂料和密封材料等四大类品种近百种。其中，构成防水屋顶的可选材料主要有以下 5 类：

合成高分子防水卷材：指以合成橡胶、合成树脂或两者共混为基料，加入适量的助剂和填料，经混炼压延或挤出等工序加工成的防水卷材。目前高分子卷材有近 20 个品种，如低档的再生胶无胎油毡，中档的聚氯乙烯、氯化聚乙烯卷材，高档的氯磺化聚乙烯，三元乙丙橡胶卷材等。

高聚物改性沥青防水卷材：指以高分子聚合物改性石油沥青为涂盖层，聚酯毡、玻纤毡或聚酯玻纤复合为胎基，细砂、矿物粉料或塑料膜为隔离材料制成的防水卷材。

沥青防水卷材：是指以原纸、织物、纤维毡、塑料膜和聚酯膜等材料为胎基，浸涂石油沥青，矿物粉料或塑料膜为隔离材料，制成的防水卷材。沥青卷材由纸胎油毡发展到了强度较高、延伸率较大、使用寿命较长的改性沥青卷材，如玻布胎沥青卷材、玻纤胎沥青卷材、聚酯胎改性沥青卷材等，常见品种为SBS和APP改性沥青卷材。

防水涂料：是在常温下呈无定型液态，以高分子合成材料为主体，经涂布后固化，在基层表面形成一道坚韧有弹性的、有一定防水功能薄膜的涂料。

合成高分子防水涂料指以合成橡胶或合成树脂为主要成膜物质，配置成的单组分或多组分防水涂料；高聚物改性沥青防水涂料指以石油沥青为基料，用高分子聚合物进行改性，配制成的水乳型或溶剂型防水涂料。

防水涂料有薄型和厚型两大类近30个品种。薄型主要有再生胶涂料、皂液胶乳沥青涂料、氯丁胶乳和丁基橡胶沥青涂料、氯磺化聚乙烯涂料、聚氨酯涂料、硅橡胶涂料等。厚型的有水性石棉沥青涂料、PVC焦油防水涂料、煤沥青聚氯乙烯胶泥涂料等。另外还有用于反光、隔热、防火、装饰的屋顶反光涂料、彩色(耐磨)聚氨酯防水涂料及阻燃防水涂料等。

密封材料：国内近20个品种，如玛缔脂、上海油膏塑料和聚氯乙烯胶泥等属低档产品，中高档有硅酮、聚氨酯、聚硫橡胶、水乳丙烯酸密封膏等，但用量较少。另外还有用于分隔缝、伸缩缝、微裂缝和其他细部处理的配套防水材料，如聚乙烯泡沫塑料棒，自黏性密封胶带，遇水膨胀橡胶等。

③粉末防水材料。粉末防水材料是一类新型的憎水、松散性粉末防水材料，具有无毒、无味、无放射性、冷施工、不污染环境等优点，主要适用于平屋顶防水工程。现有拒水粉、隔热镇水粉和防水隔热粉等3个品种。前者只具有防水功能，后两种具有防水、隔热、阻燃等多功能的优点。

④金属防水材料。金属防水材料现主要有镀锌白铁板、不锈钢板、铝板、(彩色)压型钢(铝)板、塑料复合铝板、彩色压型钢板+泡沫塑料复合防水保温板等二十余个规格类型。

(2)平屋顶的防水构造及一般做法

屋顶防水是房屋工程中重要的项目，屋顶漏水对房屋的使用产生较大的影响。根据《屋顶工程技术规范》规定：防水等级Ⅲ级以上的屋顶要求两道以上防水。一般包括柔性防水、刚性防水两大类。

其中柔性防水又可按照防水材料的不同，分成卷材防水和涂膜防水等。柔性防水采用复合防水屋顶时，柔性防水层多做在保温层上面，也可做在保温层下面，起到隔离层的作用。防水材料多选用高聚物改性沥青防水卷材、合成高分子防水卷材等。铺贴卷材前应对找平层进行验收、清扫并弹出基准线，铺贴时将卷材置于找平层下坡，对准基准线由下向上铺贴，铺贴时，卷材的长边搭接不小于80mm，短边搭接不小于100mm卷材的搭接要顺流水方向，不能逆向。在一些特殊部位，如屋顶泛水、凸出屋顶管道处、屋顶结构承重部位，应增设与屋顶结相适应的防水附加层。图7-8为平屋顶的防水构造。

(3)卷材防水屋顶的施工

卷材防水屋顶可适用于所有防水等级的屋顶防水，其防水处理一般应采用柔性密封、防排结合、材料防水与构造防水相结合的作法，通过卷材、防水涂料、密封材料和刚性防水材料等互补并用的多道设防(包括设置附加层)的方式保证防水要求。卷材屋顶的坡度不宜超过

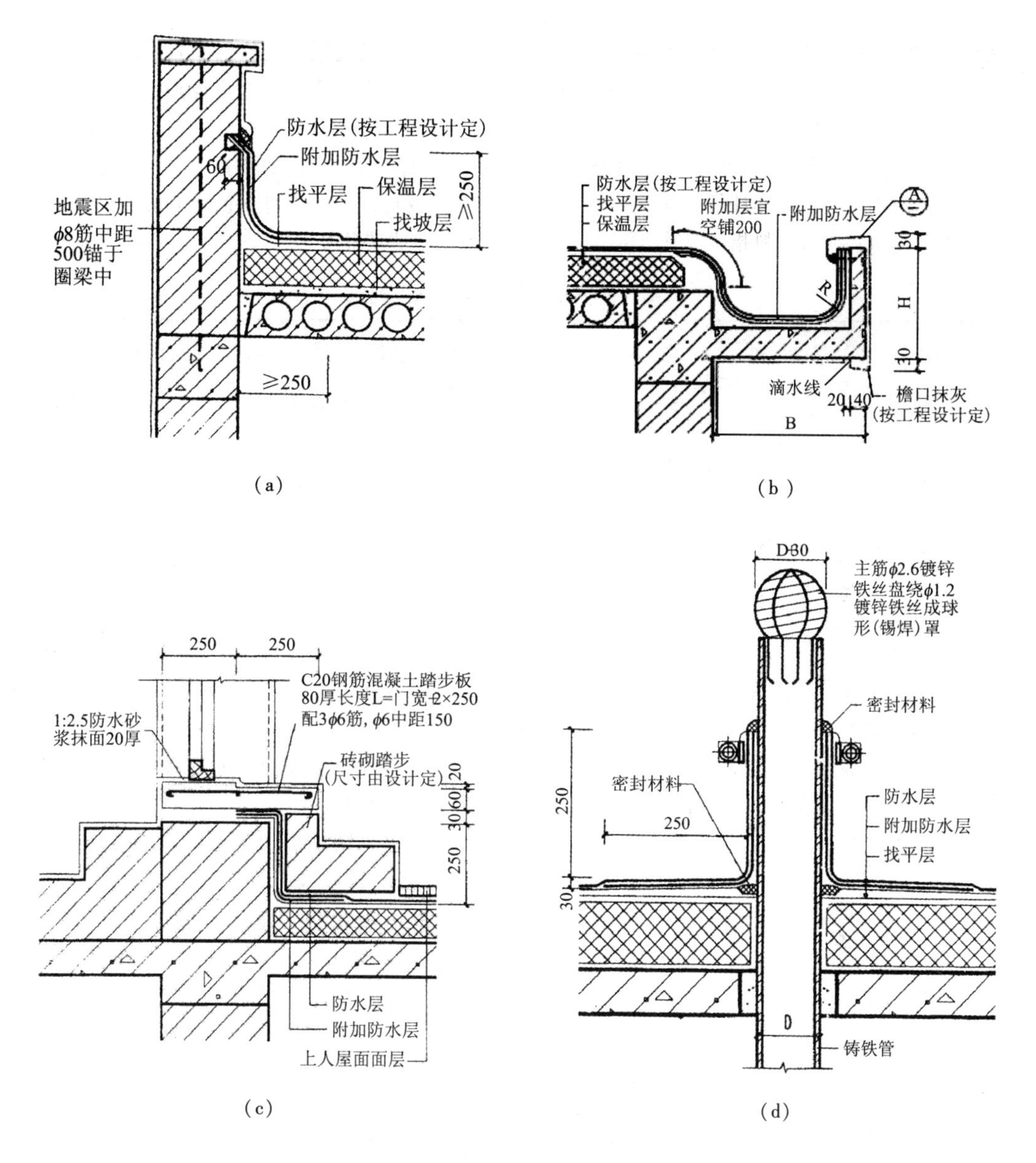

图 7-8　平屋顶的防水构造

(a)屋顶泛水设附加卷材；(b)屋顶挑檐设附加卷材；

(c)屋顶出入口处设附加卷材；(d)透气管出屋顶处设附加卷材

25%，当不能满足坡度要求时应采取防止卷材下滑的措施。

①铺设卷材防水层的作业要求(见表 7-6)。铺设屋顶隔汽层和防水层前，基层必须干净、干燥，排水坡度应符合设计要求。基层应设找平层，找平层的厚度和技术要求需符合规范要求，找平层应留设分格缝，缝宽 5～20mm，纵横缝间距不应大于 6m，分格缝应嵌填密封材料。对找平层表面必须压实，采用水泥砂浆找平层时，水泥砂浆抹平收水后必须经二次压光，

充分养护，不得有酥松、起砂、起皮现象。使用基层处理机应选择与卷材的材性相容的基层处理剂，采取喷涂法或涂刷法施工，喷、涂应均匀一致，最后一遍喷、涂干燥后，方可铺贴卷材。

基层与凸出屋顶结构(女儿墙、立墙、天窗壁、变形缝、烟囱等)的连接处，以及基层的转角处(水落口、檐口、天沟、檐沟、屋脊等)，均应做成圆弧。内部排水的水落口周围应做成稍低的凹坑。

表 7-6　铺设卷材防水层的作业要求

类别	基层种类	厚度(mm)	技术要求
水泥砂浆找平层	整体现浇混凝土	15～20	1:2.5～1:3(水泥:砂)体积比，宜掺抗裂纤维
	整体或板状材料保温层	20～25	
	装配式混凝土	20～30	
细石混凝土找平层	板状材料保温层	30～35	混凝土强度等级 C20
混凝土随浇随抹	整体现浇混凝土	—	原浆表面抹平、压光

②防水卷材铺设的基本规定。卷材搭接的方法、宽度和要求，应根据屋顶坡度、年最大频率风向和卷材的材性决定。铺贴卷材应采用搭接法，上下层及相临两幅卷材的搭接缝应错开。平行于屋脊的搭接缝应顺流水方向搭接；垂直于屋脊的搭接缝应顺年最大频率风向搭接。

当屋顶坡度小于3%时，卷材宜平行屋脊铺贴；屋顶坡度在3%～15%之间时，卷材可平行或垂直屋脊铺贴；屋顶坡度大于15%或屋顶受震动时，沥青防水卷材应垂直屋脊铺贴，高聚物改性沥青防水卷材和合成高分子防水卷材可平行或垂直屋脊铺贴。

上下卷层卷材不得相互垂直铺贴。铺贴时应先做好节点、附加层和屋顶排水比较集中部位(屋顶与水落口连接处、檐口、天沟、檐沟、屋顶转角处、板端缝等)的处理，然后由屋顶最低标高处向上施工。铺贴天沟、檐沟卷材时，宜顺天沟、檐沟方向，减少搭接。

卷材防水层上有重物覆盖或基层变形较大时，应优先采用空铺法、点粘法或条粘法。但距屋顶周边800mm内应满粘，卷材与卷材之间亦应满粘。表7-7是防水卷材施工方法，表7-8是卷材搭接宽度要求。

表 7-7　防水卷材施工方法

满粘法	铺贴防水卷材时，卷材与基层采用全部黏结的施工方法
空铺法	铺贴防水卷材时，卷材与基层在周边一定宽度内黏结，其余部分不黏结的施工方法
点粘法	铺贴防水卷材时，卷材或打孔卷材与基层采用点状黏结的施工方法
条粘法	铺贴防水卷材时，卷材与基层采用条状黏结的施工方法

表 7-8 卷材搭接宽度 (mm)

卷材种类 \ 铺贴方法		短边搭接		长遍搭接	
		满粘法	空铺、点粘、条粘法	满粘法	空铺、点粘、条粘法
沥青防水卷材		100	150	70	100
高聚物改性沥青防水卷材		80	100	80	100
自黏聚合物改性沥青防水卷材		60	—	60	—
合成高分子防水卷材	胶黏剂	80	100	80	100
	胶黏带	50	60	50	60
	单缝焊	60，有效焊接宽度不小于25			
	双缝焊	80，有效焊接宽度 10×2+空腔宽			

③防水卷材铺设注意事项

a. 在基层上涂刮基层处理剂时要求薄而均匀，一般要求干燥后不粘手时才能铺贴卷材。

b. 卷材防水层的铺贴一般应由层面最低标高处向上平行屋脊施工，使卷材按水流方向搭接，当屋顶坡度大于10%时，卷材应垂直于屋脊方向铺贴。

c. 铺贴方法：剥开卷材脊面的隔离纸，将卷材粘贴于基层表面，卷材长边搭接保持50mm，短边搭接保持70mm，卷材要求保持自然松弛状态，不要拉得过紧，卷材铺妥后，应立即用平面振动器全面压实，垂直部位用橡胶榔头敲实。

d. 卷材搭接黏结：卷材压实后，将搭接部位掀开，用油漆刷将搭接黏接剂均匀涂刷，在掀开卷材接头的两个粘接面，涂后干燥片刻手感不粘时，即可进行黏合，再用橡胶榔头敲压密实，以免开缝造成漏水。

e. 防水层施工温度选择5℃以上为宜。

④防水卷材选择的基本要求。防水卷材的选择应根据当地的气候条件、屋顶坡度、使用条件、地基的结构形式、当地具体地理环境等因素和屋顶防水卷材的暴露程度选择合适的卷材，使所选择的卷材耐热性、柔性、拉伸性能、耐穿刺性能、热老化率、耐霉烂等各方面性能均能符合需要。表7-9是卷材厚度选用要求。

表 7-9 规范卷材厚度选用要求 (mm)

屋顶防水等级	设防道数	合成高分子防水卷材	高聚物改性沥青防水卷材	沥青防水卷材和沥青复合胎柔性防水卷材	自粘聚酯胎改性沥青防水卷材	自粘橡胶沥青防水卷材
Ⅰ级	三道或三道以上设防	≥1.5	≥3	—	≥2	≥1.5
Ⅱ级	二道设防	≥1.2	≥3	—	≥2	≥1.5
Ⅲ级	一道设防	≥1.2	≥4	三毡四油	≥3	≥2
Ⅳ级	一道设防	—	—	二毡三油	—	—

(4)涂膜防水屋顶的施工

主要用于Ⅲ、Ⅳ级防水等级的屋顶防水，也可用作Ⅰ、Ⅱ级屋顶多道防水设防中的一道

防水层。根据工程要求，可以采取单独涂膜防水形式或复合防水形式。表7-10是复合防水形式构造层次及特点。

涂膜防水屋顶应设置保护层，保护层材料可采用细砂、云母、蛭石、浅色涂料、水泥砂浆或块材等。采用水泥砂浆或块材时，应在涂膜与保护层之间设置隔离层，水泥砂浆保护层厚度不宜小于20mm。

表7-10 复合防水形式构造层次及特点

防水等级	防水层构造层次(从下至上)	优 点
Ⅰ级三道设防	涂膜层、卷材防水层→细石混凝土防水层	刚柔互补
	细石混凝土防水层→涂膜层→保温层→找平层→卷材防水层	耐用年限长
	细石混凝土防水层→涂膜层→保温层	适用于倒置式屋顶
Ⅱ级二道设防	涂膜层→细石混凝土防水层	防止涂膜老化
	涂膜层→卷材防水层	提高涂膜耐久性
	细石混凝土防水层→涂膜层→保温层	适用于倒置式屋顶
Ⅲ级一道设防	找平层→涂膜层→保护层	
	找平层→涂膜层→架空隔热层	提高涂膜耐久性

涂膜防水层的基层，也应符合卷材防水层的相同基层及找平层基本要求。找平层应设分格缝，缝宽宜为20mm，并应留设在板的支承处，其间距不宜大于6m，分格缝应嵌填密封材料，应沿找平层分格缝增设带胎体增强材料的空铺附加层，其宽度宜为200～300mm。转角处应抹成圆弧形，其半径不宜小于50mm。

当屋顶结构层采用装配式钢筋混凝土板时，板缝内应浇灌细石混凝土，其强度等级不应小于C20；灌缝的细石混凝土中宜掺微膨胀剂。宽度大于40mm的板缝或上窄下宽的板缝中，应加设构造钢筋。板端缝应进行柔性密封处埋。非保温屋顶的板缝上应预留凹槽，并嵌填密封材料。变形缝内应填充泡沫塑料或沥青麻丝，其上放衬垫材料，并用卷材封盖；顶部应加扣混凝土盖板或金属盖板。

①防水涂膜施工基本规定见表7-11。防水涂膜应分层分遍涂布，待先涂的涂层干燥成膜后，方可涂布后一遍涂料，防水层收头应用防水涂料多遍涂刷或用密封材料封严；对易开裂、渗水的部位，应留凹槽嵌填密封材料，并应增设一层或一层以上带有胎体增强材料的附加层。

表7-11 涂膜防水层的厚度要求 (mm)

屋顶防水等级	设防道数	高聚物改性沥青防水涂料	合成高分子防水涂料和聚合物水泥防水涂料
Ⅰ级	三道或三道以上设防	—	不应小于1.5
Ⅱ级	二道设防	不应小于3	不应小于1.5
Ⅲ级	一道设防	不应小于3	不应小于2
Ⅳ级	一道设防	不应小于2	—

需要铺设胎体增强材料，且屋顶坡度小于15%时可平行屋脊铺设；当屋顶坡度大于15%时，应垂直于屋脊铺设，并由屋顶最低处向上操作。胎体长边搭接宽度不得小于50mm；短边搭接宽度不得小于70mm。采用二层胎体增强材料时，上下层不得互相垂直铺设，搭接缝应错开，其间距不应小于幅宽的1/3。

天沟、檐沟、檐口、泛水等部位，均应加铺有胎体增强材料的附加层。水落口周围与屋顶交接处，应作密封处理，并加铺两层有胎体增强材料的附加层。涂膜伸入水落口的深度不得小于50mm。泛水处的涂膜防水层宜直接涂刷至女儿墙的压顶下，压顶应作防水处理。

②防水涂膜材料选择要求。适用于涂膜防水层的防水涂料主要分成两类：高聚物改性沥青防水涂料和合成高分子防水涂料；常用的胎体增强材料品种有聚酯无纺布、化纤无纺布、玻璃纤维网格布等。

防水涂料的选择应根据屋顶防水等级和设防要求进行选择。应当根据当地气候环境、屋顶坡度、使用条件和地基变形程度等因素以及屋顶防水涂膜的暴露程度，选择与耐热度、低温柔性、延伸性、耐紫外线、热老化保持率相适应的涂料。

(5)刚性防水屋顶的施工

刚性防水屋顶是利用刚性防水材料作防水层的屋顶，一般可分为普通细石混凝土防水层、补偿收缩混凝土防水层、块体刚性防水层、预应力混凝土防水层、钢纤维混凝土防水层、外加剂防水混凝土防水层、粉状憎水材料防水层。刚性防水材料作防水层一般用于屋顶防水等级为Ⅲ级屋顶或Ⅰ、Ⅱ级屋顶中的一道防水层，并且大多刚性防水层不适用于设有松散保温层及受较大震动、冲击的建筑。刚性防水屋顶的坡度宜为2%~3%，并应采用结构找坡。

由于钢筋混凝土坡屋顶节点部位(如阴阳角、泛水、天沟等)易产生应力集中，很容易出现破坏。特别是如果对于节点处防水材料选用不当，未增设附加层，不做柔性密封，会造成渗漏，带来诸多麻烦，因此对节点部位应选用比大面积防水材料性能高的高弹性和高延伸性防水材料。

①刚性防水屋顶基层结构要求。刚性防水屋顶的结构层宜为整体现浇，当用预制钢筋混凝土空心板时，盖屋顶板用0号砂浆坐浆，应用细石混凝土灌缝，其强度等级不应小于C20，灌缝的细石混凝土宜掺微膨胀剂，每条逢均做两次灌密实，当屋顶板缝宽大于40mm或上窄下宽时，缝内必须设置构造钢筋，板端穴缝隙应进行密封处理，初凝后，养护一周，放水检查有无渗漏现象，如发现渗漏应用1:2砂浆补实。

②刚性防水屋顶施工的基本规定。刚性防水层多采用不小于40mm厚C20细石混凝土内配直径为4~6mm、间距100~200mm的双向钢筋网片，钢筋网片宜置于混凝土层中层偏上，保护层厚度不得小于10mm即可，钢筋网片在分格缝处应断开，以增强防水层刚度和板块的整体性。钢筋网片在防水层中的布置应在尽量偏上的部位，是因为防水层表面受温差变化影响大而易产生裂缝。

刚性防水层与山墙、女儿墙以及凸出屋顶结构的交接处均应做柔性密封处理：泛水处应铺设卷材或涂膜附加层；伸出屋顶管道与刚性防水层交接处应留设缝隙，用密封材料嵌填，并应加设柔性防水附加层；收头处应固定密封；刚性防水层与山墙、女儿墙及变形缝两侧墙体交接处应留宽度为30mm的缝隙，并应用密封材料嵌填。天沟、檐沟应用水泥砂浆找坡，

找坡厚度大于20mm时，宜采用细石混凝土。细石混凝土防水层与天沟、檐沟的交接处应留凹槽，并应用密封材料封严。

细石混凝土防水层与基层间宜设置隔离层，隔离层可采用纸筋灰、麻刀灰、低强度等级砂浆、干铺卷材等材料。

③刚性防水层的分格缝。分格缝是在屋顶找平层、刚性防水层、刚性保护层上预先留设的缝。刚性保护层在表层上做成"V"型槽，称为表面分格缝。

刚性防水层应设置分格缝，以适应屋顶变形，防止屋顶不规则裂缝。分格缝设置在屋顶温差变形许可范围内和结构变形敏感部位，如：屋顶板的支承端、屋顶转角处防水层与凸出屋顶结构的交接处，并应与板缝对齐，间距应小于4m。防水层的分格缝宽不小于25mm，缝内嵌防水密封油膏，为避免混凝土收缩导致油膏拉裂，每块混凝土之间采用丁字缝，不允许划分十字缝。分格缝应与屋顶结构承重部位的保温层排汽道位置吻合。

施工时应保证分格缝处混凝土完整，才能使嵌缝油膏嵌入后牢固地黏结在混凝土两侧起防水作用。分格缝截面宜做成上宽下窄，分格条安装位置应准确，起条时不得损坏分格缝处的混凝土。嵌缝后沿缝做保护层进行保护。分隔缝构造做法见图7-9。

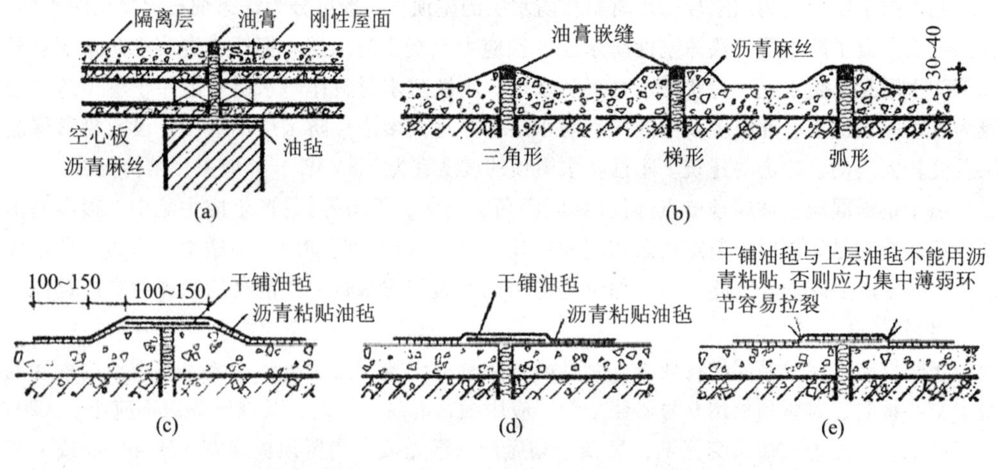

图7-9　刚性防水屋顶分格缝的构造

(a)平缝滑膏嵌缝；(b)凸形分仓缝油膏嵌缝；(c)凸缝加贴油毡盖缝；
(d)平缝油毡盖缝；(e)加贴油毡的错误做法

④刚性防水屋顶的材料。选择刚性防水设计方案时，应根据屋顶防水设防要求、地区条件和建筑结构特点等因素，经技术经济比较确定。

防水层的混凝土的厚度不应小于40mm，如过薄，混凝土失水很快，水泥不能充分水化，从而降低混凝土的抗渗性能。细石混凝土宜用普通硅酸盐水泥或硅酸盐水泥，水泥标号不应低于425#。不得使用火山灰质水泥，当采用矿渣硅酸盐水泥时应采取减小泌水性的措施；普通细石混凝土、补偿收缩混凝土的强度等级不应小于C20。补偿收缩混凝土的自由膨胀率应为0.05%~0.1%。

细石混凝土和砂浆中，粗骨料的最大粒径不宜大于15mm，含泥量不应大于1%，细骨料应采用中砂或粗砂，含泥量不应大于2%；拌和用水应采用不含有害物质的洁净水。层内配置的钢筋宜采用冷拔低碳钢丝。普通细石混凝土中掺入减水剂或防水剂时，应准确计量，投料顺序得当，搅拌均匀。

⑤块体刚性防水施工要求。块体刚性防水层使用的块材应无裂纹、无石灰颗粒、无灰浆泥面、无缺棱掉角、质地密实和表面平整，用1∶3水泥砂浆铺砌，块体之间的缝宽应为12～15mm，坐浆厚度不应小于25mm。

水泥砂浆中应掺入准确剂量的防水剂，并应用机械搅拌均匀，随拌随用，铺抹底层水泥砂浆防水层时应均匀连续，不得留施工缝；当铺砌必须间断时，块材侧面的残浆应清除干净。

面层施工时，要求厚薄一致，排水坡度要符合规范要求，块材之间的缝隙应用水泥砂浆灌满填实；面层应用1∶2水泥砂浆，其厚度不应小于12mm，抹压面层时，严禁在表面洒水，加水泥浆或撒干水泥，以防龟裂脱皮降低防水效果，混凝土收水后进行二次压光，以切断和封闭混凝土中的毛细管，提高抗渗性。应二次压光，抹平压实。铺设后，在铺砌砂浆终凝前不得上人踩踏。

防水混凝土浇筑12～24h，即可进行养护，养护时间不少于7天，养护初期屋顶不得上人。混凝土的养护是细石混凝土防水层的极其重要的最后一道工序，养护不好会造成混凝土早期脱水，不但降低混凝土的强度，而且会由于干缩引起混凝土内部裂缝表面起砂，使抗渗性能大幅度降低。

7.2.6 平屋顶防水保护层的施工

卷材铺贴完毕，经检查合格后，应立即进行保护层施工，及时保护防水层免受损伤，从而延长卷材防水层的使用年限。常用的保护层做法有以下几种：

(1)涂料保护层

涂料保护层一般在现场配制，常用的有铝基悬浮液、丙烯酸浅色涂料或在涂料中掺入铝粉的反射涂料。施工前防水层表面应干净无杂物。涂刷方法与用量按涂料使用说明书操作，涂刷应均匀、不漏涂。

(2)绿豆砂保护层

在沥青卷材非上人屋顶中使用较多。在卷材表面涂刷最后一道沥青胶后，趁热撒铺一层粒径为3～5mm的绿豆砂(或人工砂)，绿豆砂应撒铺均匀，全部嵌入沥青胶中。为了嵌入牢固，绿豆砂需经干燥并加热至100°C左右干燥后使用，边撒砂边扫铺均匀，并用软辊轻轻压实。

(3)细砂、云母或蛭石保护层

主要用于非上人屋顶的涂膜防水层的保护层，使用前应先筛去粉料，砂可采用天然砂。当涂刷最后涂料时，应边涂刷边撒布细砂(或云母、蛭石)，同时用软胶辊反复滚压，使保护层牢固地黏结在涂料层上。

(4)水泥砂浆保护层

水泥砂浆保护层与防水层之间应设置隔离层。保护层用的水泥砂浆配合比一般为1∶(2.5～3)(体积比)。

保护层施工前，应根据结构情况每隔4～6m用木模设置纵横分格缝。铺设水泥砂浆时应随铺随拍实，并用刮平。排水坡度应符合设计要求。立面水泥砂浆保护层施工时，为了砂浆与防水层粘贴牢固，可事先在防水层表面粘上砂粒或小豆石，然后再做保护层。

(5)细石混凝土保护层

施工前应在防水层上铺设隔离层，并按设计要求支设好分格缝木模，设计无要求时，每格面积不大于36m^2，分格缝宽度为20mm。一个分格内的混凝土应连续浇筑，不留施工缝。振捣宜采用铁辊滚压或人工拍实，以防破坏防水层。拍实后随即用刮尺按设计坡度刮平，初凝前木抹子提浆抹平，初凝后及时取出分格缝木模，终凝前用铁抹子压光。

细石混凝土保护层浇筑后应及时进行养护，养护时间不应少于7天。养护期满即将分格缝清理干净，待干燥后嵌填密封材料。

7.3 坡屋顶

以前的坡屋顶因为采用木结构在木材匮乏的时期，坡屋顶的运用受到严格的限制。近年来，由于坡屋顶不仅造型丰富多彩还具有良好的防水和保温隔热性能，在钢筋混凝土坡屋顶结构形式的推广以及速生林和钢结构的运用等推动下，坡屋顶重新获得了广泛的应用。

坡度在10%~100%的屋顶叫坡屋顶，其中10%~20%多用于金属板屋顶，20%~40%多用于波形瓦屋顶，40%以上多采用各种瓦屋顶。从建筑屋顶防漏角度考虑，坡屋顶“排”重于“防”，“导”重于“堵”，屋顶不会积水，自然就不容易渗漏水，这是坡屋顶优于平屋顶之所在。坡屋顶建筑造型多样，在我国冬至日照角26°30′，采用1/2最缓坡屋顶坡度(如住宅小区采取建筑1/2坡屋顶)，则可减少日照间距，有效地提高土地利用率等诸多的优点。但选用坡屋顶，主要根据建筑物的功能需要、当地的气候条件和建筑师的设计形式。

7.3.1 坡屋顶的形式

坡屋顶的形式有单坡顶、双坡顶(硬山双坡顶、悬山双坡顶、卷棚顶)、四坡顶(庑殿顶)、歇山顶、攒尖顶(方攒尖圆、顶攒尖顶等)、重檐顶以及折腰顶(见图7-1)。最为常见的是双坡顶和四坡顶。单坡顶一般是用在跨度小的建筑，常用于坡屋。歇山顶是双坡顶相结合的一种形式，歇山顶的端部三角形常做一些建筑装饰或安装供屋顶通风用的百叶窗。多层建筑和一些空间高大的重要建筑常用重檐顶。折腰顶因其内部空间较大，多设阁楼以提高坡屋顶的使用功能，增加使用面积。

7.3.2 屋顶的坡度

应根据所在地区不同的气候条件、各种瓦材的构造要求和坡屋顶的使用要求等综合因素加以决定。严寒地区应采用坡度较大的坡屋顶，以减少屋顶的积雪厚度，降低屋顶的活荷载。而气候比较温暖的无积雪或积雪较少地区，其坡屋顶已采用较小坡度。设置阁楼层的坡屋顶也可以采用坡度较大的坡屋顶。各种瓦材由于搭接长度不同，对坡屋顶的坡度要求也有差别。各种瓦屋顶不同的最小坡度见表7-12。

表 7-12 各种瓦屋顶的最小坡度

屋顶瓦材名称	最小坡度
水泥瓦(黏土瓦)屋顶	1:2.5
波形瓦屋顶	1:3
小青瓦屋顶	1:1.8
石板瓦屋顶	1:2
青灰屋顶	1:10
构件自防水屋顶	1:4

7.3.3 屋顶的组合

对于组合平面的坡屋顶，应按一定的规则相互交接，以使屋顶构造合理、排水通畅。两个坡屋顶平行相交构成水平屋脊。两个坡屋顶成角相交，在阳角相交形成斜脊，在阴角处形成斜天沟，斜脊和斜天沟在平面交角的分角线上，如两个为垂直相交，则斜脊和斜天沟皆与平面成45°。在屋顶平面组合时，应尽量避免两个坡屋顶平行交接时出现的水平天沟。对于有多幢组合要求的建筑物，其单幢建筑的坡屋顶还应注意避免在多幢组合中出现水平天沟。常用坡屋的交接形式见图 7-10。

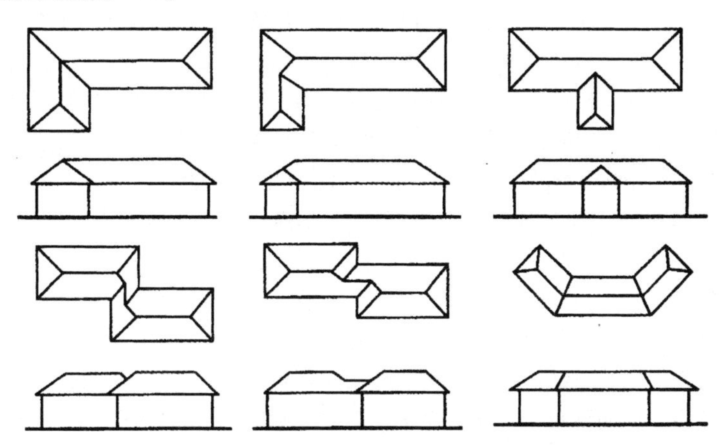

图 7-10 坡屋顶的交接形式

7.3.4 坡屋顶的屋顶材料

坡屋顶的屋顶材料大多是各种瓦材。随着科技的进步，为了避免大量毁地、节省能源、传统的各种以黏土为主要材料的瓦材逐渐被淘汰，甚至已被禁止使用，黏土瓦已基本上被水泥瓦所代替，同时多种多样的屋顶瓦材相继出现，我们应积极地推广应用。

7.3.5 坡屋顶的承重结构

坡屋顶的屋顶材料一般是小而薄的瓦材或板材。它们下面必须有构件支托以承受其荷载。

承重结构按材料分有木结构、钢结构和钢筋混凝土结构以及竹结构等。承重结构应能承受屋顶所有的荷载、自重及其他加于屋顶的荷载，并能将这些荷载传递给支承它的承重墙或柱。

早期建筑的坡屋顶都是以木构架为主的木结构(见图 7-11)，随之即是砖木结构的硬山阁檩。随着技术的进步，木屋架、钢屋架以及钢筋混凝土屋架的出现，加大了建筑的跨度，使建筑空间大大地扩大。

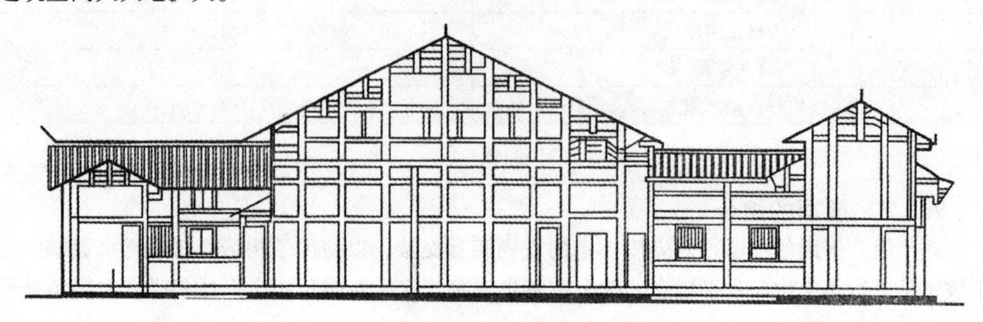

图 7-11 传统民居的木构架

屋顶材料和承重结构之间的构件叫屋顶基层。就目前的情况来看，它有木材和钢筋混凝土两大类。

木基层包括檩条、椽条、屋顶板(又称望板)、挂瓦条等。木基层常有下列几种构造方式：

①无椽条构造。这种构造方式是在承重结构上设檩条，在檩条上钉屋顶板，屋顶板上铺一层防水卷材，在卷材上钉顺水条，间距约为 500mm，顺水条既有固定卷材的作用，又有顺水的作用(当雨水从瓦屋顶渗漏在卷材上，可以顺着屋顶坡度排出)。挂瓦条钉在顺水条上，其断面约为 25mm×30mm，间距约为 300mm。水泥平瓦直接铺在挂瓦条上[见图 7-12(a)]。檩条间距为 800mm 左右。屋顶板厚度约为 18mm。檩条可用圆木或方木，也可采用钢筋混凝土矩形檩条。方木和钢筋混凝土矩形檩条可沿屋顶斜坡正放或斜放。正放时，只有一个方向受弯；斜放时，檩条将受斜弯曲。檩条的断面和钢筋混凝土檩条的配筋均由计算确定。当檩条直接搁置在承重横墙上，称为硬山阁檩。

②有椽条构造。当承重结构(屋架或横墙)的间距较大时，檩条因其跨度增加，断面也将增大，大断面的檩条如间距较小，将不能充分发挥结构承载能力。此时，也应将檩条的间距增大。在这种情况下，如在较大间距的檩条上钉屋顶板，则板也需加厚，屋顶板的面积很大，如增加屋顶板，将耗费大量木材。因此，在大间距的檩条上，再加设与之垂直的椽条，在间距较小的椽条上再铺屋顶板，屋顶板上的构造与前相同[见图 7-12(b)]。

③楞摊瓦构造。这种屋顶构造的特点是不设屋顶板及防水卷材等，而是在椽条上钉小楞木，在小楞木上直接挂瓦[见图 7-12(c)]，这种做法比较经济，但雨、雪容易从瓦缝中渗入室内。因此，它仅用于较小跨度的建筑。

当采用钢筋混凝土作为基层时，应充分利用坡屋顶的特性做好现浇钢筋混凝土的结构设计。钢筋混凝土板作为坡屋顶的基层，只要在它的上面根据不同的要求采用与木基层屋顶板上铺瓦的方法或直接坐浆铺瓦。作为坡屋顶基层的钢筋混凝土板和坡屋顶的主要承重结构，它可以利用钢筋混凝土可塑性的特点，把平面结构变为空间结构。这就要求在设计时，结构工程师必须与建筑师密切配合，根据建筑平面的组合形式，运用空间结构的埋论和计算方式合理地进行结构布置，以达到适用、经济的目的。由于现在坡屋顶大多是采用钢筋混凝土作为基层，而各地在结构布置时，基本上仍沿用普通梁板的布置方式，不仅造成很大的浪费，还给施工带来很多的麻烦，因此对它必须进行深入的研究。有关屋顶材料做法详见坡屋顶做法。

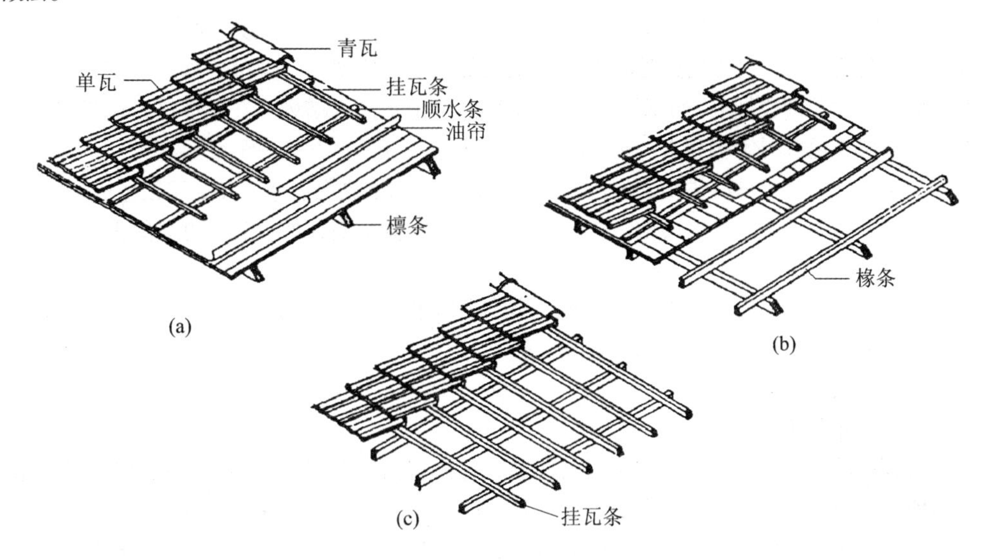

图 7-12　平瓦屋面木基层构造

(a)无椽条构造；(b)有椽条构造；(c)楞摊瓦构造

7.3.6　屋顶排水

排水方式为有组织排水和无组织排水。屋顶雨水自檐部直接排出，称为无组织排水。无组织排水要求檐部挑出，做成挑檐。这种排水沟方式简单经济，但对较高的房屋及雨量大的地区、无组织排水容易使雨水沿墙漫流潮湿墙身(尿墙)。因此，应综合考虑结构形式、气候条件、使用特点等因素来决定排水方式，并优先考虑采用外排水。表 7-13 所示的任何一种情况应采用有组织排水。

有组织排水是用天沟将雨水汇集后，由水落管集中排至地面。有组织排水又分为内排水和外排水。内排水的水落管在室内，民用建筑应用较少。

有组织排水的檐部可分为挑檐，也可为封檐。

表 7-13　需采用组织排水的屋顶

地区	檐口高度	相邻屋顶
年降水量≤900mm	8 - 10m	高差≥4m 的高处檐口
年降水量 >900mm	5 - 8m	高差≤3m 的高处檐口

7.3.7 坡屋顶立墙泛水

屋顶和墙交接处为檐部，檐部构造和屋顶的排水沟方式有关。挑檐的构造与承重结构、基层材料和出檐长度有关：有组织排水的挑檐天沟可用26号白铁皮制成或采用钢筋混凝土檐沟，钢筋混凝土的净宽度应≥200mm，分水处最小深度应≥80mm，沟内最小纵坡：卷材防水≥1%；自防水≥0.3%；砂浆或块料面层≥0.5%。雨水管常用的直径为100mm，坡屋顶雨水管的最大间距为15m。封檐构造是将墙身砌至檐部以上。檐部以上部分的墙体叫压檐墙，又叫女儿墙。墙的顶部要做混凝土压顶，以防止顶面的雨水渗入墙内。在地震区，应尽量不做女儿墙，以防止地震时倒塌伤人，必要时应有加固措施。

双坡屋顶的山墙檐部有硬山和悬山之分。硬山是将山墙砌至屋顶或高处屋顶做成封火墙；悬山是做挑檐悬山墙。在风大的地区，木结构基层不宜做悬山，如需要，也只能做短挑檐的悬山。

泛水是指屋顶和墙交接处及屋顶上凸出构件周围防止屋顶水注入接缝所作的防水处理，泛水的防水处理必须加强，并在施工中给予重视。

7.3.8 坡屋顶的通风

有吊顶的坡屋顶，利用闷顶作为空气间层，可以提高保温隔热效果。在闷顶空间内，由于材料所含水分的蒸发、室内蒸汽的渗透、屋顶飘进雨雪等原因，常积聚着潮湿的空气。因此，闷顶必须保护良好的通风，以排除潮气，保护屋顶材料。对于炎热的南方，在坡屋顶中设进气口和排气口，利用屋顶内外热压差和迎、背风面的压力差，加强空气的对流作用，组织自然通风，使室内外空气进行交换，减少由屋顶传入室内的辐射热，可以改善室内气候。图7-13是几种屋顶通风的形式。

带有通风间层的闷顶，由于通风间层内的流动空气带走部分太阳辐射热，减少了传入室内的热量，是一种较好的隔热措施。因此，必须重视做好坡屋顶的通风。

坡屋顶通风的常用做法有如下几种(见图7-14)：

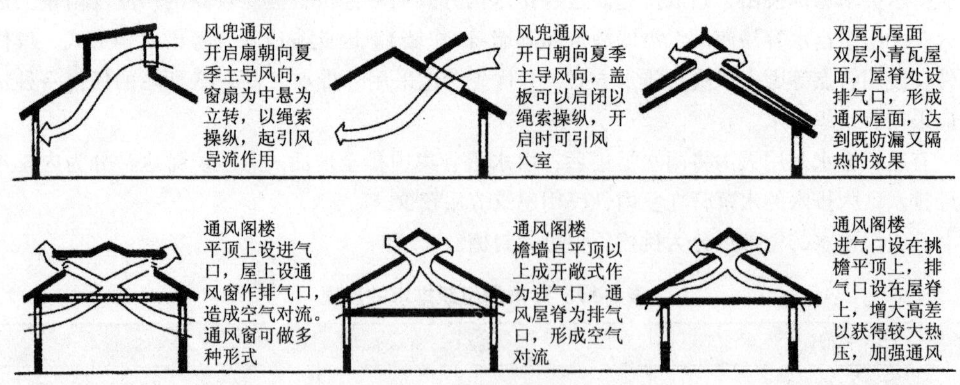

图7-13 几种屋顶通风的形式

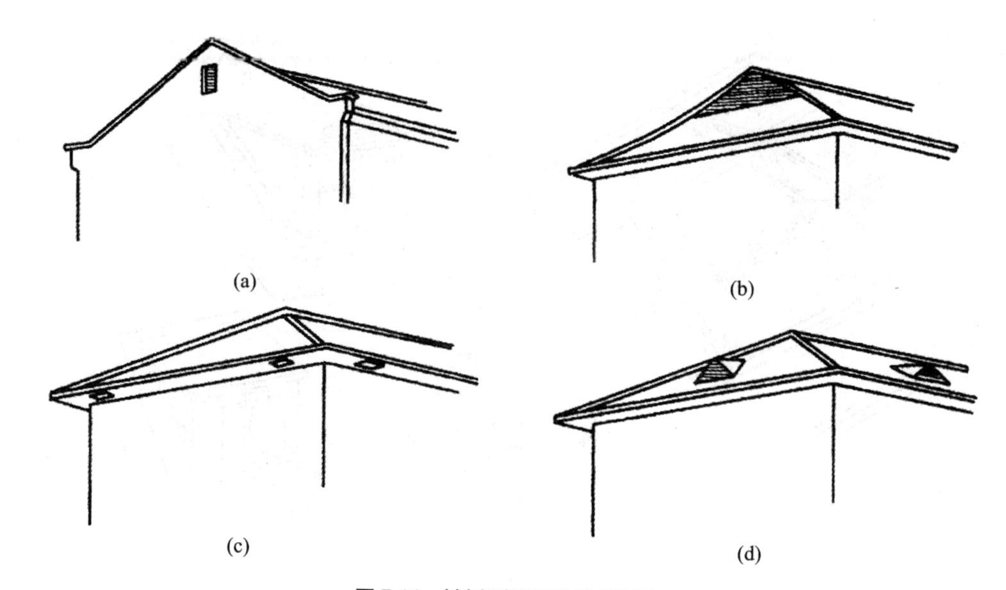

图 7-14　坡屋顶通风的常用做法

(a)在山墙上设通风窗通风；(b)在歇山顶尖处设通风窗通风；
(c)在檐口顶棚上设通风口通风；(d)在屋面上设通风窗通风

①山墙通风。在双坡顶的山墙上部或歇山顶的三角形歇山部分(闷板范围内)开设带有铁纱的通风百叶窗或兼具装饰效果的花格小孔洞，既确保通风，又能防止鸟、鼠、飞虫进入。

②檐口通风。当采用四坡顶时，可在檐口顶棚下每隔一定距离设一个长宽约为400mm的通风口，洞口上应加铁纱。

③屋顶通风。各种形式的坡屋顶均可在屋顶上设通风窗，屋顶通风窗也称老虎窗，窗的宽、高约1m。仅用于通风用的老虎窗可设带有铁纱的百叶窗。如兼有采光要求时，可配以玻璃窗扇。老虎窗也可兼作检修屋顶的出入口。老虎窗的形式可根据建筑造型的要求进行设计，可以是单坡、双坡的或弧形的(见图7-15)。

7.3.9　坡屋顶的保温

在北方寒冷地区，屋顶要设置保温层。保温材料的特点是空隙率大、容量小、导热系数低。保温材料分有机和无机两种。保温材料有木丝板、软木板、锯末等。有机材料受潮易腐烂，受高温易分解、能燃烧，现在也很少使用，采用时，应做好防火和防腐措施。无机保温材料有各种多孔混凝土，膨胀蛭石、膨胀珍珠岩、浮石、岩棉、泡沫塑料及其制品。保温材料通常也是隔热材料，用它来阻止室内热量向外散失起保温作用；用它来隔绝外界热量传入室内起隔热作用。对于坡屋顶来说，带有通风措施的闷顶空间可以降温、隔热，一般不再专设隔热层。而寒冷地区就应该设置保温层。保温层可设在屋顶防水层和基层中间，或者设在吊顶上。保温层的厚度应根据材料的性能，按照所在地区的气候条件和建筑设计的要求，进行热工计算来确定。一般在保温层的下面应加设一层能够防止室内蒸汽渗入保温层的密实材料。

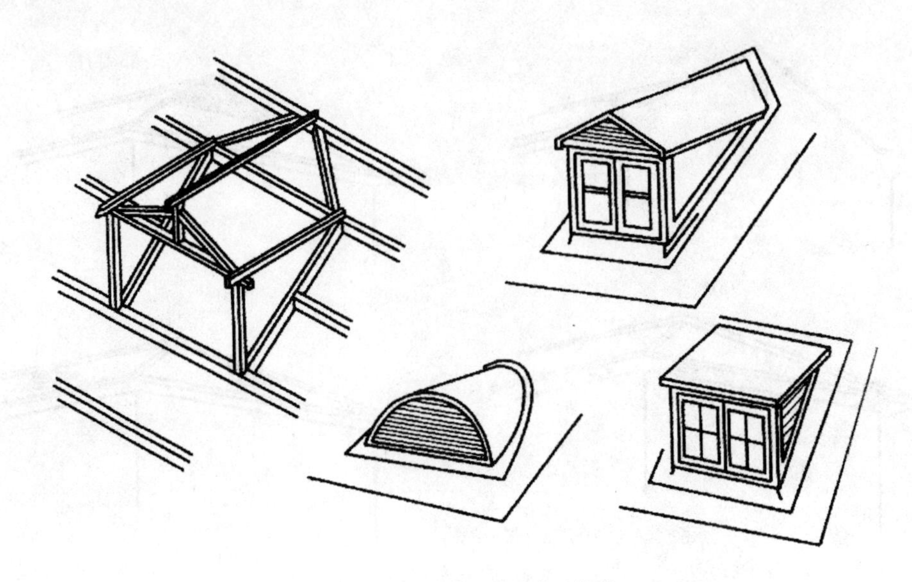

图 7-15 屋顶通风窗形式及构造

7.3.10 坡屋顶的阁楼

当坡屋的阁楼作为功能空间使用时，除做好层面保温外，在南方炎热地区，还应特别重视屋顶保温层上加设隔热措施(如双层瓦屋顶等)，以减少室外的辐射热进入室内。

7.3.11 坡屋顶的顶棚

坡屋顶可以在屋顶下沿坡面设置顶棚，也可以在坡屋顶下根据使用要求设置吊顶棚。当设置吊顶棚时，闷顶空间内所有的隔墙均应开设≥700mm×1000mm(宽×高)的过人孔，以方便吊顶棚和暗装在顶棚里管线的检查，同时确保闷顶的通风。吊顶棚必须开设≥600mm×700mm。便于进入闷顶的检查人孔。

7.3.12 坡屋顶做法

(1)瓦型简介

①彩色水泥瓦(外形尺寸420mm×330mm)。上下两片瓦搭接75mm(屋顶坡度在17.5°~22.5°时，最小搭接100mm)，颜色有玛瑙红、素烧红、万寿红、金橙黄、翠绿、纯净绿、孔雀蓝、古岩灰、水灰青和仿珠黑等，另外还有双色瓦(一片瓦有两种颜色)，可组成多彩屋顶。

除标准瓦外，还有以下配件：

a. 圆脊配件：圆脊、圆脊斜封、双向圆脊、三向圆脊和四向圆脊。

b. 锥形脊瓦配件：锥形脊、小封头脊、锥形斜封、三向锥脊和四向锥脊。

c. 一般配件：檐口瓦、檐口封、檐口顶瓦、排水沟瓦、单向脊、挂瓦条支架和搭扣。

适用于屋顶坡度22.5°~80°，最小屋顶坡度17.5°。屋顶坡度在22°~35°时，檐口瓦必须每块瓦都用钉子固定，并用檐口铝合金搭和钩住瓦下部(见图7-16)檐口瓦以上可以根据各地区风力大小的不同确定用钉钉瓦的比率，屋顶坡度在35°～55°时，每块瓦都要用钉子钉牢，屋顶坡度>55°时，除每块瓦都要用钉子钉牢外，每块瓦的下端都要用搭扣钩牢。

瓦片和挂瓦的固定除钉子外，也可用$\phi 2$双股铜丝绑牢。

屋顶坡度在22.5°～30°时，除可以用挂瓦条挂瓦外，也可以采用水泥砂浆卧瓦，但屋檐处的瓦要用挂瓦条、钉子、檐口铝金搭扣固定。

屋顶坡度在22.5°～35°时，可以采用塑料挂瓦条支架代替顺水条，挂瓦条支架中距≤1000mm，在挂瓦条接头处必须加挂瓦条支架(见图7-17)，屋顶坡度>35°，不得采用挂瓦支架，而应采用顺水条，并将顺水条牢固固定于屋顶板上。

②彩色油毡瓦。油毡瓦一般为4mm厚，长1000mm，宽333mm，用钉固定瓦片，上、下搭接盖住钉孔，形式见图7-18。

油毡瓦配有脊瓦、附加专用油黏、改性沥青胶黏剂、镀锌钢钉等配件。

油毡瓦一般宜用于屋顶坡度>1/3的屋顶，如用于屋顶坡度1/5～1/3的屋顶时，油毡瓦下面应增设有效的防水层。屋顶坡度<1/5的屋顶，不宜采用油毡瓦。

油毡瓦铺贴时，每片瓦用4～5个专用钉(或射钉)固定，或用改性沥青胶黏剂贴，详见GB50207－1994《屋顶工程技术规范》及产品说明。

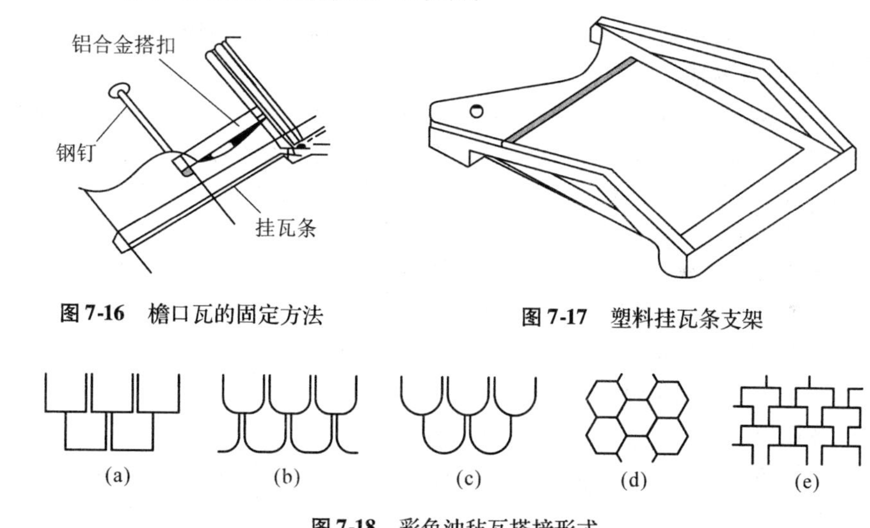

图7-16　檐口瓦的固定方法

图7-17　塑料挂瓦条支架

图7-18　彩色油毡瓦搭接形式

(a)直角瓦；(b)圆角瓦；(c)鱼鳞瓦；(d)菱形瓦；(e)“T”形瓦

③小青瓦。小青瓦有底瓦、盖瓦、筒瓦、滴水瓦或脊瓦等配合使用。多雨地区常用底瓦与盖瓦组成阴阳瓦屋顶和用底瓦与筒瓦组成筒板瓦屋顶，底瓦与盖瓦一般搭六露四，多雨地区搭七露三。

小青瓦屋顶的屋脊如采用青瓦、屋脊花饰或钢筋混凝土现浇时，其用料、强度及施工方法应符合相应规范、规程要求。

小青瓦为黏土瓦，宜控制使用。

④琉璃瓦。琉璃瓦分平瓦和筒瓦两类。平瓦包括“S”形瓦、平板瓦、波形瓦及空心瓦，色

彩有铬绿、橘黄、橘红、玫瑰红、咖啡棕、湖蓝、孔雀蓝和金黄等。

琉璃瓦屋顶的屋脊可按设计要求加工当选用钢筋混凝土现浇屋顶时，应经计算并按相应规范、规程确保结构安全。

⑤彩色压型钢材波形瓦。彩色压型钢板波形瓦是用0.5～0.8mm厚镀锌钢板冷压成仿水泥瓦外形的大瓦，横向搭接后中距1000mm(相当于三片瓦的效果)，纵向搭接后最大中距可为400mm×6mm(相当于六排瓦左右)，挂瓦条中距400mm。瓦规格见表7-14。

表7-14　彩色压型钢板波形的规格

板厚(mm)	0.5	0.6	0.7	0.8
板重(kg/m^2)	5.17	5.13	7.1	8.06

彩色压型钢板波形瓦安装后，缝隙较小，利于防水，外观整齐，固定牢靠，在上、下、左、右搭接处，应避免四板重叠，瓦的左、右搭接一正一反，用拉铆钉、自攻钉连接在钢挂瓦条上，钉孔处及外露钉涂密封胶，屋脊板、泛水等搭接长度≥100mm，拉铆钉中距500mm。

挂瓦条为配套生产的“Z”形冷弯薄钢板，不带保温做法时，宽40mm、高50mm；带保温做法时，宽80mm、高100mm。

使用这种瓦时，应尽量避免穿管、开洞，必要时，四周泛水要设计妥当，搭接处理用锡焊，构成严密的防水构造。

⑥板瓦。石板选用优质页岩片，一般尺寸为300mm×600mm，厚5～10mm。屋顶坡度>30°时，每块瓦均需钻孔，用镀锌螺钉钉于屋顶板上，瓦片搭接≥75°。

⑦压型钢板。一般用0.6～0.8mm彩色钢板压制而成，断面有折线“V”型波、长平短波及高、低波等多种断面。

宽度一般为750～900mm(展开长度均为1000mm)，长度根据工程需要确定。单面坡的长度一般宜用整块瓦上端与屋脊固定，屋顶跨度大时也可搭接，檩条中距根据屋顶荷载和板的支承情况(简支、连接、悬臂)而不同。同样荷载下，连续板檩条中距最大，简支次之，悬臂最小，应根据生产厂提供的规格选用。

檩条一般配用生产厂家配套生产的“Z”型钢檩条。

为保温、隔热，还有复合板，以彩色钢板瓦为面层，中间填玻璃棉、岩棉或聚苯等芯材。

⑧丝网石棉水泥瓦。

⑨瓦垄铁。

⑩玻璃纤维增强聚酯波形瓦(玻璃钢瓦)。

(2)屋顶坡度换算表(见表7-15)

表7-15　屋顶坡度换算表

屋顶坡度		17.5°	18.4°	21.8°	22.5°	26.6°	35°	40°	55°	80°
高跨比	H/D	1:3.2	1:3.2	1:2.5	1:2.4	1:2	1:1.4	1:1.2	1:0.7	1:0.18
	H/D(%)	31.5	33.3	40.0	41.0	50.0	70.0	83.0	142.9	568.2

(3)坡屋顶做法说明

①平瓦屋顶可参照彩色水泥瓦，因机平瓦属黏土瓦，宜尽量避免使用。特殊情况下，须采用黏土机平瓦时，可选用彩色水泥瓦做法，注明换用黏土机平瓦。

②瓦屋顶采用木望板时，应采用Ⅰ级或Ⅱ级木材，含水率≤18%。凡入墙的木材均应涂一道沥青作防腐处理。木挂瓦条、顺水条、木龙骨等木材应刷防腐剂。

钢挂瓦条、顺水条等亦应刷防锈漆二道，油漆二道。油漆品种和颜色按工程设计。

③各做法中，钢筋混凝土屋顶板均为按屋顶坡度斜放。

④坡屋顶保温层的厚度应根据当地的气候条件和建筑物的使用要求进行热工计算决定。当采用加气混凝土屋顶板兼作保温层时，加气混凝土屋顶板的厚度根据结构和保温的要求决定。

(4)坡屋顶做法表(见表7-16)

表7-16　坡屋顶做法表

名称及简图	用料及分层做法	附注
彩色水泥瓦 屋　面 木挂瓦条 木顺水条 木望板	1. 彩色水泥瓦 2. 35×25 的木挂瓦条(屋面坡度≥55°时用 40×30) 3. 30×10 的木顺水条(屋面坡度≥55°时用 30×20) 4. 干铺高聚物改性沥青卷材一层 5. 木望板(厚度及檩条尺寸、中距等按工程设计)	
彩色水泥瓦 屋　面 钢挂瓦条 钢顺水条 钢筋混凝土 屋面板	1. 彩色水泥瓦 2. 30×30×2 的L形冷弯钢板挂瓦条 30└30，与顺水条焊牢 3. 2厚 ⊓ 形冷弯钢板顺水条，中距为700 (30 ⊓ 10) 4. 钢筋混凝土层面板板面扫净，刷1.5厚水乳型复合水泥基弹性防水涂料 5. 钢筋混凝土层面板预埋10号镀锌低碳钢丝，中距为700×900，绑扎顺水条(预制板时，在板缝内预埋)	1. 屋面板上也可采用预埋件焊顺水条 2. 钢顺水条也可用水泥钉钉在屋板上(屋面坡度≤30°时)
彩色水泥瓦 屋　面 砂浆卧瓦 钢筋混凝 土屋面板 砂浆卧瓦	1. 彩色水泥瓦 2. 1:0.5:4 水泥白布砂浆(略加麻刀)卧瓦(砂浆只需卧于瓦谷底部，最薄处≥10) 3. 檐口瓦加 30×25 的挂瓦条，钢钉固定瓦，并用塑料卡固定瓦下端 4. 钢筋混凝土层面板板面扫净，刷1.5厚水乳型聚合物水泥基复合防水涂料 5. 钢筋混凝土屋面板	适用于屋面坡度 22.5°~30°

（续）

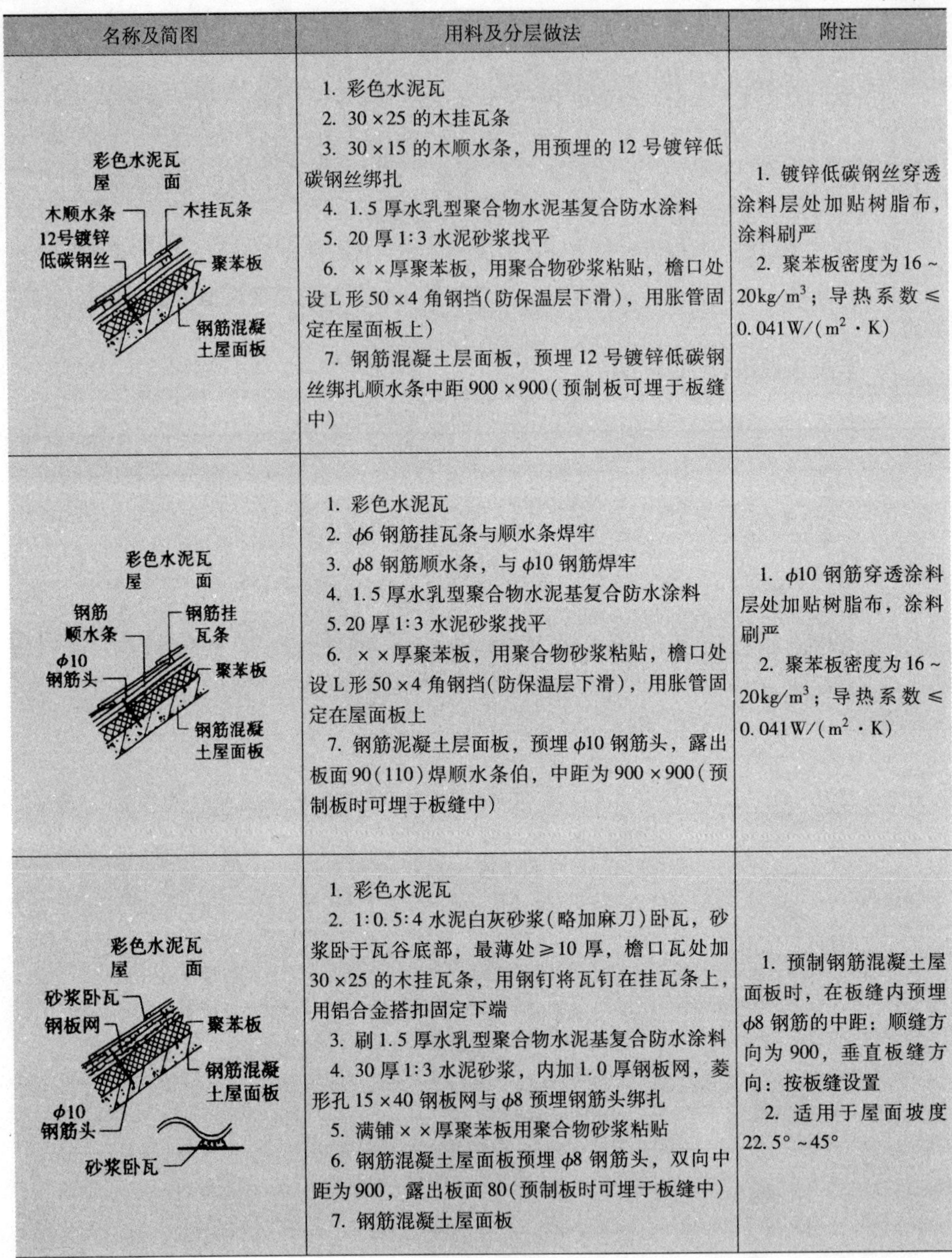

名称及简图	用料及分层做法	附注
彩色水泥瓦屋面 木顺水条 木挂瓦条 12号镀锌低碳钢丝 聚苯板 钢筋混凝土屋面板	1. 彩色水泥瓦 2. 30×25 的木挂瓦条 3. 30×15 的木顺水条，用预埋的 12 号镀锌低碳钢丝绑扎 4. 1.5 厚水乳型聚合物水泥基复合防水涂料 5. 20 厚 1:3 水泥砂浆找平 6. ××厚聚苯板，用聚合物砂浆粘贴，檐口处设 L 形 50×4 角钢挡(防保温层下滑)，用胀管固定在屋面板上) 7. 钢筋混凝土层面板，预埋 12 号镀锌低碳钢丝绑扎顺水条中距 900×900(预制板可埋于板缝中)	1. 镀锌低碳钢丝穿透涂料层处加贴树脂布，涂料刷严 2. 聚苯板密度为 16～20kg/m³；导热系数≤0.041W/(m²·K)
彩色水泥瓦屋面 钢筋顺水条 钢筋挂瓦条 ϕ10 钢筋头 聚苯板 钢筋混凝土屋面板	1. 彩色水泥瓦 2. ϕ6 钢筋挂瓦条与顺水条焊牢 3. ϕ8 钢筋顺水条，与 ϕ10 钢筋焊牢 4. 1.5 厚水乳型聚合物水泥基复合防水涂料 5.20 厚 1:3 水泥砂浆找平 6. ××厚聚苯板，用聚合物砂浆粘贴，檐口处设 L 形 50×4 角钢挡(防保温层下滑)，用胀管固定在屋面板上 7. 钢筋泥凝土层面板，预埋 ϕ10 钢筋头，露出板面 90(110)焊顺水条伯，中距为 900×900(预制板时可埋于板缝中)	1. ϕ10 钢筋穿透涂料层处加贴树脂布，涂料刷严 2. 聚苯板密度为 16～20kg/m³；导热系数≤0.041W/(m²·K)
彩色水泥瓦屋面 砂浆卧瓦 钢板网 聚苯板 钢筋混凝土屋面板 ϕ10 钢筋头 砂浆卧瓦	1. 彩色水泥瓦 2. 1:0.5:4 水泥白灰砂浆(略加麻刀)卧瓦，砂浆卧于瓦谷底部，最薄处≥10 厚，檐口瓦处加 30×25 的木挂瓦条，用钢钉将瓦钉在挂瓦条上，用铝合金搭扣固定下端 3. 刷 1.5 厚水乳型聚合物水泥基复合防水涂料 4. 30 厚 1:3 水泥砂浆，内加 1.0 厚钢板网，菱形孔 15×40 钢板网与 ϕ8 预埋钢筋头绑扎 5. 满铺××厚聚苯板用聚合物砂浆粘贴 6. 钢筋混凝土屋面板预埋 ϕ8 钢筋头，双向中距为 900，露出板面 80(预制板时可埋于板缝中) 7. 钢筋混凝土屋面板	1. 预制钢筋混凝土屋面板时，在板缝内预埋 ϕ8 钢筋的中距：顺缝方向为 900，垂直板缝方向：按板缝设置 2. 适用于屋面坡度 22.5°～45°

（续）

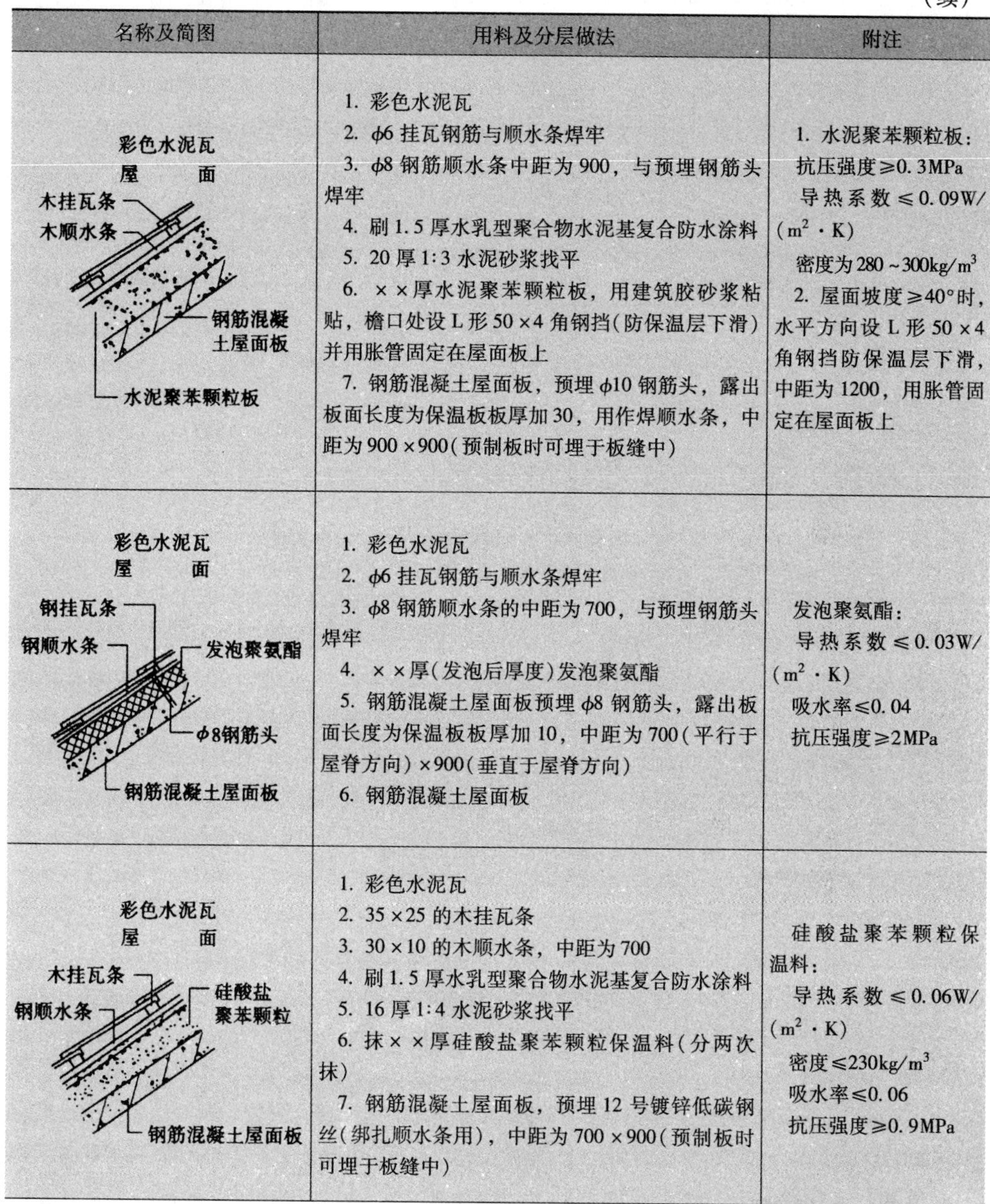

名称及简图	用料及分层做法	附注
彩色水泥瓦屋面 木挂瓦条 木顺水条 钢筋混凝土屋面板 水泥聚苯颗粒板	1. 彩色水泥瓦 2. ϕ6 挂瓦钢筋与顺水条焊牢 3. ϕ8 钢筋顺水条中距为 900，与预埋钢筋头焊牢 4. 刷 1.5 厚水乳型聚合物水泥基复合防水涂料 5. 20 厚 1∶3 水泥砂浆找平 6. ××厚水泥聚苯颗粒板，用建筑胶砂浆粘贴，檐口处设 L 形 50×4 角钢挡（防保温层下滑）并用胀管固定在屋面板上 7. 钢筋混凝土屋面板，预埋 ϕ10 钢筋头，露出板面长度为保温板板厚加 30，用作焊顺水条，中距为 900×900（预制板时可埋于板缝中）	1. 水泥聚苯颗粒板： 抗压强度≥0.3MPa 导热系数≤0.09W/(m^2·K) 密度为 280～300kg/m^3 2. 屋面坡度≥40°时，水平方向设 L 形 50×4 角钢挡防保温层下滑，中距为 1200，用胀管固定在屋面板上
彩色水泥瓦屋面 钢挂瓦条 钢顺水条 发泡聚氨酯 ϕ8钢筋头 钢筋混凝土屋面板	1. 彩色水泥瓦 2. ϕ6 挂瓦钢筋与顺水条焊牢 3. ϕ8 钢筋顺水条的中距为 700，与预埋钢筋头焊牢 4. ××厚（发泡后厚度）发泡聚氨酯 5. 钢筋混凝土屋面板预埋 ϕ8 钢筋头，露出板面长度为保温板板厚加 10，中距为 700（平行于屋脊方向）×900（垂直于屋脊方向） 6. 钢筋混凝土屋面板	发泡聚氨酯： 导热系数≤0.03W/(m^2·K) 吸水率≤0.04 抗压强度≥2MPa
彩色水泥瓦屋面 木挂瓦条 钢顺水条 硅酸盐聚苯颗粒 钢筋混凝土屋面板	1. 彩色水泥瓦 2. 35×25 的木挂瓦条 3. 30×10 的木顺水条，中距为 700 4. 刷 1.5 厚水乳型聚合物水泥基复合防水涂料 5. 16 厚 1∶4 水泥砂浆找平 6. 抹××厚硅酸盐聚苯颗粒保温料（分两次抹） 7. 钢筋混凝土屋面板，预埋 12 号镀锌低碳钢丝（绑扎顺水条用），中距为 700×900（预制板时可埋于板缝中）	硅酸盐聚苯颗粒保温料： 导热系数≤0.06W/(m^2·K) 密度≤230kg/m^3 吸水率≤0.06 抗压强度≥0.9MPa

（续）

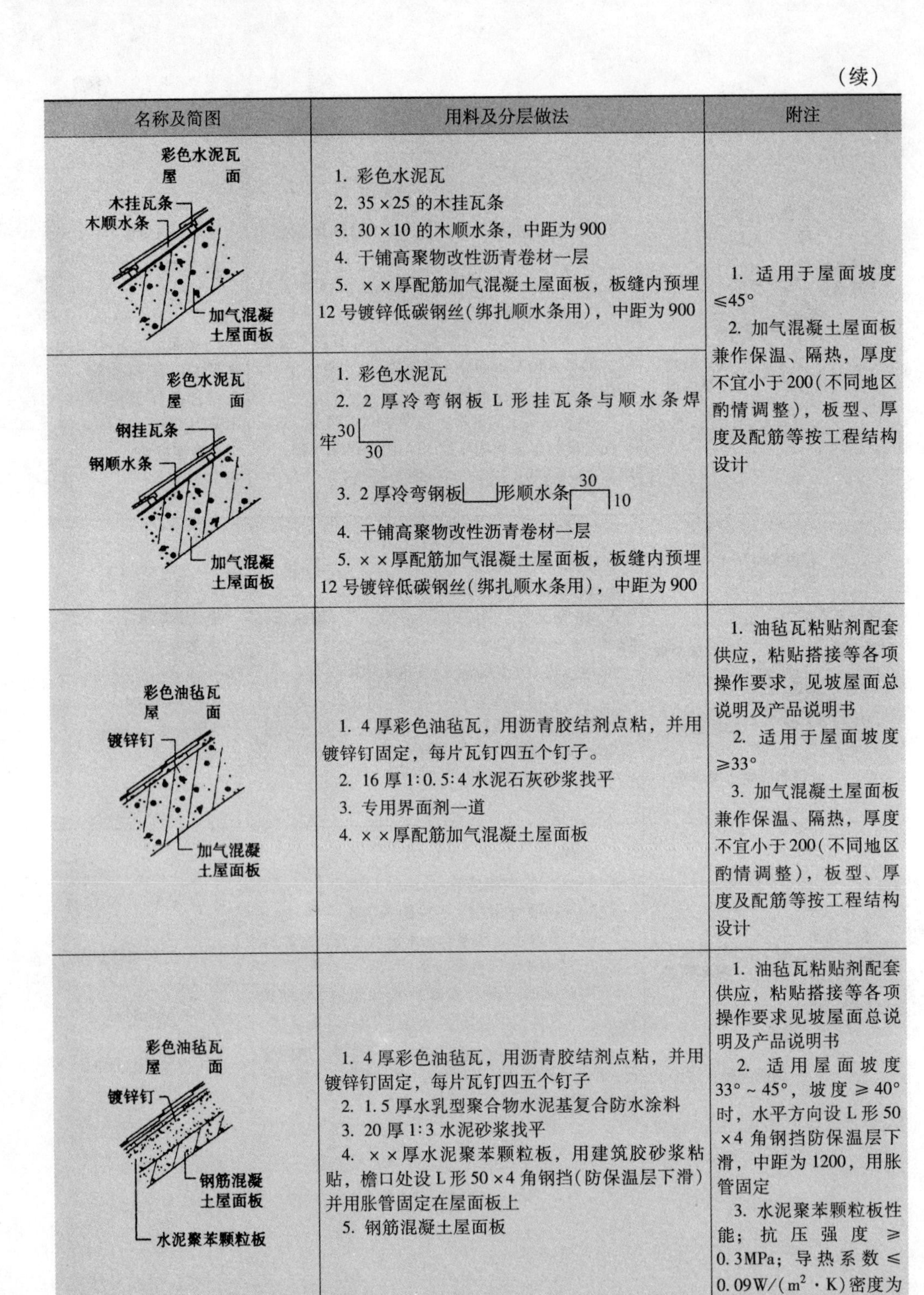

名称及简图	用料及分层做法	附注
彩色水泥瓦屋面 木挂瓦条 木顺水条 加气混凝土屋面板	1. 彩色水泥瓦 2. 35×25 的木挂瓦条 3. 30×10 的木顺水条，中距为 900 4. 干铺高聚物改性沥青卷材一层 5. ××厚配筋加气混凝土屋面板，板缝内预埋 12 号镀锌低碳钢丝（绑扎顺水条用），中距为 900	1. 适用于屋面坡度≤45° 2. 加气混凝土屋面板兼作保温、隔热，厚度不宜小于 200（不同地区酌情调整），板型、厚度及配筋等按工程结构设计
彩色水泥瓦屋面 钢挂瓦条 钢顺水条 加气混凝土屋面板	1. 彩色水泥瓦 2. 2 厚冷弯钢板 L 形挂瓦条与顺水条焊牢 30 30 3. 2 厚冷弯钢板形顺水条 30 10 4. 干铺高聚物改性沥青卷材一层 5. ××厚配筋加气混凝土屋面板，板缝内预埋 12 号镀锌低碳钢丝（绑扎顺水条用），中距为 900	
彩色油毡瓦屋面 镀锌钉 加气混凝土屋面板	1. 4 厚彩色油毡瓦，用沥青胶结剂点粘，并用镀锌钉固定，每片瓦钉四五个钉子。 2. 16 厚 1:0.5:4 水泥石灰砂浆找平 3. 专用界面剂一道 4. ××厚配筋加气混凝土屋面板	1. 油毡瓦粘贴剂配套供应，粘贴搭接等各项操作要求，见坡屋面总说明及产品说明书 2. 适用于屋面坡度≥33° 3. 加气混凝土屋面板兼作保温、隔热，厚度不宜小于 200（不同地区酌情调整），板型、厚度及配筋等按工程结构设计
彩色油毡瓦屋面 镀锌钉 钢筋混凝土屋面板 水泥聚苯颗粒板	1. 4 厚彩色油毡瓦，用沥青胶结剂点粘，并用镀锌钉固定，每片瓦钉四五个钉子 2. 1.5 厚水乳型聚合物水泥基复合防水涂料 3. 20 厚 1:3 水泥砂浆找平 4. ××厚水泥聚苯颗粒板，用建筑胶砂浆粘贴，檐口处设 L 形 50×4 角钢挡（防保温层下滑）并用胀管固定在屋面板上 5. 钢筋混凝土屋面板	1. 油毡瓦粘贴剂配套供应，粘贴搭接等各项操作要求见坡屋面总说明及产品说明书 2. 适用屋面坡度 33°～45°，坡度≥40°时，水平方向设 L 形 50×4 角钢挡防保温层下滑，中距为 1200，用胀管固定 3. 水泥聚苯颗粒板性能；抗压强度≥0.3MPa；导热系数≤0.09W/（m^2·K）密度为 280～300kg/m^3

（续）

名称及简图	用料及分层做法	附注
彩色油毡瓦屋面 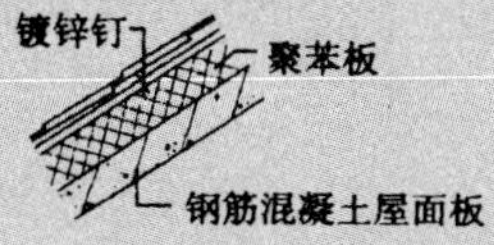 镀锌钉 聚苯板 钢筋混凝土屋面板	1. 4厚彩色油毡瓦用专用沥青胶结剂粘结，并用镀锌钉固定，每片瓦钉四五个钉子 2. 20厚1:3水泥砂浆找平 3. ××厚聚苯板用聚合物砂浆粘结 4. 1.5厚水乳型聚合物水泥基复合防水涂料 5. 钢筋混凝土屋面板	1. 油毡瓦粘贴剂配套供应，粘贴搭接等各项操作要求见坡屋面总说明及产品说明书 2. 适用于屋面坡度33°～45°
彩色油毡瓦屋面 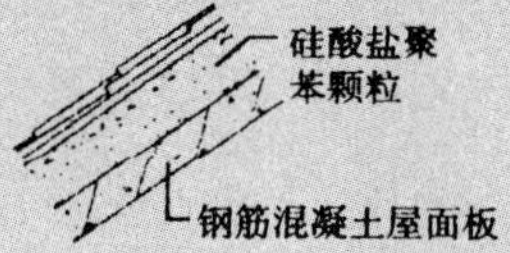 硅酸盐聚苯颗粒 钢筋混凝土屋面板	1. 4厚彩色油毡瓦用专用沥青胶结剂粘贴，并用镀锌钉固定，每片瓦钉四五个钉子 2. 15厚1:3水泥砂浆找平 3. ××厚硅酸盐聚苯颗粒保温料，分两次涂抹 4. 1.5厚水乳型聚合物水泥基复合防水涂料 5. 钢筋混凝土屋面饭	硅酸盐聚笨颗粒保温料； 导热系数≤0.06 W/(m^2·K) 密度≤230kg/m^3 吸水率≤0.06 抗压强度≥0.9Mpa
小青瓦屋面 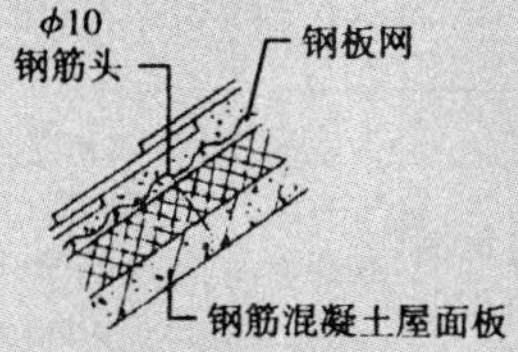 ϕ10钢筋头 钢板网 钢筋混凝土屋面板	1. 小青瓦用20厚1:1:4水泥石灰砂浆加水泥重的3%麻刀（或耐碱短纤维玻璃丝）卧铺 2. 30厚1:3水泥砂浆 3. 满铺1厚钢板网，菱孔为15×40，搭接处用18号镀锌钢丝绑扎，并与预埋ϕ10钢筋头绑牢，钢板网埋入30厚砂浆层中 4. ××厚聚苯板用聚合物砂浆粘贴 5. 1.5厚水乳型聚合物水泥基复合防水涂料 6. 钢筋混凝土屋面板预埋ϕ10钢筋头，露出屋面80(90)，中距双向为900～1000（预制板时可在板缝内预埋） 7. 钢筋混凝土屋面板	1. 聚苯板密度为16～20kg/m^3 导热系数≤0.041W/(m^2·K) 2. 适用于屋面坡度22.5°～45°
小青瓦屋面 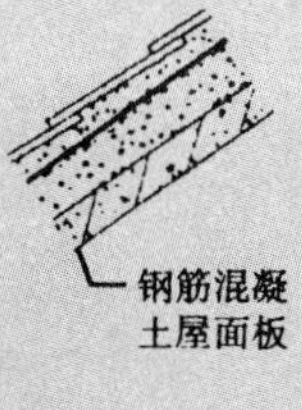 钢筋混凝土屋面板	1. 小青瓦用20厚1:1:4水泥白灰砂浆加水泥重的3%麻刀（或耐碱短纤维玻璃丝）卧铺 2. 1.5厚水乳型聚合物水泥基复合防水涂料 3. 20厚1:3水泥砂浆找平 4. ××厚水泥聚苯颗粒板，用建筑胶砂浆粘贴，檐口处设L形50×4角钢挡（防保温层下滑）并用胀管固定在屋面板上 5. 钢筋混凝土屋面板	1. 适用于屋面坡度22.5°～40° 2. 水泥聚苯颗粒板： 抗压强度≥0.3MPa 导热系数≤0.09W/(m^2·K) 密度为280～300kg/m^3
小青瓦屋面 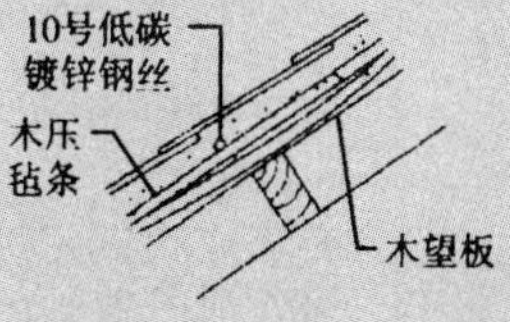 10号低碳镀锌钢丝 木压毡条 木望板	1. 小青瓦用20厚1:1:4水泥白灰砂浆加水泥重的3%麻刀（或耐碱短纤维玻璃丝）卧铺 2. 25×6的木压毡条，中距为900，水平方向钉10号低碳镀锌钢丝，中距为600（钢丝埋入水泥白灰砂浆中防下滑） 3. 干铺高聚物改性沥青卷材一层 4. 木望板（厚度及檩条尺寸、中距等按工程结构设计）	适用于屋面坡度22.5°～35°

（续）

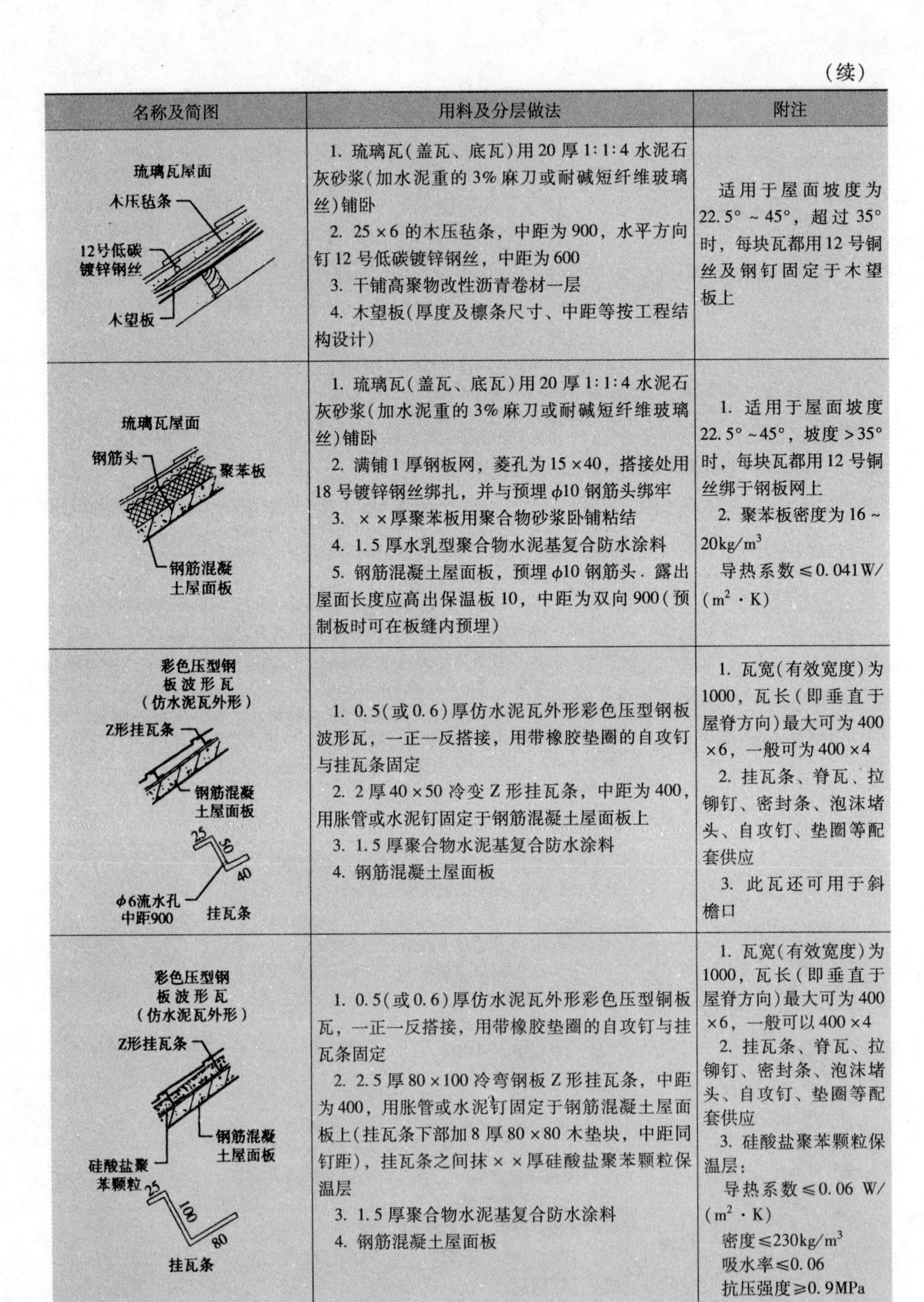

名称及简图	用料及分层做法	附注
琉璃瓦屋面 木压毡条 12号低碳镀锌钢丝 木望板	1. 琉璃瓦（盖瓦、底瓦）用20厚1:1:4水泥石灰砂浆（加水泥重的3%麻刀或耐碱短纤维玻璃丝）铺卧 2. 25×6的木压毡条，中距为900，水平方向钉12号低碳镀锌钢丝，中距为600 3. 干铺高聚物改性沥青卷材一层 4. 木望板（厚度及檩条尺寸、中距等按工程结构设计）	适用于屋面坡度为22.5°～45°，超过35°时，每块瓦都用12号铜丝及钢钉固定于木望板上
琉璃瓦屋面 钢筋头 聚苯板 钢筋混凝土屋面板	1. 琉璃瓦（盖瓦、底瓦）用20厚1:1:4水泥石灰砂浆（加水泥重的3%麻刀或耐碱短纤维玻璃丝）铺卧 2. 满铺1厚钢板网，菱孔为15×40，搭接处用18号镀锌钢丝绑扎，并与预埋φ10钢筋头绑牢 3. ××厚聚苯板用聚合物砂浆卧铺粘结 4. 1.5厚水乳型聚合物水泥基复合防水涂料 5. 钢筋混凝土屋面板，预埋φ10钢筋头．露出屋面长度应高出保温板10，中距为双向900（预制板时可在板缝内预埋）	1. 适用于屋面坡度22.5°～45°，坡度＞35°时，每块瓦都用12号铜丝绑于钢板网上 2. 聚苯板密度为16～20kg/m³ 导热系数≤0.041W/（m²·K）
彩色压型钢板波形瓦（仿水泥瓦外形） Z形挂瓦条 钢筋混凝土屋面板 25 50 40 φ6流水孔中距900 挂瓦条	1. 0.5（或0.6）厚仿水泥瓦外形彩色压型钢板波形瓦，一正一反搭接，用带橡胶垫圈的自攻钉与挂瓦条固定 2. 2厚40×50冷变Z形挂瓦条，中距为400，用胀管或水泥钉固定于钢筋混凝土屋面板上 3. 1.5厚聚合物水泥基复合防水涂料 4. 钢筋混凝土屋面板	1. 瓦宽（有效宽度）为1000，瓦长（即垂直于屋脊方向）最大可为400×6，一般可为400×4 2. 挂瓦条、脊瓦、拉铆钉、密封条、泡沫堵头、自攻钉、垫圈等配套供应 3. 此瓦还可用于斜檐口
彩色压型钢板波形瓦（仿水泥瓦外形） Z形挂瓦条 钢筋混凝土屋面板 硅酸盐聚苯颗粒 25 100 80 挂瓦条	1. 0.5（或0.6）厚仿水泥瓦外形彩色压型铜板瓦，一正一反搭接，用带橡胶垫圈的自攻钉与挂瓦条固定 2. 2.5厚80×100冷弯钢板Z形挂瓦条，中距为400，用胀管或水泥钉固定于钢筋混凝土屋面板上（挂瓦条下部加8厚80×80木垫块，中距同钉距），挂瓦条之间抹××厚硅酸盐聚苯颗粒保温层 3. 1.5厚聚合物水泥基复合防水涂料 4. 钢筋混凝土屋面板	1. 瓦宽（有效宽度）为1000，瓦长（即垂直于屋脊方向）最大可为400×6，一般可以400×4 2. 挂瓦条、脊瓦、拉铆钉、密封条、泡沫堵头、自攻钉、垫圈等配套供应 3. 硅酸盐聚苯颗粒保温层： 导热系数≤0.06 W/（m²·K） 密度≤230kg/m³ 吸水率≤0.06 抗压强度≥0.9MPa

（续）

名称及简图	用料及分层做法	附注
彩色压型钢板波形瓦（仿水泥瓦外形） 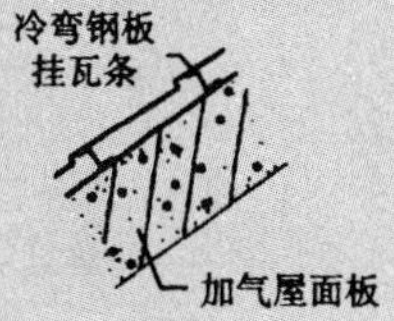  冷弯钢板挂瓦条 加气屋面板 20 50 40 挂瓦条	1. 0.5（或0.6）厚仿水泥瓦外形彩色压型钢板波形瓦，一正一反搭接，用带橡胶垫圈的自攻钉与挂瓦条固定 2. 2厚40×50冷弯钢板Z形挂瓦条，中距为400用镀锌钢钉（下加8厚50×50顺水垫块）固定在加气混凝土屋面板上 3. 1.5厚聚合物水泥基复合防水涂料 4. 加气厂配套生产的界面剂一道 5. 厚配筋加气混凝土屋面板	1. 瓦宽（有效宽度）为1000，瓦长（即垂直于屋脊方向）最大可为400×6，一般可为400×4 2. 挂瓦条、脊瓦，拉铆钉、密封条、泡沫堵头、自攻钉、垫圈等配套供应 3. 加气混凝土屋面板兼作保温、隔热，厚度不宜小于200（不同地区酌情调整） 板型、厚度及配筋等按工程结构设计
波纹装饰瓦屋面 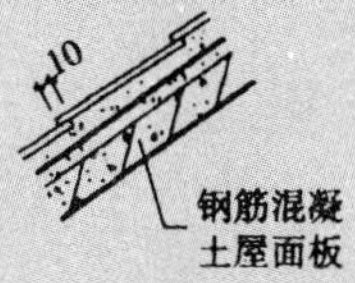 10 钢筋混凝土屋面板	1. 波纹装饰瓦用20厚1:2.5水泥砂浆（掺建筑胶）铺卧，瓦上、下搭接10，左、右平接 2. 1.6厚水乳型聚合物水泥基复合防水涂料，固化前刷素水泥浆一道 3. 20厚1:3水泥砂浆找平 4. 钢筋混凝土屋面板	1. 适用于屋面坡度30°～45°，坡度＞45°时可参考屋56增设钢丝网 2. 波纹装饰瓦见下图 3. 配套有脊瓦、滴水瓦（用于低层建筑） 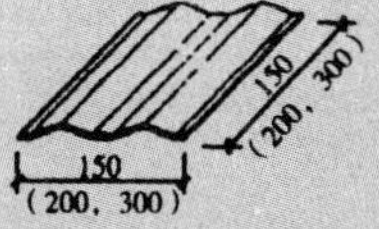 150（200，300） 150（200，300）
波纹装饰瓦屋面 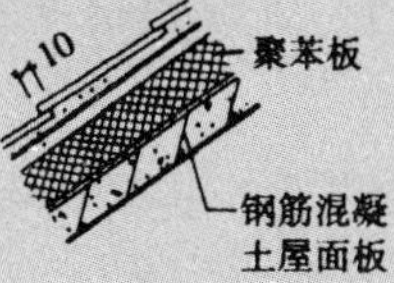 10 聚苯板 钢筋混凝土屋面板	1. 波纹装饰瓦用20厚1:2.5水泥砂浆（掺建筑胶）铺卧，瓦上、下搭接10，左、右平接 2. 1.6厚水乳型聚合物水泥基复合防水涂料，固化前刷素水泥浆一道 3. 20厚1:3水泥砂浆找平 4. ××厚聚苯板用聚合物砂浆卧铺粘结 5. 钢筋混凝土屋面板	1. 适用于屋面坡度30°～45° 2. 聚苯板密度为16～20kg/m³，导热系数≤0.041W/(m²·K) 3. 波纹装饰瓦见下图 4. 配套有脊瓦、滴水瓦（用于低层建筑） 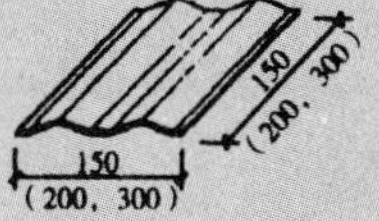 150（200，300） 150（200，300）

（续）

名称及简图	用料及分层做法	附注
波纹装饰瓦屋面 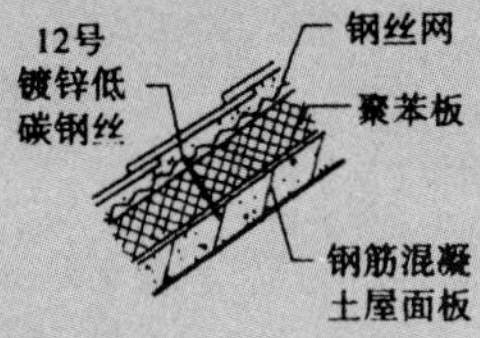 12号镀锌低碳钢丝 钢丝网 聚苯板 钢筋混凝土屋面板	1. 波纹装饰瓦用20厚1∶2.5水泥砂浆（掺建筑胶）铺卧，瓦上、下搭接10，左、右平接 2. 1.6厚水乳型聚合物水泥基复合防水涂料，固化前刷素水泥浆一道 3. 30厚1∶3水泥砂浆分两次抹，第一次抹10厚，压入1.0厚镀锌低碳钢丝网（网孔25×25），用预埋的12号镀锌低碳钢丝绑扎钢丝网，再抹第二次20厚1∶3水泥砂浆 4. ××厚聚苯板用聚合物砂浆卧铺粘结 5. 钢筋混凝土屋面板，预埋12号镀锌低碳钢丝，双向中距为900，露出屋面板（预制板时可在板缝内预埋）	1. 适用于屋面坡度45°～75° 2. 聚苯板密度为16～20kg/m^3，导热系数≤0.041W/(m^2·K) 3. 波纹装饰瓦见下图 4. 配套有脊瓦、滴水瓦（用于低层建筑） 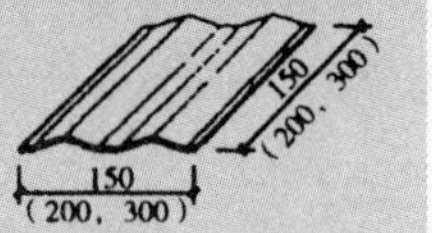 150（200，300） 150（200，300）
石板瓦屋面 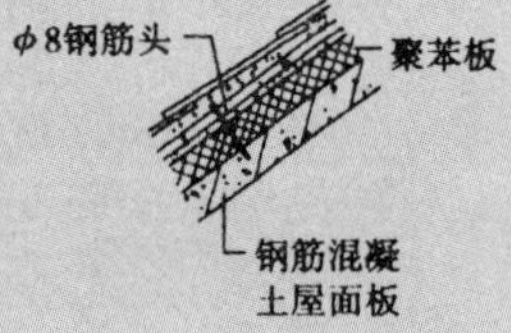 φ8钢筋头 聚苯板 钢筋混凝土屋面板	1. 5～10厚优质页岩石板瓦用1∶1∶4水泥白灰砂浆（掺水泥重的3%麻刀或耐碱短纤维玻璃丝）卧铺，上下搭接错缝 2. 25厚1∶3水泥砂浆，内加1.0厚钢板网，菱形孔15×40钢板网与φ8预埋钢筋头绑扎 3. 满铺××厚聚苯板，用聚合物砂浆粘结 4. 1.5厚水乳型聚合物水泥基复合防水涂料 5. 钢筋混凝土屋面板，预埋φ8钢筋头，双向中距为900，露出板面80（100）（预制板时可埋于板缝中）	1. 石板瓦形状有矩形、倒角矩形、菱形、三角形等，见坡屋面总说明 2. 屋面坡度>30°时，每片瓦需钻孔，用镀锌钢钉固定 3. 一般适用于屋面坡度22.5°～45° 4. 聚苯板密度为16～20kg/m^3、导热系数≤0.041W/(m^2·K)
石板瓦屋面 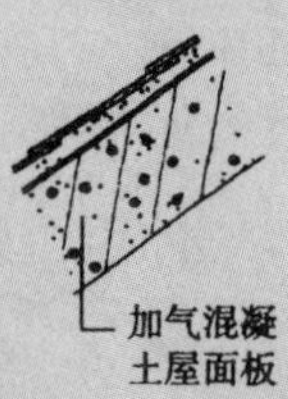 加气混凝土屋面板	1. 5～10厚优质页岩石板瓦用1∶1∶4水泥白灰砂浆（掺水泥重的3%麻刀或耐碱短纤维玻璃丝）卧铺，上、下搭接错逢 2. 1.5厚水乳型聚合物水泥基复合防水涂料 3. 加气混凝土屋面板配套界面剂一道，××厚配筋加气混凝土屋面板（板型厚度及配筋等按工程结构设计）	1. 石板瓦形状有矩形、倒角矩形、菱形、三角形等，见坡屋面总说明 2. 屋面坡度>30°时，每片瓦需钻孔，用镀锌钢钉固定 3. 一般适用于屋面坡度22.5°～45° 4. 加气混凝土屋面板兼作保温、隔热，厚度不宜小于200（不同地区酌情调整）

（续）

<table>
<tr><th>名称及简图</th><th>用料及分层做法</th><th>附注</th></tr>
<tr><td>琉璃型轻质
波形瓦屋面
檩条</td><td>1. 琉璃型轻质波形瓦波峰处钻孔，用带橡胶垫的木螺钉固定在木檩条上（采用钢檩条时可用带橡胶垫的 $\phi6$ 螺栓固定），穿孔处油膏封严
2. 檩条（断面及中距按工程结构设计）：
小波瓦尺寸一般为 1800 × 720 × 5
中波瓦尺寸一般为 1800 × 745 × 6</td><td>1. 适用于车间、仓库、凉棚等
2. 坡度宜为 1/6 ~ 1/2
3. 设计人可酌情换用 PVC 瓦、木质纤维瓦
4. 琉璃型轻质波形瓦为十余种无机化工原料添加改性剂抗水剂等加工而成，表面有一层琉璃质，瓦的颜色有淡蓝、铁红、白、绿等</td></tr>
<tr><td>瓦垄铁屋面
檩条</td><td>1. 刷油漆两遍
2. 镀锌瓦垄薄钢板、波峰处用带胶垫螺钉（或螺栓）钉牢，瓦孔处油膏封严
3. 檩条（断面及中距按工程结构设计）</td><td>1. 适用于简易建筑
2. 坡度宜为 1/6 ~ 1/2
3. 横向搭接 $1\frac{1}{2}$ 波
4. 厚度为 0.4 ~ 1.0，宽度为 750 ~ 830，长度为 1800 ~ 2000</td></tr>
<tr><td>玻璃纤维增强
聚酯波纹瓦
（玻璃钢瓦）
檩条</td><td>1. 玻璃纤维增强聚酯波纹瓦，坡峰处用带胶垫的木螺丝固定在木檩条上（采用钢檩条时可用带胶垫的 $\phi6$ 螺栓固定），穿孔处密封胶封严
2. 檩条（断面及中距按工程结构设计）</td><td>1. 适用于室外罩棚
2. 坡度宜为 1/6 ~ 1/2
3. 一般尺寸为 1800 × 720（厚 1.0 ~ 2.0）
4. 也可用 R－PVC 塑料波形瓦</td></tr>
<tr><td>阳光板拱形屋面
阳光板
檩条</td><td>1. 6 ~ 10 厚阳光扳（即聚碳酯板、卡普隆板、PC 扳）用铝压条固定于薄壁方钢管上
2. 薄壁方钢管檩条
3. 可设计各种形式，包括拱形屋面，弧度由设计人员确定，但最小弯曲半径见下表：
<table>
<tr><th>厚度（mm）</th><th>最小弯曲半径（mm）</th></tr>
<tr><td>6</td><td>1050</td></tr>
<tr><td>8</td><td>1400</td></tr>
<tr><td>10</td><td>1750</td></tr>
</table>
注：空心板为 4 ~ 10 厚，实心平板为 3 厚，实心波纹扳为 0.8 厚</td><td>适用于拱廊、门头、罩棚、展览廊、温室、游泳池、休息廊、站台棚等
特点：
1. 耐冲击，为同厚度钢化玻璃的 30 倍
2. 抗紫外线，抗老化
3. 透光率为玻璃的 86%
4. 阻燃防火性
5. 重量轻，为同厚度玻璃的 1/12
6. 可冷弯、切割、适应各种断面形式
7. 防结露</td></tr>
</table>

（续）

名称、用料及分层做法

钢板坡屋面（无保温层）

型号	截面简图	有效覆盖宽度（mm）	展开长度（mm）	板厚（mm）	截面惯性距（cm^2/m）	截面抵抗距（cm^2/m）
V125		750	1000	0.6	13.85	7.48
				0.8	18.83	10.00
				1.0	23.54	12.44

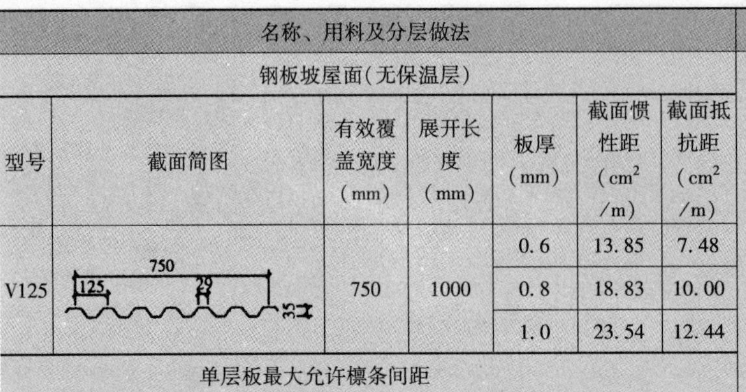

单层板最大允许檩条间距

（以1/300的挠度计算压型板最大允许檩距）

钢板厚度（mm）	支承条件	荷载（N/m^2）500	1000	1500	2000	2500	3000	3500
0.6	连续	2.9	2.3	2.0	1.8	1.7	1.6	1.5
	简支	2.4	1.9	1.7	1.5	1.4	1.3	1.2
0.8	连续	3.2	2.5	2.1	2.0	1.8	1.7	1.6
	简支	2.7	2.1	1.8	1.7	1.5	1.4	1.4
1.0	连续	3.4	2.4	2.3	2.1	2.0	1.9	1.8
	简支	2.9	2.3	2.0	1.8	1.7	1.6	1.5

钢板坡屋面（夹芯保温板）

型号	截面简图（彩板0.06mm厚）	芯板	板自重（kg/m^3）	
V125	750 125 29 35 B	聚苯板（或岩棉）厚 B50～150	50厚芯板 12.65kg	芯板每增10厚时增重0.2kg

夹芯板最大允许檩条间距

芯板厚度（mm）	荷载（N/m^2）500	1000	1500	2000
50	4.0	3.0	2.1	1.5
100	5.0	4.0	3.2	2.6
150	5.5	4.5	3.6	3.0

聚苯板导热系数

板厚	导热系数
80	0.53
100	0.411
120	0.327
150	0.268

一般每块板至少有3根支撑檩条，避免简支，夹芯板的长向端搭接处，支座宽度不应小于100，否则应设双檩或加焊一通长角钢

附注

1. 屋面坡度1/10～1/6
2. 板长：在运输吊装许可条件下，应采用较长尺寸的压型板，以减少搭接接缝，防止渗漏
3. 压型板应穿透屋面与檩条连接，板与板连接处与每根檩条应用3个自攻螺栓固定，板中间应有两个自攻螺栓与檩条固定
4. 压型板的长向搭接，上、下均应伸至支承构件上，单层板搭接长度为200，夹芯板搭接长度为250，搭接处均应设防水压缝条
5. 压型板的横向搭接宽度为75，檩条间用拉铆钉连接，中距≤400，加防水压缝条
6. 自攻螺栓应配密封橡胶垫，自攻螺栓，拉铆钉设在波峰上，拉铆钉头涂密封膏
7. 屋脊板、封檐板、包角板、泛水坡、挡水板、导流板、压顶板等由生产厂家配套供应

7.3.13 坡屋顶构造

(1)坡屋顶构造详图一

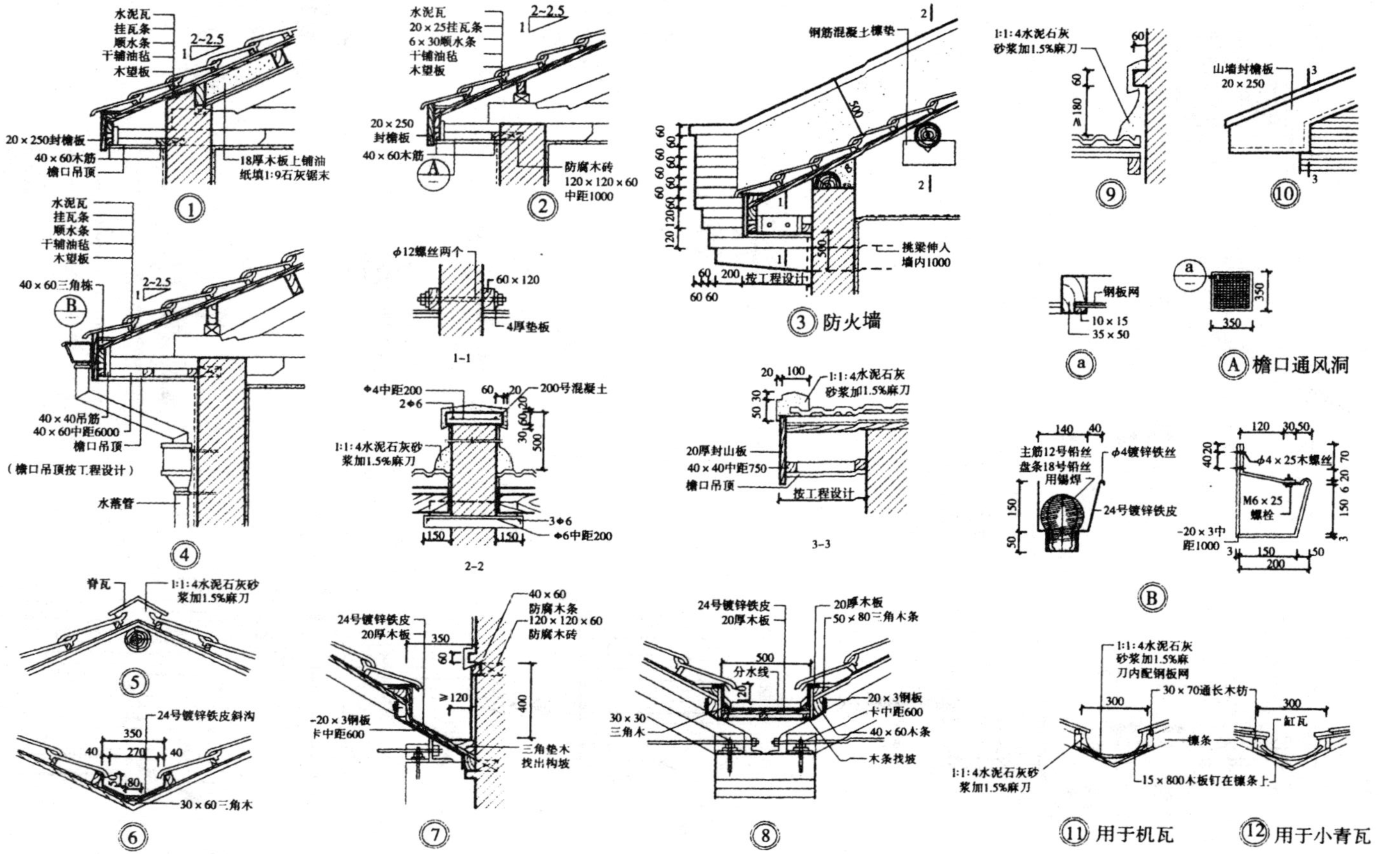

水泥瓦
挂瓦条
顺水条
干铺油毡
木望板
2~2.5
20×250封檐板
40×60木筋
檐口吊顶
18厚木板上铺油纸填1:9石灰锯末

①

水泥瓦
20×25挂瓦条
6×30顺水条
干铺油毡
木望板
2~2.5
20×250封檐板
40×60木筋
防腐木砖120×120×60中距1000

②

钢筋混凝土檩垫
500
挑梁伸入墙内1000
按工程设计

③ 防火墙

1:1:4水泥石灰砂浆加1.5%麻刀
60
≥180

⑨

山墙封檐板20×250

⑩

水泥瓦
挂瓦条
顺水条
干铺油毡
木望板
40×60三角椽
2~2.5
40×40吊筋
40×60中距6000
檐口吊顶
（檐口吊顶按工程设计）
水落管

④

φ12螺丝两个
60×120
4厚垫板

1-1

Φ4中距200
2Φ6
60 20
200号混凝土
1:1:4水泥石灰砂浆加1.5%麻刀
500
3Φ6
Φ6中距200
150 150

2-2

1:1:4水泥石灰砂浆加1.5%麻刀
20厚封山板
40×40中距750
檐口吊顶
按工程设计

3-3

钢板网
10×15
35×50

ⓐ

350
350

Ⓐ 檐口通风洞

140 40
主筋12号铅丝
盘条18号铅丝
用锡焊
φ4镀锌铁丝
24号镀锌铁皮
150 50
120 30 50
φ4×25木螺丝
M6×25螺栓
-20×3中距1000
150 200 50

Ⓑ

脊瓦
1:1:4水泥石灰砂浆加1.5%麻刀

⑤

24号镀锌铁皮斜沟
350
40 270 40
80
30×60三角木

⑥

24号镀锌铁皮
20厚木板
350
40×60防腐木条
120×120×60防腐木砖
≥120
400
-20×3钢板卡中距600
三角垫木找出构坡

⑦

24号镀锌铁皮
20厚木板
500
分水线
20厚木板
50×80三角木条
30×30三角木
20×3钢板卡中距600
40×60木条
木条找坡

⑧

1:1:4水泥石灰砂浆加1.5%麻刀内配钢板网
30×70通长木枋
300
檩条
缸瓦
1:1:4水泥石灰砂浆加1.5%麻刀
15×800木板钉在檩条上

⑪ 用于机瓦　⑫ 用于小青瓦

(2)坡屋顶构造详图二

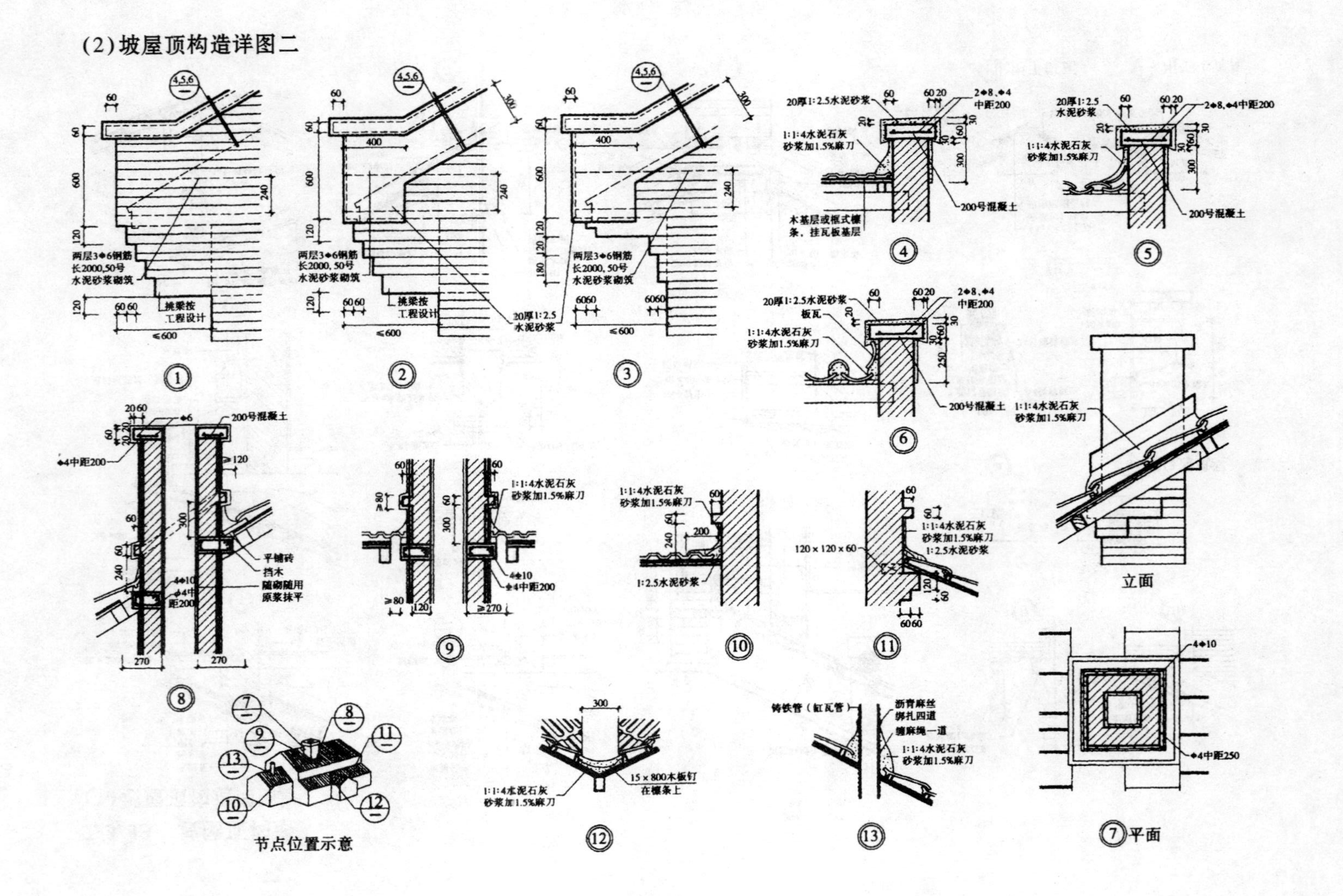

两层3φ6钢筋长2000,50号水泥砂浆砌筑
挑梁按工程设计
20厚1:2.5水泥砂浆
1:1:4水泥石灰砂浆加1.5%麻刀
2φ8,φ4中距200
200号混凝土
木基层或框式檩条，挂瓦板基层
板瓦
φ4中距200
平铺砖
挡木
随砌随用原浆抹平
4φ10
φ4中距200
1:2.5水泥砂浆
120×120×60
立面
15×800木板钉在檩条上
铸铁管（缸瓦管）
沥青麻丝绑扎四道
缠麻绳一道
φ4中距250
平面
节点位置示意

(3) 坡屋顶构造详图三

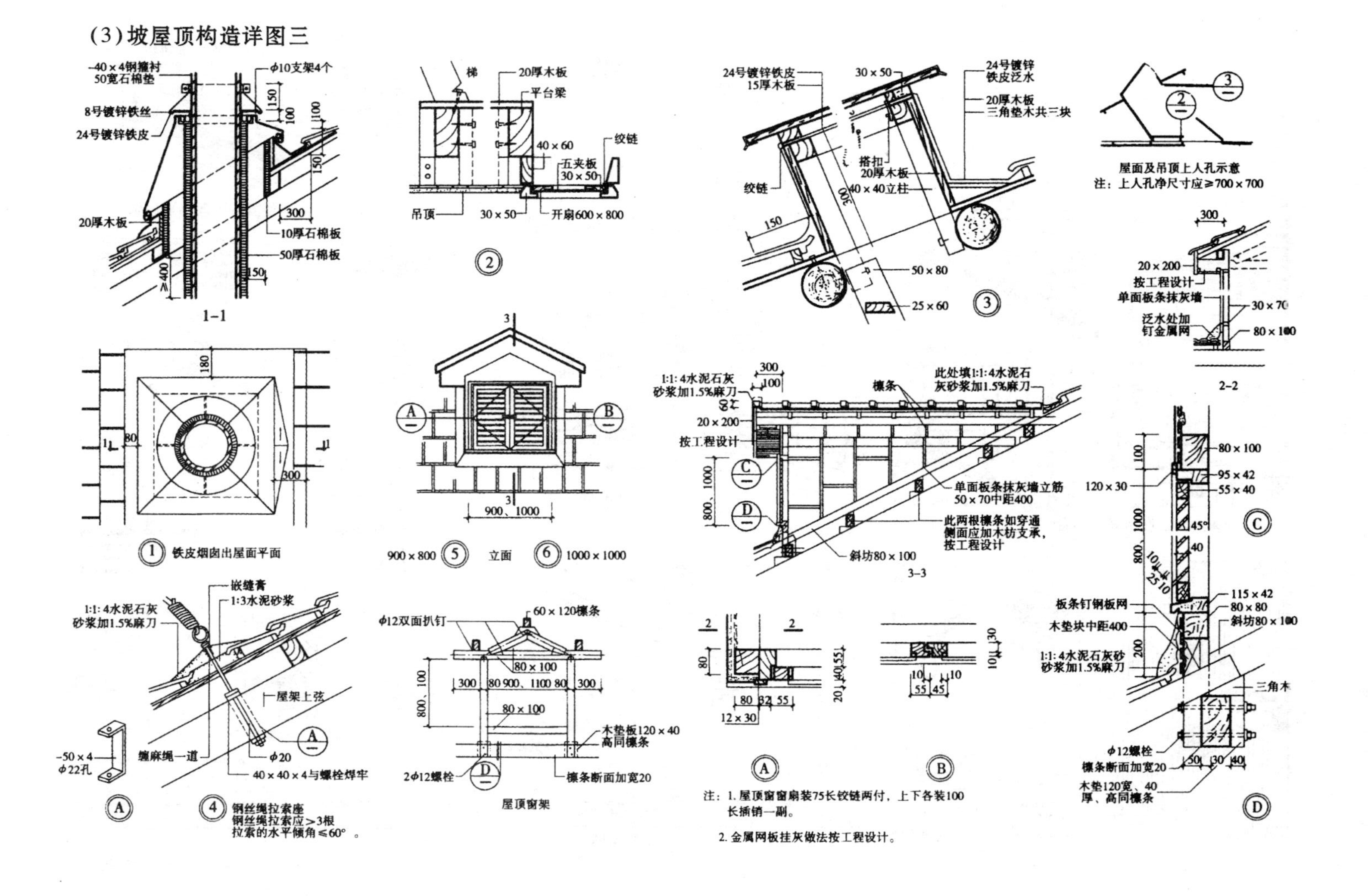

注：1. 屋顶窗窗扇装75长铰链两付，上下各装100长插销一副。

2. 金属网板挂灰做法按工程设计。

（4）坡屋顶构造详图四

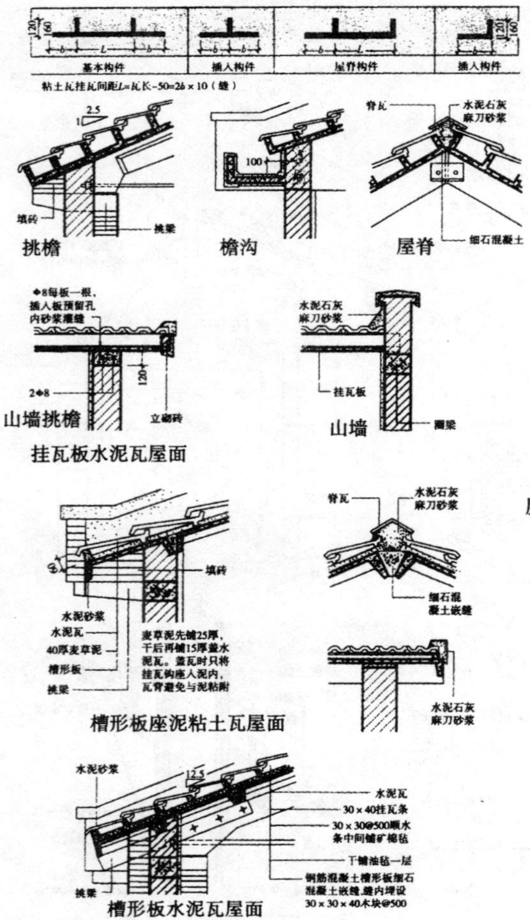

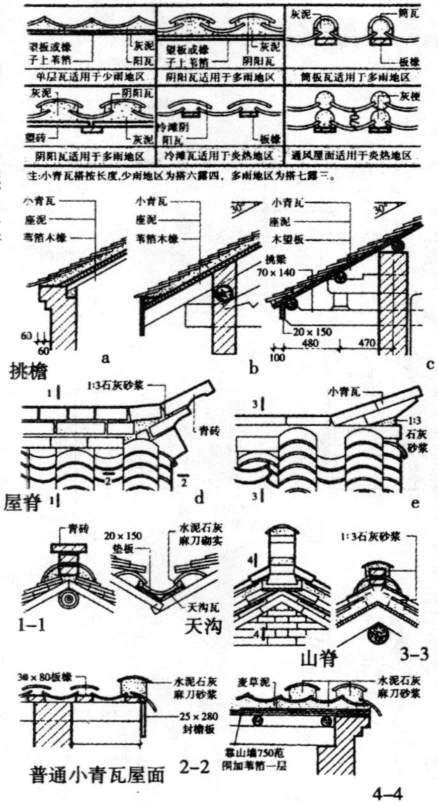

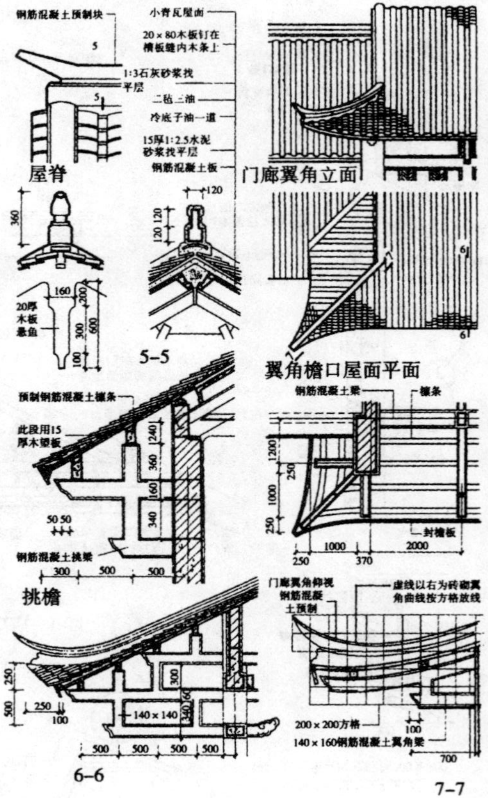

基本构件	插入构件	屋脊构件	插入构件

粘土瓦挂瓦间距L=瓦长-50=2b×10（缝）

填砖 挑梁

挑檐

檐沟

脊瓦 水泥石灰麻刀砂浆 细石混凝土

屋脊

Φ8每板一根，插入板预留孔内砂浆灌缝

2Φ8 立砌砖

山墙挑檐

水泥石灰麻刀砂浆 挂瓦板 圈梁

山墙

挂瓦板水泥瓦屋面

填砖 水泥砂浆 水泥瓦 40厚麦草泥 槽形板 挑梁

麦草泥先铺25厚，干后再铺15厚盖水泥瓦。盖瓦时只将挂瓦钩座入泥内，瓦背避免与泥粘附

脊瓦 水泥石灰麻刀砂浆 细石混凝土嵌缝

水泥石灰麻刀砂浆

槽形板座泥粘土瓦屋面

水泥砂浆 水泥瓦 30×40挂瓦条 30×30@500顺水条中间铺矿棉毡 干铺油毡一层 钢筋混凝土槽形板细石混凝土嵌缝，缝内埋设30×30×40木块@500 挑梁

槽形板水泥瓦屋面

小青瓦屋面做法

望板或椽子上苇箔　灰泥　阳瓦	望板或椽子上苇箔　灰泥　阴阳瓦	灰泥　筒瓦　板椽
单层瓦适用于少雨地区	阴阳瓦适用于多雨地区	筒板瓦适用于多雨地区
灰泥　阴阳瓦　望砖　灰泥	冷摊阴阳瓦　板椽	灰梗
阴阳瓦适用于多雨地区	冷摊瓦适用于炎热地区	通风屋面适用于炎热地区

注：小青瓦搭按长度，少雨地区为搭六露四，多雨地区为搭七露三。

小青瓦 座泥 苇箔木椽 a

小青瓦 座泥 苇箔木椽 b

小青瓦 座泥 木望板 挑梁70×140 20×150 c

挑檐

1:3石灰砂浆 青砖 d

小青瓦 1:3石灰砂浆 e

屋脊

青砖 1-1

20×150垫板 水泥石灰麻刀砌实 天沟瓦

天沟

1:3石灰砂浆 山脊 3-3

30×80板椽 水泥石灰麻刀砂浆 25×280封檐板 2-2

麦草泥 水泥石灰麻刀砂浆 靠山墙750范围加苇箔一层 4-4

普通小青瓦屋面

挂瓦板水泥瓦屋面注：
1. 挂瓦板为预应力或非预应力钢筋混凝土构件，构件尺寸应严格要求与瓦尺过相符。
2. 要求保温时可在底板上用热沥青粘结沥青矿棉毡。
3. 考虑泄水可在板肋根部留孔。
4. 板缝应采用1:3水泥砂浆填嵌。

钢筋混凝土预制块 1:3石灰砂浆找平层 小青瓦屋面 20×80木板钉在椽板缝内木条上 二毡三油 冷底子油一道 15厚1:2.5水泥砂浆找平层 钢筋混凝土板

屋脊

20厚木板悬鱼

5-5

预制钢筋混凝土檩条 此段用15厚木望板 钢筋混凝土挑梁

挑檐

6-6

门廊翼角立面

翼角檐口屋面平面

钢筋混凝土梁 檩条 封檐板

门廊翼角仰视 钢筋混凝土预制 虚线以右为砖砌翼角曲线按方格放线 200×200方格 140×160钢筋混凝土翼角梁

7-7

(5)坡屋顶构造详图五

加气混凝土板基层瓦屋面

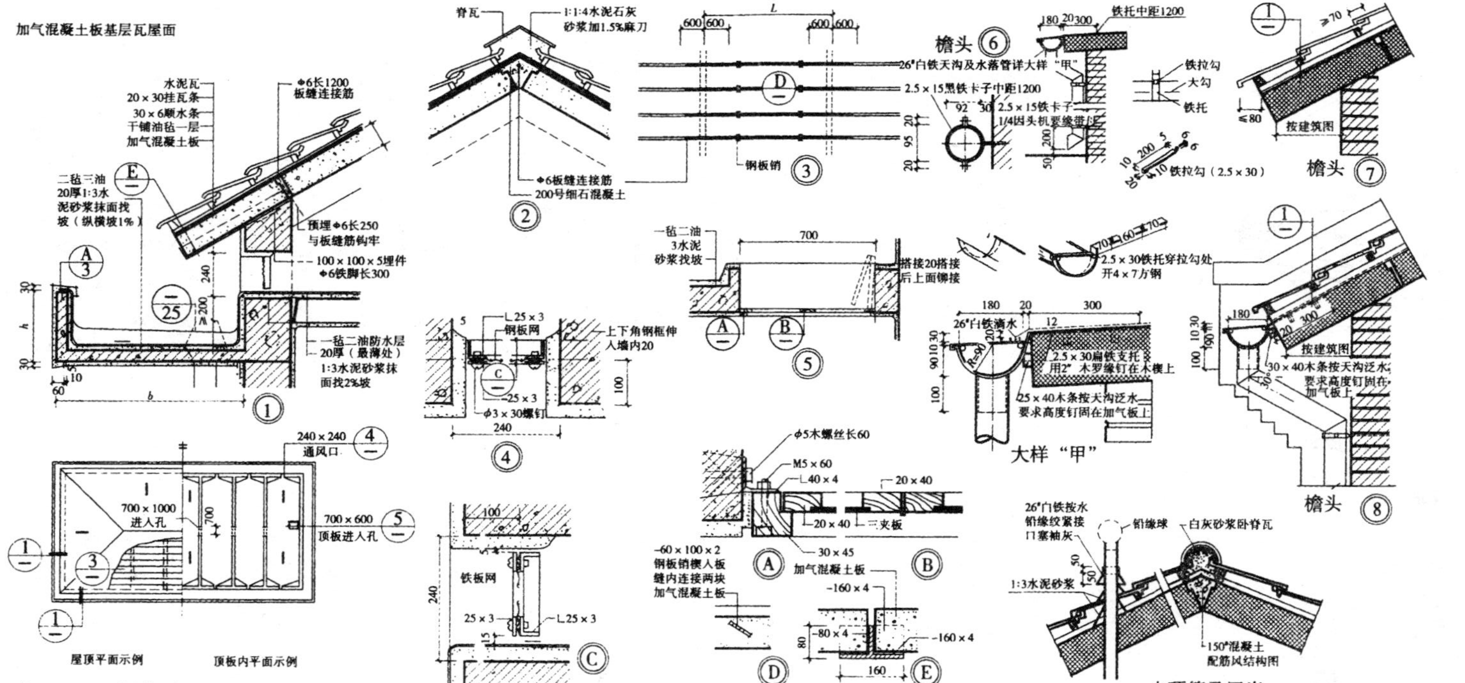

水泥瓦
20×30挂瓦条
30×6顺水条
干铺油毡一层
加气混凝土板
Φ6长1200板缝连接筋
二毡三油 20厚1:3水泥砂浆抹面找坡（纵横坡1%）
预埋Φ6长250与板缝筋钩牢
100×100×5埋件 Φ6铁脚长300
一毡二油防水层 20厚（最薄处） 1:3水泥砂浆抹面找2%坡

脊瓦
1:1:4水泥石灰砂浆加1.5%麻刀
Φ6板缝连接筋
200号细石混凝土

钢板销

檐头 ⑥
26#白铁天沟及水落管详大样“甲”
2.5×15黑铁卡子中距1200
2.5×15铁卡子 1/4圆头机要缘带
铁托中距1200
铁拉勾 大勾 铁托
铁拉勾（2.5×30）

檐头 ⑦
按建筑图

一毡二油 3水泥砂浆找坡
搭接20搭接后上面铆接

上下角钢框伸入墙内20
L25×3
钢板网
Φ3×30螺钉

2.5×30铁托穿拉勾处开4×7方钢
26#白铁滴水
2.5×30扁铁支托用2"木罗缘钉在木楔上
25×40木条按天沟泛水要求高度钉固在加气板上

大样“甲”

30×40木条按天沟泛水要求高度钉固在加气板上

檐头 ⑧

240×240 通风口
700×1000 进人孔
700×600 顶板进人孔

屋顶平面示例　　顶板内平面示例

铁板网
L25×3

Φ5木螺丝长60
M5×60
L40×4
-60×100×2钢板销楔入板缝内连接两块加气混凝土板
三夹板
30×45
加气混凝土板
-160×4
-80×4

26#白铁披水铅缘绞紧接口塞紬灰
铅缘球
白灰砂浆卧脊瓦
1:3水泥砂浆
150#混凝土配筋见结构图

出顶管及屋脊

注：1. h、h_1、b、L的具体尺寸按工程设计。
2. 挑檐外饰面做法按工程设计。

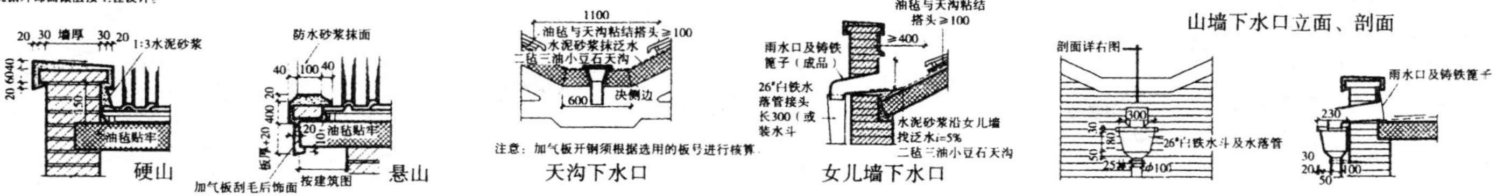

墙厚
1:3水泥砂浆
油毡贴牢

硬山

防水砂浆抹面
油毡贴牢
加气板刮毛后饰面
按建筑图

悬山

油毡与天沟粘结搭头≥100
水泥砂浆抹泛水
二毡三油小豆石天沟
抹侧边

注意：加气板开钢须根据选用的板号进行核算。

天沟下水口

油毡与天沟粘结搭头≥100
雨水口及铸铁篦子（成品）
26#白铁水落管接头长300（或装水斗
水泥砂浆沿女儿墙找泛水i=5%
二毡三油小豆石天沟

女儿墙下水口

山墙下水口立面、剖面

剖面详右图
26#白铁水斗及水落管
雨水口及铸铁篦子

(6)坡屋顶构造详图六

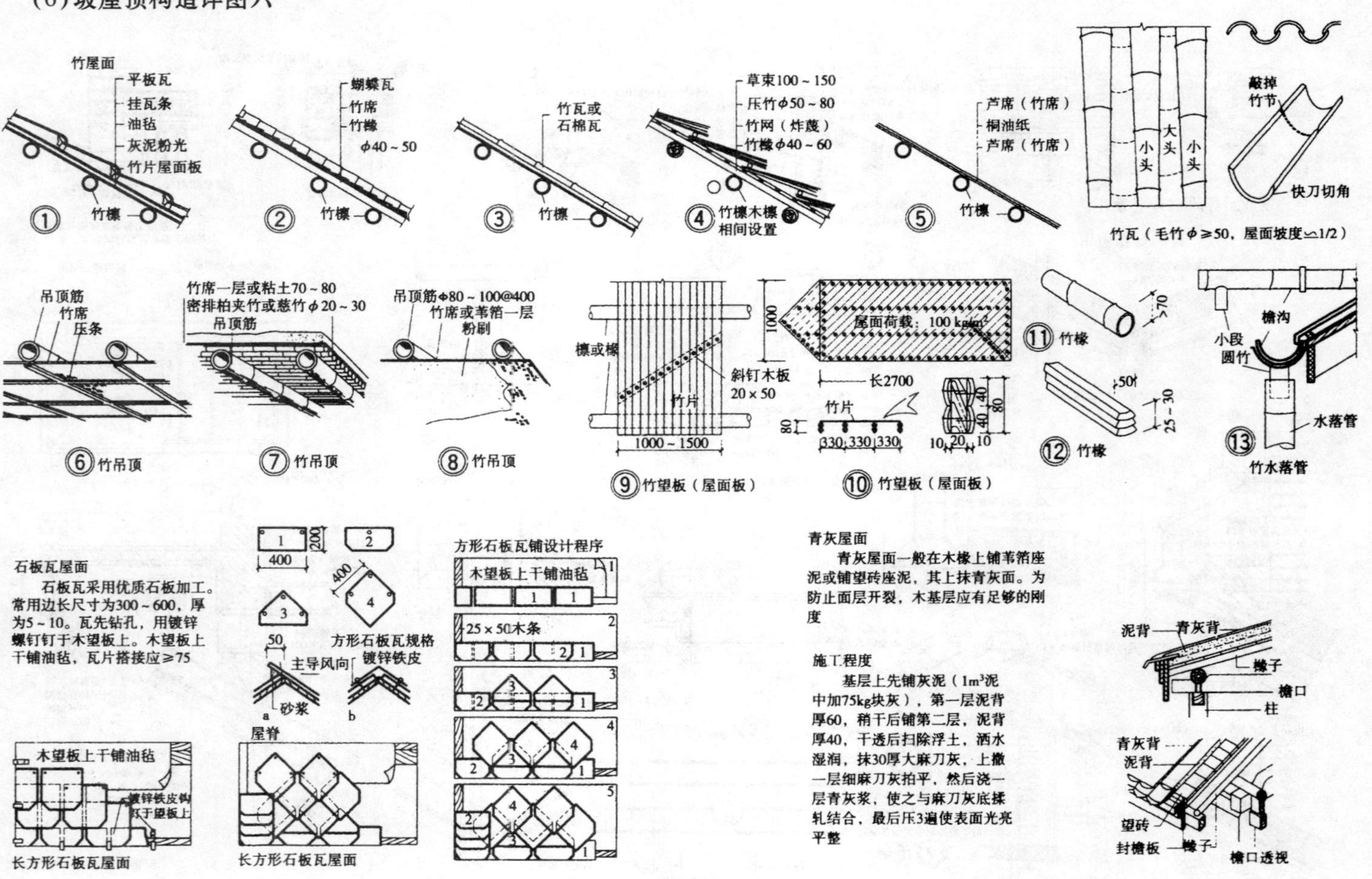
竹屋面
平板瓦
挂瓦条
油毡
灰泥粉光
竹片屋面板
竹檩
①
蝴蝶瓦
竹席
竹椽
ϕ40～50
竹檩
②
竹瓦或
石棉瓦
竹檩
③
草束100～150
压竹ϕ50～80
竹网（炸蔑）
竹椽ϕ40～60
竹檩木檩
相间设置
④
芦席（竹席）
桐油纸
芦席（竹席）
竹檩
⑤
小头
大头
小头
敲掉
竹节
快刀切角
竹瓦（毛竹ϕ≥50，屋面坡度≤1/2）
吊顶筋
竹席
压条
⑥竹吊顶
竹席一层或粘土70～80
密排柏夹竹或慈竹ϕ20～30
吊顶筋
⑦竹吊顶
吊顶筋ϕ80～100@400
竹席或苇箔一层
粉刷
⑧竹吊顶
檩或椽
斜钉木板
20×50
竹片
1000～1500
⑨竹望板（屋面板）
1000
屋面荷载：100 kg/m²
长2700
竹片
330 330 330
80
40 40 80
10 20 10
⑩竹望板（屋面板）
70
⑪竹椽
50
25～30
⑫竹椽
檐沟
小段
圆竹
水落管
⑬竹水落管
石板瓦屋面
石板瓦采用优质石板加工。常用边长尺寸为300～600，厚为5～10。瓦先钻孔，用镀锌螺钉钉于木望板上。木望板上干铺油毡，瓦片搭接应≥75
木望板上干铺油毡
镀锌铁皮钩
钉于望板上
长方形石板瓦屋面
400
200
方形石板瓦规格
50
主导风向
镀锌铁皮
砂浆
a
b
屋脊
长方形石板瓦屋面
方形石板瓦铺设计程序
木望板上干铺油毡
25×50木条
青灰屋面
青灰屋面一般在木椽上铺苇箔座泥或铺望砖座泥，其上抹青灰面。为防止面层开裂，木基层应有足够的刚度
施工程度
基层上先铺灰泥（1m³泥中加75kg块灰），第一层泥背厚60，稍干后铺第二层，泥背厚40，干透后扫除浮土，洒水湿润，抹30厚大麻刀灰，上撒一层细麻刀灰拍平，然后浇一层青灰浆，使之与麻刀灰底揉轧结合，最后压3遍使表面光亮平整
泥背
青灰背
椽子
檐口
柱
青灰背
泥背
望砖
封檐板
椽子
檐口透视

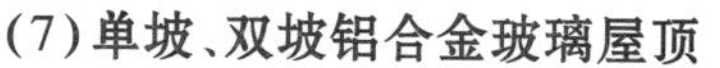

（7）单坡、双坡铝合金玻璃屋顶

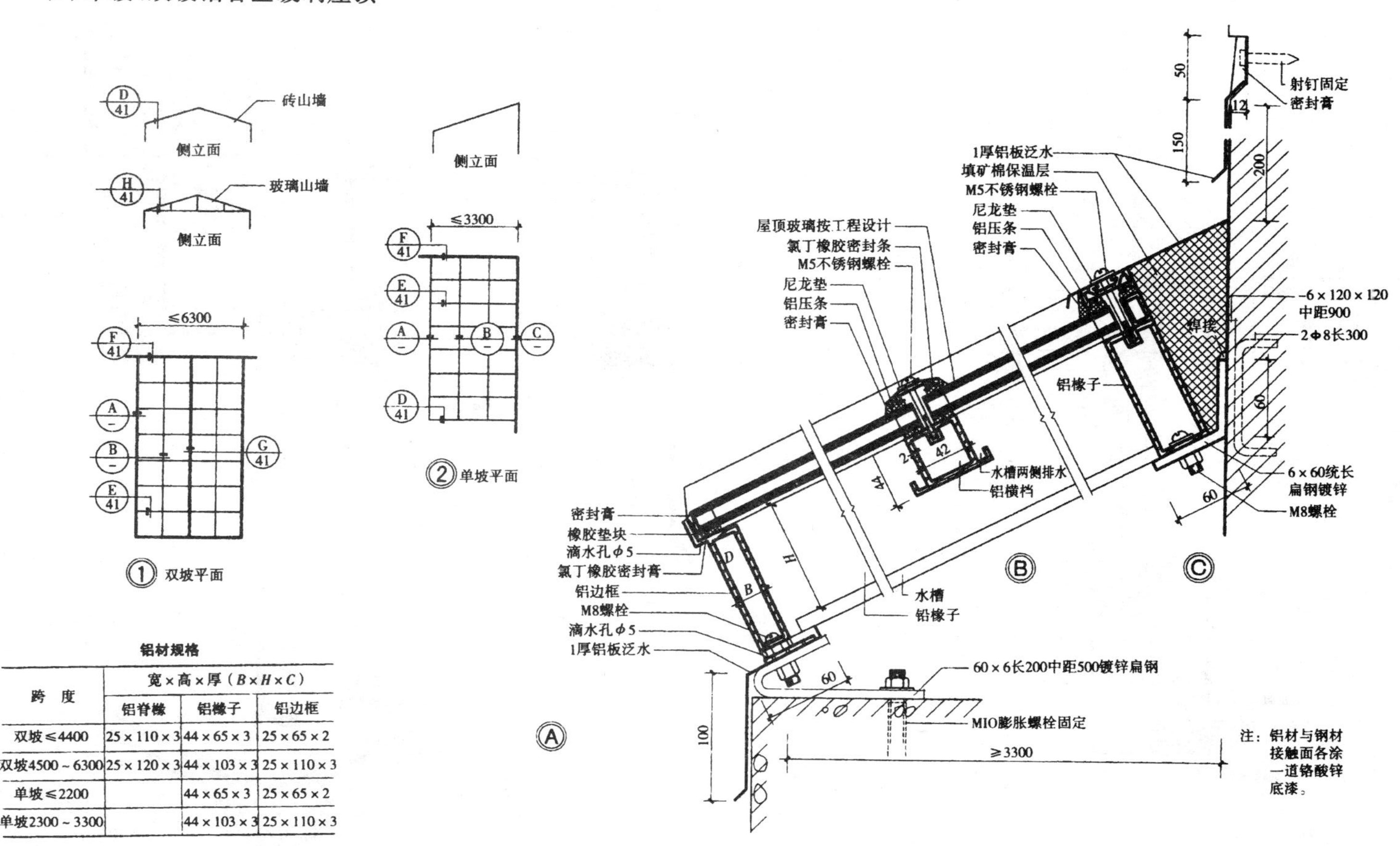

铝材规格

跨　度	宽×高×厚（$B\times H\times C$）		
	铝脊檩	铝椽子	铝边框
双坡≤4400	25×110×3	44×65×3	25×65×2
双坡4500～6300	25×120×3	44×103×3	25×110×3
单坡≤2200		44×65×3	25×65×2
单坡2300～3300		44×103×3	25×110×3

(8)单坡、双坡铝合金玻璃屋顶

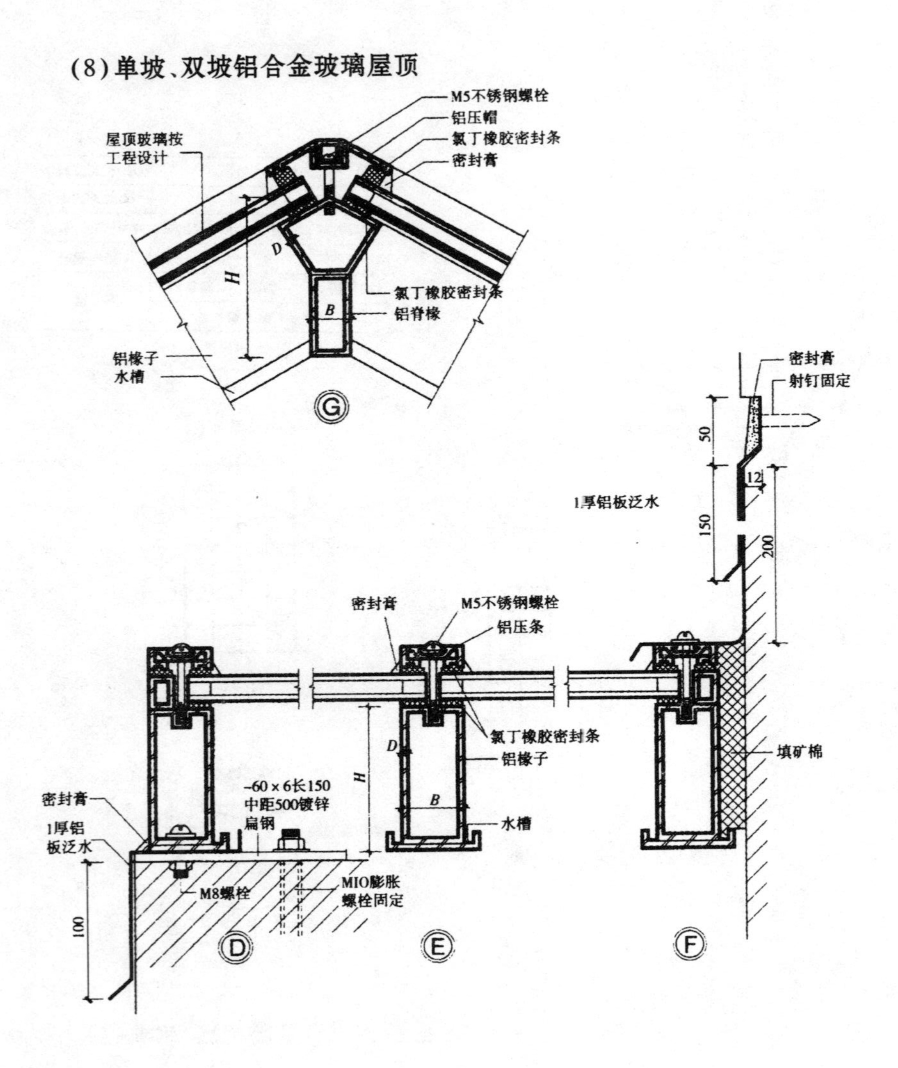

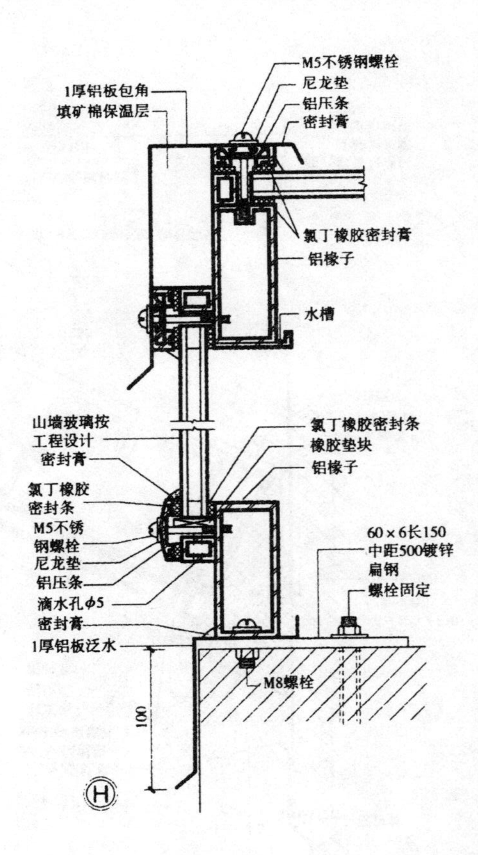

(9) 双坡普通型钢玻璃屋顶

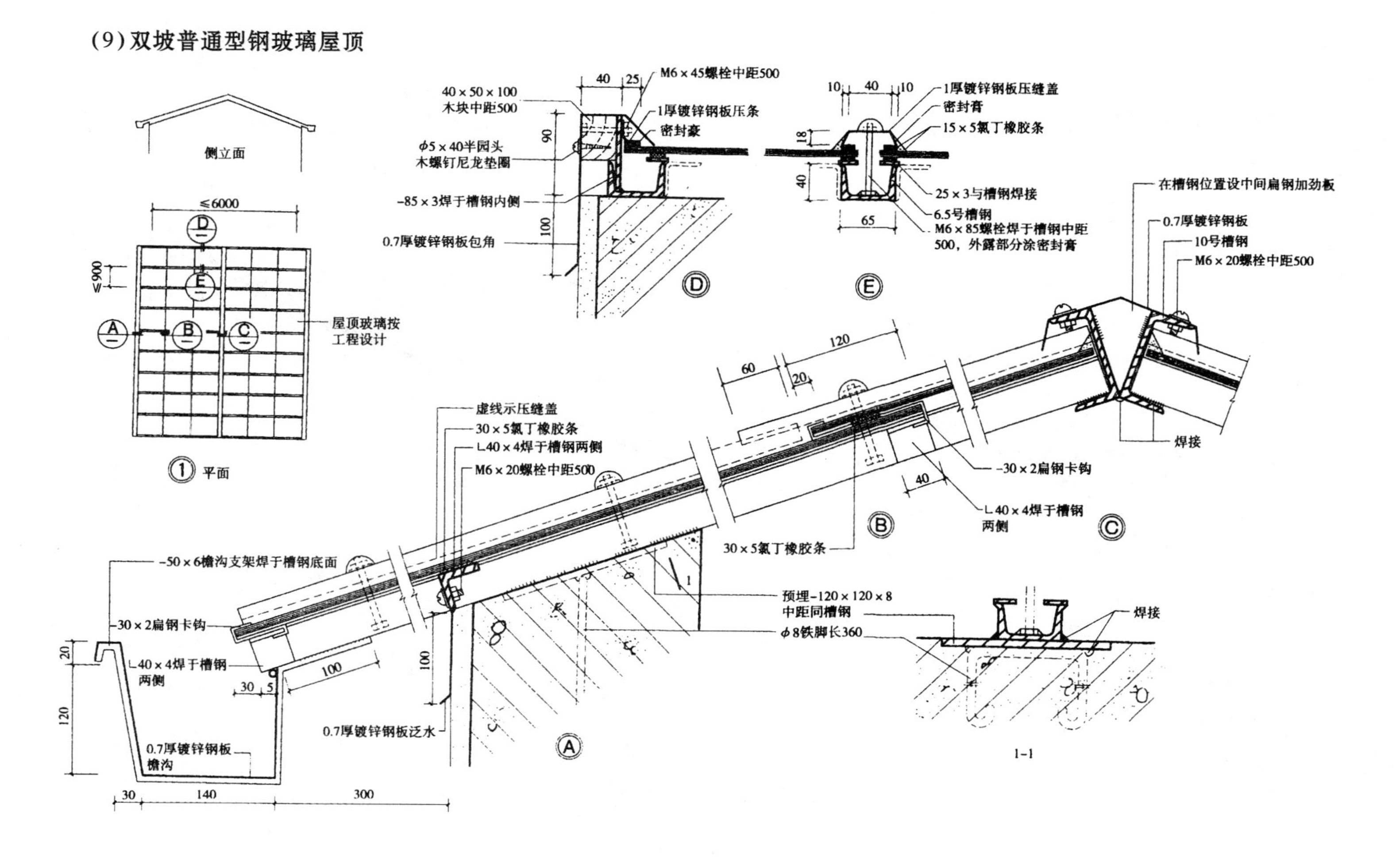

(10)单、双坡普通型钢玻璃屋顶

侧立面

≤4500

≤900

屋顶玻璃按工程设计

① 平面

M6×45螺栓中距500

0.7厚镀锌钢板包角

1厚镀锌钢板压条

密封膏

40×50×100木块中距500

-85×3焊于槽钢

焊接

M6×70螺栓中距500

60×80×100木块

φ5×50半圆头木螺钉尼龙垫圈

40 25 190 100

Ⓓ

1厚镀锌钢板压缝盖

密封膏

15×5氯丁橡胶条

-25×3与槽钢焊接

6.5号槽钢

M6×85螺栓焊于槽钢中距500

外露部分涂密封膏

10号工字钢

10 40 10 18 40 100

Ⓔ

M6×15螺栓中距500

0.7厚镀锌钢板包角

密封膏

-240×3冷弯焊于槽钢

40 90 110 100

-30×2扁钢卡钩

L40×4焊于槽钢

两侧

30×5氯丁橡胶条

30×5氯丁橡胶条

虚线示压缝盖

120 60 20 40 40

-50×6檐沟支架焊于工字钢端部

-30×2扁钢卡钩

L40×4焊于槽钢

两侧

180×3冷弯焊于槽钢

预埋-120×120×8中距同槽钢

φ8跌脚长360

0.7厚镀锌钢板檐沟

0.7厚镀锌钢板

泛水

20 120 30 15 100 30 140 300

Ⓐ Ⓑ Ⓒ

注：跨度<3300时，可取消工字钢。

(11)坡屋顶采光口

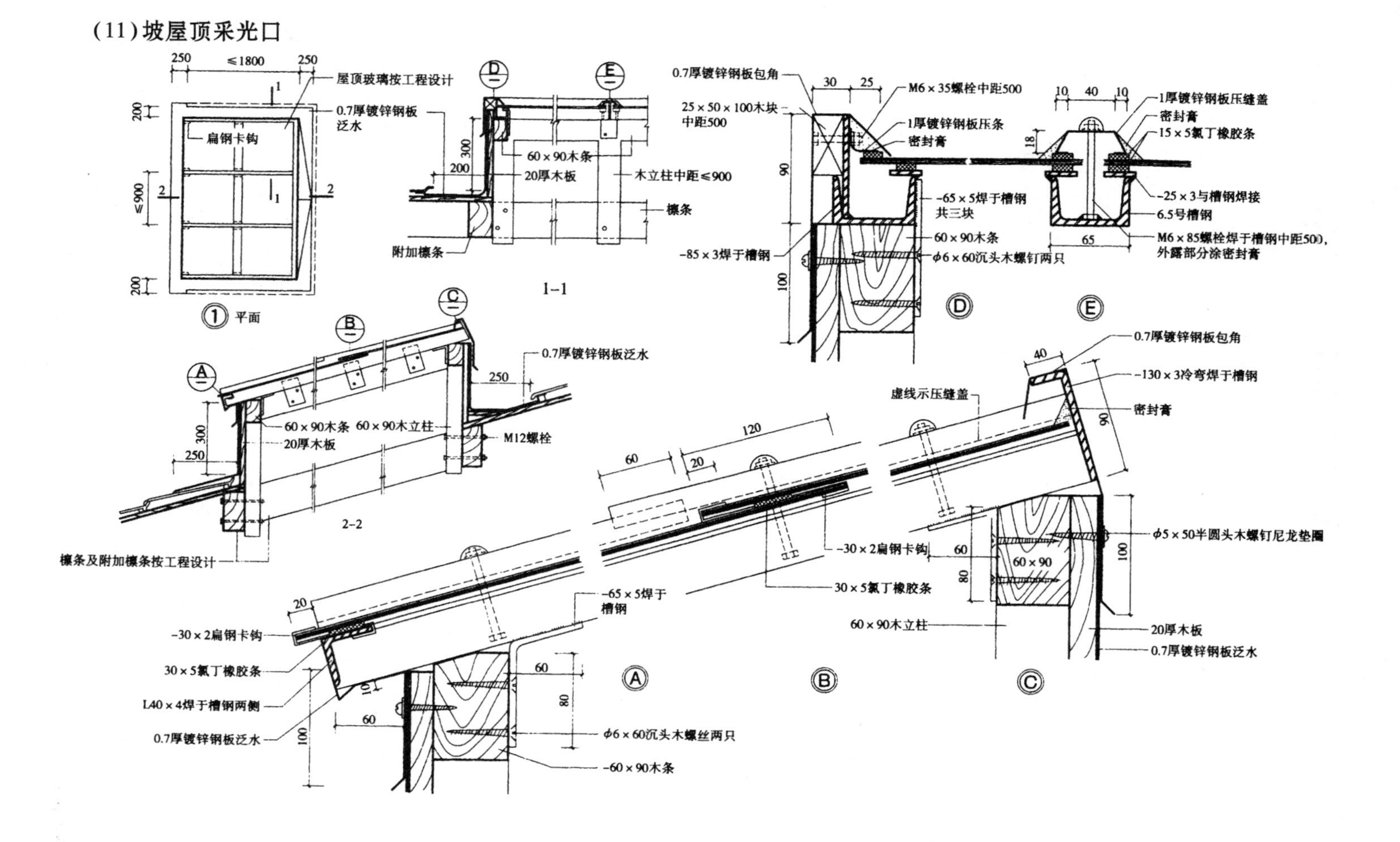

250
≤1800
250
200
≤900
200
屋顶玻璃按工程设计
0.7厚镀锌钢板泛水
扁钢卡钩
① 平面
60×90木条
20厚木板
木立柱中距≤900
檩条
附加檩条
300
200
1–1
0.7厚镀锌钢板泛水
60×90木条
60×90木立柱
20厚木板
M12螺栓
250
300
250
2–2
檩条及附加檩条按工程设计
0.7厚镀锌钢板包角
25×50×100木块
中距500
M6×35螺栓中距500
1厚镀锌钢板压条
密封膏
-65×5焊于槽钢
共三块
60×90木条
-85×3焊于槽钢
φ6×60沉头木螺钉两只
30
25
90
100
D
1厚镀锌钢板压缝盖
密封膏
15×5氯丁橡胶条
-25×3与槽钢焊接
6.5号槽钢
M6×85螺栓焊于槽钢中距500，
外露部分涂密封膏
10
40
10
18
65
E
0.7厚镀锌钢板包角
-130×3冷弯焊于槽钢
密封膏
虚线示压缝盖
40
90
120
60
20
-30×2扁钢卡钩
30×5氯丁橡胶条
φ5×50半圆头木螺钉尼龙垫圈
60
80
60×90
100
60×90木立柱
20厚木板
0.7厚镀锌钢板泛水
-65×5焊于
槽钢
-30×2扁钢卡钩
30×5氯丁橡胶条
L40×4焊于槽钢两侧
0.7厚镀锌钢板泛水
φ6×60沉头木螺丝两只
-60×90木条
20
60
80
10
60
100
A
B
C

8 门窗及外墙面装修

8.1 门窗设计要求及类型

门窗是建筑围护结构的一个重要组成部分。门窗的材料、尺寸、功能和质量等要求应符合国家建筑门窗产品综合标准的规定。

8.1.1 门窗的设计要求

建筑外门窗主要作用是采光、通风、采景和围护，门还作为交通使用和紧急安全疏散的通道。门窗作为建筑围护结构的构件，要求具有可靠性和一定的使用寿命；为保持建筑物内部的舒适性，还要求一定的气密性、水密性、保温、隔声、采光、通风和观景等要求。

(1)气密性

由于室内外存在温差，能量交换通过建筑外墙及外门窗进行，要求建筑外门窗具有较小的空气渗透性能，以尽量减少能量的损失。使用空气渗透量小的外门窗可较大程度地节省采暖和制冷能耗，控制外门窗的空气渗透量是节能的有效途径。当然，实际设计中，应根据气候情况和建筑透气需要加以调整。

新标准 GB/T107 - 2002《建筑外窗气密性能分级及检测方法》增加了负压力差下窗渗透量检测的内容，这样更符合窗实际使用功能的要求。

(2)水密性

在某些地区由于气候条件影响，门窗容易出现渗漏水的现象，应根据门窗所处高度和房间的不同要求，采取不同水密性等级、功能和造价的设计方案。

门窗应具有良好的防雨、防渗功能，要处理好门窗框与墙体之间的接缝处，还要处理好窗扇与窗框、窗扇与窗扇之间的水平缝和垂直缝。缝隙过大会使雨水流入；缝隙小会形成毛细水吸入。门窗也是传播噪声和进入风沙的途径，在门窗材料、窗扇层数、缝隙处理上也应予以可靠的措施保证，以减少噪声和提高洁净度。

(3)抗风性(抗风压强度)

门窗设计时，计算风压时各系数按《建筑结构荷载规范》GB50009 选取。

门窗抗风压性能检测控制值应符合有关规范规定。

8.1.2 门窗的节能问题

建筑门窗是建筑外围护结构保温性能最薄弱的部位，是围护结构的薄弱环节，位于外墙上的窗，既可以吸收阳光的辐射热和紫外线，也是散失热量浪费采暖费用的重要缺口，一般通过外窗所散失的热量相当于同面积墙体的2～3倍。提高门窗性能是降低建筑物长期使用能耗的重要途径。因此，在确定门窗的数量、大小、材料、层数、朝向和是否密封等方面应结合实际条件慎重选择。

门窗节能的决定性因素是门窗系统的传热系数。决定门窗系统隔热系数的因素有两方面：一方面是成品门窗的隔热情况；另一方面是门窗与墙体结构的隔热情况。采暖居住建筑的耗热量由建筑物围护结构的传热耗量和通过门窗缝隙的空气渗透量两部分组成。根据有关实际测量资料分析的结果，窗户的传热耗热量与空气渗透量相加，约占全部耗热量的50%以上。

门窗的热传导一般分为三种方式：热传导、对流传热、辐射传热。目前国家有关标准中已明确规定：各类住宅建筑外窗传热系数≤$3.5W/m^2 \cdot K$；热空气渗透性≤$1.5W/m^2 \cdot K$(不低于Ⅱ级水平)。为实现建筑节能效果，门窗应有降低热传导、通风、换气、散热和减少光线辐射的作用。

门窗的隔热系统结构主要包括两部分：单个成品门窗结构和门窗与墙体的结构。

(1)门窗型材类型

门窗型材主要有：木材、非隔热铝合金、PVC塑料、钢塑共挤复合材料、隔热铝合金等。其中PVC塑料和隔热铝合金型材可以大大降低门窗的传热系数，达到很好的节能效果。PVC塑料型材具有低导热性和很好的经济性；隔热铝合金型材是用低导热隔离物隔开后得到的型材，目前隔热铝合金型材主要是用玻璃纤维强化的聚酰胺尼龙以条形穿入特定型材形成的，具有低导热性、高强度和美观性。

(2)玻璃

门窗用玻璃的种类和形式很多，有单片玻璃、中空玻璃、钢化玻璃、镀膜玻璃、夹胶玻璃、防火玻璃等，可以根据工程的实际情况加以选择和组合。

选定玻璃厚度和种类后，要想达到理想的隔热节能效果，应尽量采用中空玻璃，合理的空间层间隙厚度应该是12mm左右(中空玻璃的隔热性能主要是增大中空层的厚度和使用导热系数低的气体置换中空玻璃内部的空气，但是中空层太大，又会产生气体的对流，增加对流传热)；要降低辐射传热，一般是通过使用低辐射玻璃来控制各种射线透过，达到降低辐射传热的目的。

(3)门窗与墙体的结构系统

采用固定片连接，然后用砂浆填充的门窗安装方法不利于门窗的温差伸缩要求和门窗的保温要求。下面列举几种门窗与墙体的有效节能连接方法：

①软连接法。用木楔把门窗框固定在正确位置上→把固定片一端固定在墙壁体上→在门窗杠与墙壁体间隙中均匀填充发泡剂→待填充材料固化后撤去木楔，补充发泡剂→在发泡剂外边涂抹水泥砂浆→用密封胶嵌缝。

注意：灰线需低于排水孔位置，不能让水泥砂浆堵塞外排水孔，否则无法排水；

固定片固定墙体厚度方向的位置，发泡剂固定洞口垂直方向的位置。

②硬连接法。用塑料膨胀螺钉直接穿过框材固定在墙上，一次性保证墙体厚度方向、洞口平面内不产生位移。

将外框用木楔垫牢固，以防止框材变形→打塑料膨胀螺钉→在窗底框处的塑料膨胀螺钉上涂一层硅酮密封胶，防止雨水渗入→用发泡剂填充框与墙体间隙，等填充材料固化后撤去木楔，补充发泡剂→外边涂抹水泥砂浆，再用密封胶嵌缝。

③软硬结合法。门窗框的顶框及左右框用硬连接法，底框用软连接法，通过附框与墙体连接：副框可以是铝副框也可以是钢副框(铝副框成本高)，软硬两种方法相结合。其中，所使用的副框材料钢板厚度不能小于3mm，钢管或铝管厚度不小于2mm；钢副框表面必须采取镀锌处理，铝副框表面必须进行阳极化处理；副框与墙体、副框与窗框必须牢固连接。

用木楔把副框固定在正确位置上→把固定片一端固定在墙体上→在副框与墙体间隙中均匀填充发泡剂或用苯板填满→等填充材料固化后撤去木楔，在木楔处补充发泡剂→最后在发泡剂外边涂抹水泥砂浆→门窗框与副框采用硬连接法。

8.1.3 门窗的材料

随着建筑在功能、美观与节能方面的要求逐步提高，建筑科研的飞速发展，新型门窗材料也应运而生，门窗按材质可分为木材、钢材、彩色钢板、铝合金、塑料、玻璃钢等多种类型。

(1)木门窗

木门窗具有较好的保温性、可塑性、装饰性，是历史上几千年的习惯作法，但由于我国森林资源的匮乏，加之国家严禁砍伐森林的政策，木制门窗的发展受到限制。但是，因为其良好的装饰性，以及营造出的温馨、亲切的氛围，仍然有很大的使用范围。木门窗的使用应进行一定的处理，如住宅内门可采用钢框木门即纤维板门芯，以便节约木材，大于5m^2 的木门应采用钢框加斜撑的钢木组合门。

(2)钢门窗

钢门窗的强度以及刚度很好，但易锈蚀、保温性能差，通常有以下几种类型：

①空腹钢门窗具有省料、刚度好等优点，但由于运输、安装产生的变形很难调整，容易关闭不严。空腹钢门窗应采用内壁防锈，在潮湿房间不应采用。

②实腹钢门窗的性能优于空腹钢门窗，但用于潮湿房间应采取防锈措施。

③彩钢板门窗具有良好的装饰性和节能、保温、隔音等特点，不宜褪色，而且有多种颜色可与建筑物外墙相匹配。其基材是冷轧镀锌钢板，并在大型钢铁厂生产而成，所以它具有钢的高强度，可以做大洞口尺寸用门窗。

彩板门窗原材采用0.7~1.1mm厚的彩色涂层钢带及钢板。基材采用合金化镀锌板、小锌化平整板、电镀锌板等，表面涂层采用优良的建筑外用聚酯涂料。镀锌钢带及镀锌钢板等基材经过脱脂、化学喷涂预处理后，喷纯外用聚酯涂料，基涂层与基材结合牢固，性能好。颜色有：茶色、红色、海蓝色、乳白色、果绿色等数百种可供选择。彩板门窗可配不同厚度的平板玻璃，遮阳防辐射等重玻璃和双层玻璃。采用双层玻璃门窗，隔声性能优良，在室外-40℃，室内20℃以上的环境中，玻璃不结霜。

彩板门窗的特点是重量轻、强度高、刚性好、采光面积大；防尘、隔声、保温性能好；色彩鲜艳、款式新、造型美观；耐腐蚀、寿命长。在使用过程中不需任何保养，解决了铝合金门窗密封效果不佳、强度低、色泽单调、表面氧化和普通钢门窗耗材多，易腐蚀，隔声、密封、保温性能差等缺陷。适用于民用住宅、商店、写字楼和各种大型公共建筑。

④钢木复合门窗刚性高，门窗的组装工艺采用了许多彩板门窗的组装工艺，与彩板门窗一样可以上高层，可以解决防雷击问题，其仿木纹门窗近似木材做的门窗，具有很好的装饰效果。

(3)铝合金门窗

铝合金门窗型材的用料属于薄壁结构，铝合金门窗具有较高的强度，质轻、密封性能好、不易锈蚀、美观、变形小，利于定型加工、易于回收、无污染，但因我国铝资源短缺，铝型材的冶炼、轧制能耗高，造价较高，从而使用上受限制。目前多用于重要建筑或美观要求高的建筑，如高档住宅和大型公共设施采用。

木饰铝合金门窗是木门窗与铝合金门窗相结合的产物，它采用专门设计的铝合金型材，内侧镶嵌一层防水木材，门窗外侧仍保留铝合金门窗的优点及整齐精确的风格，门窗内侧则完全体现了高级木门窗的所有特征。由于采用铝木结合的形式，门窗框强度高、横断面较小，因而具有更高的刚性、更大的采光通风面积，并且保温性、隔音性比铝合金门窗效果好。

(4)塑钢门窗

塑料型材中可以加入型钢，成为塑钢断面或塑铝断面，以延长门窗寿命。塑钢门窗采用改性硬质聚氯乙烯(UP-VC)加入改性剂、防紫外线吸收剂、阻燃剂等添加剂的混合材料挤压成型，多为空腔结构，在内腔中填入增加拉弯作用的钢衬。

塑钢门窗具有良好的节能、隔音、隔热、防腐性，质轻、刚度好、美观光洁、不需油漆、质感亲切。但塑钢门窗造价偏高，整体强度差，不易现场组装，主要用于严重潮湿房间和海洋气候地带及室内玻璃隔断。

(5)玻璃钢门窗

玻璃钢型材是以玻璃纤维及其制品为增强材料，以不饱和聚酯树脂为基体的玻璃纤维增强复合材料，玻璃钢门窗同时具有钢窗、铝窗的坚固性和塑钢门窗的保温、节能、隔音性，同时还具有高温不膨胀、低温不收缩的性能，质轻、防腐、绝缘、强度高、无需钢衬加固。

8.2 窗

窗是建筑的一个重要组成部分，主要起到采光和通风和修饰建筑立面的作用。

8.2.1 窗的作用

(1)采光作用

房间照度的取得可以通过天然采光和人工照明的方法获得。自然采光不仅经济，而且有利于视觉和健康。因此，进行建筑设计时应充分利用自然采光，设置足够和适宜的自然采光面积。

采光面积应按窗洞口的面积乘以小于 1 的透光系数，即要折减掉窗框、窗棂所占面积、不同透光率的玻璃因素、窗扇的层数因素、有无纱窗的影响因素等之后的有效透光面积。目前，为简化设计，多以窗洞口面积粗略地作为采光面积。

房间的采光面积标准是与房间的大小有关的，不同功能的房间用开窗面积与房间地板面积相比(简称窗地比)作为采光标准。

(2)通风作用

一般民用建筑的通风主要是依靠窗来解决的。窗的设计应根据建筑所在地区的气候特点来进行，如炎热地区建筑的窗，应当尽量多设可开启的窗扇，而寒冷地区则应设置一些固定窗，还应加设小气窗，以供冬季关闭窗时的适当通风。

(3)建筑立面的装饰作用

窗的布局、形状、大小、疏密、色彩的不同，会对建筑物的整体风格起到极大的影响作用。

8.2.2 窗的设计要求

①窗扇的开启形式应方便使用、安全和易于清洁。

②高层建筑宜采用推拉窗；当采用外开窗时应有牢固窗扇的措施。

③住宅开向公共走道的窗扇，其底面高度不应低于 2m。面向外廊的居室、厨、厕窗应向内开，或在人的高度以上外开，并应考虑防护安全和密闭性的要求。

④窗台高度一般不宜低于 900mm，窗台低于 0.80m 时，应采取防护措施，窗前有阳台或大平台时除外。如窗台过高或窗的上部开启时，必须考虑开启方便问题，必要时应加设开闭装置。

⑤高温、高湿和防火要求高的情况下不应用木窗。

⑥错层住宅屋顶不上人处，尽量不设窗，因采光或检修需设窗时，应有可锁闭的铁栅栏，以免儿童上屋顶发生事故，并可减少屋面损坏及相互串通。

⑦天窗应采用防破碎的透光材料(如夹层玻璃、夹胶玻璃、有机玻璃)或设安全网，并应有防冷凝水产生或引泄冷凝水的措施。

8.2.3 窗洞口的大小确定

窗的散热量约为围护结构散热量的 2~3 倍，窗口面积越大，散热量随之越大。窗洞口大小的确定可以采用两种方法：一种是按窗地比计算，另一种是根据玻地比计算。

(1)窗地比

窗地比是窗口面积与房间净面积之比。按照规范，主要建筑的窗地比最低值详见表 8-1。

表 8-1 主要建筑的窗地比最低值

建筑类型	房间或部位名称	窗地比
宿舍	居室、管理室、公共活动室、公用厨房	1/7

（续）

建筑类型	房间或部位名称	窗地比
住宅	卧室、起居室、厨房	1/7
	厕所、卫生间、过厅	1/10
	楼梯间、走廊	1/14
托幼	音体活动室、活动室、乳儿室	1/7
	寝室、喂奶室、医务室、保健室、隔离室	1/6
	其他房间	1/8
文化馆	展览、书法、美术	1/4
	游艺、文艺、音乐、舞蹈、戏曲、排练、教室	1/5
图书馆	阅览室、装裱间	1/4
	陈列室、报告厅、会议室、开架书库、视听室	1/6
	闭架书库、走廊、门厅、楼梯、厕所	1/10
办公	办公、研究、接待、打字、陈列、复印	1/6
	设计绘图、阅览室	

(2)玻地比

窗玻璃面积与房间净面积之比叫玻地比，采用玻地比确定洞口大小时还应除以窗子的透光率。透光率是窗玻璃面积与窗洞口面积之比，钢窗的透光率为80%~85%，木窗的透光率为70%~75%。

8.2.4 窗的分类

按照窗的开启形式、使用材料和层数不同标准，可以对窗进行几种不同类型的划分。

按开启方式分类，窗可分为固定窗、平开窗、立转窗、推拉窗、悬窗等，如图8-1、图8-2。

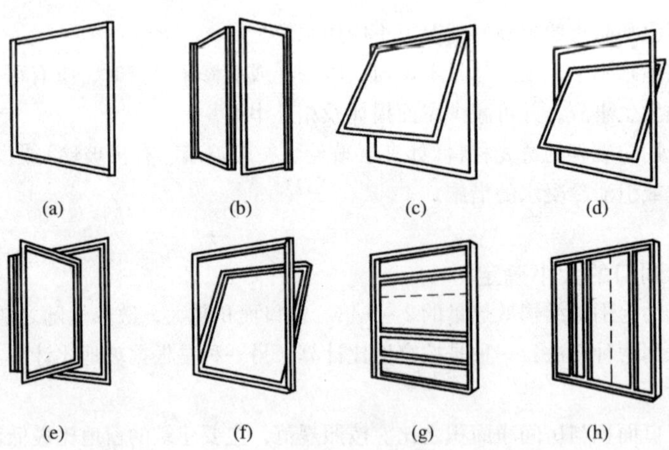

图8-1 窗的开启方式

(a)固定窗；(b)平开窗；(c)上悬窗；(d)中悬窗；(e)立转窗；

(f)下悬窗；(g)垂直推拉窗；(h)水平推拉窗

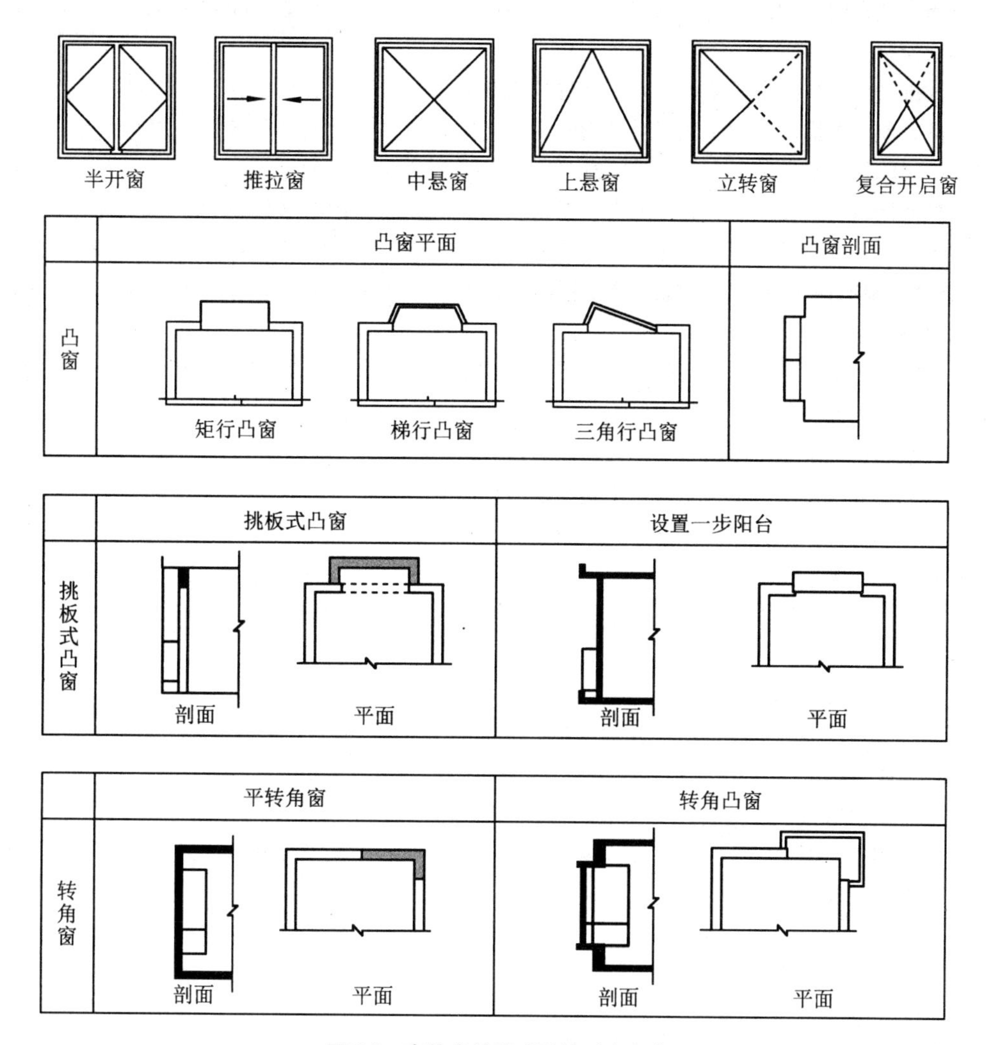

图 8-2　窗的常见形式及其开启方式

窗户的开启方式，直接影响着使用功能和保温性能等。最常用的开启方式是：平开窗、旋转窗和推拉窗。

①平开窗。平开窗开启灵活，闭窗时窗扇与窗框之间可以压紧，密闭性好，有利于保温，是节能建筑窗户首选的开启方式。

可分为内开窗和外开窗。内开窗，便于安装、清洁和维修，不易被气候环境损坏，但影响室内空间的使用；外开窗不占室内空间，但不利于安全，安装、修理、擦洗都不便，且容易受风的袭击损坏，不利于高层使用。

②旋转窗。旋转窗通过窗扇沿一旋转轴旋转实现开启，按旋转轴的安装位置不同，可分为上悬窗、中悬窗和下悬窗。这种开启方式有利于调整室内通风方向，又可避免潲雨，窗扇

与窗框之间有较好的密闭性，有利于保温。但旋转角度过大时，或影响室内的空间使用，或不利于安全。

③推拉窗。推拉窗通常可分为水平推拉窗和垂直推拉窗。其窗扇开启不占室内空间，开启灵活，便于清洁。但为保证开启灵活，窗扇之间和扇与框之间必须留有一定的缝隙，所以窗户的密闭性较差，不利于保温，同时开启面积较小，不利于通风。

按使用材料分类，窗可分为木窗、钢窗、铝合金窗、塑钢窗、玻璃钢窗、不锈钢窗等。

①木窗。木窗是由含水率在18%左右的不易变形的木料(常用的有松木和与之相近的木料)制成，具有热工性能好，加工精度较高、自重轻、制作方便、安装灵活的特点，但不耐久，容易变形。

②钢窗。钢窗是用热轧特殊断面的型钢制成的窗，其断面有实腹和空腹两种。钢窗耐久坚固、防火，但空隙大，不利于保温。

③塑料窗。采用挤压成型的方式，效果好，使用广泛。

④铝合金窗。铝合金窗是采用铝镁硅系列合金钢材的窗。

⑤玻璃钢窗。玻璃钢窗是以不饱和聚酯树脂为基体材料的一种复合材料——玻璃纤维增强塑料。是继木、钢、铝、塑、彩板后又一种新型门窗。坚固性、防腐、保温、节能等性能好，在阳光直接照射下无膨胀，在寒冷的气候下无收缩、耐老化、使用寿命长。

8.2.5 窗的构造

窗的类型较多，但其构造组成基本上是相同的。这里仅以平开木窗为例，说明窗的构造。

(1)窗的组成

窗主要由窗框(也称窗樘)、窗扇和五金

零件组成。根据需要还可附设窗帘盒、窗台板、贴脸板和筒子板等。具体各部位的名称详见图8-3。

其中窗框分为上槛、下槛、边框、中框等部分；窗扇由上冒头、下冒头、窗棂子、边框等部分组成。

(2)木窗的细部构造

①木窗框的断面形式与尺寸、木窗框的断面形式与尺寸木窗框的断面形式与尺寸是由窗扇的层数、窗扇厚度、开启方式、窗口大小及当地的风力来确定的。图8-4中列举了一些常见的木窗框的尺寸。

②木窗框的安装。一般窗框与墙体的相对位置有三种：位于墙体外侧，位于墙中，位于墙体内侧，其具体位置应根据使用要求、墙体材料以及墙的厚度情况而定。如果要求窗与墙内侧平齐，窗框要凸出墙面20mm左右，以便与木抹灰面相平。

窗框与墙的固定方法有两种。一种叫立口，就是先立窗框，再砌墙体。为使窗框与墙体连接牢固，在窗框上下槛各伸出120mm左右的端头。这种连接方式结合紧密，砌砖时墙与窗框之间不留缝隙。另一种叫塞口，砌墙时预留窗洞，墙体施工完毕后再将窗框与预填木砖固定。安装窗框时用长钉将窗框钉在防腐木砖上，窗框四周与窗洞墙体之间的空隙应用沥青浸透的麻线或毛毡塞严，所使用木砖应进行表面防腐处理。

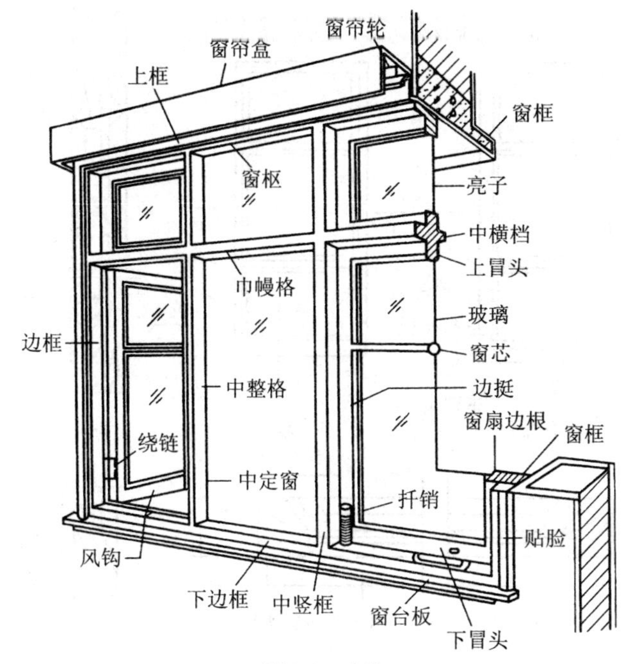

图 8-3　木窗

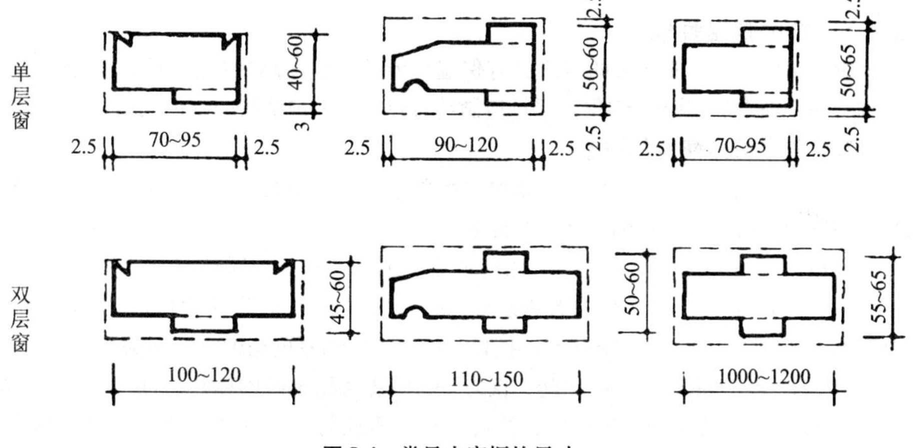

图 8-4　常见木窗框的尺寸

③木窗扇。木窗扇主要由上、下冒头，边框，中梃和窗芯(窗棂)等组成，如图 8-5。窗扇与窗框应在保证开关方便的同时，要求在关闭时有一定的密封型。

木窗扇断面形状和尺寸与窗扇的大小、立面的划分、玻璃的厚度和安装方法有关。边框和冒头的断面约为 40mm × 55mm；窗棂子的断面为 40mm × 30mm；窗扇的截口宽度在 15mm 左右，裁口深度在 8mm 以上，纱窗的断面略少于玻璃窗。

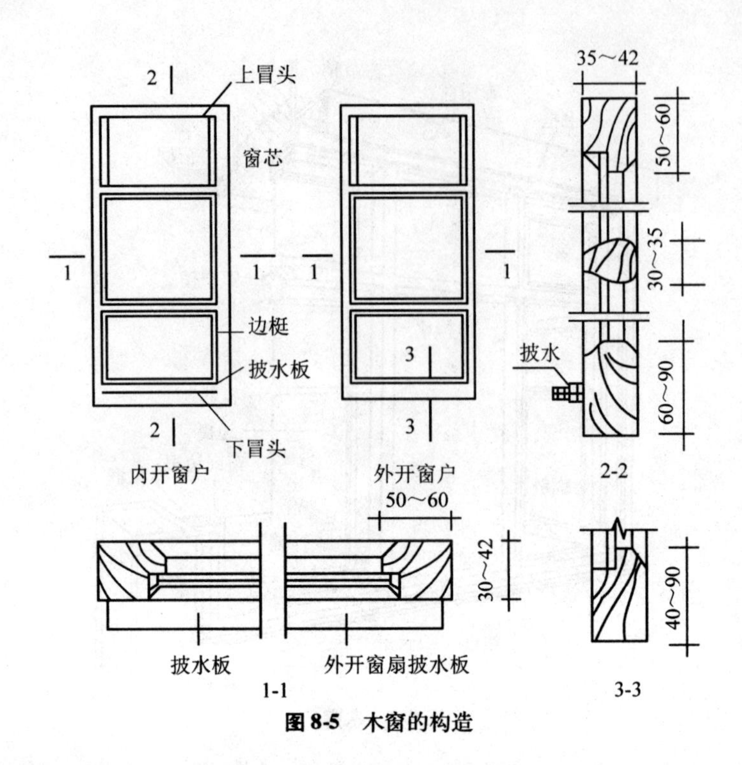

图 8-5 木窗的构造

8.2.6 窗的保温性能

作为围护结构重要组成部分的窗户具有保温性能差、消耗热量高的问题，因此窗户成为围护结构中一个较大的“热桥”部位，严重地制约着建筑物围护结构的整体保温性能。

(1)影响窗户保温性能的要素

窗户的保温性能差、消耗热量高，是由多种因素综合构成的，为此必须对其从下面三个方面加以控制和解决，才能收到良好的节能效果。

①普通窗玻璃的保温性能差，是消耗热量高的主要因素。普通玻璃导热系数为0.76W/(m·K)，虽然与普通黏土砖砌体的导热系数[重砂浆砌筑黏土砖砌体为0.81W/(m·K)，轻砂浆砌筑黏土砖砌体为0.76W/(m·K)]接近，但由于使用厚度很薄，一般为3～5mm，热阻很小，在0.004～0.0065m^2·K/W之间，仅为240厚普通黏土砖砌体热阻(0.30m^2·K/W)的1.35%～2.20%。并且玻璃的面积较大，约占窗户总面积的80%左右，是影响窗户保温性能的主要因素。

②普通窗户边框材料厚度。普通窗户边框材料厚度一般为80～100mm，扇料厚度一般为30～40mm，即使是采用导热系数较小的木材做边框，其热阻也不大，如果采用导热系数较大的钢制边框，其热阻就更小，所以窗户边框材料的选用，也是影响窗户保温性能不可忽视的因素。

③窗户构造的各种缝隙。由于窗扇开启的需要，窗框与窗扇之间总要存在着缝隙的，而且由于构造方式和制作质量的原因，玻璃与窗扇之间也不可避免要出现缝隙，这些缝隙都是室内外空气相互渗透、消耗热量、影响窗户保温性能的因素。

(2)提高窗户保温性能的措施

①采用多层玻璃窗。采用多层玻璃窗提高窗户保温性能的做法，早已普遍采用，但是目前大多数单扇双玻璃窗，玻璃之间的空气间层厚度较薄，多数在10mm左右，没有充分发挥空气间层的作用。采用多层玻璃窗，其目的不仅仅是为了增加玻璃的厚度，如果只是为了增加玻璃的厚度，采用单层玻璃窗是完全可以实现的，其更重要的目的是形成有一定厚度的空气间层，因为空气的导热系数远远小于玻璃的导热系数。所以，采用双层玻璃窗时，其空气间层的厚度应达到一定厚度，以充分地发挥空气间层的作用。

②改善空气间层的气体状态。为提高空气间层的保温性能，避免或减少空气的对流换热，空气间层必须是密闭状态(亦称中空状态)，甚至是真空状态或充填惰性气体。空气间层的封闭，是避免间层内的气体与外部的空气进行对流换热，真空的间层或充填惰性气体，是为避免或减少间层内部气体的换热，提高间层热阻。

③采用具有“透短反长”特性的镀膜玻璃。在双层玻璃窗的里层涂(贴)上含有氧化锡或氧化锌的透明薄膜，形成“透短反长”的热镜效应，可以在白天使室外的短波热能更多地辐射到室内，在夜间避免或减少室内的长波热能向外辐射，增强室内的温室效应，对于采暖地区冬季提高或保持室温会起到较好的作用。

④选用保温性能好的边框材料。从总体看，木窗、钢窗和塑钢窗都各有利弊，窗户的边框材料基本是就地取材。目前，由于塑钢窗产地广泛、加工方便、保温性能较好等原因，逐步取代了住宅建筑中其他材料的窗边框；而新型阻热型材的铝合金框料以其优良的保温性、美观的外表和丰富的色彩成为满足节能要求的外窗中一支蓬勃的生力军。

8.3 门

门是建筑物中的一个重要组成部分，是人们进出室内外的通道，是室内外的分界线，不仅要具备防盗、防暴的性能，而且还要具备隔声、保温、防止视线干扰的性能和出入开启方便，利于防灾疏散，也兼有采光和通风的作用，门的形式对建筑立面的影响也很大。

门的类型很多，以门的材料分有木门、钢门、玻璃钢门、塑料门、铝合金门等；以使用要求和制作分有镶板门(装板门)、拼板门、胶合板门(贴板门)、百叶门、纱门等；以门的开启方式分有平开门、弹簧门、推拉门、卷帘门等；以门的立面形式分有单扇、双扇、四扇门等。

8.3.1 门的设计基本要求

①要求外门的设计构造应开启方便、坚固耐用，手动开启的大门扇应有制动装置，推拉门应有防脱轨的措施；湿度大的门不宜选用纤维板门或胶合板门；两个相邻且经常开启的门，应避免开启时相互碰撞；向外开启的平开外门，应有防止风吹碰撞的措施，如将门退进门洞或设门挡风钩等固定措施，并应避免开足时与墙垛腰线等凸出物碰撞。

②门开向不宜朝西或朝北，以减少冷风对室内环境的影响；一般公共建筑经常出入的向西或向北的门，应设置双道门或门斗，以避免冷风影响，外面一道用外开门，里面一道应用

双面弹簧门或电动推拉门；双面弹簧门应在可视高度部分装透明玻璃；经常出入的外门宜设雨罩。

③开向疏散走道及楼梯间的门扇完全开启时，不应影响走道及楼梯平台的疏散宽度；体育馆内运动员经常出入的门洞，门扇净高不得低于2200mm。

④门框立口宜立墙里口（内开门）、墙外口（外开门），也可立中口（墙中），以适应方便、装修、连接的要求；凡无间接采光、通风要求的套间内门，不需设上亮子，也不需设纱窗；变形缝外不得利用门框盖缝，门扇开启时不得跨缝；所有门如无隔音要求，不应设置门槛。

⑤大型营业性餐厅至备餐间的门，应作成双扇上下行带小玻璃的单面弹簧门；旋转门、电动门和大型门的邻近应另设普通门；托幼建筑的儿童用门，不得选用弹簧门，以免挤伤手；住宅内门位置和开向，应结合家具布置考虑。

⑥安全疏散要求。门的数量和宽度等问题应满足交通疏散需要和防火要求。

a. 门的数量：一般规定，公共建筑安全入口的数目不少于两个，但在房间面积在60m^{2}以下，人数不超过50人时，可以只设一个出入口；对低层建筑，每层面积不大，人数也较少的，可以设一个通向户外的出口。

b. 门的尺寸：门的尺寸是按人们的通行、疏散和搬运常用家具设备的尺寸确定的。通常情况下，单扇门的宽度为800～1000mm，辅助房间的门可为600～800mm。当门的宽度加大时，则应采用双扇门，门宽为1200～1800mm；如仍需加大时，则应改为三扇或多扇门，这时门框应加设中竖框，使每一门扇的宽度不超过900mm，以保证门扇自身的刚度、减少占用空间和减轻门框支承门扇的负担。

门的高度为2000～2100mm，如从立面和采光窗要加高时，可在门的上部设置亮子。对有特殊功能和美观要求的公共建筑、车间、库房等按相应规范执行。

门洞宽度和高度的级差，基本上按扩大模数3m递增，个别尺寸是考虑常用门的实际需要而插入了门宽750mm和1000mm，门高2000mm。

门洞宽度需符合防火规范的要求，对于人员密集的公共场所，如剧院、电影院、礼堂、体育馆等，疏散门的宽度一般可按每百人0.65～1.0m的宽度选取；当人员较多时，出入口应分散布置。下表列出了学校、商店、办公楼等民用建筑的门宽最低要求，实际使用时，除参考表8-2的宽度指标，还应考虑通风、采光、交通及搬运家具、设备等要求。

表8-2　门的宽度指标（最低要求）

耐火等级	二级（m/百人）	三级（m/百人）	四级（m/百人）
1、2层	0.65	0.75	1.00
3层	0.75	1.00	—
≥4层	1.00	1.25	—

底层外门的总宽度应按该层或该层以上人数最多的一层人数计算，供楼上人员疏散的外门，可按本层人员计算。

门的最小宽度取值为：

住宅户门：1000mm；住宅居室门：900～1000mm；住宅厨房、厕所门：700mm；住宅阳台门：800mm；住宅单元门：1200mm；公共建筑外门：1200mm。

8.3.2 常用门的类型和构造

(1)木门

①木门构造(见图8-6、图8-7)。木门主要由门框(也称门樘)、门扇和建筑五金组成。根据需要，还可附设门帘盒、贴脸板、筒子板等。门框可根据上亮和多扇门的要求设置中横档和中竖框。

a. 木门框：门框由上槛、腰槛、边框和中框等部分组成。其作法、安装及与墙体的接缝处理等与上述窗的做法基本相同，木门框位置详见图8-7。

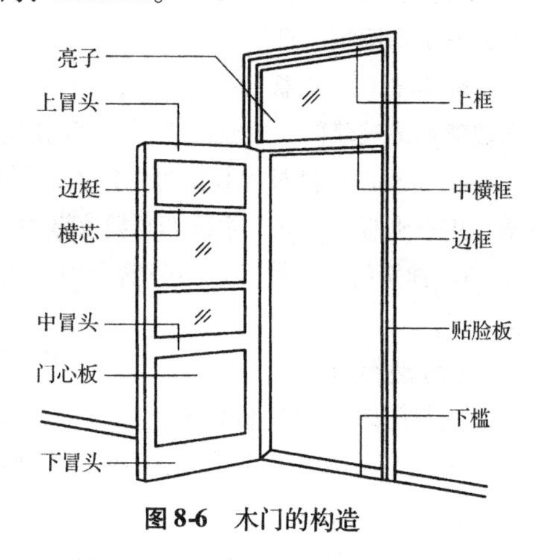

图8-6　木门的构造

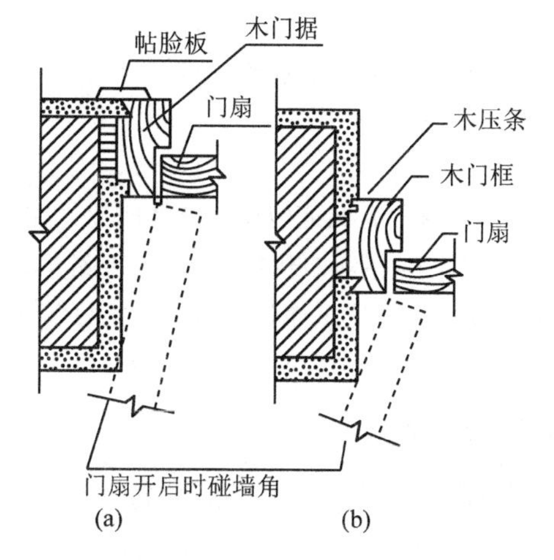

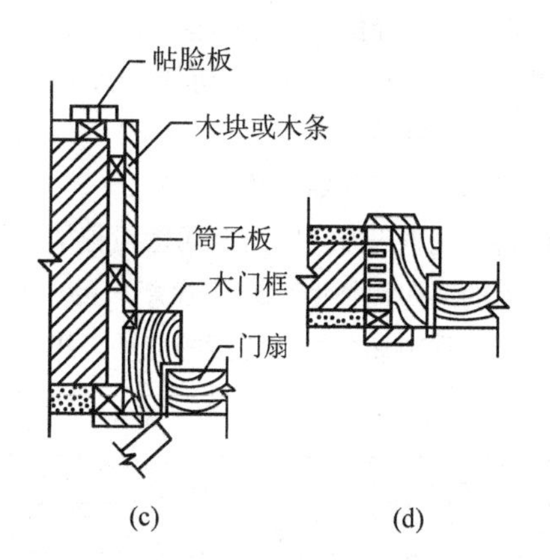

图8-7　木门框位置

(a)外子；(b)立中；(c)内平；(d)内外平

b. 木门扇：门扇一般由边梃、上冒头、下冒头、门棂子等组成，内镶门芯板，门芯板可为木板、胶合板、硬质纤维板、玻璃、百叶等。这类门扇统称为镶板门扇，是较常用的一种木门扇。

考虑到门扇的自重、撞击和刚度，边梃和冒头的截面尺寸均较窗扇的大。边梃尺寸为(40～50)mm×(80～100)mm，上、中冒头尺寸为(40～50)mm×(90～130)mm，下冒头临近地面，易受潮湿和脚踢，极易破损，尺寸一般为45mm×140mm，位于安装拉手、门锁部位的中冒头宽度，也应适当加大。

门芯板的安装方法有多种，其共同的质量要求是使门芯板或玻璃与边梃和冒头结合牢固，不得有空虚。

②类型。木门按构造可分为：

a. 夹板门：夹板门内部是方木组成的木骨架，两面贴以胶合板，为节约木材，也可使用纤维板代替胶合板，形成纤维板面门。夹板门构造简单、表面平整、开关轻便，应用较为广泛，但不耐潮湿、日晒。

b. 镶板门：镶板门由上、中、下冒头和边框组成门框，在框内镶入门心板做成，也可镶入玻璃形成玻璃门。镶板门可用于室内或室外。

c. 拼板门：拼板门制作时先作木框，将木拼板镶入，木拼板可用15mm厚木板，两侧留槽，用三夹板条穿入。木框四角要安装铁三角。

d. 弹簧门：弹簧门采用弹簧合页，可以自动关闭。弹簧门的框料要相应增大，且不做裁口。

(2)塑料门

塑料门即为PVC材料塑料门，指以聚氯乙烯为主要原料，通过适量加入改性剂和添加剂，构成PVC塑料，用模压法制成各式型材，利用专用设备挤出成中空塑料型材，组装而成。

塑料门自重轻、气密性好、水密性好、保温性好、隔声性好、不需保养油漆、便于清洗、安装方便、色泽鲜艳、不褪色、不老化、不变形、节约木材和金属材料、难燃且自熄、造价中等、在-30℃~+50℃环境中可使用30年。

(3)塑钢门

塑钢门是以聚氯乙烯混型树脂(PVC-V)异型材为主材，为保证门窗的整体刚度，在空心的框料和梃料内塞入，与金属增强骨架(钢或铝材)熔合制成的第二代塑料门窗，是继木、钢、铝之后的第四代新型建筑门窗新产品，具有节能、节材、可加工性强、防腐性能好等优点，在建筑工程中日益得到广泛的应用。PVC型材的主要物理性能见表8-3。

表8-3　PVC型材的主要物理性能

编号	项目	物理性能
1	硬度	不小于85
2	控伸屈股强度	不小于37
3	断裂伸长率(%)	不小于100
4	弯曲弹性模量(MPa)	不小于1960
5	低温落锤冲击破裂个数	不大于1
6	维卡软化点1℃	小于83
7	加热后尺寸变化率	±2.5%
8	高低温反复尺寸变化弯	±0.2%

塑钢门同其他建材一样，有高、中、低档之分。塑钢门选用型材是塑钢门质量与档次的决定性因素；其次门窗所选用的五金件大都是金属制造的其内在强度、外观、使用性都直接影响门的性能；另外，PVC型材内必须加符合厚度的钢衬，否则就不能称之为“塑钢”门；门内不加钢衬或加薄铁皮冒充钢衬，组装不能保证门的整体质量。

(4) 玻璃钢门

①玻璃钢门的材料。玻璃钢门型材是以不饱和聚酯树脂为基体材料的一种复合材料——玻璃纤维增强塑料，是采用拉挤工艺法生产的产品。拉挤工艺是一种连续生产玻璃钢型材的方法，基本工艺过程是：在牵引装置牵引下，使纤维增强材料浸渍上热固型树脂，经预成型装置、热固化模、定长切割、生产出型材。

②玻璃钢门的特点。玻璃钢门综合了其他类门窗的优点，既有钢、铝合金门窗的坚固性，又有塑钢门窗和彩板门窗的防腐、保温、节能性能，更具有自身的突出的优点：抗老化、耐腐蚀、隔音，在阳光直接照射下无膨胀，在寒冷的气候下无收缩，轻质高强无需金属加固(特大窗除外)。此外，玻璃钢门窗饰面颜色丰富，采用特殊工艺表面处理后，耐擦洗、不褪色、观感舒适，其综合性能较好于其他类门窗。图 8-8 是玻璃钢门窗节点详图。

玻璃钢门主要具有以下特点

a. 合成精细、轻质高强：玻璃钢型材比钢轻 4 ~ 5 倍，而强度却很大，其拉伸强度 350 ~ 450MPa，与普通碳钢接近，因而不需钢衬加固。

b. 结构合理、密封良好：玻璃钢门在组装过程中，角部处理采用胶粘加螺接工艺，同时全部缝隙均采用橡胶条和毛条密封，加上其具有的特殊型材结构，因此密封性能好。

c. 保温：玻璃钢型材导热系数低，是优良的绝热材料，又是空腹结构，因此隔热保温效果显著。

d. 蚀性能优异：玻璃钢是优良的耐腐蚀材料，对酸、碱、盐及大部分有机物，海水以及潮湿都有较好的抵抗能力，对微生物的作用也有抵抗性能，适用于多雨、潮湿和沿海地区，以及有腐蚀性的场合。

e. 系数低、尺寸稳定性好：玻璃钢型材的线膨胀系数小，低于钢和铝合金，是塑料的 1/20。因而尺寸稳定性好，温度的变化不会影响门窗的正常开关功能。

f. 性能好、基本不老化：玻璃钢型材热变形温度在 200°C 以上，可长期使用于温度变化较大的环境中。

g. 丰富、装饰性强：玻璃钢型材经砂光后表面光滑细腻易涂装饰，可涂装各种涂料，制成各种颜色的门窗。

8.4 门窗安装

8.4.1 门窗安装的一般规定

①安装门窗必须采用预留洞口的方法，严禁采用边安装边砌口或先安装后砌口。

②门窗固定可采用焊接、膨胀螺栓或射钉等方式，但砖墙严禁用射钉固定。

③安装过程中应及时清理门窗表面的水泥砂浆、密封膏等，以保护表面质量。

8.4.2 铝合金门窗的安装

铝合金门窗的气密性和水密性都好，由于型材自身有光泽和颜色，安装后不需再进行油漆，且开闭灵活、无噪音，不需经常维修。其安装过程应注意：

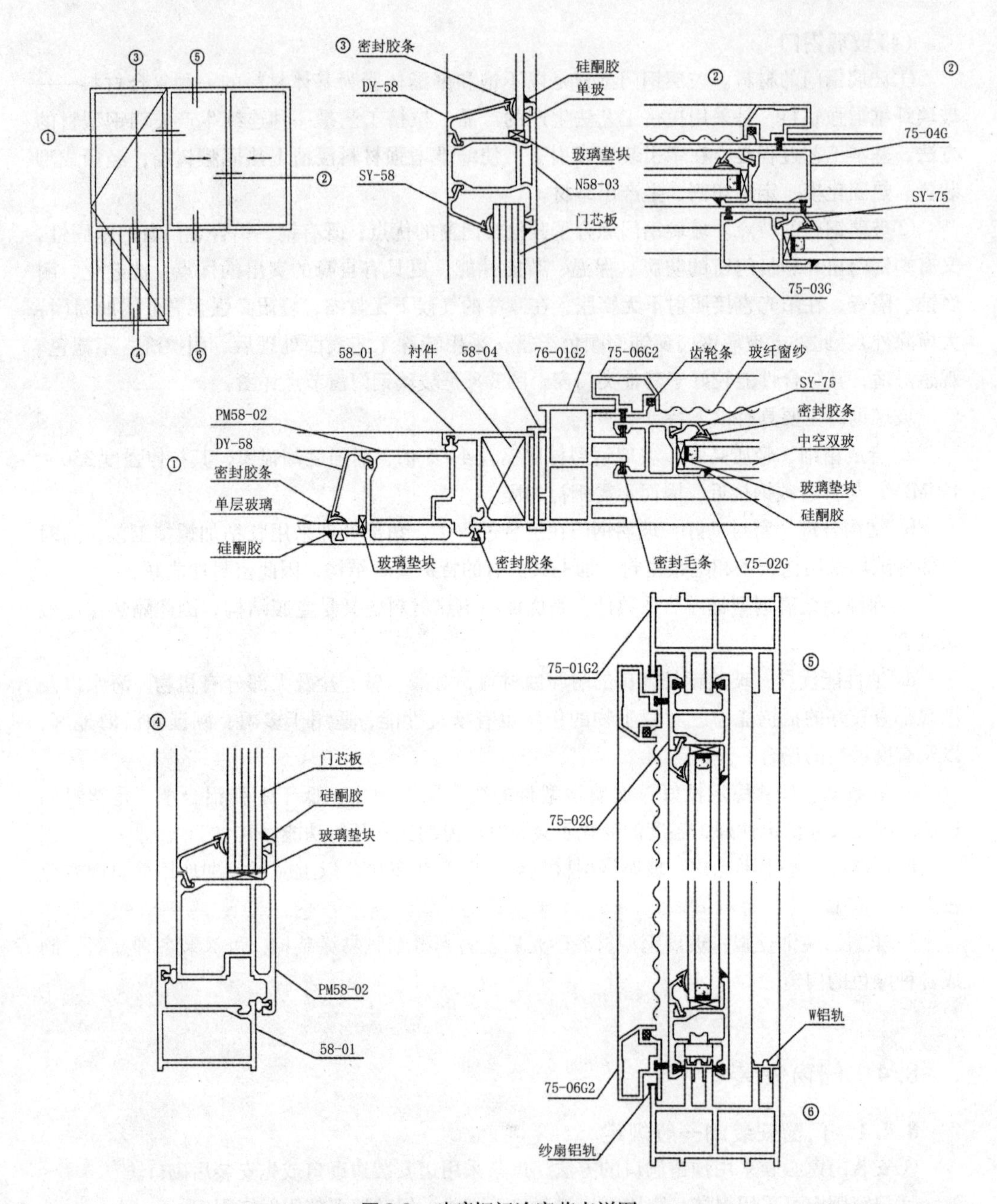

图 8-8　玻璃钢门连窗节点详图

①铝合金外框与洞口应采用弹性连接。

②门窗外框与墙体的缝隙填塞，应采用矿棉条或玻璃棉毡条，缝隙外表面留 5 ~ 8mm 深的槽口，填嵌密材料。安装缝隙 15mm 左右。

③铝合金门窗与墙体的连接，应针对墙体面采用不同的方法：

a. 连接件焊接连接明智于钢结构。

b. 预埋件连接用于钢筋混凝土结构和砖混结构。

c. 射钉连接用于钢筋混凝土结构。

8.4.3 涂色镀锌钢板门窗安装

彩板钢门长的连接、品装均有良好的密封条和密封膏，形成软接触，缝隙严密且有减震作用，水密性、气密性、隔声性均达到了国家标准。

(1)带副框的门窗

先将组装好的副框放入洞口，调整好尺寸，把副框外侧的锚板固定在洞口墙体上；然后处理洞口周围缝隙，进行填补，并在外抹水泥砂浆，最后将门窗框与副框连接固定。

带副框的门窗安装时，应用自攻螺钉浆连接件固定在副框上，另一侧与墙体的预埋件焊接，安装缝隙为25mm。

(2)不带副框的门窗

将窗门放入洞口，调整好后用膨胀螺栓固定，然后再用密封膏填缝，安装缝隙15mm。

8.4.4 塑钢门窗安装

塑钢门窗的安装主要采用在墙上留预埋件的方法，窗的连接件用尼龙胀管螺接连接，安装缝隙15mm左右，门窗框与洞口的间隙用泡沫塑料条或油毡卷条填塞，然后用密封膏封严。

①安装准备。要按图纸要求认真查对型号、规格、配件及开启方向等，并查看厂家测试检验报告；要按有关规定随机抽取相应樘数的门窗送检测中心对其进行抗风压、空气渗透、雨水渗漏等项物理性能试验，检验合格、符合要求的门窗应堆放平整，以防扭曲变形，然后才能安装。

②采取合理的工作流程，凡不需要与土建结构直接相连的产品，一定要晚进入施工现场。塑钢门窗安装工作应在室内粉刷和室外粉刷找平、刮糙等湿作业完成后进行。

③对塑钢门窗的构造尺寸要求精确；检查窗框、门框等固定件的规格和位置。

④门窗框与洞口的嵌缝质量要求。门窗框与洞口之间的缝隙应用闭孔泡沫塑料或油毡卷条等弹性材料分层填塞，填塞不宜过紧，以免框架变形，太松则影响密封的严密性，并使框体松动，填塞后撤掉临时固定用的木楔或垫块，其空隙也应采用闭孔弹性材料填塞；对于保温、隔声等级要求较高的工程，应采用相应的隔热、隔声材料填塞；安装密封条时应留有伸缩余量，一般比门窗的装配边长200～300mm在转角过斜面断开，用胶黏剂粘贴牢固；门窗框与洞口之间最外层用密封胶进行密封处理。门窗框四周的内外接缝应用密封膏嵌缝严密，缝口要求涂抹均匀，表面平整光洁。

8.5 遮阳板

炎热的夏季，太阳辐射透过窗户直接进入室内的热量是造成室内过热或严重增加空调制冷负荷的主要原因，遮阳是夏季隔热最有效的措施。它反射和吸收了大部分的太阳热能，避免太阳辐射直接进入室内空间，有利于防止室温升高和波动，对提高室内热舒适性，减少空调能耗发挥着重要作用，达到节能目的。

遮阳设计不是一项独立于建筑设计的节能措施，除了节能的技术要求，还需要与建筑整体设计的巧妙配合，需考虑建筑在此场所中各立面效果与景观需要的因素。最佳遮阳形式除了满足节能需要，还应照顾到室外景色和在外部观看建筑两方面的效果。

8.5.1 遮阳板的作用

遮阳板的作用是防止直射阳光照入室内，减少太阳辐射热量，避免阳光直射形成室内过热和眩光对人们的视觉、情绪或贵重物品等的不良影响。

8.5.2 遮阳的形式

建筑的结构为遮阳系统作支撑，以尽量少的构件达到必要的遮阳效果，同时还应尽可能兼作其他用途，如挡雨、导风构件等，最大限度地发挥选定材料的性能，使遮阳设计最优化。

遮阳按其形状及构造可分为五种，即水平式、垂直式、综合式、挡板式、活动式。各种遮阳设施采用的材料一般为混凝土、钢铁、木材、铝合金、篷布等，由于铝合金材料具有的轻质高强、耐久性、蓄热性以及导热性较低，工艺也比较成熟，所以成为当前国内外遮阳设施的常用材料。图 8-9 为普通的活动遮阳。

一般说来，水平式遮阳板适用于南向及其附近的门窗，遮挡窗口上方高度角较大的阳光；垂直遮阳有利于遮挡从两侧斜射而高度角较小的阳光；综合式遮阳板主要适用于南向、南偏东和南偏西向，适于遮挡高度角较小、从窗侧面斜射下来的阳光；挡板式遮阳适用于东、西朝向的窗口，遮挡太阳高度角较低、正射窗口的阳光。

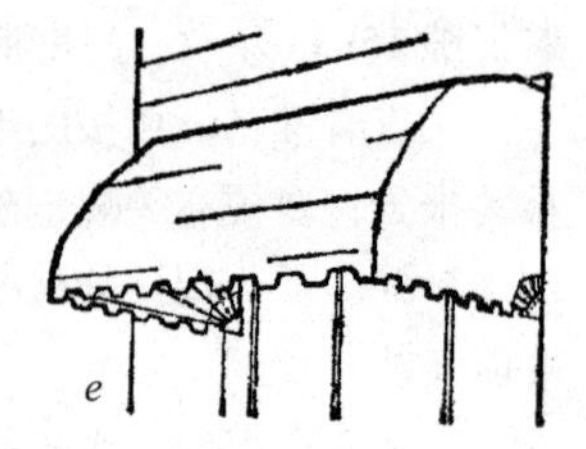

图 8-9 普通的活动遮阳

门窗经遮阳后，可低挡部分辐射热，降低室温。但是当没有太阳辐射时，对房间的采光和通风却有一定的影响。活动遮阳很好地解决了这个问题，它可灵活调节角度、提升、拆除，使用方便，应用广泛。

8.5.3 遮阳板的最佳尺度

遮阳板的大小是解决遮阳与通风和采光矛盾的关键。遮阳板的水平宽度应以既要遮挡夏季阳光射入室内，又不影响冬季阳光进入室内为原则，这对于一般房屋是最为理想的尺度，阳台和雨棚的宽度即可参照这个宽度设置。

8.6 外墙面装修

8.6.1 外墙装修按材料和施工方法可分为

①抹灰类(水泥砂浆、混合砂浆、拉毛、水刷石、干粘石、斩假石、喷涂等；纸筋灰、石膏粉面、膨胀珍珠灰浆、混合砂浆、拉毛、拉条等)。

②贴面类(面砖、马赛克、玻璃马赛克、水磨石板、天然石板等；釉面砖、人造石板、天然石板等)。

③涂料类(石灰浆、水泥、涂料、彩色弹涂等、大白浆、石灰浆、油漆、乳胶漆、水溶性涂料、弹涂等)。

④铺钉类(各种金属饰面板、石棉水泥板、玻璃等；胶合板、纤维板、石膏板及各种装饰面板等)。

8.6.2 抹灰类墙面装修

此类装修具有施工简便、造价低廉、耐久性低、易开裂、易变色、工效较低等特点。

墙面抹灰有一定厚度，外墙一般为20～25mm，内墙一般为15～20mm。抹灰层不宜太厚，而且需分层构造，一般由底层、中间层和面层组成。

①墙裙、护角与引条线。墙裙又成台度，高一般为1.5m左右，保护墙身，防水、防潮。

②护角、内墙凸出的转角处或门洞的两侧，抹以高1.5m的1:2或1:3水泥砂浆打底，以素水泥浆捋小圆角进行处理(或1:1:4混合砂浆)按面层不同分为一般抹灰和装饰抹灰两大类。

③一般抹灰的等级。普通抹灰3/4 3/4分层找平，修整，表面压光；中级抹灰3/4 3/4阳角找方，设置标筋，分层赶平，修整，表面压光；高级抹灰3/4 3/4阴阳角找方，设置标筋，分层赶平，修整，表面压光。

④装饰抹灰的施工。装饰抹灰与一般抹灰的区别在于两者具有不同的装饰面层，其底层和中层做法基本相同。

8.6.3 贴面类墙面装修

基本可分为饰面砖(釉面砖、外墙面砖、陶瓷锦砖、玻璃锦砖等)、天然石饰面板(大理石、花岗石、青石板等)、人造石饰面板(预制水磨石、预制水刷石、人造大理石等)三大类。

(1)饰面陶瓷类贴面

作为外墙装修，多采用10～15厚1:3水泥砂浆打底，5厚1:1水泥砂浆黏结层，然后粘贴各类装饰材料。也可在黏结层内掺入10%以下的107胶，其黏结层厚可减为2～3mm厚。作为内墙装修，多采用10～15厚1:3水泥砂浆或1:3:9水泥、石灰膏、砂浆打底，8～10厚1:0.3:3水泥、石灰膏砂浆黏结层，外贴瓷砖。施工前先浸泡2～3h后晾干或擦干，施工方法有密缝和离缝两种。

(2)陶瓷马赛克和玻璃马赛克

马赛克又称锦砖、纸皮砖，分陶瓷和玻璃两种，陶瓷马赛克用于地面，玻璃马赛克用于墙面。陶瓷锦砖反贴在305.5mm见方的护面纸上，玻璃马赛克反贴在327mm见方的护面纸上。

构造与面砖相似，先在牛皮纸反面每块间的缝隙中抹以白水泥浆(加5%107胶)，然后将整块纸皮砖粘贴在黏结层上，半小时左右用水将牛皮纸洗掉。尺寸18.5m^2、39m^2…，厚度5mm。

(3)天然石板、人造石板贴面

①天然石板有大理石板和花岗岩板，属于高级装修饰面。

修边钻孔：每块板的上下边钻孔数量均不得少于2个，如板宽超过500mm应不超过3个。一般在板材断面上由背面算起2/3处画好钻孔位置，距边沿不小于30mm，孔径为5mm。钻孔后即穿入20号铜丝备用。

基层处理：固定用钢筋网采用双向钢筋网，竖向钢筋间距不大于500mm，横向钢筋与块材连接网的位置一致。第一道横向钢筋绑在第一层板材下口上面约100mm处，以后每道横筋皆绑在比该层板材上口低10~20mm处。预埋件在结构施工时埋设。

弹线：每块板间留1mm缝隙。

安装：先将背面、侧面清洗干净并阴干。按部位编号取石板就位，先绑下口铜丝，再绑上口铜丝。

临时固定：在石板表面横竖接缝处每隔100~150mm用调成糊状的石膏浆予以粘贴。

灌浆：石膏凝结硬化后即可用1:(1.5~2.5)水泥砂浆(稠度为80~120mm)分层灌入石板内侧缝隙中，每层灌注高度为150~200mm，并不得超过石板高度的1/3。

接缝：灌注砂浆达到设计强度等级的50%后，清除所有固定石膏和余浆痕迹用麻布擦洗干净。全部完工后再进行打蜡擦亮。

②花岗石幕墙。用专用卡具借射钉或螺钉钉在墙上，或用膨胀螺栓打入墙上的角钢或预立的铝合金立筋上，外部用硅胶嵌缝而不需内部再浇注砂浆，轻盈方便。

③人造石板常见的有人造大理石、水磨石板等，背面在生产时就露出钢筋，将板用铅丝绑牢在水平钢筋或钢箍上。

8.6.4 涂料类墙面装修

涂料按其主要成膜物的不同可分为有机涂料和无机涂料。

①无机涂料。主要有石灰浆、大白浆涂料。

②常用有机合成涂料。分为溶剂型涂料、水溶性涂料和乳胶涂料(乳胶漆)。溶剂型涂料具有较好的耐水性和耐候性，但施工时挥发出有害气体，潮湿基层上施工会引起脱皮现象。水溶型涂料价格便宜，在潮湿基层上亦可操作，但施工时温度不宜太低。

③无机高分子涂料。

④彩色胶砂涂料。

8.6.5 铺钉类墙面装修

由骨架和面板两部分组成。

①骨架。有木骨架和金属骨架。木骨架由墙筋和横档组成，墙筋截面50mm×50mm，横档截面50mm×40mm。金属骨架亦采用冷轧钢板构成槽形截面。

②面板。包括玻璃、硬木条、石膏板、胶合板、纤维板、甘蔗板、装饰吸声板以及钙塑板等。借圆钉(镀锌铁钉)或木螺钉与骨架固定，与金属骨架的固结主要靠自攻螺丝或预先用电钻打孔后用镀锌螺丝固定。

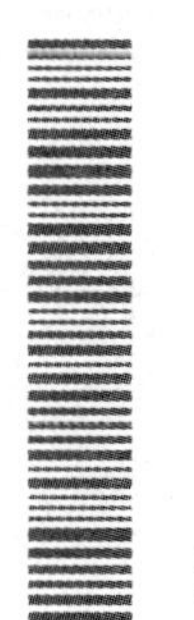

参考文献

[1]建设部《城乡建设》编辑部. 建筑工程施工技术入门. 北京：中国电力出版社，2007.

[2]杨金铎，房志勇. 房屋建筑构造(3 版). 北京：中国建材工业出版社，2001.

[3]同济大学. 房屋建筑构造(2 版). 北京：中国建材工业出版社，1990.

[4]石元印，肖维品. 建筑施工技术. 重庆：重庆大学出版社，1999.

[5]任继良，张福成. 建筑施工技术. 北京：清华大学出版社，2002.

[6]骆中钊，王学军，周彦. 新农村住宅设计与营造. 北京：中国林业出版社，2008.

[7]骆中钊，王晓波，李碧山，庄伟雄. 建筑工程土建施工知识. 北京：中国社会出版社，2010.

[8]骆中钊，林明枝，苏建权，李碧山. 建筑工程房屋构造知识. 北京：中国社会出版社，2010.

[9]骆中钊. 小城镇住区规划与住宅设计. 北京：机械工业出版社，2011.